Entwurf selbsttestbarer Schaltungen

Von Priv.-Doz. Dr. Albrecht P. Ströle

Universität Karlsruhe

B. G. Teubner Stuttgart · Leipzig 1998

Priv.-Doz. Dr. rer. nat. Albrecht P. Ströle

Geboren 1955 in Nürnberg. Studium der Elektrotechnik an der Universität Erlangen-Nürnberg und an der Technischen Hochschule Darmstadt. Danach sechs Jahre Entwicklungsingenieur bei der Firma Siemens. Aufbaustudium Informatik an der Universität Karlsruhe. Seit 1989 am Institut für Rechnerentwurf und Fehlertoleranz, Universität Karlsruhe: zunächst als wissenschaftlicher Mitarbeiter, 1992 Promotion in Informatik, 1997 Habilitation im Fach Informatik, seit 1997 Privatdozent.
Arbeitsschwerpunkte: Entwurf und Test hochintegrierter Schaltungen, Hardware-Software-Codesign, Test von eingebetteten Systemen während des laufenden Betriebs.

Gedruckt auf chlorfrei gebleichtem Papier.

Die Deutsche Bibliothek – CIP-Einheitsaufnahme

Ströle, Albrecht P.:
Entwurf selbsttestbarer Schaltungen /
von Albrecht P. Ströle. – Stuttgart ; Leipzig : Teubner, 1998
(Teubner-Texte zur Informatik ; Bd. 27)
ISBN-13: 978-3-8154-2314-1 e-ISBN-13: 978-3-322-85164-2
DOI: 10.1007/978-3-322-85164-2

Umschlaggestaltung: E. Kretschmer, Leipzig

Vorwort

Viele hochintegrierte Schaltungen können heute nur dann wirtschaftlich eingesetzt werden, wenn bereits beim Entwurf auf gute Testbarkeit geachtet wird. Um die Ausbildung für den rechnergestützten Schaltungsentwurf an der Universität Karlsruhe entsprechend zu ergänzen, biete ich seit dem Wintersemester 1994/1995 die Vorlesung „Entwurf leicht testbarer Schaltungen" an. Dieses Buch faßt die Erfahrungen aus der Lehre und die Ergebnisse der Forschung am Institut für Rechnerentwurf und Fehlertoleranz zusammen. Es richtet sich sowohl an Studierende der Informatik und der Elektrotechnik als auch an Ingenieure in der Praxis. Das Buch gibt einen Überblick über die wichtigsten bekannten Verfahren und bringt dazu zahlreiche neue Vorschläge.

Die vorliegende Arbeit wurde als Habilitationsschrift von der Fakultät für Informatik an der Universität Karlsruhe angenommen. Mein besonderer Dank gilt Herrn Prof. Dr.-Ing. Detlef Schmid für seine tatkräftige Unterstützung, ohne die diese Arbeit nicht möglich gewesen wäre, und für den großzügigen Gestaltungsspielraum, den er mir in Forschung und Lehre gab. Herrn Prof. Dr.-Ing. Walter Geisselhardt danke ich für die Übernahme des Korreferats und die damit verbundene Mühe.

Herrn Prof. Dr. Hans-Joachim Wunderlich möchte ich für die interessanten Diskussionen und Anregungen danken und wie Herrn Dr.-Ing. Gerald Spiegel und Herrn Dipl.-Ing. Christopher Hess für die erfolgreiche Zusammenarbeit, die zu zahlreichen Publikationen führte. Für das sorgfältige Korrekturlesen des Manuskripts schließlich danke ich Herrn Dipl.-Ing. Frank Mayer.

Karlsruhe, März 1998 — Albrecht Ströle

Vorwort

Inhalt

Anhang

1 Einleitung

1.1 Testprobleme

Die heute produzierten Chips enthalten auf einer Fläche von wenigen Quadratzentimetern mehrere Millionen Transistoren und werden mit Taktfrequenzen von 200 MHz und höher betrieben. Die Planungen sehen vor, die minimalen Abmessungen der Strukturen auf der Chipoberfläche von jetzt ungefähr 0,35 µm auf ca. 0,10 µm im Jahr 2007 zu verkleinern. Dadurch werden Geschwindigkeit und Komplexität der Schaltungen auf einem Chip weiter gesteigert.

Der Fortschritt in der Halbleitertechnologie läßt sich aber nur dann gewinnbringend nutzen, wenn gleichzeitig sichergestellt werden kann, daß die ausgelieferten Chips fehlerfrei funktionieren. Bei der Herstellung hochintegrierter Halbleiterbauelemente treten durch Verunreinigungen, mechanische Störeinwirkungen, Temperaturschwankungen und andere Einflüsse Defekte auf, die sich auch bei sehr sorgfältiger Prozeßüberwachung und -optimierung nicht vollständig vermeiden lassen. Deshalb muß nach der Produktion jeder einzelne Transistor und jede einzelne Leitung auf dem Chip geprüft werden, so daß alle fehlerhaften Chips ausgesondert werden können. Mangelhaft getestete Chips stellen nämlich nicht nur ein Sicherheitsrisiko dar, sondern sind auch aus wirtschaftlichen Gründen für größere Systeme nicht verwendbar. Wenn ein fehlerhafter Chip erst beim Test der Baugruppe, beim Test des kompletten Systems oder gar erst nach der Installation beim Kunden erkannt wird, dann sind die Kosten für die Beseitung des Fehlers um ein Vielfaches höher.

Die Notwendigkeit eines gründlichen Chiptests ist unumstritten. Aber die Kosten für diesen Test wachsen stärker als die Kosten für die anderen Schritte der Halbleiterfertigung. Für Mikroprozessoren, die in sehr großen Stückzahlen hergestellt werden, wird erwartet, daß die Testkosten in absehbarer Zeit 30 % der Produktkosten erreichen [Thom96]. Bei einigen anderen Schaltungen nähert sich der Anteil der Testkosten schon der 50 %-Marke [Rapp92].

Der Chiptest wird meist mit einem Testautomaten durchgeführt, der von außen bestimmte Signale an den Chip anlegt und die Antworten an den Ausgängen des Chips auswertet. Ursachen für die rasch steigenden Testkosten sind vor allem die höhere Taktfrequenz und die wachsende Komplexität der Schaltungen auf den Chips. Die hohe Taktfrequenz verlangt teure Testgeräte mit der neuesten Technologie. Die steigende Zahl von Transistoren führt zu einer immer größeren Zahl möglicher Fehler und erfordert damit eine Verlängerung der Testzeit, die durch eine höhere Taktfrequenz nur teilweise kompensiert wird.

Außerdem sind die Fehler immer schwieriger aufzuspüren. Mehreren Millionen Transistoren stehen nur ca. 300 Chipanschlüsse für Signalein- und ausgänge gegenüber, d.h. es gibt etwa 10 000 mal soviel Transistoren wie Chipanschlüsse. Da die Zahl der Anschlüsse nur unter großen Schwierigkeiten gesteigert werden kann, wird dieses Verhältnis immer ungünstiger, und die Pfade von einem Eingang zu einem bestimmten Transistor im Inneren des Chips und von dort zu einem Ausgang werden allgemein länger und sind deshalb schwieriger zu schalten. Aber nur über solche Pfade kann an dem Transistor ein bestimmtes Signal eingestellt und die Reaktion beobachtet werden. Die schlechte Zugänglichkeit der Schaltungsteile im Inneren des Chips macht die Testvorbereitung aufwendiger und damit ebenfalls kostspieliger. Wenn diese Probleme nicht gelöst werden, wird der Test zum Engpaß und stellt den gesamten Fortschritt im Halbleitersektor infrage [Thom96].

1.2 Selbsttest als Lösung

Die Testprobleme können nur dann gelöst werden, wenn der Test bereits beim Entwurf der Schaltung berücksichtigt wird. Als Alternative zum Test mit teuren, externen Testautomaten wurde der Selbsttest konzipiert, bei dem alle für den Test notwendigen Hilfsmittel in die Schaltung integriert sind. Im einfachsten Fall besteht die Selbsttesteinrichtung aus einem Mustergenerator, einem Kompaktierer für die Testantworten und einer Teststeuerung. Während des normalen Betriebs sind die Testhilfsmittel transparent. Im Testbetrieb erzeugt der Mustergenerator eine Folge von Bitmustern, die an die Eingänge der zu testenden Schaltung angelegt wird. Wenn die Schaltung einen erkennbaren Fehler enthält, unterscheiden sich die Antworten auf bestimmte Testmuster von den Antworten der fehlerfreien Schaltung. Da beim Selbsttest große Mengen von Mustern verwendet werden, sind auch die Testantworten entsprechend zahlreich. Ein Vergleich jeder einzelnen Antwort mit dem erwarteten Wert kann infolgedessen nicht mit vertretbarem Aufwand auf dem Chip realisiert werden. Deshalb werden die Antworten bereits während des Tests zu einem einzigen Wort, der Signatur, kompaktiert.

Die Teststeuerung startet, wenn sie von außen angestoßen wird, die Mustererzeugung und die Kompaktierung der Testantworten, sie steuert den Testablauf und zeigt schließlich nach einer vorgegebenen Zahl von Testmustern das Ende des Tests an. Danach kann die ermittelte Signatur ausgelesen und mit der korrekten Signatur, die sich für die fehlerfreie Schaltung ergibt, verglichen werden.

Der Selbsttest kann mit der normalen Betriebsgeschwindigkeit der Schaltung ablaufen, so daß auch viele Fehler erkannt werden, die zwar das logische Verhalten nicht beeinflussen, aber die Verzögerungszeiten erhöhen. Nur für die Initialisierung der Schaltung zu Beginn und für die

Auswertung des Ergebnisses am Ende des Test wird ein externes Gerät benötigt. Die Anforderungen an dieses Testgerät sind wesentlich geringer als beim Test mit einem externen Testautomaten.

Damit in umfangreichen Schaltungen auch die von außen schwer zugänglichen Teile im Inneren der Schaltung gründlich getestet werden, können alle Module mit eigenen Mustergeneratoren und Kompaktierern ausgestattet werden. Dann spielt die relativ geringe Anzahl von Chipanschlüssen keine Rolle mehr, und zusätzlich ergibt sich eine Segmentierung in Teilschaltungen, die weitgehend unabhängig voneinander getestet werden können. Werden mehrere Teilschaltungen gleichzeitig getestet, dann verkürzt sich die insgesamt für den Chip notwendige Testzeit.

Die Selbsttesteinrichtungen eines Chips sind zwar in erster Linie für den Chiptest bei der Produktion vorgesehen, aber auch danach sind sie nützlich. Sie erleichtern den Test des kompletten Systems, ermöglichen später eine erneute Funktionsprüfung nach dem Einschalten oder in Betriebspausen, und sie unterstützen bei Wartung und Reparatur die Diagnose fehlerhafter Chips im System.

Diesen bedeutenden Vorteilen des Selbsttests steht als Nachteil gegenüber, daß die eingebauten Selbsttesteinrichtungen die erforderliche Chipfläche vergrößern. Und jede Flächenvergrößerung läßt die Kosten für die Halbleiterfertigung überproportional steigen. Erklären läßt sich dieser rasche Kostenanstieg mit Hilfe der zentralen Begriffe *Ausbeute* (als Maß für die Qualität des Halbleiterfertigungsprozesses), *Fehlererfassung* (als Maß für die Qualität des Tests) und *Produktqualität*:

$$\text{Ausbeute} := \frac{\text{Anzahl der funktionierenden Chips}}{\text{Anzahl der gefertigten Chips}},$$

$$\text{Fehlererfassung} := \frac{\text{Anzahl der beim Test erkennbaren Fehler}}{\text{Gesamtzahl der Fehler}},$$

$$\text{Produktqualität} := \frac{\text{Anzahl der funktionierenden Chips}}{\text{Anzahl der ausgelieferten Chips}}.$$

Bei der Bestimmung der Produktqualität werden nur die Chips betrachtet, die beim Test nicht als fehlerhaft ausgesondert wurden. Diese Chips werden ausgeliefert. Alternativ läßt sich die Produktqualität auch definieren als die Wahrscheinlichkeit, daß ein ausgelieferter Chip keinen der nicht getesteten Fehler enthält. Je geringer die Ausbeute des Fertigungsprozesses ist, um so größer muß die Fehlererfassung sein, wenn eine gleichbleibende Produktqualität erreicht werden soll [WiBr81].

Wenn nun durch Selbsttesteinrichtungen die Chipfläche vergrößert wird, passen weniger Chips auf einen Wafer. Außerdem ist die Wahrscheinlichkeit größer, daß ein Defekt auf der Chipfläche vorhanden ist und einen Fehler verursacht. Damit sinkt die Ausbeute, und um die gleiche Zahl von Chips ausliefern zu können, muß die Zahl der produzierten Wafer wesentlich stärker als proportional mit der Fläche erhöht werden. Selbstverständlich darf die Fehlererfassung in der Schaltung mit den Selbsttesteinrichtungen nicht geringer sein als in der Schaltung ohne diese Maßnahmen.

Ein Beispiel aus der Praxis beschreibt [Thom96]. Wenn die Fläche eines Mikroprozessorchips durch eingebaute Testhilfsmittel um 15 % vergrößert wird, müssen 47 % mehr Wafers produziert werden, um die gleiche Zahl von Chips ausliefern zu können.

Damit sind die Ziele eines effizienten Selbsttestverfahrens klar: Mit integrierten Testeinrichtungen, die einen möglichst geringen Hardware-Mehraufwand erfordern, soll ein Test, der eine hohe Fehlererfassung erreicht, in kurzer Zeit durchgeführt werden. Um mit geringem Hardware-Mehraufwand auszukommen, müssen Entwurf und Test koordiniert werden:

- Der Schaltungsentwurf bzw. die automatische Schaltungssynthese soll so gesteuert werden, daß die entstehenden Hardware-Strukturen testbar sind. Zu den üblichen Optimierungskriterien Fläche und Zeit tritt also als weiteres Optimierungskriterium die Testbarkeit.
- Die für den Selbsttest benötigten Mustergeneratoren und Kompaktierer sollen soweit wie möglich aus Schaltungsteilen aufgebaut werden, die im Normalbetrieb zur Realisierung der Schaltungsfunktion benutzt werden und daher ohnehin zur Verfügung stehen.
- Mustergeneratoren und Kompaktierer sollen in der Schaltung derart plaziert werden, daß eine möglichst geringe Zahl solcher Testhilfsmittel für den Selbsttest ausreicht.
- Der Testablauf muß so geplant werden, daß viele Teilschaltungen gleichzeitig getestet werden und der gesamte Chiptest daher nur kurze Zeit benötigt.

Wie diese Aufgaben konstruktiv gelöst werden können, davon handelt dieses Buch.

1.3 Aufbau des Buchs

Größere Systeme werden hierarchisch in einem Bottom-Up-Verfahren getestet. Auf jeder Ebene sind die einzelnen Komponenten und die Verbindungen zwischen ihnen zu prüfen. Die Tests auf den höheren Ebenen sind aus Zeitgründen auf die wichtigsten Merkmale beschränkt. Die einzelnen Chips und die Leitungen, welche die Chips verbinden, müssen aber unbedingt sehr gründlich getestet werden. Enthält eine Baugruppe beispielsweise 32 Chips, von denen jeder nur mit einer Wahrscheinlichkeit von 99 % fehlerfrei arbeitet, dann hat jede vierte Baugruppe mindestens einen fehlerhaften Chip und muß repariert werden. Dazu kommen noch die Kurzschlüsse und Unterbrechungen der Verbindungen.

Die Probleme beim Verbindungstest sind im wesentlichen gelöst (siehe z.B. [ChLW90, LiBr91, HANR92, ShFu95]). Für viele Situationen sind Test- und Diagnosealgorithmen bekannt, die mit der beweisbar minimalen Zahl von Testmustern auskommen. Es kann mit oder ohne Information über die Struktur der Verbindungsnetze, adaptiv oder nicht adaptiv, mit globaler Diagnose oder mit Selbstdiagnose, die nur die Information aus dem betrachteten Netz berücksichtigt, gearbeitet werden. Die Zahl der benötigten Testmuster liegt je nach Randbedingungen zwischen log n und n+1, wobei n die Anzahl der Netze ist [ShFu95].

Da Chips mit Millionen von Transistoren sehr viel komplexer als die Verbindungen zwischen ihnen sind, stellt der Chiptest die größte Herausforderung dar und steht hier im Mittelpunkt. Fehlerhafte Chips können (mit Ausnahme rekonfigurierbarer Speicherbausteine) nicht repariert werden. Daher ist vor allem die Erkennung und weniger die Lokalisierung von Produktionsfehlern wichtig, denn der Entwurf der implementierten digitalen Schaltung wird als fehlerfrei vorausgesetzt.

Vor dem Test muß zunächst analysiert werden, welche Schaltungsfehler überhaupt auftreten können. Kapitel 2 beschreibt deshalb eine Methode, statistische Daten über die Defekte bei der Halbleiterfertigung zu ermitteln. Mit Hilfe dieser Daten werden dann für Schaltungen, deren Layout bekannt ist, alle möglichen Brücken- und Unterbrechungsfehler samt ihrer Auftrittswahrscheinlichkeiten bestimmt.

Der Test muß insbesondere die häufig auftretenden Fehler zuverlässig detektieren. In Kapitel 3 wird eine Reihe von Teststrategien dargestellt, die sich in den Testmustern, den Schaltungsmodifikationen zur Verbesserung der Testbarkeit und in der Ausführung des Tests unterscheiden. Einige Teststrategien verwenden „deterministische“ Testmuster, die gezielt für die einzelnen Fehler berechnet werden, andere legen alle möglichen Muster an die Schaltung an (erschöpfende Muster), und wieder andere arbeiten mit zufälligen Mustern. Zur Verbesserung der Testbarkeit werden die Speicherelemente der Schaltung modifiziert, es werden Testpunkte eingesetzt zur Steuerung oder Beobachtung bestimmter Stellen im Inneren der Schaltung, oder es werden Selbsttesteinrichtungen hinzugefügt. Schließlich kann der Test mit einem externen Testautomaten oder als Selbsttest ausgeführt werden. Ein Vergleich dieser Teststrategien zeigt die Vorzüge und das Entwicklungspotential des Selbsttests.

Kapitel 4 behandelt Methoden und Hardwarestrukturen für die Mustererzeugung und für die Kompaktierung der Testantworten. Mit linear rückgekoppelten Schieberegistern lassen sich pseudozufällige Muster erzeugen. Linear rückgekoppelte Schieberegister können auch als Kompaktierer eingesetzt werden. Dabei entsteht allerdings ein Informationsverlust, so daß nicht alle Schaltungsfehler, die die Testantworten verfälschen, eine fehleranzeigende Signatur hervorrufen. Aber die hier vorgelegte Analyse zeigt, daß der Anteil der maskierten Fehler in selbsttestbaren Schaltungen i.a. vernachlässigbar gering ist.

Eine Alternative zu linear rückgekoppelten Schieberegistern sind zellulare Automaten. Da sie wesentlich mehr Variationsmöglichkeiten zulassen, konnten Konstruktionsverfahren für Automaten entwickelt werden, die eine vorgegebene Mustermenge generieren und die zufallsähnliche Muster mit einer bestimmten Gewichtung erzeugen. Um den Hardware-Aufwand zu reduzieren, werden Mustergeneratoren und Kompaktierer, die eine ähnliche Struktur aufweisen, zu multifunktionalen Testregistern kombiniert.

Der Rest von Kapitel 4 bringt einen ganz anderen Ansatz: Funktionseinheiten, die in vielen Datenpfaden bereits vorhanden sind, nämlich Addierer, Subtrahierer, ALUs, Multiplizierer und Register, werden in geeigneter Zusammenschaltung als Mustergeneratoren und Kompaktierer genutzt. Wie die Analyse der erzeugten Musterfolgen und der Kompaktierungseigenschaften zeigt, werden damit ähnliche Testergebnisse erzielt, wie mit multifunktionalen Testregistern.

Kapitel 5 beschreibt zunächst die Synthese (leicht) testbarer Steuerwerke und Datenpfade. In diese Schaltungen werden dann für den Selbsttest die Mustergeneratoren und Kompaktierer bzw. Testregister, die in Kapitel 4 isoliert betrachtet wurden, integriert. Das vorgestellte Verfahren bestimmt in der Schaltung zuerst die optimalen Positionen für 1-bit-Testregisterelemente und faßt diese in einem zweiten Schritt zu größeren Testregistern zusammen. Bei der Plazierung der Testregisterelemente wird der Hardware-Mehraufwand minimiert. Bei der Zusammenfassung zu Testregistern wird darauf geachtet, daß die Testregister die Schaltung so segmentieren, daß möglichst viele Teilschaltungen gleichzeitig getestet werden können. Anschließend werden Algorithmen zur Testablaufplanung dargestellt, die unter verschiedenen Randbedingungen die Testzeit und/oder den Hardware-Aufwand für Teststeuerung und Testauswertung minimieren. Die Implementierung des Testablaufplans in einer Steuereinheit macht die Selbsttesteinrichtungen komplett.

Zum Schluß werden in Kapitel 6 die Ergebnisse aus den Kapiteln 2 bis 5 zusammengefaßt und bewertet. Um zu demonstrieren, daß die vorgestellten Verfahren erfolgreich sind, wurden sie an den bekannten ISCAS'85- und ISCAS'89-Benchmark-Schaltungen erprobt. Die charakteristischen Daten dieser Benchmark-Schaltungen sind im Anhang aufgelistet. Dort sind auch die wichtigsten Begriffe aus der Graphentheorie und der Theorie der Markovprozesse aufgeführt, die an verschiedenen Stellen des Buchs verwendet werden.

2 Defekte und Fehler

Für den Test ist es wichtig zu wissen, welche Fehler in einer Schaltung tatsächlich auftreten können und wie häufig die einzelnen Fehler sind, denn der Test soll gerade die häufigsten Fehler zuverlässig erfassen. Fehlerhafte Chips entstehen, wenn durch Störungen im Fertigungsprozeß nicht die gewünschten Strukturen auf der Chipoberfläche erzeugt werden. Solche Abweichungen werden *Defekte* genannt. Die von ihnen verursachten Änderungen in der Transistor-Netzliste und im Verhalten der Schaltung werden als *Fehler* bezeichnet. Jedem Fehler liegt mindestens ein Defekt zugrunde. Aber nicht jeder Defekt verursacht einen Fehler, denn Defekte in Bereichen, wo keine Layoutobjekte der Schaltung liegen, sind bedeutungslos.

Abschnitt 2.1 beschreibt eine Methode, um Informationen über Art, Größe, Form und Häufigkeit von Defekten zu gewinnen. Diese Daten sind sowohl für die Ausbeuteschätzung und die Optimierung des Fertigungsprozesses [Walk87, Stap89], als auch für den Test interessant. Abschnitt 2.2 stellt ein Verfahren vor, das mit Hilfe der statistischen Daten über Defekte alle Brücken- und Unterbrechungsfehler bestimmt, die in einem gegebenen Schaltungslayout auftreten können. Außerdem ermittelt das Verfahren die Wahrscheinlichkeiten dieser Fehler.

2.1 Defekte bei der Halbleiterfertigung

Um zu verstehen, welche Defekte vorkommen können und welche Fehler sie in den gefertigten Chips verursachen, sind Grundkenntnisse über den Fertigungsprozeß notwendig. Da es sehr viele unterschiedliche Prozesse gibt, geben wir hier nur einen schematischen Überblick und verweisen für eine ausführliche Darstellung auf die Literatur [Muro82, WeEs85, RoCa89].

Das Ausgangsmaterial für die Halbleiterfertigung ist eine dünne, monokristalline Siliziumscheibe (Wafer), auf der eine größere Zahl von rechteckigen Chips Platz hat. Die Oberfläche des Wafers wird in einer Reihe von Prozeßschritten so verändert, daß Strukturen mit unterschiedlichen elektrischen Eigenschaften entstehen. Zu den Prozeßschritten gehören Schritte, die Material auftragen, Material verändern oder Material entfernen, und dazwischen Lithographieschritte. Beim Materialauftrag wird eine Schicht aus einer isolierenden Substanz (z.B. Siliziumdioxid, Siliziumnitrid) oder einer leitenden Substanz (z.B. polykristallines Silizium, Aluminium) aufgebracht. Überschüssiges Material wird in einem Ätzvorgang entfernt. Durch Ionenimplantation oder Diffusion werden Fremdatome in das halbleitende Material eingelagert, diese Dotierung ändert die elektrischen Eigenschaften.

Um die gewünschten geometrischen Strukturen zu erhalten, werden bestimmte Teile der Waferoberfläche vor dem Ätzen durch Photolack abgedeckt. Dazu wird der Photolack auf den gesamten Wafer aufgetragen und durch eine Maske mit lichtundurchlässigen und transparenten Bereichen belichtet. Diese Belichtung verändert die dem Licht ausgesetzten Moleküle des Photolacks, so daß sie nach dem Entwickeln entfernt werden können. Die freigelegten Stellen werden im nächsten Schritt bearbeitet, während die vom Photolack bedeckten Stellen geschützt sind. Auf diese Weise wird mit Hilfe der Lithographieschritte das Layout der Schaltung auf die Waferoberfläche übertragen. Aktuelle Prozesse verwenden ca. 20 verschiedene Masken.

Als Ergebnis einer bestimmten Folge von Prozeßschritten mit unterschiedlichen Materialien und Masken entsteht auf der Waferoberfläche eine Anordnung von geometrischen Strukturen, die Transistoren, Leitungen und Kondensatoren realisieren. Bei den Störungen in diesen Strukturen unterscheidet man zwischen globalen und punktuellen Defekten. *Globale Defekte* sind großflächig zu dicke, zu dünne oder fehlende Materialschichten oder Verschiebung einer ganzen Maske, Kratzer auf der Oberfläche etc. Solche Defekte sind leicht zu erkennen durch optische Inspektion oder einfache elektrische Messungen an den speziellen Teststrukturen, die zu Kontrollzwecken auf jedem Wafer mitgefertigt werden. *Punktuelle Defekte* dagegen betreffen nur Bereiche in der Größenordnung der kleinsten Layoutstrukturen oder einzelner Transistoren. Diese Defekte sind weitgehend zufällig über die Waferoberfläche verteilt. Ursachen sind Störungen in der Kristallstruktur, Fremdstoffe in den Materialien, Verunreinigungen der Masken, mechanische Spannungen, mangelhafte Adhäsion auf einer sehr unebenen Oberfläche u.ä. Da punktuelle Defekte die Funktion der Schaltung i.a. in viel geringerem Maß beeinflussen als globale Defekte, ist ihre Detektion das Hauptproblem beim Test.

Eine punktuelle Störung im Prozeß bewirkt entweder ein Zuviel oder ein Zuwenig an Material an einer bestimmten Stelle auf der Waferoberfläche. Die Störung ruft also den gleichen Defekt wie eine Deformation einer Maske hervor. Daher läßt sich ein Defekt einfach als eine Veränderung des Layouts beschreiben. Bild 2.1 zeigt an einem Beispiel, wie ein Staubkorn in der Photolackschicht zu einem Defekt vom Typ „fehlendes Material" in der SiO_2-Schicht führt.

In einer leitenden Schicht kann ein Defekt vom Typ „überschüssiges Material" zu einem Kurzschluß, ein Defekt vom Typ „fehlendes Material" zu einer Unterbrechung in dieser Schicht führen. In einer isolierenden Schicht ist es umgekehrt: Ein Defekt vom Typ „überschüssiges Material" kann eine Unterbrechung bewirken, ein Defekt vom Typ „fehlendes Material" einen Kurzschluß zwischen der darüber- und der darunterliegenden leitenden Schicht.

Um statistische Daten über Defekte zu gewinnen, werden spezielle Layouts, sogenannte *Teststrukturen*, entworfen und in größerer Stückzahl gefertigt. Messungen an den gefertigten

Teststrukturen ergeben Informationen über die Häufigkeit verschiedener Defektarten. Die bekanntesten Teststrukturen sind die Kammstruktur und die Mäanderstruktur, die Kurzschlüsse bzw. Unterbrechungen in einer leitenden Schicht zu messen gestatten [Bueh83, Walk87]. Daneben gibt es viele andere Teststrukturen, die z.B. für Defekte in isolierenden Schichten und für Defekte an Kontakten (Vias) entwickelt wurden [LYWM86, Walk87, HeWe96].

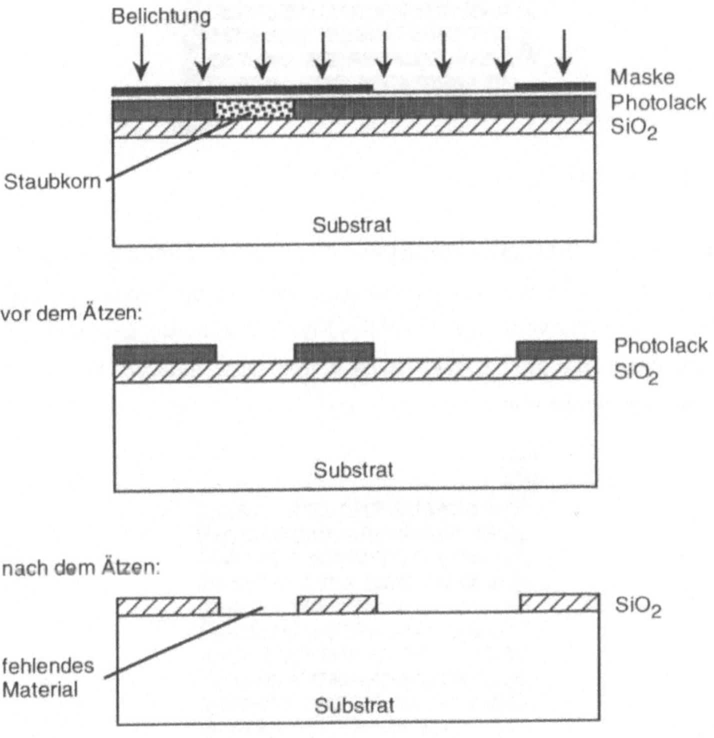

Bild 2.1: Defekt „fehlendes Material" als Folge einer Verunreinigung im Photolack

Die Kammstruktur (Bild 2.2) besteht aus zwei ineinandergeschobenen Kämmen, die mit Chipanschlüssen (Pads) verbunden sind. Im fehlerfreien Fall wird zwischen den Chipanschlüssen ein sehr großer Widerstand gemessen. Wenn aber ein Defekt vom Typ „überschüssiges Material" in der betrachteten leitenden Schicht auftritt und die Größe des Defekts einen bestimmten Wert überschreitet, dann werden die beiden Kämme leitend verbunden und die Messung liefert einen geringen Widerstand.

Bild 2.2: Kammstruktur mit Defekt

Bei der Mäanderstruktur (Bild 2.3) verbindet eine lange, mäanderförmig verlegte Leitung zwei Chipanschlüsse. Im fehlerfreien Fall wird zwischen den Chipanschlüssen ein geringer Widerstand gemessen. Ein Defekt vom Typ „fehlendes Material" kann die Leitung unterbrechen, so daß die Messung einen sehr großen Widerstand liefert. Dazu muß der Defekt mindestens so groß wie die Leiterbahnbreite sein.

Bild 2.3: Mäanderstruktur mit Defekt

Die Teststrukturen werden für verschiedene Defektgrößen angepaßt, indem die Leiterbahnbreiten und die Abstände zwischen den Leiterbahnen variiert werden. Auf diese Weise bekommt man auch Informationen über die ungefähre Größe der Defekte. Treten allerdings mehrere Defekte auf der Fläche einer Teststruktur auf, dann können sie durch die Widerstandsmessung meist nicht unterschieden werden. Auch über die Form der Defekte liefert die Messung keine Daten. Solche Aussagen sind erst nach einer optischen Inspektion der Defekte möglich.

Wenn die Position eines Defekts auf dem Wafer nicht bekannt ist, erfordert eine optische Untersuchung viel Zeit, da die ganze Waferoberfläche mit hoher Auflösung nach Defekten von wenigen Mikrometern Durchmesser abgesucht werden muß. Wir versuchen deshalb, zuerst mit einfachen elektrischen Messungen die Positionen der Defekte so gut wie möglich zu ermitteln, so daß dann nur noch ein kleiner Bereich unter dem Rasterelektronenmikroskop untersucht werden muß. Dazu werden auf dem Wafer Chips plaziert, die an ihren Rändern mit Anschlüssen ausgestattet sind. Diese Chipanschlüsse erlauben die Kontaktierung und Messung mit den üblichen Testgeräten. Um eine möglichst genaue Lokalisierung der Defekte zu erreichen, wird jeder Chip in eine möglichst große Zahl von Teilchips aufgeteilt, und die Teststrukturen werden so dimensioniert, daß sie in diese Teilchips passen.

Zwei Teilchips sind bei der Lokalisierung unterscheidbar, falls anhand von elektrischen Messungen an den Chipanschlüssen festgestellt werden kann, ob ein Defekt in dem einen oder in dem anderen Teilchip liegt. Werden für jeden Teilchip zwei eigene Anschlüsse am Chiprand reserviert, dann ist aufgrund der begrenzten Zahl von verfügbaren Chipanschlüsse (ca. 50 … 100) nur eine geringe Zahl von unterscheidbaren Teilchips möglich. Es ist aber durchaus zulässig, mehrere Teilchips an einen Chipanschluß gemeinsam anzuschließen. Die Unterscheidbarkeit bei der Lokalisierung fordert nur, daß innerhalb des Chips nicht zwei Teilchips existieren, die beide das gleiche Anschlußpaar benutzen. Um eine möglichst genaue Lokalisierung zu erreichen, müssen wir die Verbindungen zwischen den Anschlüssen am Chiprand und den Teststrukturen der Teilchips so gestalten, daß die Anzahl der unterscheidbaren Teilchips für eine gegebene Chipanschlußzahl maximal wird. Mit n_p verfügbaren Chipanschlüssen gibt es $\frac{n_p(n_p - 1)}{2}$ verschiedene Anschlußpaare (ohne Ordnung der beiden Elemente eines Paars), so daß maximal ebenso viele unterscheidbare Teilchips implementiert werden können.

Zur Vereinfachung sei im folgenden die Chipanschlußzahl gerade. Wir ordnen die Teilchips matrixförmig in $\frac{n_p}{2}$ Zeilen mit je n_p-1 Teilchips an. In Bild 2.4 sind die Teilchips durch Rechtecke dargestellt. Rechts und links eines Teilchips sind die Nummern der angeschlossenen Chipanschlüsse genannt. Je zwei benachbarte Teilchips nutzen einen Anschluß gemeinsam. In jeder Zeile werden alle Anschlüsse genutzt, aber unterschiedliche Permutationen der Anschlußnummern garantieren, daß nicht mehr als ein Teilchip an das gleiche Anschlußpaar angeschlossen ist. Der Algorithmus zur Bestimmung geeigneter Permutationen ist in [HeWe92] ausführlich beschrieben. In [HeSt94b] ist eine Erweiterung dieses Verfahrens dargestellt für Anordnungen, bei denen in den Teilchips mehrere Teststrukturen in verschiedenen Schichten übereinander eingesetzt werden (z.B. eine Kammstruktur in Metall 1 und eine Kammstruktur in Metall 2).

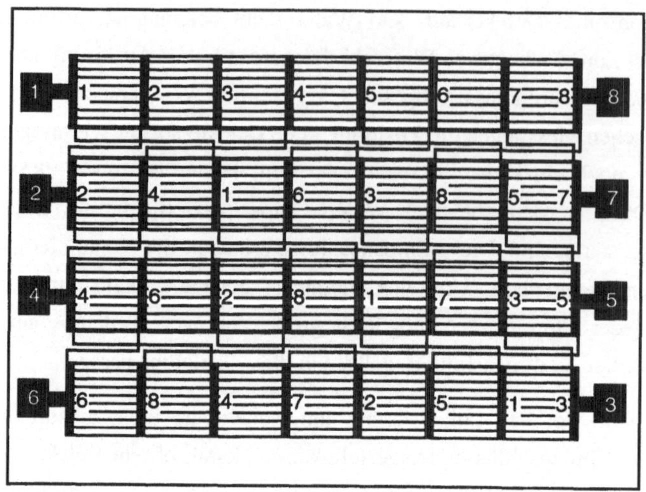

Bild 2.4: Aufteilung des Chips in 4 Zeilen mit je 7 Teilchips ($n_p = 8$)

In den Verdrahtungskanälen zwischen den Zeilen der Matrix werden die Layoutstrukturen, die an den gleichen Chipanschluß angeschlossen werden sollen, miteinander verbunden. Die verwendeten Permutationen ermöglichen eine regelmäßige, platzsparende Verdrahtung (in Bild 2.4 ist die Verdrahtung in allen 3 Kanälen gleich). Die komplette Layout-Generierung läßt sich automatisieren. Mehr als 90 % der Chipfläche innerhalb des Chipanschlußrahmens ist für Defekte empfindlich.

Zur Lokalisierung von Defekten werden pro Chip $\frac{n_p(n_p - 1)}{2}$ Messungen vorgenommen, die für jedes Anschlußpaar eine leitende Verbindung oder eine Unterbrechung feststellen. Da das gleiche digitale Testgerät wie beim Produktionstest verwenbar ist, sind diese Messungen in kurzer Zeit abgeschlossen. Aus den Ergebnissen lassen sich die Positionen der Teilchips berechnen, die Defekte enthalten [HeSt94b]. Die anschließende optische Inspektion der Teilchips mit Defekten liefert Bilder, welche die genaue Form der Defekte zeigen und damit auch Rückschlüsse auf die Entstehung der Defekte zulassen. Die in [HeSt94] beobachteten Defekte hatten sehr unterschiedliche Formen, von runden Umrissen (z.B. als Folge von Störungen im Photolack) bis zu eckigen, keilförmigen Umrissen (z.B. abgerissene Aluminiumpartikel).

Wenn die Auswirkung von Defekten im Layout einer Schaltung analysiert werden soll, müssen die realen Defekte durch einfache Formen wie Kreise oder Quadrate angenähert werden, da nur so der Rechenaufwand für die Analyse in akzeptablem Rahmen gehalten werden kann. Die meisten realen Defekte werden gut durch eine Ellipse beschrieben, deren Achsenlängen der maximalen und der minimalen Ausdehnung des Defekts entsprechen. Beide Größen lassen sich aus dem Bild des Defekts leicht entnehmen. Ein elliptischer Defekt kann durch einen einfacher handhabbaren kreisförmigen oder quadratischen Defekt ersetzt werden, wobei Durchmesser bzw. Kantenlänge so bestimmt werden, daß der idealisierte Defekt mit etwa gleicher Wahrscheinlichkeit einen Kurzschluß oder eine Unterbrechung verursacht wie der reale Defekt (siehe [HeSt93]).

Die Vermessung der beobachteten Defekte in [HeSt94b] bestätigte die in [Stap83] angegebene Größenverteilung (siehe Bild 2.5). Die Wahrscheinlichkeit g(s), daß der Durchmesser eines beobachteten Defekts im Intervall [s, s+Δ] liegt, nimmt proportional zu $\frac{1}{s^n}$ ab, wobei der Parameter n einen Wert von 3 oder etwas kleiner hat. Für Defektgrößen, die wesentlich kleiner als die minimale Strukturgröße λ des Prozesses sind, können keine verläßlichen Aussagen gemacht werden. Solche Defekte verursachen aber auch keine Kurzschlüsse oder Unterbrechungen. Sie werden in Bild 2.5 durch eine gestrichelte Linie beschrieben.

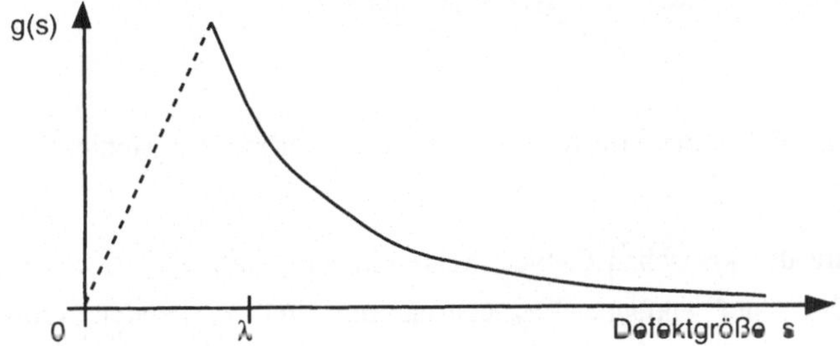

Bild 2.5: Dichte der Defektgrößenverteilung nach [Stap83]

2.2 Bestimmung der realistischen Fehler

Mit den Kenntnissen über die Defekte läßt sich für ein Layout einer Schaltung ermitteln, welche Fehler durch Defekte verursacht werden können. Die *induktive Fehleranalyse* [ShMF85] ist ein systematischer Ansatz, um die Menge der Fehler, die tatsächlich physikalisch möglich sind (*realistische Fehler*), genau zu bestimmen. Dabei wird das Schaltungslayout hinsichtlich der möglichen Abweichungen von der defektfreien Struktur analysiert, und aus den geometrischen Layoutdaten und den statistischen Daten über Defekte wird die Auftrittswahrscheinlickkeit für jeden Fehler bestimmt.

In den letzten Jahren wurden verschiedene Methoden zur induktiven Fehleranalyse entwickelt. Das FXT-Programm [FeSh88] baut eine große Zahl von Defekten unterschiedlicher Größe nacheinander in das Layout ein und ermittelt die Auswirkungen. Diese Monte-Carlo-Simulation ist jedoch sehr zeitaufwendig und weniger genau als analytische Methoden, die das Konzept des kritischen Gebiets verwenden. Das *kritische Gebiet* ist derjenige Bereich des Layouts, in den der Mittelpunkt eines Defekts fallen muß, um einen bestimmten Fehler zu verursachen [Stap83, Stap84]. Als Beispiel sind in Bild 2.6 die kritischen Gebiete für einen Kurzschlußfehler und einen Unterbrechungsfehler dargestellt. In beiden Fällen wurde ein fester Defektdurchmesser zugrundegelegt und angenommen, daß die Leitungen unendlich lang sind.

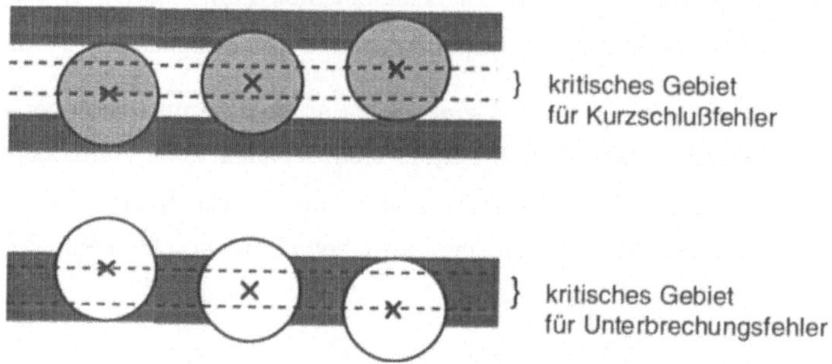

Bild 2.6: Kritische Gebiete für Kurzschluß- und Unterbrechungsfehler

Da die Berechnung des kritischen Gebiets keine einfache Aufgabe ist, beschränken sich die bekannten Verfahren auf einfache Layoutstrukturen und verwenden grobe Näherungen zugunsten effizienter geometrischer Operationen [Jaco89, NiMa89, CORS92]. Das System CARAFE [JeFe93] kann mögliche Brücken- und Unterbrechungsfehler aus beliebigen Layouts mit Manhattan-Geometrie extrahieren. Die Analyse ist jedoch beschränkt auf Brücken zwischen zwei Knoten und Unterbrechungen, die einen Knoten in genau zwei Teilknoten aufteilen. LIFT [TeGS91] und ACRIT [CORS92] verwenden ähnliche Vereinfachungen bei der Berechnung des kritischen Gebiets und der Fehlermodellierung. Kürzlich wurde ein netz-orientierter Ansatz vorgeschlagen [XuDJ93], der für jedes elektrische Netz separat die möglichen Brückenfehler zu benachbarten Netzen extrahiert. Da aber jeder Brückenfehler mindestens zwei Netze beeinflußt, werden alle Fehler mehrmals extrahiert, und die für die einzelnen Netze gewonnen Fehlerlisten müssen anschließend zusammengefaßt werden. Dieser Ansatz wurde auch auf Unterbrechungsfehler ausgedehnt [XuDJ94]. Um auch größere Schaltungen behandeln zu können, wurde vorgeschlagen, die Defekte in einer bestimmten Reihenfolge zu betrachten [StWu94d], wobei Defekte, die mit größerer Wahrscheinlichkeit einen Fehler hervorrufen, zuerst analysiert werden. Bei Defekten mit sehr viel geringerer Wahrscheinlichkeit kann das Verfahren dann abgebrochen werden.

Insgesamt weisen die bekannten Verfahren zur Fehlerextraktion drei wichtige Einschränkungen auf:

- Brückenfehler werden auf die Verbindung von nur zwei Netzen beschränkt.
- Es wird angenommen, daß ein Netz, das von einem Unterbrechungsfehler betroffen ist, in genau zwei Teilnetze aufgespalten wird. Einige Ansätze differenzieren nicht zwischen verschiedenen Positionen einer Unterbrechung in einem Netz.
- Korrelationen zwischen Fehlern werden nicht berücksichtigt. (Zwei Fehler sind *korreliert*, wenn es einen einzelnen Defekt gibt, der beide Fehler gleichzeitig hervorrufen kann.)

Beispiele zeigen, daß einige Brückenfehler, die mehrere Netze betreffen, mit den Tests für Brückenfehler, die nur zwei Netze betreffen (siehe Abschnitt 2.2.4), nicht erkannt werden. Deshalb sollten Mehrfachbrückenfehler, die mit nicht zu vernachlässigender Wahrscheinlichkeit auftreten, beim Test explizit berücksichtigt werden. Ort und Vielfachheit von Unterbrechungsfehlern haben ebenfalls einen Einfluß auf das fehlerhafte Verhalten. Selbst Unterbrechungsfehler, die das gleiche Netz betreffen, können verschiedene Testmusterpaare erfordern.

Eine Situation mit zwei korrelierten Brückenfehlern zeigt Bild 2.7. Ein einziger Defekt vom Typ „fehlendes Isolationsmaterial" verursacht zwei Brückenfehler zwischen verschiedenen Netzen. Das Auftreten dieser beiden Fehler ist also nicht statistisch unabhängig, und die Wahrscheinlichkeit, daß zumindest einer von ihnen auftritt (und die Schaltung fehlerhaft macht), kann nicht exakt berechnet werden ohne Kenntnisse über die Korrelation zwischen den beiden Fehlern.

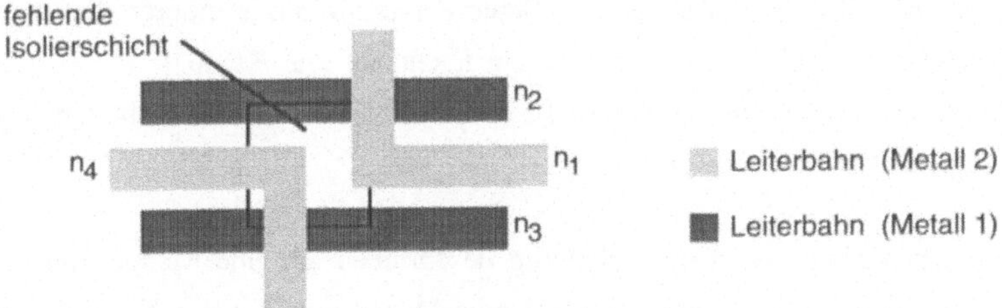

Bild 2.7: Korrelation zwischen Fehlern

Entsprechend gibt es korrelierte Unterbrechungsfehler, wenn durch einen einzigen Defekt mehr als ein Netz betroffen ist. Im allgemeinen machen es korrelierte Fehler schwierig, die Fehlerwahrscheinlichkeiten auf elektrischer Ebene zu berechnen.

Im folgenden wird ein realistisches Fehlermodell vorgestellt, das die oben erwähnten Probleme überwindet. Es ermöglicht die eindeutige Beschreibung aller möglichen Veränderungen in der Schaltungsstruktur auf der elektrischen Ebene. Die Fehler werden so modelliert, daß jeder

Defekt im Layout zu höchstens einem Fehler führen kann und die Fehler nicht korreliert sind. Wir haben außerdem ein einheitliches Verfahren entwickelt, das eine vollständige Menge von einfachen und mehrfachen Brücken- und Unterbrechungsfehlern aus dem Layout einer Schaltung extrahiert und über das kritische Gebiet die Auftrittswahrscheinlichkeit für jeden Fehler bestimmt. Die vorgestellte Methode ist für beliebige Layouts mit Manhattan-Geometrie anwendbar. Wir beginnen mit der Beschreibung der Schaltung und ihrer Fehler auf Layout- und Transistorebene, stellen dann das Fehlermodell vor und beschreiben anschließend das Verfahren zur Fehlerextraktion.

2.2.1 Beschreibung der Schaltung und der Fehler auf der Layoutebene und auf der elektrischen Ebene

Als ein "bottom up"-Verfahren startet die Fehlerextraktion auf der Layoutebene. Die geometrischen Layoutobjekte werden entsprechend der "corner stitching"-Struktur [Oust84] in Rechtecke partitioniert. Jedes Layoutobjekt wird charakterisiert durch die Koordinaten seiner Ecken, ein Schichtenattribut (z.B. Polysilizium, Diffusion, Isolator, Metall) und Zeiger auf Objekte, die horizontal (in der gleichen Schicht) oder vertikal (in einer anderen Schicht) benachbart sind. Mit Hilfe einer Extraktionsprozedur wird jedes leitende oder halbleitende Objekt mit der Nummer des Netzes markiert, zu dem das Objekt gehört.

Die elektrisch leitenden Verbindungen zwischen Layoutobjekten werden mit einem *Verbindungsgraphen* $G = (V, E)$ modelliert. Seine Knoten V repräsentieren die Layoutobjekte aus (halb-)leitendem Material. Die Kantenmenge E enthält eine Kante $\{v_1, v_2\}$ genau dann, wenn die durch v_1 und v_2 repräsentierten Layoutobjekte direkt, d.h. nicht nur über andere dazwischenliegende Objekte, verbunden sind.

Auf der elektrischen Ebene wird die Schaltung beschrieben als eine Menge von elektrischen Knoten (C), eine Menge von Transistoren und eine Menge von Netzen (N). Ein Knoten $c \in C$ ist ein primärer Eingang, ein primärer Ausgang, ein Anschluß der Stromversorgung oder ein Transistoranschluß (Source, Drain oder Gate). Allgemein sind Source und Drain eines Transistors durch die Stromflußrichtung bestimmt. Für die Fehlerextraktion ist die Unterscheidung von Source und Drain jedoch nicht relevant. Ein Netz $n \in N$ ist durch eine Teilmenge der Knoten von C definiert, nämlich durch die elektrisch verbundenen Knoten. Die Netze einer Schaltung sind paarweise disjunkt, sie bilden eine Partition von C. Auf der Layoutebene entspricht jedes Netz einer Zusammenhangskomponente (einem maximal zusammenhängenden Teilgraphen) des Verbindungsgraphen G.

Wie in Abschnitt 2.1 betrachten wir statistisch über den ganzen Chip verteilte *Punktdefekte*, deren Abmessungen mit der Größe der kleinsten Layoutstrukturen vergleichbar sind. Die Defekttypen „überschüssiges Material“ und „fehlendes Material“ in einer leitenden oder isolierenden Schicht schließen auch die Defekte ein, die sich auf die Verbindung mehrerer Schichten durch Kontakte auswirken.

Defekte können zu lokalen Veränderungen bei der Verbindung von leitenden Layoutobjekten führen. Diese Veränderungen werden *Verbindungsfehler* genannt. In Abschnitt 2.2.2 werden Verbindungsfehler derart definiert, daß jeder Defekt höchstens einen Verbindungsfehler verursacht. Allgemein können mehrere verschiedene Defekte zum gleichen Verbindungsfehler führen.

Schließlich kann ein Verbindungsfehler eine Veränderung in der Schaltungsstruktur auf der elektrischen Ebene hervorrufen und auf diese Weise das Verhalten der Schaltung ändern. Verschiedene Verbindungsfehler können zum gleichen Fehler in der Transistornetzliste führen. Aber es gibt auch Verbindungsfehler, welche die Netzliste nicht beeinflussen, z.B. ein Fehler, der zwei Teile des gleichen Netzes verbindet, oder ein Fehler, der ein ringförmiges Netz an einer Stelle unterbricht. Bild 2.8 faßt diese Beziehungen zusammen.

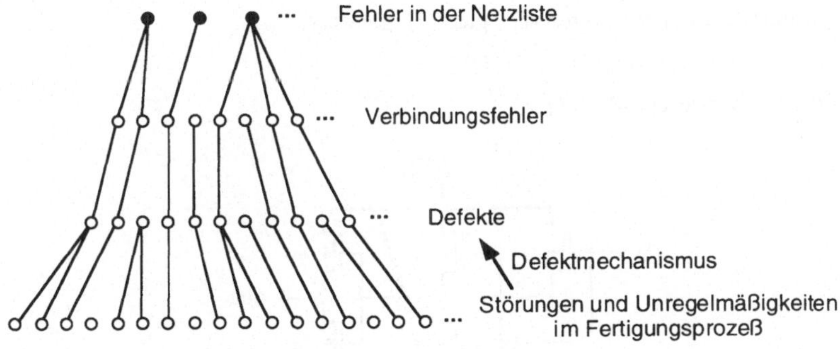

Bild 2.8: Defekte, Verbindungsfehler und Netzlistenfehler

Im folgenden wird wie in [CORS92] eine quadratische Defektform zugrundegelegt, da die geometrischen Algorithmen dann wesentlich einfacher sind als bei kreisförmigen oder gar elliptischen Formen. Mit dieser Näherung erhält man Fehlerwahrscheinlichkeiten, die etwas größer als die exakten Wahrscheinlichkeiten sind, aber die Vollständigkeit der extrahierten Fehlermenge wird nicht beeinträchtigt [Spie95].

2.2.2 Fehlermodell auf der elektrischen Ebene

Die hier vorgestellte Methode zur Fehlerextraktion liefert die auf der elektrischen Ebene (in der Netzliste) möglichen Fehler. Das verwendete Fehlermodell besteht aus drei Typen: Brückenfehler, Unterbrechungsfehler und Verbundfehler. Auch die Fehler „Transistor ständig leitend“ und „Transistor ständig sperrend“ werden damit als Brücken- bzw. Unterbrechungsfehler modelliert. Alle diese Fehler haben einen Einfluß auf die Partitionierung der Menge der elektrischen Knoten in getrennte Netze. Brückenfehler vereinigen Netze, Unterbrechungsfehler teilen Netze auf, und Verbundfehler bewirken beides.

Definition 2.1: Sei N die Menge der Netze einer Schaltung, und sei $BF = \{N_1, \ldots, N_\nu\}$ eine Menge von paarweise disjunkten Teilmengen $N_j \subset N$ mit $|N_j| \geq 2$ für $j = 1, 2, \ldots, \nu$. BF ist ein *Brückenfehler*, falls ein einzelner Defekt dazu führen kann, daß in jeder Teilmenge $N_j \in BF$ alle Netze elektrisch verbunden sind.

Das CMOS AND-Gatter in Bild 2.9 hat die Netze

$n_1 = \{i_1, gate(t_1), gate(t_4)\}$,

$n_2 = \{i_2, gate(t_2), gate(t_5)\}$,

$n_3 = \{drain(t_6), drain(t_5), GND\}$,

$n_4 = \{source(t_1), source(t_2), source(t_3), V_{DD}\}$,

$n_5 = \{drain(t_1), drain(t_2), source(t_4), gate(t_3), gate(t_6)\}$,

$n_6 = \{drain(t_4), source(t_5)\}$,

$n_7 = \{drain(t_3), source(t_6), out\}$.

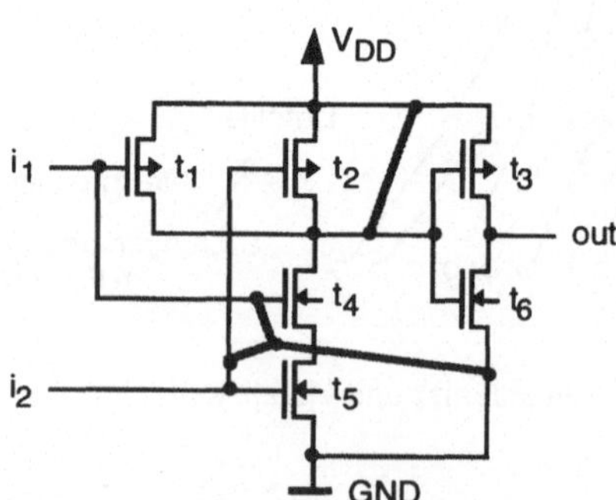

Bild 2.9: Brückenfehler in einem CMOS AND-Gatter

Wenn ein einzelner Defekt die Verbindung der Netze n_1, n_2, n_3 und außerdem die Verbindung der Netze n_4 und n_5 bewirken kann, dann ergibt sich der Brückenfehler $BF = \{\{n_1, n_2, n_3\}, \{n_4, n_5\}\}$.

Definition 2.2: Sei UF = $\{\Pi_1(n_1), \ldots, \Pi_\mu(n_\mu)\}$ eine Menge von Partitionen für die Netze $n_i \in N$ mit $|\Pi_i(n_i)| \geq 2$ für $i = 1, 2, \ldots, \mu$. UF ist ein *Unterbrechungsfehler*, falls ein einzelner Defekt dazu führen kann, daß jedes Netz $n_i \in \{n_1, \ldots, n_\mu\}$ in zwei oder mehrere unverbundene Teilnetze entsprechend $\Pi_i(n_i)$ aufgeteilt wird und die anderen Netze der Schaltung nicht aufgeteilt werden.

Bild 2.10 zeigt als Beispiel wieder ein CMOS AND-Gatter. Jetzt verursacht ein einzelner Defekt eine Unterbrechung, welche die Netze n_2 und n_5 in zwei bzw. drei Teilnetze auftrennt. Der resultierende Unterbrechungsfehler ist UF = $\{\Pi_1(n_2), \Pi_2(n_5)\}$ mit $\Pi_1(n_2) = \{\{i_2, \text{gate}(t_5)\}, \{\text{gate}(t_2)\}\}$ und $\Pi_2(n_5) = \{\{\text{drain}(t_1), \text{source}(t_4)\}, \{\text{drain}(t_2)\}, \{\text{gate}(t_3), \text{gate}(t_6)\}\}$.

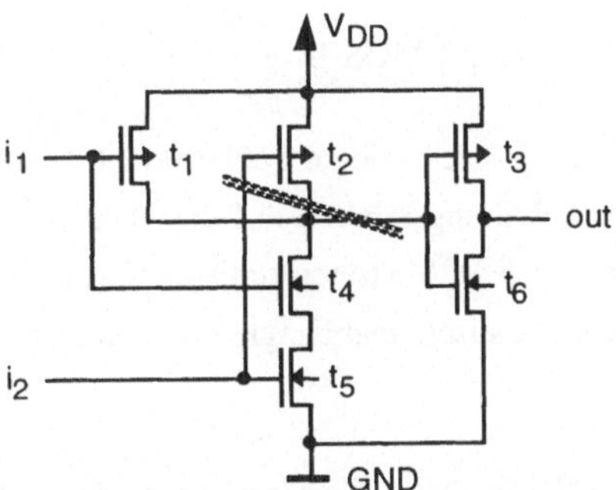

Bild 2.10: Unterbrechungsfehler in einem CMOS AND-Gatter

Ein Defekt vom Typ „fehlendes Polysilizium" im Gebiet des Transistorkanals kann einen Kurzschluß zwischen Source und Drain und zusätzlich eine Unterbrechnung einer Signalleitung verursachen. So können Brücken- und Unterbrechungsfehler gleichzeitig als Folge eines einzigen Defekts auftreten. Um eine Korrelation zwischen diesen Fehlern zu vermeiden, muß dieser Fall getrennt modelliert werden.

Definition 2.3: Eine Kombination eines Brückenfehlers und eines Unterbrechungsfehlers, CF = {BF, UF}, ist ein *Verbundfehler*, wenn ein einzelner Defekt dazu führen kann, daß der Brückenfehler BF und der Unterbrechungsfehler UF zusammen auftreten.

In Bild 2.11 ist ein CMOS-Inverter und sein Layout dargestellt. Ein Defekt vom Typ „fehlendes Polysilizium" im Gebiet des n-Transistorkanals bewirkt, daß der n-Transistor ständig leitet und das Gate des p-Transistors keine Verbindung mehr hat ("floating gate").

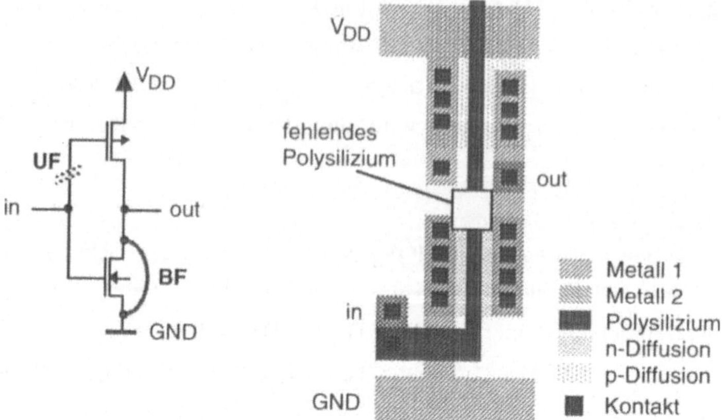

Bild 2.11: Verbundfehler in einem CMOS-Inverter

Das mit den Definitionen 2.1 bis 2.3 festgelegte Fehlermodell beschreibt auf eindeutige Weise alle Veränderungen, die in der Schaltungsstruktur auf der elektrischen Ebene auftreten können. Außerdem sind alle Fehler unkorreliert. Sie treten statistisch unabhängig voneinander auf, wenn die zugrundeliegenden Defekte statistisch unabhängig voneinander sind.

2.2.3 Extraktion realistischer Fehler aus dem Schaltungslayout

Für das Testen sind Defekte, die nicht zu Verbindungsfehlern führen, und auch Verbindungsfehler, die nicht zu Netzlistenfehlern führen, nicht relevant, da sie das Verhalten der Schaltung nicht beeinflussen (abgesehen von möglichen Auswirkungen auf die Zuverlässigkeit). Deshalb können wir uns auf die Netzlistenfehler konzentrieren und zwar auf diejenigen Fehler, die mit von Null verschiedener Wahrscheinlichkeit auftreten. Diese abstraktere Sicht der Fehler bringt den Vorteil, daß die Anzahl der zu betrachtenden Fehler weit geringer ist als die Anzahl der Verbindungsfehler und die Anzahl der Defekte.

2.2.3.1 Übersicht über das Verfahren

Um die realistischen Netzlistenfehler einer Schaltung zu extrahieren, muß folgendes Problem gelöst werden:

Gegeben:
- Beschreibung des Layouts,
- Menge von Defektmechanismen,
- Defektstatistik

Gesucht:
- Menge aller realistischen Fehler (entsprechend dem Fehlermodell von Abschnitt 2.2.2),
- Auftrittswahrscheinlichkeit Pr(f) für jeden extrahierten Fehler f

Bild 2.12 gibt einen Überblick über das entwickelte Verfahren. Zunächst wird die Netzliste der fehlerfreien Schaltung aus den Layoutdaten extrahiert. Die Menge der rechteckigen Layoutobjekte wird ermittelt, und jedes Objekt wird mit der Nummer des Netzes, zu dem es gehört, markiert.

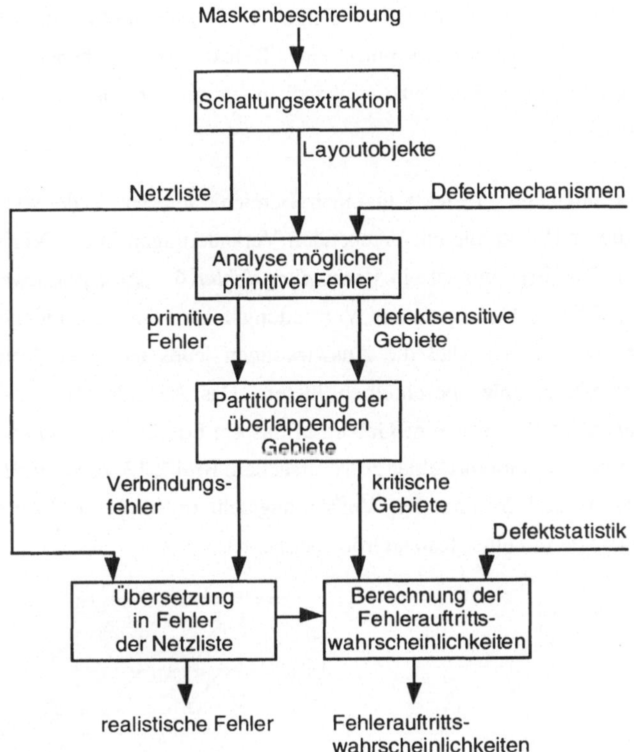

Bild 2.12: Fehlerextraktion

Die folgenden beiden Schritte werden wiederholt für verschiedene Defektgrößen und für alle Defektmechanismen, die zu überschüssigem oder fehlendem Material in einer der Schichten führen. Mit den Kenntnissen über mögliche Defekte wird das Layout auf Verbindungsfehler untersucht. Zunächst werden nur *primitive Fehler* betrachtet. Das sind

- unbeabsichtigte Verbindung zweier Objekte in der gleichen Schicht,
- unbeabsichtigte Verbindung zweier Objekte in verschiedenen Schichten (durch fehlendes Isolationsmaterial),
- Unterbrechung eines Objekts,
- Auftrennung einer Verbindung zwischen zwei Objekten in der gleichen Schicht,
- Auftrennung einer Verbindung zwischen zwei Objekten in verschiedenen Schichten

und Spezialfälle, die von der verwendeten Technologie abhängen, wie z.B. Unterbrechungen eines Transistor-Gates. Für jeden primitiven Fehler wird das *defektsensitive Gebiet* ermittelt, d.h. das Gebiet, in welches der Schwerpunkt eines Defekts von gegebener Größe fallen muß, um den betrachteten primitiven Fehler zu verursachen (möglicherweise zusammen mit anderen primitiven Fehlern).

Wenn der Schwerpunkt eines Defekts in einen Bereich fällt, wo k defektsensitive Gebiete überlappen, ruft dieser Defekt alle entsprechenden Veränderungen in der Verbindungsstruktur gleichzeitig hervor. Das Ergebnis ist ein *Verbindungsfehler* Φ, der k primitive Fehler umfaßt, $\Phi = \{\phi_1, ..., \phi_k\}$. Dieses Konzept eines Verbindungsfehlers als eine nichtleere Menge von primitiven Fehlern stellt sicher, daß die Auswirkungen jedes einzelnen Defekts sich durch genau einen Verbindungsfehler beschreiben lassen. Das *kritische Gebiet* ca(Φ, s) eines Verbindungsfehlers Φ ist also dasjenige Gebiet, in das ein Defekt der Größe s fallen muß, um diesen und nur diesen Verbindungsfehler zu verursachen. Bild 2.13 zeigt ein Beispiel mit zwei primitiven Fehlern ϕ_1 und ϕ_2 und den Verbindungsfehlern $\{\phi_1\}$, $\{\phi_2\}$ und $\{\phi_1, \phi_2\}$. Im Beispiel werden Defekte mit einer festen Größe betrachtet.

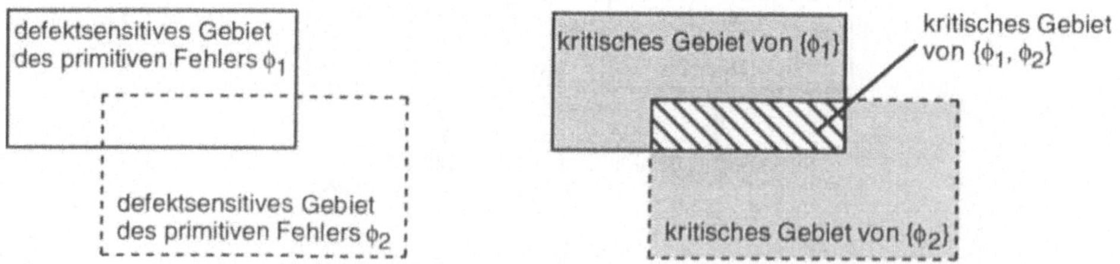

Bild 2.13: Defektsensitive Gebiete von primitiven Fehlern und kritische Gebiete der Verbindungsfehler

Prinzipiell muß das kritische Gebiet ca(Φ, s) für alle möglichen Defektgrößen s ermittelt werden. Um die Auftrittswahrscheinlichkeit Pr(Φ) eines Verbindungsfehlers Φ zu berechnen, werden seine kritischen Gebiete entsprechend der Dichte $g_{dm}(s)$ der Defektgrößen gewichtet, mit der relativen Häufigkeit D_{dm} der Defekte multipliziert, und die Beiträge aller Defektmechanismen dm werden addiert:

$$Pr(\Phi) = \sum_{dm} \left(D_{dm} \cdot \int_0^{\infty} ca_{dm}(\Phi, s) \cdot g_{dm}(s)\, ds \right) \qquad (2.1)$$

Das Integral läßt sich approximieren, indem man das kritische Gebiet für einige Defektgrößen exakt auswertet und dann Simpson's Regel anwendet.

Im letzten Schritt werden schließlich die Verbindungsfehler in Netzlistenfehler übersetzt, und die Wahrscheinlichkeiten dieser Netzlistenfehler werden berechnet. Die Übersetzung kann effizient mit einer Schaltungsextraktionsprozedur ausgeführt werden, die sich auf die Nachbarschaft des Fehlerorts beschränkt. Im folgenden werden die wichtigsten Schritte dieser Methode detaillierter beschrieben.

2.2.3.2 Bestimmung der Verbindungsfehler

Prozeduren zur Berechnung der defektsensitiven Gebiete sind in der Literatur beschrieben, z.B. in [NiMa89]. Dieser Abschnitt stellt dar, wie man alle möglichen Verbindungsfehler findet und ihre kritischen Gebiete für eine feste Defektgröße berechnet. Wenn das defektsensitive Gebiet eines primitiven Fehlers ϕ nicht das defektsensitive Gebiet irgendeines anderen primitiven Fehlers überlappt, dann stimmt das kritische Gebiet $ca(\{\phi\})$ des Verbindungsfehlers $\{\phi\}$ mit dem defektsensitiven Gebiet von ϕ überein. Wenn eine Überlappung existiert, treten Verbindungsfehler auf, die mehr als einen primitiven Fehler enthalten. Sei Φ ein Verbindungsfehler, der die primitiven Fehler $\phi_1, \ldots, \phi_k$ umfaßt. Um sein kritisches Gebiet zu bestimmen, müssen wir die Schnittmenge der defektsensitiven Gebiete $a_1, \ldots, a_k$ von $\phi_1, \ldots, \phi_k$ bilden und davon die kritischen Gebiete aller Verbindungsfehler Φ', die die gleichen primitiven Fehler $\phi_1, \ldots, \phi_k$ und mindestens einen weiteren primitiven Fehler enthalten, abziehen:

$$ca(\Phi) = \bigcap_{i=1}^{k} a_i \;\setminus \bigcup_{\Phi' \supset \Phi,\ \Phi' \neq \Phi} ca(\Phi') \qquad (2.2)$$

Da das Layout in Rechtecke partitioniert wurde, sind die defektsensitiven Gebiete stets rechteckig. Aber kritische Gebiete müssen nicht rechteckig sein (siehe Bild 2.14), sie können sogar aus verschiedenen nicht zusammenhängenden Teilen bestehen.

Das kritische Gebiet kann leicht für die spezielle Klasse von Verbindungsfehlern berechnet werden, die in der folgenden Definition beschrieben wird:

Definition 2.4: Ein Verbindungsfehler Φ heißt *maximaler Verbindungsfehler*, wenn $ca(\Phi) \neq \emptyset$ und $ca(\Phi') = \emptyset$ für alle Verbindungsfehler Φ' mit $\Phi' \supset \Phi$ und $\Phi' \neq \Phi$ gelten.

Im Beispiel von Bild 2.14 sind die maximalen Verbindungsfehler $\{\phi_1, \phi_2, \phi_3\}$ und $\{\phi_1, \phi_3, \phi_4\}$. Für einen maximalen Verbindungsfehler ist der zweite Term auf der rechten Seite von (2.2) leer, und das kritische Gebiet wird einfach durch den Schnitt der defektsensitiven Gebiete, die zu den primitiven Fehlern von Φ gehören, berechnet.

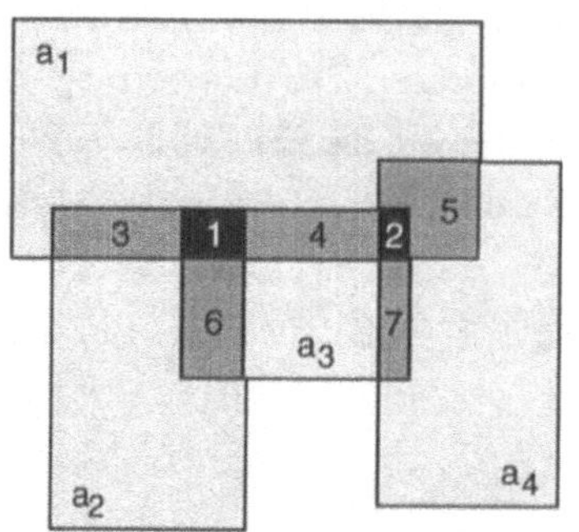

defektsensitive Gebiete: a_1, a_2, a_3, a_4

Überlappungen:

1: a_1 & a_2 & a_3 (→ max. Verbindungsfehler)
2: a_1 & a_3 & a_4 (→ max. Verbindungsfehler)
3: a_1 & a_2
4: a_1 & a_3
5: a_1 & a_4
6: a_2 & a_3
7: a_3 & a_4

Bild 2.14: Partitionierung der überlappenden Gebiete

Danach können die kritischen Gebiete bestimmt werden für die Verbindungsfehler, die alle primitiven Fehler eines maximalen Verbindungsfehlers bis auf einen enthalten, im nächsten Schritt alle bis auf zwei, usw. Bild 2.15 zeigt einen Algorithmus, der den beschriebenen Ansatz implementiert.

Zur Ermittlung der maximalen Verbindungsfehler kann der Algorithmus von McCreigth [Ullm84] verwendet werden, der alle Paare von überlappenden Rechtecken liefert. Der Einfachheit halber ist die Prozedur BESTIMME_VERBINDUNGSFEHLER so dargestellt, daß sie explizit mit 2-dimensionalen Flächen arbeitet. Wenn die kritischen Gebiete nur benötigt werden, um Fehlerwahrscheinlichkeiten auszurechnen, genügt es, ihre Größe zu bestimmen, und die Berechnungen lassen sich vereinfachen.

Die Analyse des Algorithmus von McCreigth zeigt, daß mit n primitiven Fehlern höchstens $O(n^2)$ verschiedene Verbindungsfehler mit von Null verschiedenem kritischem Gebiet möglich sind. Deshalb wachsen bei der obigen Prozedur sowohl die Rechenzeit als auch der Speicherbedarf polynomial mit n. Die Grade der Polynome hängen von der konkreten Implementierung ab.

```
Prozedur BESTIMME_VERBINDUNGSFEHLER (in: {ϕi}, {ai}; out: Lnz);

/* Eingabe:   Menge der primitiven Fehler ϕi,                                        */
/*            zugehörige defektsensitive Gebiete ai                                  */
/* Ausgabe:   Liste Lnz der Verbindungsfehler Φi mit ihren kritischen Gebieten ca(Φi) */

bestimme die maximalen Verbindungsfehler;
L   :=  Liste der maximalen Verbindungsfehler geordnet nach abnehmender Zahl
        der enthaltenen primitiven Fehler;
Lnz :=  Ø;                        /* Lnz wird die Liste der Verbindungsfehler mit */
                                  /*   nicht verschwindendem kritischem Gebiet   */

für alle Φ∈L:
    ca(Φ) :=   ⋂    ai ;          /* kritisches Gebiet maximaler Verbindungsfehler */
             ϕi∈Φ

wiederhole
    {   Φ := erstes Element von L;
        entferne Φ aus L und hänge Φ an das Ende von an Lnz an;
        falls Φ mehr als einen primitiven Fehler enthält
            für alle ϕ∈Φ:
                {   Φ' := Φ \ {ϕ};
                    falls Φ'∉L        /* falls Fehler Φ' noch nicht betrachtet */
                        {   ca(Φ') :=   ⋂    ai   \          ⋃             ca(Φ'');
                                      ϕi∈Φ'       Φ''⊃Φ', Φ''≠Φ', Φ''∈Lnz
                            falls ca(Φ') ≠ Ø
                                füge Φ' in L ein entsprechend der Zahl seiner
                                    primitiven Fehler;
                        }
                    sonst
                        {   ca(Φ') := ca(Φ') \ ca(Φ);
                                                /* passe kritisches Gebiet an */
                            falls ca(Φ') = Ø
                                entferne Φ' aus L;
                                  /* streiche Fehler, der nicht auftreten kann */
                        }
                }
    } bis L = Ø;
end;
```

Bild 2.15: Bestimmung der möglichen Verbindungsfehler und ihrer kritischen Gebiete

2.2.3.3 Übersetzung in Netzlistenfehler

Die Verbindungsfehler werden mit Hilfe des Verbindungsgraphen G in Netzlistenfehler übersetzt. Ein primitiver Fehler vom Typ „unbeabsichtigte Verbindung zwischen zwei Objekten" fügt eine Kante zwischen den entsprechenden Knoten in G hinzu. Ein primitiver Fehler vom Typ „Auftrennung einer Verbindung zwischen zwei Objekten" entfernt die Kante zwischen den entsprechenden Knoten in G. Und ein primitiver Fehler, der ein Layoutobjekt unterbricht, ersetzt den entsprechenden Knoten durch zwei neue Knoten, die nicht durch eine Kante verbunden sind (siehe Bild 2.16). Verbindungsfehler ergeben eine Kombination solcher Veränderungen im Verbindungsgraphen.

Bild 2.16: Unterbrechung des Layoutobjekts, das durch den Knoten v repräsentiert ist

Für den modifizierten Verbindungsgraphen werden die Zusammenhangskomponenten (d.h. die Netze, die sich nach der Fehlerinjektion ergeben) ermittelt und mit den Netzen der fehlerfreien Schaltung verglichen. Die Unterschiede bestimmen den Netzlistenfehler. Bild 2.17 skizziert eine Prozedur, die einen beliebigen Verbindungsfehler Φ in das Fehlermodell von Abschnitt 2.2.2 übersetzt. Allgemein beeinflußt ein Verbindungsfehler nur wenige Layoutobjekte. Da die Objekte mit der Nummer des Netzes, dem sie angehören, markiert sind, lassen sich die vom Fehler betroffenen Netze leicht herausfinden, und nur diese Netze müssen näher betrachtet werden.

Um die Auftrittswahrscheinlichkeit eines Netzlistenfehlers f zu berechnen, brauchen wir nur die Wahrscheinlichkeiten $Pr(\Phi)$ für alle diejenigen Verbindungsfehler Φ zu addieren, die zum Netzlistenfehler f führen. Dies ist der Vorteil von unkorrelierten Verbindungsfehlern.

Die Schaltung, die durch die fehlerbehaftete Netzliste beschrieben wird, kann simuliert werden, um ihr Verhalten auf der elektrischen Ebene auszuwerten. Manche Netzlistenfehler rufen Spannungen hervor, die sich vom fehlerfreien Fall unterscheiden, andere erhöhen den Betriebsstrom, verlängern die Signallaufzeiten oder führen in kombinatorischen Schaltungsteilen zu sequentiellem Verhalten. Fehler, die zum gleichen Fehlverhalten führen und deshalb die gleichen Voraussetzungen für die Fehlererkennung erfordern, können zu einem Fehler zusammengefaßt werden.

```
Prozedur ÜBERSETZE_FEHLER (in: G, Φ; out: BF, UF, CF);

/* Eingabe:   Verbindungsgraph G = (V, E), Knoten markiert mit Netznummer,  */
/*            Verbindungsfehler Φ                                             */
/* Ausgabe:   Netzlistenfehler (BF, UF oder CF)                               */

BF := Ø;   UF := Ø;   CF := Ø;
modifiziere G entsprechend den primitiven Fehlern von Φ;
CC := Menge der Zusammenhangskomponenten von G;

für alle m∈CC:
   {  N_m := Menge der Netznummern, die in den Knoten von m auftreten;
      falls |N_m| ≥ 2            /* falls mehrere Netze zusammengefaßt wurden: */
            BF := BF ∪ {N_m};                                 /* Brückenfehler */

      für alle n∈N_m:            /* für alle Netze, die (teilweise) in Zusammen- */
                                 /* hangskomponente m enthalten sind:            */
         {  V_n := Menge aller Knoten von V, die mit n markiert sind;
            {m_1, m_2, ..., m_r} :=  Knotenmengen jener r Komponenten von CC,
                                     die mit n markierte Knoten enthalten;
                                             /* V_n ⊂ m_1 ∪ m_2 ... ∪ m_r */

            falls r > 1                           /* falls Netz geteilt wurde: */
               {  Π̃(n) := {m_1 ∩ V_n, m_2 ∩ V_n, ..., m_r ∩ V_n};
                  übersetze Π̃(n) nach Π(n) auf der elektrischen Ebene;
               /* Entsprechung zwischen elektrischen Knoten und Layout-  */
               /* objekten ist durch die Schaltungsextraktion bekannt    */
                  UF := UF ∪ {Π(n)};             /* Unterbrechungsfehler */
               }
         }
   }

falls (BF ≠ Ø und UF ≠ Ø)
   CF := (BF, UF);                                       /* Verbundfehler */

end;
```

Bild 2.17: Übersetzung eines Verbindungsfehlers in einen Netzlistenfehler

2.2.4 Experimentelle Ergebnisse

Die vorgestellte Methode zur Fehlerextraktion wurde in dem Werkzeug REFLEX (**re**alistic **f**ault **ex**traction) implementiert [Spie95]. Als ein Beispiel wurde die OCTTOOLS-Standardzellen-Bibliothek [OCTT93], die aus 50 Schaltungen mit bis zu 33 Transistoren besteht, analysiert. Der Fertigungsprozeß ist charakterisiert durch eine minimale Strukturgröße von 1 µm, eine Polysiliziumschicht und zwei Metallschichten. 10 Defektmechanismen (für fehlendes oder überschüssiges Material in jeder relevanten Schicht) sind zu betrachten. Die Daten für die Defektdichten bei den verschiedenen Defektmechanismen stammen von einer aktuellen Fertigungslinie. Die Zellen wurden analysiert für Defekte mit Größen zwischen 1,0 µm und 10,0 µm in Schritten von 1,0 µm. Es wurde angenommen, daß für die Defektgrößen eine Dichtefunktion wie in Bild 2.5 gilt. So treten Defekte größer als 10,0 µm mit sehr geringer Wahrscheinlichkeit auf und können vernachlässigt werden.

Tabelle 2.1 zeigt die Ergebnisse für diejenigen Standardzellen, welche die größten Rechenzeiten auf einer SUN-Workstation SPARC-10 brauchten. Die übrigen Zellen wurden in weniger als 5,9 Sekunden analysiert. Die Anzahl der Transistoren, Netze und Layoutobjekte ist mit #T, #N und #O bezeichnet. Die Anzahl der extrahierten Brücken-, Unterbrechungs- und Verbundfehler ist in den Spalten #BF, #UF und #CF angegeben.

Name	Funktion	Fläche in μm^2	#T	#N	#O	#BF	#UF	#CF	$1-Q_{nt}$ in 10^{-5}	CPU-Zeit in s
norf311	3 Input OR/NOR	1000	8	9	105	25	55	12	0,94	5,9
nanf311	3 Input NAND/AND	1872	18	9	105	23	49	12	1,11	6,7
aof2201	2. 2 AND/OR Mux	2856	10	11	117	42	48	13	1,21	6,7
norf401	4 Input NOR	1480	8	10	96	33	59	12	0,92	6,8
xnof201	Exclusive NOR	2064	12	11	120	65	49	22	1,16	7,8
orf401	4 Input OR	2856	10	11	122	37	45	15	1,23	8,7
buff121	Tri-State Buffer	3776	10	8	142	25	41	16	1,15	9,4
xorf201	Exclusive OR	2160	12	11	124	53	50	20	1,28	10,1
nanf411	4 Input NAND/AND	2160	10	11	122	42	47	13	1,12	10,4
muxf201	Data Select	2064	12	12	127	56	48	20	1,39	11,2
delf011	Delay Cell	5040	10	9	162	34	54	17	1,08	13,6
aof3201	3. 2 AND/OR Mux	5680	14	15	160	52	58	20	1,73	13,8
aof2301	2. 3 AND/OR Mux	3648	14	15	171	61	66	21	1,79	21,6
aof4201	4. 2 AND/OR Mux	8544	18	19	194	91	72	28	2,23	24,8
larf310	Clocked Latch	6600	18	14	213	77	77	29	2,35	31,2
dfnf311	D-FF with Q&QB	7200	24	18	243	103	84	47	2,82	71,9
faf001	Full Adder	11288	28	19	304	163	94	38	3,58	94,3
dfrf301	D-FF with Async. R&Q	15048	29	22	324	170	120	52	3,53	105,6
dfrf311	D-FF with Async. R.Q&QB	16632	31	23	358	174	133	53	3,70	137,4
dfbf311	D-FF with S.R.Q&QB	13944	33	24	415	231	135	61	5,13	287,8

Tabelle 2.1: Analyse der OCTTOOLS-Standardzellen-Bibliothek

Um die Ausbeute beurteilen zu können, definieren wir die Produktqualität Q_{nt} einer nicht auf Punktdefekte getesteten Schaltung als die Wahrscheinlichkeit, daß keiner der extrahierten Fehler auftritt:

$$Q_{nt} := \prod_{\text{extrahierte Fehler } f} (1 - Pr(f)) \tag{2.3}$$

Mit diesem Maß lassen sich auch verschiedene Implementierungen der gleichen Schaltung hinsichtlich ihrer Defektanfälligkeit vergleichen. In der Tabelle ist $1 - Q_{nt}$ angegeben, also die Wahrscheinlichkeit, daß die Zelle mindestens einen Fehler enthält.

Insgesamt wurden aus den Zellen der Bibliothek 4973 Fehler extrahiert. Aufgrund der präzisen Beschreibung der Fehler ist die Anzahl der extrahierten Fehler zwar viel größer als die Anzahl der Haftfehler an den Gatteranschlüssen (siehe Abschnitt 3.2). Aber nach einer Fehlersimulation können alle Netzlistenfehler, die das gleiche fehlerhafte Verhalten ergeben, zusammengefaßt und ihre Wahrscheinlichkeiten addiert werden.

Nach der Extraktion wurden die Fehler klassifiziert. Um einen wirklichkeitsnahen Eindruck zu gewinnen, wurden sie dabei mit ihrer Auftrittswahrscheinlichkeit gewichtet. Der resultierende Wert ist die Wahrscheinlichkeit, daß ein Fehler, der tatsächlich in einer Schaltung aufgetreten ist, zu einer bestimmten Fehlerklasse gehört. Die Klassifikation ergab folgende Ergebnisse:

- Brückenfehler spielen eine dominierende Rolle, weil Defekte vom Typ „überschüssiges leitendes Material“ 20 … 50 mal häufiger als Defekte vom Typ „fehlendes leitendes Material“ auftreten.
- V_{DD} oder GND sind nur an der Hälfte der Brückenfehler beteiligt. Nur diese Fehler lassen sich deshalb unmittelbar als Haftfehler, die einen Knoten auf konstant "0" oder konstant "1" setzen, beschreiben.
- Mit Wahrscheinlichkeit 0,24 verbindet ein aufgetretener Brückenfehler mehr als zwei Netze. Das beweist, daß mehrfache Brückenfehler nicht vernachlässigt werden dürfen.
- Ungefähr die Hälfte der Unterbrechungsfehler führt zu einem nicht angeschlossenen Gate bei einem oder mehreren Transistoren. Die anderen Unterbrechungsfehler können größtenteils als einfache oder mehrfache "stuck open"-Fehler klassifiziert werden (siehe Abschnitt 3.2).
- Mit einer Wahrscheinlichkeit von 0,033 durchtrennt ein aufgetretener Unterbrechungsfehler mehr als ein Netz.
- Verbundfehler machen 0,2 % aller aufgetretenen Fehler aus.

Tabelle 2.2 gibt die Wahrscheinlichkeit an, daß ein aufgetretener Netzlistenfehler durch einen Defekt mit einer Größe von bis zu 3, 4, 5, 6 bzw. 10 µm verursacht wurde. Diese Daten bestätigen, daß die Beschränkung der betrachteten Defektgrößen auf maximal 10,0 µm sinnvoll ist. Mit einer Wahrscheinlichkeit von mehr als 99,8 % wird der Fehler durch einen Defekt verursacht, der kleiner als 10,0 µm ist.

Defektgrößenintervall	Brückenfehler	Unterbrechungs- und Verbundfehler
0 ... 3 µm	1,0 %	0,0 %
0 ... 4 µm	15,4 %	73,3 %
0 ... 5 µm	82,4 %	83,9 %
0 ... 6 µm	93,7 %	94,2 %
0 ... 10 µm	99,8 %	99,9 %

Tabelle 2.2: Wahrscheinlichkeit, daß ein aufgetretener Netzlistenfehler durch einen Defekt mit einer bestimmten Größe verursacht wurde

Um die Bedeutung von mehrfachen Brückenfehlern zu demonstrieren, wurde eine AND/OR-Kombination $y = x_0 x_1 \vee x_2$ (siehe Bild 2.18) auf Transistorebene implementiert, wobei die Netzlisten der OCTTOOLS-Standardzellen verwendet wurden. Diese Kombination eines AND-Gatters und eines OR-Gatters wurde gewählt, weil sie in realen Schaltungen häufig vorkommt. Außer dem fehlerfreien Fall wurden die folgenden vier Brückenfehler zwischen den Eingangsleitungen analysiert:

Brückenfehler $f_{01} = \{\{x_0, x_1\}\}$ (Kurzschluß zwischen x_0 und x_1),

Brückenfehler $f_{02} = \{\{x_0, x_2\}\}$,

Brückenfehler $f_{12} = \{\{x_1, x_2\}\}$,

mehrfacher Brückenfehler $f_{012} = \{\{x_0, x_1, x_2\}\}$.

Um gleiche Treiberstärken an allen Eingabeleitungen zu bekommen und Rückwirkungen von kurzgeschlossen Leitungen auf die Eingabesignale zu vermeiden, wurden alle Leitungen vor den Brückenfehlern gepuffert. Außerdem führen manche Kurzschlüsse zu einem verzerrten Ausgangssignal, das von einem folgenden Gatter sowohl als "0" als auch als "1" interpretiert werden kann. Um diese „Interpretation“ zu erhalten, wurde die Ausgangsleitung der AND/OR-Kombination ebenfalls gepuffert (siehe Bild 2.18).

Eine genaue Modellierung eines Brückenfehlers muß auch seinen Widerstand berücksichtigen. Nach [Acke88] haben die meisten Brückenfehler einen Widerstand von weit weniger als 500 Ω.

Bei dem Beispiel führte jeder Widerstand R < 675 Ω zu den gleichen Simulationsergebnissen, so daß der Widerstand hier keine Rolle spielt.

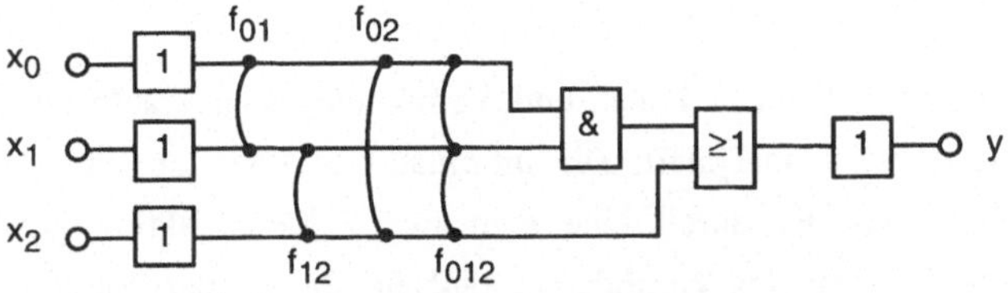

Bild 2.18: AND/OR-Kombination mit verschiedenen Brückenfehlern

Die SPICE-Simulation [Nage75] mit allen möglichen Eingabemustern ergab, daß die Brückenfehler, die zwei Netze betreffen, ähnlich wirken wie "wired-OR"-Verknüpfungen. Der Brückenfehler f_{012}, der mehrere Netze verbindet, führt jedoch zu einem komplexeren Verhalten. Ein Eingabemuster (x_2, x_1, x_0) entdeckt einen Brückenfehler, wenn sich die Ausgabesignale im fehlerfreien und im fehlerhaften Fall unterscheiden:

f_{01} wird getestet durch (0, 0, 1) und (0, 1, 0),
f_{02} wird getestet durch (0, 0, 1),
f_{12} wird getestet durch (0, 1, 0),
f_{012} wird getestet durch (1, 0, 0).

Selbst wenn alle Testmuster für Brückenfehler, die zwei Netze betreffen, angelegt werden, wird doch der mehrfache Brückenfehler nicht entdeckt. Das macht deutlich, daß es für eine hohe Fehlererfassung nicht ausreicht, lediglich Fehler, die zwei Netze betreffen, zu betrachten. Wenn man, wie hier vorgeschlagen, die Brückenfehler, die mehr als zwei Netze verbinden, und die Unterbrechungsfehler, die mehr als ein Netz auftrennen, einbezieht, steigt die Anzahl der unterschiedlichen Fehler nur um einen Faktor von ungefähr 2. Dieser geringe Anstieg ist eine Folge der Defektgrößenverteilung, deren Dichte proportional zu $1/s^3$ abnimmt, so daß sich praktisch alle Defekte nur innerhalb einer eng begrenzten Umgebung auswirken können. Die Einbeziehung von Fehlern, die mehrere Netze betreffen, erhöht daher die Rechenzeit, die für Fehlersimulation und Testmusterberechnung benötigt wird, nur mäßig.

2.2.5 Bearbeitung großer Layouts

Die beschriebene Methode zur Fehlerextraktion wird noch effizienter, wenn spezifische Eigenschaften bestimmter Entwurfsstile ausgenutzt werden. Bei Gate-Arrays beispielsweise besteht das Layout aus einer großen Zahl gleichartiger Grundelemente mit Transistoren gleicher geometrischer Dimensionierung. Diese Grundelemente sind in einer regelmäßigen Struktur angeordnet und durch Leitungen in einer oder mehreren Metallschichten verbunden. Jede Gate-Array-Zelle muß nur ein einziges Mal analysiert werden, und diese Daten werden dann in der Zellbibliothek gespeichert.

Ein Standardzellen-Layout kann in Zellen und Verdrahtungskanäle aufgeteilt werden. Zuerst werden diese Teile getrennt analysiert. Die Informationen über die Zellen werden aus der Zellbibliothek geholt, wo die durch eine einmalige Fehlerextraktion gewonnenen Daten gespeichert sind. Die Fehler in den Verdrahtungskanälen müssen spezifisch für den betrachteten Entwurf ermittelt werden. Verdrahtungskanäle belegen oft einen großen Teil der Layoutfläche, und die Signalleitungen in einem Verdrahtungskanal sind typisch viel länger und daher für Brücken- und Unterbrechungsfehler anfälliger als Leitungen innerhalb von Zellen. Eine spezielle Version der Fehlerextraktionsprozedur wurde für die einfachen Layoutstrukturen der Verdrahtungskanäle optimiert [Spie94]. Sie ist sehr effizient, weil keine Transistoren zu betrachten sind.

Ähnlich wie auch bei Gate-Arrays kann es Defekte geben, welche die Grenze zwischen zwei benachbarten Zellen oder die Grenze zwischen einer Zelle und einem Verdrahtungskanal überschreiten. Diese Defekte können Fehler verursachen, die noch nicht in der Fehlermenge enthalten sind, nachdem Zellen und Verdrahtungskanäle getrennt analysiert wurden. Zur Behandlung solcher Fehler wird ein Grenzbereich untersucht, dessen Größe von den Abmessungen des größten betrachteten Defekts abhängt (siehe Bild 2.19). Die Fehlerextraktionsprozedur wird in einem weiteren Schritt auf die Layoutobjekte angewandt, die ganz oder teilweise in diesem Grenzbereich liegen. Hier müssen dann nur die Fehler ermittelt werden, die Layoutobjekte von mindestens zwei Zellen oder von einer Zelle und einem Verdrahtungskanal betreffen.

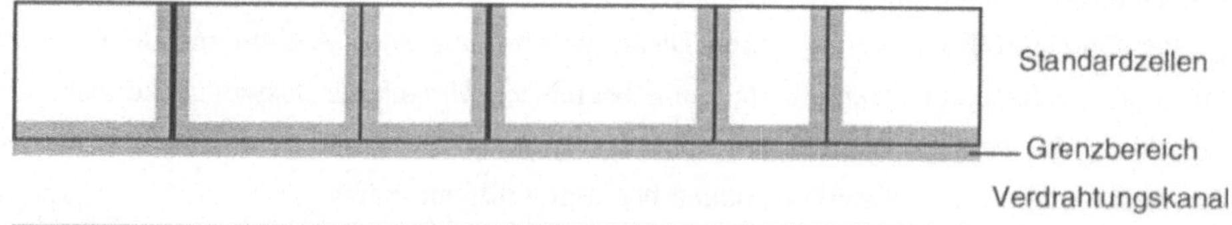

Bild 2.19: Grenzbereiche in Standardzellen-Layouts

Die beschriebene induktive Fehleranalyse hat verschiedene sehr nützliche Anwendungen im Bereich der Entwurfs- und Testoptimierung. Mit ihr lassen sich besonders empfindliche Layoutbereiche aufspüren. Es können Entwurfsregeln entwickelt werden für Layouts, die möglichst robust gegenüber Defekten sind ("Design for Testability" auf der Layoutebene [TeGS91, Kuo93]). Die ermittelten Fehlerwahrscheinlichkeiten erlauben einen Vergleich verschiedener Implementierungen der gleichen Funktion. Für einen gegebenen Testmustersatz kann genau bestimmt werden, wieviele Fehler nicht erkannt werden. Die Testmustererzeugung kann damit vorrangig auf die häufigsten Fehler ausgerichtet werden. Außerdem kann der Testsatz so optimiert werden, daß entweder in möglichst kurzer Zeit ein vorgegebener hoher Prozentsatz der tatsächlich aufgetretenen Fehler erkannt wird oder in vorgegebener Zeit ein maximaler Prozentsatz der Fehler entdeckt wird. Dazu werden bei der Reihenfolge der Tests die Auftrittswahrscheinlichkeiten der entdeckten Fehler berücksichtigt [SpSt93a, SpSt93b].

3 Teststrategien

Nach der Fertigung müssen alle Chips getestet werden. Das Ziel ist dabei, möglichst alle aufgetretenen Abweichungen vom Entwurf zu erfassen, so daß nur fehlerfreie Produkte ausgeliefert werden. Die unterschiedlichen Schaltungsstrukturen, Fertigungstechnologien, Stückzahlen und Anforderungen an die Produktqualität haben zur Entwicklung einer Vielzahl unterschiedlicher Vorgehensweisen geführt. Zu einer Teststrategie gehören

- ein Fehlermodell, das die Fehler beschreibt, die getestet werden sollen,
- ein Verfahren zur Bestimmung von Testmustern, welche die modellierten Fehler aufdecken,
- eventuell ein Verfahren zur Modifikation der Schaltungsstruktur, um die Testbarkeit zu verbessern,
- ein Verfahren zur Ausführung des Tests.

All diese Punkte hängen miteinander zusammen. Das Fehlermodell dient als Grundlage für die Testmusterbestimmung und hat damit einen Einfluß auf die Testqualität. Die Anzahl der Testmuster darf nicht zu groß sein, wenn die Muster in einem Testautomaten gespeichert werden sollen. Eine integrierte Mustererzeugung unmittelbar auf dem Chip setzt andererseits als wünschenswert voraus, daß sich die Testmuster durch einfache Hardware-Strukturen generieren lassen. In diesem Kapitel werden verschiedene Teststrategien beschrieben und vergleichend diskutiert. Da aus wirtschaftlicher Sicht die Verfahren zur Verbesserung der Testbarkeit und zur Ausführung des Tests die weitreichendsten Konsequenzen haben, wird dort der Schwerpunkt liegen.

3.1 Schaltungsbeschreibung

Um den Testwerkzeugen Schaltungsinformationen mit unterschiedlichem Detaillierungsgrad zur Verfügung zu stellen, wird die Schaltung auf verschiedenen Abstraktionsebenen beschrieben. Die Beschreibungen der geometrischen Strukturen auf der Layout-Ebene und der Transistornetzwerke auf der elektrischen Ebene wurden bereits im vorangegangenen Kapitel behandelt. Für die Testmusterbestimmung und die Ermittlung der Fehlererfassung ist hauptsächlich die Gatterebene und in Ausschnitten auch die elektrische Ebene interessant. Für die Plazierung von Testhilfsmitteln und für die Planung des Testablaufs eignet sich besonders die Register-Transfer-Ebene.

Auf allen Abstraktionsebenen ist in erster Linie die Struktur und außerdem das Verhalten der Grundelemente wichtig. Zur Strukturbeschreibung werden häufig Graphen benutzt. Ein Knoten eines solchen Graphen repräsentiert ein Grundelement der Schaltung auf der betrachteten Abstraktionsebene und wird mit dem Typ oder der Funktion dieses Grundelements gekennzeichnet. Die hier verwendeten Begriffe aus der Graphentheorie sind in Anhang A formal definiert.

3.1.1 Gatterebene

Auf der Gatterebene wird die Schaltung mit Bauelementen, die einfache boolesche Funktionen realisieren (Inverter, AND-Gatter, OR-Gatter etc.) und 1-bit-Speicherelementen (D-Flipflops etc.) modelliert. Diese Bauelemente sind über ihre Anschlüsse miteinander verbunden. Als formale Darstellung wird der Schaltungsgraph verwendet.

Definition 3.1: Ein *Schaltungsgraph* $G := (V, E)$ ist ein gerichteter Graph mit den Knoten V und den Kanten E. Die Knotenmenge $V := V_C \cup V_S \cup I \cup O$ ist eine disjunkte Vereinigung von kombinatorischen Knoten V_C, Speicherknoten V_S, Eingangsknoten I und Ausgangsknoten O.

In dieser Definition sind Gatterausgänge durch V_C repräsentiert, die Ausgänge von Speicherelementen durch V_S, I enthält die primären Eingänge außer den Takteingängen und O die primären Ausgänge. Bild 3.1 zeigt ein Beispiel für eine Schaltungsbeschreibung auf Gatterebene und den zugehörigen Schaltungsgraphen mit $V_C = \{6, 8, 9, 12, 13, 15, 16, 18\}$, $V_S = \{7, 10, 11, 14, 17\}$, $I = \{1, 2, 3, 4, 5\}$, $O = \{19, 20, 21\}$. Die Speicherknoten sind grau gezeichnet.

Aufgrund der übersichtlicheren Darstellung werden nur synchrone Schaltungen mit Einphasen-Takt behandelt, eine Verallgemeinerung ist aber leicht möglich (siehe z.B. [Wund91]). Dann brauchen Takteingänge und Taktleitungen nicht explizit im Schaltungsgraphen berücksichtigt zu werden. Für einen sinnvollen Schaltungsentwurf wird im folgenden angenommen, daß die Eingangsknoten genau diejenigen Knoten sind, die keine Vorgänger im Schaltungsgraphen haben, und entsprechend die Ausgangsknoten diejenigen ohne Nachfolger. Von jedem Eingangsknoten $i \in I$ soll ein Pfad zu einem Ausgangsknoten $o \in O$ existieren. Außerdem wird vorausgesetzt, daß alle Speicherelemente D-Flipflops sind. Dies stellt keine Einschränkung dar, da sich alle anderen Flipfloptypen durch ein D-Flipflop und wenige zusätzliche Gatter nachbilden lassen.

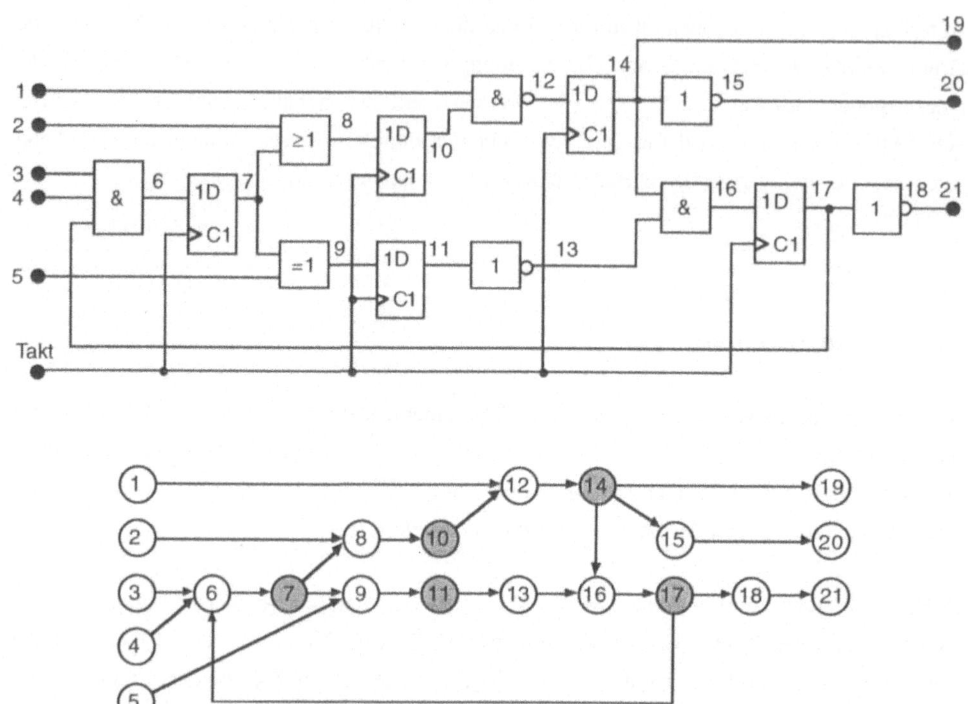

Bild 3.1: Schaltungsbeschreibung auf Gatterebene und zugehöriger Schaltungsgraph

Eine spezielle Form des Schaltungsgraphen ist der Schaltnetzgraph.

Definition 3.2: Ein Schaltungsgraph $G := (V, E)$ heißt *Schaltnetzgraph*, falls $V_S = \emptyset$ gilt und G keinen Zyklus enthält.

Um den Einbau von Testhilfsmitteln modellieren zu können, wird der Schnitt eines Speicherknotens im Schaltungsgraphen eingeführt. Dabei wird ein Speicherelement durch einen primären Eingang und einen primären Ausgang ersetzt.

Definition 3.3: Sei $G = (V, E)$ ein Schaltungsgraph mit $V = V_C \cup V_S \cup I \cup O$, $v \in V_S$, $v' \notin V$. Der durch

$$I_{\{v\}} := I \cup \{v'\}, \quad O_{\{v\}} := O \cup \{v\}, \quad V_{S\{v\}} := V_S \setminus \{v\},$$

$$V_{\{v\}} := V_C \cup V_{S\{v\}} \cup I_{\{v\}} \cup O_{\{v\}},$$

$$E_{\{v\}} := \{(x, y) \mid x = v' \wedge (v, y) \in E\} \cup (E \setminus \{(x, y) \mid x = v\})$$

definierte Schaltungsgraph $G_{\{v\}} := (V_{\{v\}}, E_{\{v\}})$ heißt *Schnitt* von G in v.

Zur Veranschaulichung dieser Definition zeigt Bild 3.2 graphisch den Schnitt eines Speicherknotens.

Bild 3.2: Schnitt des Speicherknotens v

Da es bei mehreren Schnitten nicht auf die Reihenfolge ankommt, gilt $G_{\{v,w\}} = G_{\{w\}\{v\}} = G_{\{v,w\}}$ für $v, w \in V_S$. Wenn bei synchronen Schaltungen alle Speicherknoten geschnitten werden, ist der resultierende Schaltungsgraph G_{V_S} stets ein Schaltnetzgraph.

Für manche Aufgaben sind nur die Speicherelemente und der Signalfluß zwischen ihnen interessant. Dann kann der Schaltungsgraph zum sogenannten S-Graphen (Speicherelementegraphen) vergröbert werden.

Definition 3.4: Sei $G := (V, E)$ ein Schaltungsgraph mit $V := V_C \cup V_S \cup I \cup O$. Sein *S-Graph* $G_{R1} = (V_{R1}, E_{R1})$ ist definiert durch

$V_{R1} := V_S \cup I \cup O$

$E_{R1} := \{ (u, v) \in V_{R1} \times V_{R1} \mid \text{es gibt einen Pfad } \omega(u, v) \text{ in G mit } \omega(u, v) \cap V_{R1} = \{u, v\} \}$.

Bild 3.3 zeigt den S-Graphen zur Schaltung von Bild 3.1.

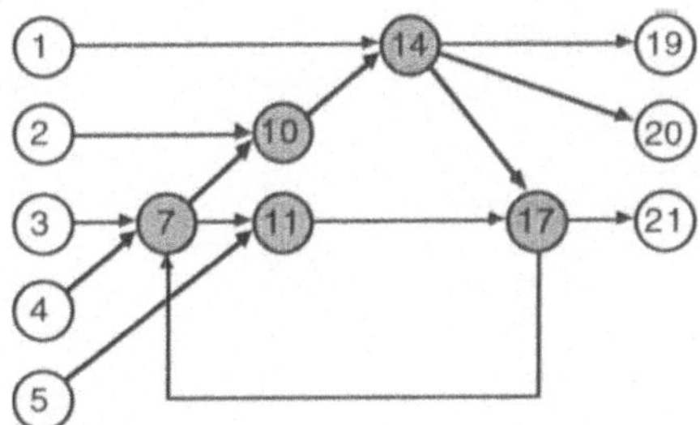

Bild 3.3: S-Graph zur Schaltung von Bild 3.1

3.1.2 Register-Transfer-Ebene

Auf der Register-Transfer-Ebene (RT-Ebene) wird von den Einzelheiten der Gatterebene abstrahiert, indem die Schaltung als Anordnung von Registerstrukturen und Blöcken kombinatorischer Logik betrachtet wird (siehe Beispiel in Bild 3.4 links). Eine solche RT-Beschreibung kann durch einen Graphen dargestellt werden, dessen Knoten Register, Schaltnetze, Mengen primärer Eingänge und Mengen primärer Ausgänge repräsentieren. Dieser Graph ist entsprechend dem Schaltungsgraphen der Gatterebene definiert (siehe Definition 3.1).

Falls nur die Register und der Datenfluß zwischen ihnen relevant sind, genügt der Registergraph G_R, das Gegenstück zum S-Graphen G_{R1} der Gatterebene. Seine Knoten stellen Mengen von Speicherelementen, Mengen von primären Eingängen und Mengen von primären Ausgängen dar, die hier einheitlich als Register bezeichnet werden. Die Kanten modellieren den Datenfluß zwischen den Registern, ohne die kombinatorische Logik, die diesen Datenfluß realisiert, näher zu charakterisieren (siehe Bild 3.4 rechts).

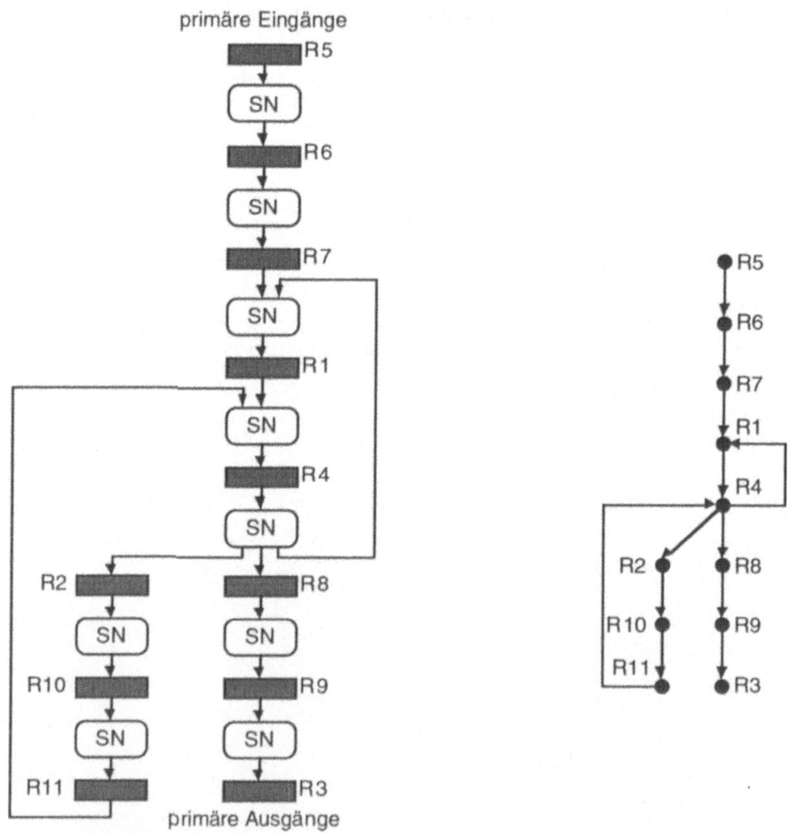

Bild 3.4: Schaltungsbeschreibung auf RT-Ebene und zugehöriger Registergraph (Ri: Register, SN: Schaltnetz)

Definition 3.5 formalisiert diese Darstellung und stellt den Zusammenhang zur Gatterebene her. Zwei Knoten R_i und R_j des Registergraphen sind durch eine Kante (R_i, R_j) genau dann verbunden, wenn es im zugehörigen Schaltungsgraphen G einen Pfad von einem Element des

Registers R_i zu einem Element des Registers R_j gibt, der kein Element eines anderen Registers enthält.

Definition 3.5: Sei $G = (V, E)$ ein Schaltungsgraph mit $V = V_C \cup V_S \cup I \cup O$. Ein *Registergraph* $G_R := (R, E_R)$ zum Schaltungsgraphen G ist ein gerichteter Graph mit der Knotenmenge R, deren Elemente R_i eine Partitionierung von $V_S \cup I \cup O$ darstellen mit
$\forall R_i \in R\ [R_i \subset V_S \vee R_i \subset I \vee R_i \subset O]$,
und der Kantenmenge

$$E_R := \{ (R_i, R_j) \in R \times R \mid \text{es gibt einen Pfad } \omega(u, v) \text{ in } G \text{ mit } u \in R_i,\ v \in R_j \text{ und } \omega(u, v) \cap (V_S \cup I \cup O) = \{u, v\} \}.$$

Der Schnitt eines Registers auf der RT-Ebene wird analog zu Definition 3.3 als Aufspaltung in eine Menge primärer Ausgänge und eine Menge primärer Eingänge definiert.

3.2 Fehlermodelle und Testmuster

Die möglichen Veränderungen auf der physikalischen Ebene sind i.a. so zahlreich, daß sie nicht alle beim Test explizit berücksichtigt werden können. Fehlermodelle beschreiben die Auswirkungen der Defekte auf einer abstrakteren Ebene und fassen dabei ähnlich wirkende Defekte zusammen (vgl. Abschnitt 2.2). Bei der Testmusterbestimmung werden dann nur die modellierten Fehler berücksichtigt, und auch die Angabe der Fehlererfassung bezieht sich stets nur auf die modellierten Fehler.

Ein Fehlermodell soll die möglichen Defekte genau widerspiegeln. Wird eine Auswirkung eines Defekts nicht durch einen Fehler des Fehlermodells repräsentiert, dann wird dafür kein Test erzeugt, und fehlerhafte Chips können als fehlerfrei klassifiziert werden, so daß sich die Qualität der ausgelieferten Chips verringert. Ein abstraktes Fehlermodell kann aber auch „künstliche“ Fehler einschließen, die nicht physikalischen Veränderungen in der implementierten Schaltung entsprechen. Tests für solche „künstlichen“ Fehler verlängern die Testzeit unnötig. Die induktive Fehleranalyse, die in Abschnitt 2.2 beschrieben wurde, liefert für jedes Schaltungslayout eine genaue Fehlermenge ohne solche „künstlichen“ Fehler. Aber wenn das Layout einer Schaltung (noch) nicht bekannt ist, bleibt nichts anderes übrig, als die Fehler auf der Transistorebene oder meist sogar auf der noch abstrakteren Gatterebene zu modellieren.

Zusätzlich wird von einem Fehlermodell gefordert, daß es bei Fehlersimulation und Testmusterbestimmung einfach zu handhaben ist. Da für den Test auch das Verhalten der fehlerhaften

Schaltung analysiert werden muß, hängen Schaltungsmodellierung und Fehlermodellierung eng zusammen.

Am weitesten verbreitet ist das sehr einfache *Haftfehlermodell* ("stuck at"-Fehler [Eldr59]). Es setzt auf der Gatterebene an und sieht an jedem Gatter- oder Speicherelementanschluß zwei Fehler vor. Der „ständig 0“-Fehler setzt den logischen Wert an dem Anschluß konstant auf 0, der „ständig 1“-Fehler entsprechend auf 1. Im Schaltungsgraphen sind die Haftfehler eines Bauelementausgangs an dem Knoten lokalisiert, der das Bauelement repräsentiert, während die Haftfehler der Bauelementeingänge den Kanten zu diesem Knoten zugeordnet werden.

Eine Schaltung wird auf Haftfehler getestet, indem man an die Eingänge Muster anlegt und die logischen Werte an den Ausgängen beobachtet und mit den fehlerfreien Antworten vergleicht. Die Antworten der fehlerfreien Schaltung lassen sich durch eine Simulation der Schaltung auf Gatterebene ermitteln. Die folgende Definition legt den Begriff des Testmusters für einen Haftfehler (oder allgemein für einen logischen Fehler) in einem Schaltnetz fest.

Definition 3.6: Gegeben seien ein Schaltnetz, das die Funktion $\mathbf{g}$ realisiert, und ein logischer Fehler f. Eine Eingangsbelegung $\mathbf{b}$ *entdeckt* den Fehler f, falls $\mathbf{g}(\mathbf{b}) \neq \mathbf{g_f}(\mathbf{b})$ gilt, wobei $\mathbf{g_f}$ die Funktion des fehlerhaften Schaltnetzes ist. Eine solche Eingangsbelegung $\mathbf{b}$ wird *Testmuster für den Fehler f* genannt.

Die fehlerfreie Beispielschaltung in Bild 3.5 liefert bei der Eingangsbelegung $i_0 = 0$, $i_1 = 0$, $i_2 = 1$, $i_3 = 1$ die Ausgabe $g(0, 0, 1, 1) = 0$. Bei einem „ständig 1“-Haftfehler am Ausgang des Inverters G2 ergibt sich $g(0, 0, 1, 1) = 1$. Das Muster (0, 0, 1, 1) ist also ein Testmuster für diesen Haftfehler.

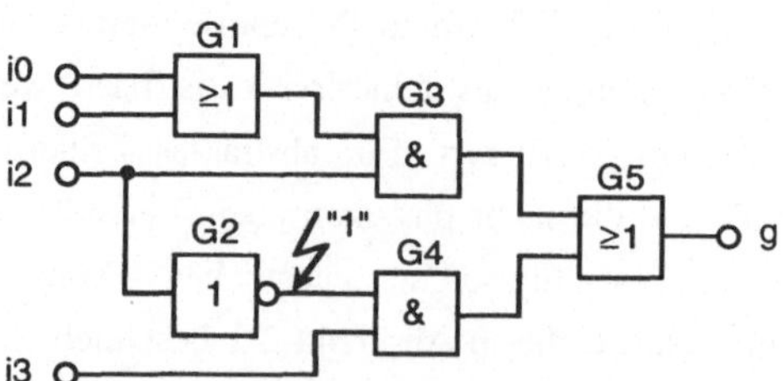

Bild 3.5: Beispielschaltung mit einem Haftfehler

Wenn ein Schaltnetz keine Redundanz enthält, existiert für jeden Haftfehler ein Testmuster. An redundanten Gatteranschlüssen aber läßt sich zumindest einer der beiden möglichen Haftfehler durch kein Muster erkennen.

Definition 3.7: Ein Gatteranschluß x in einem Schaltnetz mit der Funktion $\mathbf{g}$ heißt *redundant*, falls $\mathbf{g}|_{x=0} = \mathbf{g}$ oder $\mathbf{g}|_{x=1} = \mathbf{g}$ gilt, wobei $\mathbf{g}|_{x=i}$ die Funktion des Schaltnetzes ist, in dem der Gatteranschluß x konstant auf $i \in \{0, 1\}$ gesetzt wurde.

Eine Schaltung, die redundante Gatteranschlüsse enthält, kann vereinfacht werden. Verfahren zur Beseitigung von Redundanz sind in [Chen91a, DeBa93] beschrieben. Manchmal sind jedoch redundante Schaltungsteile notwendig, um kurze Impulse auf Signalleitungen bei einer Änderung der Eingangsbelegung zu vermeiden. Auch für eine Fehlererkennung während des laufenden Betriebs und für die Fehlerkorrektur werden redundante Schaltungsteile gebraucht.

Das Haftfehlermodell ist technologieunabhängig, es gibt die logischen Auswirkungen von physikalischen Defekten nicht vollständig wieder. *Kurzschlüsse* innerhalb des "pull down"- oder des "pull up"-Netzwerks eines komplexen CMOS-Gatters können Änderungen der logischen Funktion verursachen, die sich nicht durch Haftfehler modellieren lassen. Zur Beschreibung solcher kombinatorischer Fehler wird das logische Ein-/Ausgabeverhalten der Bauelemente (Zellen) z.B. durch eine Wahrheitstabelle dargestellt, bei der einzelne Einträge vom fehlerfreien Fall abweichen.

Viele Kurzschlüsse innerhalb von CMOS-Gattern oder zwischen den Gatteranschlüssen bewirken, daß bei bestimmten Eingangsbelegungen ein leitender Pfad zwischen V_{DD} und GND entsteht und ein erhöhter Ruhestrom fließt. Diese Brückenfehler können durch eine Messung des Versorgungsstroms erfaßt werden (*I_{DDQ}-Test*).

Unterbrechungen von Leitungen und ständig sperrende Transistoren ("stuck open"-Fehler) treten zwar selten auf, können dann aber sequentielles Verhalten bewirken. Bei manchen Eingangsbelegungen wird der Gatterausgang über die durchgeschalteten Transistoren weder mit V_{DD} noch mit GND verbunden und behält den logischen Wert, den er vorher bekommen hat, längere Zeit bei.

In jüngster Zeit wird es zunehmend wichtiger, auch das Zeitverhalten der Schaltung zu testen. Wenn ein Register mit einer eintreffenden Taktflanke neue Werte speichert, haben die Signaländerungen ungefähr bis zur nächsten gleichgerichteten Taktflanke Zeit, um sich durch die nachfolgende kombinatorische Logik bis zum nächsten Register auszubreiten. Werden durch Fertigungsfehler die Verzögerungszeiten in der kombinatorischen Logik so groß, daß die Signallaufzeiten größer als die Taktperiode sind, dann erhält das Register am Ausgang des kombinatorischen Logikblocks falsche Werte. Das Modell der *Gatterverzögerungsfehler* nimmt an, daß jeweils nur ein Gatter eine andere Verzögerungszeit bekommt [BaRo83]. Das Modell der *Pfadverzögerungsfehler* betrachtet dagegen veränderte Verzögerungszeiten auf kompletten

Pfaden von den Eingängen zu den Ausgängen des kombinatorischen Logikblocks [Smit85]. Damit werden auch Fertigungsfehler beschrieben, die zwar kein Gatter stark beeinflussen, aber die Verzögerung vieler Gatter etwas vergrößern.

3.2.1 Deterministische Bestimmung von Testmustern

Bei der deterministischen Testmusterbestimmung wird mit einem Algorithmus ein Testmuster für jeden einzelnen Fehler berechnet. Mehrfache Fehler werden wegen ihrer großen Zahl in der Regel nicht explizit behandelt. In den meisten Fällen werden mehrfache Haftfehler aber durch die Testmuster erkannt, die für die in ihnen enthaltenen Einzelfehler bestimmt wurden [AbBF90].

Algorithmen zur Testmusterbestimmung sind in [AbBF90] und [Wund91] ausführlich dargestellt. Das prinzipielle Vorgehen zeigt folgendes Beispiel. Um ein Testmuster für den „ständig 1"-Fehler am Ausgang des Inverters G2 in Bild 3.5 zu bestimmen, muß zunächst am Fehlerort eine Differenz zwischen der fehlerfreien und der fehlerhaften Schaltung erzeugt werden. Dazu muß der Inverterausgang im fehlerfreien Fall auf 0 gesetzt werden. Folglich müssen der Invertereingang und der primäre Eingang i2 eine 1 erhalten. Die partielle Eingangsbelegung (-, -, 1, -) aktiviert nun den Fehler, aber der Fehler läßt sich noch nicht am primären Ausgang g beobachten. Um die Fehlerwirkung am Ausgang des Gatters G4 beobachten zu können, ist i3 auf 1 zu setzen. Schließlich erfordert die Erkennung am Ausgang g eine 0 am anderen Eingang von G5, daher 0 an dem noch nicht belegten Eingang von G3 und 0 an den primären Eingängen i0 und i1. Mit dem Muster (0, 0, 1, 1) ist infolgedessen eine Eingangsbelegung gefunden, die am Wert von g erkennen läßt, ob der betrachtete Haftfehler vorliegt. Das gleiche Muster ist auch ein Testmuster für einige andere Haftfehler wie z.B. die „ständig 0"-Fehler am Eingang des Inverters G2 und am primären Eingang i2 sowie für die „ständig 1"-Fehler an den primären Eingängen i0 und i1.

In größeren Schaltnetzen gibt es oft viele unterschiedliche partielle Eingangsbelegungen, die den Fehler aktivieren, und sehr viele Pfade vom Fehlerort zu einem primären Ausgang, die für die Weiterleitung der Fehlerwirkung zu untersuchen sind. Die bekannten Verfahren wie der D-Algorithmus [Roth66], PODEM [Goel81], FAN [FuSh83] und SOCRATES [ScTS88] sind deshalb Suchverfahren, die unter Berücksichtigung der Schaltungsstruktur systematisch nach einer Belegung der Schaltungsknoten und letztlich der primären Eingänge suchen, welche den betrachteten Haftfehler im Schaltnetz testet. Durch Heuristiken und Lernansätze wird die Suche gesteuert und der Suchraum eingeschränkt, so daß bei realen Schaltungen die durchschnittliche Rechenzeit für ein Testmuster nur quadratisch bis kubisch mit der Schaltungsgröße wächst. Es gibt jedoch auch Fälle, wo die Rechenzeit exponentiell ansteigt, denn die Entscheidung, ob für einen gegebenen Haftfehler in einem Schaltnetz ein Testmuster existiert, ist ein NP-vollständiges Problem [IbSa75]. Es sind zwar Klassen von Schaltnetzen bekannt, bei denen die Testmusterbestimmung für Haftfehler generell nur polynomialen Zeitaufwand erfordert. Aber zu erkennen, ob eine Schaltung zu einer dieser Klassen gehört, ist ein NP-hartes Problem und die Zerlegung in Teilschaltungen einer dieser Klassen ebenfalls [RaTo94].

Die Testmusterbestimmung für Haftfehler in Schaltwerken ist noch wesentlich aufwendiger. Die Fehleraktivierung erfordert dann nämlich eine bestimmte Belegung nicht nur der primären Eingänge, sondern auch der Speicherelemente. Mit einer Musterfolge muß also zuerst der Zustand eingestellt werden. Falls der Fehler sich dann nur auf den nächsten Inhalt der Speicherelemente auswirkt, sind weitere Muster notwendig, um diesen fehlerhaften Folgezustand an den primären Ausgängen sichtbar zu machen. Algorithmen zur Testmusterbestimmung für Schaltwerke (z.B. DUST [GoKa91], HITEC [NiPa91]) arbeiten mit einer Serie von Kopien des Schaltnetzanteils, eine Kopie für jeden betrachteten Taktzyklus.

Für komplexere Fehler in den Bauelementen bzw. Zellen der Schaltung wurden hierarchische Verfahren zur Testmusterbestimmung entwickelt [CFFL94, DaFO95, HaHa95, MaAH95]. Im ersten Schritt werden die einzelnen Bauelemente isoliert behandelt. Für jeden Fehler eines Bauelements werden alle möglichen lokalen Testmuster bestimmt (z.B. durch Fehlersimulation für alle möglichen Belegungen der Bauelementeingänge). Da ein Bauelement nur relativ wenige Transistoren und Leitungen umfaßt, lassen sich aufwendigere und genauere Fehlermodelle einsetzen, z.B. die Brücken- und Unterbrechungsfehler von Kapitel 2. Zusätzlich werden die Belegungen der Bauelementeingänge ermittelt, die am Bauelementausgang eine 0 bzw. eine 1 einstellen, und die partiellen Belegungen, die das fehlerhafte Signal von einem Bauelementeingang zum Bauelementausgang durchschalten (für Bauelemente mit mehreren Ausgängen entsprechend). Diese Informationen über die Bauelemente werden in einer Bibliothek gespeichert.

Um aus den lokalen Testmustern Testmuster für die komplette Schaltung zu gewinnen, müssen über die primären Eingänge die lokalen Testmuster an den Bauelementeingängen eingestellt und die Antworten von den Bauelementausgängen zu den primären Ausgängen weitergeleitet werden. Diese Aufgabe wird ähnlich wie beim D-Algorithmus gelöst.

Für Kurzschlüsse zwischen Gatteranschlüssen (auch mit I_{DDQ}-Test), für "stuck open"-Fehler in CMOS-Gattern und für Verzögerungsfehler wurden eigene Verfahren zur Testmusterbestimmung entwickelt. Der Test eines Pfadverzögerungsfehlers erfordert mindestens zwei Muster, um am Eingang des Pfads einen $0 \rightarrow 1$-Übergang oder einen $1 \rightarrow 0$-Übergang zu erzeugen und den Pfad in ganzer Länge zu sensibilisieren, so daß die Signaländerung durch den kombinatorischen Logikblock bis zum Ausgang des Pfads läuft. Problematisch ist oft die sehr große Zahl der Pfade.

Charakteristisch für die deterministisch berechneten Testmuster ist der Bezug auf ein bestimmtes Fehlermodell. Da ein Muster (eine Musterfolge) in der Regel mehrere Fehler testet, ist die Zahl der Testmuster (der Testmusterfolgen) kleiner als die Zahl der Fehler. Insgesamt werden meist viel weniger Muster benötigt als beim (pseudo-)erschöpfenden oder zufälligen Test, zumindest wenn auf Haftfehler getestet wird. Ein Nachteil der deterministisch bestimmten Testmuster ist die große Rechenzeit für ihre Erzeugung. Bei komplexen Schaltwerken gelingt die Testmusterbestimmung deshalb häufig nur dann mit akzeptablem Rechenaufwand, wenn die Testbarkeit der Schaltung vorher durch schaltungstechnische Maßnahmen verbessert wurde (siehe Abschnitt 3.3).

Eine Sonderstellung nehmen Speicher in Form von RAMs ein. Da die Speicherzellen extrem dicht gepackt sind, kann der Inhalt einer defekten Zelle durch die Werte und Übergänge benachbarter Zellen beeinflußt werden. Es sind deshalb Fehler möglich, die in anderen Schaltungen nicht in dieser Form vorkommen. Fehleranalyse und Testmusterbestimmung brauchen aber nur einmal für eine Zelle durchgeführt werden. Die regelmäßige Struktur der Zellenmatrix wird in sogenannten "march tests" ausgenutzt, die in aufsteigender oder absteigender Adreßfolge durch das ganze RAM „marschieren". Für alle Zellen werden nacheinander genau die gleichen Schreib- und Lesezugriffe ausgeführt. Einen Überblick über RAM-Testverfahren gibt [GoVe90]. ROMs können als ein Spezialfall betrachtet werden. Für PLAs wurden ebenfalls Testverfahren entwickelt, die die regelmäßige Struktur ausnutzen [AbBF90].

3.2.2 Erschöpfende und pseudoerschöpfende Testmustermengen

Beim *erschöpfenden* Test eines Schaltnetzes werden alle möglichen Eingangsbelegungen aufgezählt. Dadurch wird garantiert, daß alle kombinatorischen Fehler der Schaltung entdeckt werden. Weil die Testlänge (d.h. die Zahl der Muster) jedoch exponentiell mit der Zahl der primären Eingänge wächst, ist dieses Testverfahren aus Zeitgründen auf Schaltungen mit höchstens 20 ... 30 Eingängen beschränkt.

Ein primärer Ausgang hängt oft nur von einer Teilmenge der primären Eingänge ab. Als Kegel eines Ausgangs wird die Teilschaltung bezeichnet, die aus allen kombinatorischen Schaltungselementen und primären Eingängen besteht, welche den Ausgang beeinflussen. Im Schaltungsgraphen umfaßt der Kegel eines (Ausgangs-)Knotens alle seine Vorgängerknoten. Der *pseudoerschöpfende* Test [McBo81] testet für jeden primären Ausgang den zugehörigen Kegel erschöpfend und kann so in vielen Fällen die Testlänge verkürzen. Die Zahl ℓ der benötigten Muster wird durch $2^w \leq \ell \leq n_o \cdot 2^w$ abgeschätzt, wobei w die maximale Zahl von Eingängen eines Kegels und n_o die Zahl der primären Ausgänge bzw. der Kegel bezeichnet. ℓ hängt davon ab, wie die einzelnen Mustersätze für den Test der Kegel zusammengefügt werden.

Auch beim pseudoerschöpfenden Test fällt kein hoher Rechenaufwand für die Testmusterbestimmung an. Im Gegensatz zum erschöpfenden Test können allerdings manche Kurzschlüsse zwischen verschiedenen Kegeln nicht erkannt werden. Eine besondere Behandlung erfordern "stuck open"-Fehler und Verzögerungsfehler. Um für sie eine vollständige Fehlererfassung zu garantieren, müssen alle Musterpaare aufgezählt werden.

Wenn die Kegel mancher primärer Ausgänge zu viele Eingänge besitzen, muß die Schaltung im Testbetrieb so segmentiert werden, daß die Zahl der Eingänge für jeden Kegel auf einen vorgegebenen Maximalwert w begrenzt wird. Pfadsensibilisierende Segmentierungsverfahren belegen einen Teil der Eingänge derart, daß von anderen Eingängen Pfade zu den Eingängen des zu testenden Kegels durchgeschaltet werden und vom Ausgang des Kegels ein Pfad zu einem primären Ausgang [McBo81]. Hardware-Segmentierungstechniken bauen in die Schaltung Multiplexer oder spezielle Segmentierungszellen ein, die im Normalbetrieb transparent sind. An diesen Stellen können dann Werte beobachtet und Musterbits eingestellt werden [BhCR91, Wu91, WuHe92].

Eine Segmentierung für vorgegebenes w mit einer minimalen Anzahl von Multiplexern bzw. Segmentierungszellen zu finden, ist ein NP-hartes Problem. Die schaltungstechnischen Maßnahmen zur Segmentierung erlauben zwar, viele oder gar alle Kegel parallel zu testen, aber sie vergrößern die Chipfläche und verursachen zusätzliche Verzögerungszeiten [Wu91].

3.2.3 Zufällige Muster

Auch mit zufälligen Mustern kann getestet werden. An jedes Exemplar der gefertigten Schaltung wird die gleiche Folge zufällig gewählter Bitmuster angelegt. Antwortet die Schaltung auf eine hinreichend große Menge von Zufallsmustern wie eine fehlerfreie Schaltung, so kann mit ausreichender Wahrscheinlichkeit angenommen werden, daß die Schaltung keinen Fehler enthält. Dieser Abschnitt stellt die Grundlagen des Zufallstest für kombinatorische Schaltungen dar, eine Erweiterung auf sequentielle Schaltungen ist in [Wund89] beschrieben.

An jeden primären Eingang i wird mit einer Wahrscheinlichkeit w_i der Wert 1 und mit Wahrscheinlichkeit $1\text{-}w_i$ der Wert 0 angelegt. Das Tupel $\mathbf{w} := (w_0, w_1, \ldots, w_{n-1}) \in [0, 1]^n$ von reellen Zahlen (*Eingangswahrscheinlichkeiten, Gewichte*) definiert eine Verteilung der Zufallsmuster an den n primären Eingängen. Sei $M_f \subset \{0, 1\}^n$ die Menge aller Muster, die den Fehler f an den primären Ausgängen der Schaltung erkennen lassen. Dann ist $p_f(\mathbf{w}) := Pr(\mathbf{b} \in M_f)$ die Wahrscheinlichkeit, daß ein zufällig gewähltes Muster $\mathbf{b} \in \{0, 1\}^n$ den Fehler f entdeckt *(Fehlererkennungswahrscheinlichkeit)*. Der Fehler ist *nicht erkennbar* ($p_f(\mathbf{w}) = 0$), wenn für ihn entweder kein Testmuster existiert ($M_f = \emptyset$) oder kein Testmuster auftreten kann, da einzelne Eingangswahrscheinlichkeiten auf 0 oder 1 gesetzt wurden. Für $\mathbf{w} = (0.5, \ldots, 0.5)$ treten alle Eingabemuster mit der gleichen Wahrscheinlichkeit $\frac{1}{2^n}$ auf. In diesem Fall ist die Fehlererkennungswahrscheinlichkeit $p_f(0.5, \ldots, 0.5) = \frac{|M_f|}{2^n}$. Methoden zur Schätzung und zur exakten Berechnung der Fehlererkennungswahrscheinlichkeiten finden sich u.a. in [Wund85, ChHu90, Wund91].

Ein Fehler f wird mit Wahrscheinlichkeit $1 - (1 - p_f(\mathbf{w}))^\ell$ durch mindestens eines von ℓ Mustern entdeckt. Der Erwartungswert, den Fehler mit einer Menge von ℓ Mustern an den Ausgängen der Schaltung zu erkennen, ist

$$E(FE(\ell, \mathbf{w})) := 1 - \frac{1}{|F|} \cdot \sum_{f \in F} (1 - p_f(\mathbf{w}))^\ell .$$

Dabei bezeichnet F die Menge der Schaltungsfehler, und es ist angenommen, daß alle Fehler mit der gleichen Wahrscheinlichkeit bei der Fertigung auftreten. Um eine vorgegebene Fehlererfassung zu erzielen, muß die Testlänge ℓ hinreichend groß gewählt werden. Die notwendige Testlänge hängt vor allem von den Erkennungswahrscheinlichkeiten der am schwersten zu entdeckenden Fehler ab. Sie wächst im wesentlichen linear mit dem Kehrwert der kleinsten Fehlererkennungswahrscheinlichkeit [Shed77b]. Ein effizientes Verfahren zur Bestimmung der Testlänge beschreibt [Wund91].

Durch ein Programm oder durch eine Hardware-Struktur erzeugte Muster können wegen des begrenzten Speicherplatzes nicht wirklich zufällig sein. Aber es lassen sich *pseudozufällige* Muster generieren, die sehr ähnliche Eigenschaften wie zufällige Muster haben [Golo67, Knut81]. Die verwendeten Algorithmen erzeugen eine Musterfolge mit sehr langer Periode, innerhalb einer Periode treten (fast) alle Muster auf, und keines wird wiederholt. Bei sehr großer Testlänge nähert man sich daher dem pseudoerschöpfenden oder auch erschöpfenden Test.

Da pseudozufällige Muster reproduzierbar sind, können durch Logiksimulation die korrekten Antworten der Schaltung und durch Fehlersimulation die Fehlererfassung exakt bestimmt werden. Bei Testlängen $\ell \ll 2^n$ gelten die Schätzwerte für Fehlererfassung und notwendige Testlänge, die unter der Voraussetzung zufälliger Muster ermittelt wurden, mit sehr guter Genauigkeit auch für pseudozufällige Muster.

Der Zufallstest nutzt aus, daß in realen Schaltungen für die meisten Fehler viele Testmuster existieren und deshalb bei einer zufälligen Wahl mit hinreichend großer Wahrscheinlichkeit eines davon auftritt. Im ungünstigsten Fall wächst die Testlänge jedoch exponentiell mit der Anzahl der primären Eingänge. Die „ständig 0"-Fehler eines AND-Gatters mit n Eingängen z.B. haben als einziges Testmuster die Belegung aller Eingänge mit 1, und dieses Muster tritt mit Wahrscheinlichkeit $\frac{1}{2^n}$ auf. Eine Optimierung der Eingangswahrscheinlichkeiten (im Beispiel eine Erhöhung der 1-Wahrscheinlichkeiten) kann die Testlänge verringern. Wenn einzelne Teile der Schaltung stark unterschiedliche Anforderungen an optimale Eingangswahrscheinlichkeiten stellen, läßt sich die Testlänge weiter verkürzen, indem Muster nacheinander mit mehreren verschiedenen Eingangsverteilungen **w** erzeugt werden. Geeignete Optimierungsverfahren finden sich in [LBGG86, Wund87b, WLEF89, MuAN90, Wund90, MiLo93, Bers93, KPSW94, ReWu96]. Sie verwenden Testbarkeitsmaße (z.B. Fehlererkennungswahrscheinlichkeiten) oder gehen von einer deterministisch bestimmten Testmustermenge aus. Als Alternative oder Ergänzung wurden Methoden entwickelt, welche die Schaltung so modifizieren, daß sie keine Fehler mit sehr kleinen Erkennungswahrscheinlichkeiten enthält (siehe Abschnitt 3.3).

Im Vergleich zum Test mit deterministisch bestimmten Testmustern, sind beim Zufallstest ca. 10 … 50 mal mehr Muster erforderlich, um die gleichen Fehler zu entdecken [WaLi88]. Pseudozufällige Muster müssen aber nicht gespeichert werden, sondern können während des Tests durch einfache Hardware-Strukturen im Testgerät oder auf dem Chip selbst mit hoher Geschwindigkeit erzeugt werden (siehe Kapitel 4). Durch die größere Zahl von Mustern werden auch viele Fehler erfaßt, die im Fehlermodell nicht berücksichtigt sind [WaLi88].

3.3 Verbesserung der Testbarkeit

Um den Test zu erleichtern oder überhaupt erst zu ermöglichen, muß die Schaltung so modifiziert werden, daß auch an Knoten im Inneren der Schaltung bestimmte Werte eingestellt und beobachtet werden können. Prüfpfadtechniken machen die Speicherelemente direkt steuerbar und beobachtbar. Verfahren des partiellen Rücksetzens erlauben die Einstellung bestimmter Werte in ausgewählten Speicherelementen, und der Einbau von Testpunkten verbessert die Steuerbarkeit und/oder Beobachtbarkeit von einzelnen Schaltungsknoten und ihrer Umgebung. Diese Verfahren, die nach dem funktionsorientierten Entwurf Testhilfsmittel ergänzen, sind in industriellen Anwendungen weit verbreitet. Weitergehende Methoden, die die Testbarkeit bereits während des Schaltungsentwurfs als ein Optimierungskriterium berücksichtigen, sind zur Zeit noch Gegenstand der Forschung und werden in Kapitel 5 vorgestellt.

3.3.1 Prüfpfad

Der Test von Schaltwerken ist wesentlich schwieriger als der Test von Schaltnetzen, weil er die Beobachtung und Einstellung von Zuständen durch Musterfolgen erfordert. Der Einbau eines Prüfpfads löst dieses Problem ("scan design" [EiWi77]). Die Flipflops der Schaltung, die normalerweise parallel mit dem nächsten Zustand geladen werden, werden in einer zweiten Betriebsart zu einem Schieberegister verbunden, das von außen über zwei Anschlüsse s_{in} und s_{out} zugänglich ist (siehe Bild 3.6).

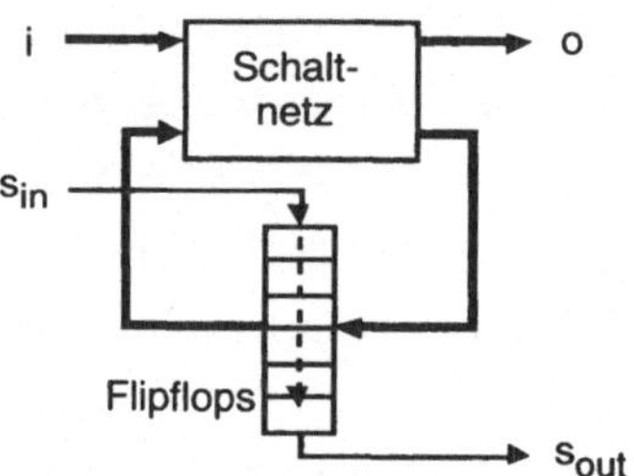

Bild 3.6: Schaltwerk mit vollständigem Prüfpfad

Ein *vollständiger Prüfpfad* enthält alle Flipflops der Schaltung. Mit einer Folge von Schiebetakten läßt sich der Zustand auslesen und gleichzeitg ein beliebiger neuer Zustand einstellen. Die Flipflops des Prüfpfads können getrennt vom Rest der Schaltung mit der Bitfolge 00110011..., die in den Eingang s_{in} geschoben wird, getestet werden. Für jedes Flipflop werden dadurch alle möglichen Übergänge von einem aktuellen Zustand in einen Folgezustand geprüft. Der Schaltnetzanteil wird dann getestet, indem ein Teil des Testmuster in den Prüfpfad geschoben und der andere Teil an die primären Eingänge gelegt wird. Der eine Teil der Antwort ist unmittelbar an den primären Ausgängen zu beobachten, der andere wird durch einen Taktimpuls im Normalbetrieb in die Flipflops geladen und anschließend im Schiebebetrieb seriell ausgelesen. Dieses Vorgehen wird für alle Testmuster wiederholt. Für die Testmusterbestimmung genügt hier ein Algorithmus, der Schaltnetze behandeln kann.

Zur Implementierung des Prüfpfads wird mindestens ein zusätzlicher primärer Eingang gebraucht, nämlich für das Steuersignal, das die Umschaltung in den Schieberegisterbetrieb anzeigt. Die anderen Anschlüsse für die Schieberegisterkonfiguration können über Multiplexer mit Anschlüssen der ursprünglichen Schaltung zusammengelegt werden. Prüfpfadflipflops gibt es in vielen Varianten auf der Basis von Latches oder Flipflops, mit einem Steuersignaleingang zur Wahl der Betriebsart oder mit eigenem Schiebetakteingang [AbBF90]. Stets sind zwei Dateneingänge vorhanden, der eine wird mit einem Schaltnetzausgang (Normalbetrieb) und der andere mit dem Ausgang des Vorgängerflipflops im Prüfpfad (Schiebebetrieb) verbunden. Im

Vergleich zu normalen D-Flipflops sind Prüfpfadflipflops etwas langsamer und größer. Das in [AgJS84] beschriebene Prüfpfadflipflop hat ca. 40 % mehr Transistoren und eine um 21 % größere Fläche als das entsprechende D-Flipflop. Bei umfangreicheren Schaltungen erhöht ein vollständiger Prüfpfad die Gesamtfläche um ca. 4 ... 10 % [FuKY89]. Wenn jedoch schon durch eine geeignete Belegung der primären Eingänge erreicht wird, daß sich manche Flipflops wie Teile eines Schieberegisters verhalten, dann brauchen nur die übrigen Flipflops der Schaltung zu Prüfpfadflipflops ausgebaut zu werden [LLMC95].

Ein *partieller Prüfpfad* umfaßt nur eine Teilmenge der Flipflops und verursacht deshalb geringere Hardware-Kosten. Jedes Flipflop des Prüfpfads kann beim Test wie ein primärer Ausgang und ein primärer Eingang behandelt werden, da es beliebig gesetzt und gelesen werden kann. Die Schaltung wird durch den Prüfpfad für den Test aufgeschnitten. Enthält der Prüfpfad nicht alle Flipflops, dann bleibt bei der Testmusterbestimmung weiterhin ein Schaltwerk zu behandeln.

Die Flipflops für den partiellen Prüfpfad werden so ausgewählt, daß das verbleibende Schaltwerk möglichst leicht zu testen ist. Als Auswahlkriterien wurden Testbarkeitsmaße [Tris80, ChPa90, KiKi90] und eine Schätzung der Fehlererfassung [AbKR91] vorgeschlagen. Am häufigsten wird jedoch nach strukturellen Gesichtspunkten ausgewählt, denn die Schaltungsstruktur hat einen starken Einfluß auf die Testlänge [ChAg90, ChPa90, GuGB90, KuWu90, LeRe90].

Wenn ein Schaltwerk in seinem S-Graphen mehrere Zyklen enthält, kann die erforderliche Länge einer Testmusterfolge für einen Haftfehler exponentiell mit der Schaltungsgröße wachsen. Auch wenn nur ein einziger Zyklus vorhanden ist, kann die Länge der Testmusterfolge noch quadratisch zunehmen. Dagegen läßt sich jeder Haftfehler in einem Schaltwerk mit zyklenfreiem S-Graphen durch eine Musterfolge testen, die höchstens linear mit der Schaltungsgröße wächst.

Wenn aus jedem Zyklus mindestens ein Flipflop in den Prüfpfad aufgenommen wird und damit für den Test alle Zyklen geschnitten werden, brauchen die Testmusterfolgen nicht länger als die sequentielle Tiefe der aufgeschnittenen Schaltung zu sein. Als sequentielle Tiefe wird die maximale Anzahl von Speicherknoten auf einem Pfad von einem Eingangsknoten zu einem Ausgangsknoten im S-Graphen bezeichnet.

Um mit minimalen Hardware-Aufwand alle Zyklen des S-Graphen zu schneiden, muß ein sogenanntes "Feedback Vertex Set (FVS)" (siehe Anhang A) mit einer minimalen Anzahl von Knoten gefunden werden. Dieses "Minimum Feedback Vertex Set"-Problem (MFVS-Problem) ist NP-hart [GaJo79]. Neben verschiedenen heuristischen Verfahren, die suboptimale Lösungen liefern, wurden kürzlich auch Algorithmen veröffentlicht, die eine garantiert optimale Lösung für das MFVS-Problem bei relativ großen Schaltungen finden [AsMa94, ChBA94, OrKP95]. Sie werden in Abschnitt 5.4.2.4 im Zusammenhang mit einem allgemeineren Verfahren, das als Spezialfall auch das MFVS-Problem löst, diskutiert.

Um den Hardware-Aufwand weiter zu verringern, werden manchmal Schleifen des S-Graphen nicht geschnitten, da diese Flipflops wesentlich leichter zu steuern sind als Flipflops in längeren Zyklen [ChAg90, LeRe90]. Die Heuristiken von [JoCh91] berücksichtigen auch die längeren Verzögerungszeiten von Prüfpfadflipflops und nehmen Flipflops an zeitkritischen Stellen der Schaltung möglichst nicht in den Prüfpfad auf.

Die Ausführung des Tests verläuft ähnlich wie bei einem vollständigen Prüfpfad. Alle Muster der Testmusterfolgen müssen in einen Anteil für die primären Eingänge und einen Anteil für den Prüfpfad aufgespalten werden. Die Flipflops, die nicht zum Prüfpfad gehören, dürfen während des Schiebens nicht getaktet werden.

Die vielen Taktzyklen für das Laden bzw. Lesen des vollständigen oder partiellen Prüfpfads verlängern die Testzeit erheblich. Deshalb wird bei großen Schaltungen mit langem Prüfpfad ein kompakter Satz deterministisch bestimmter Testmuster bevorzugt. Aber Schaltungen, die beim Test keine Zyklen in ihrer Struktur aufweisen, können auch mit zufälligen oder pseudo-erschöpfenden Mustern getestet werden. Die Hardware-Segmentierung für den pseudo-erschöpfenden Test läßt sich auf diese Schaltwerke übertragen [BhCR91, WuHe92, KaTB95, LeKA95].

Der Test von Verzögerungsfehlern ist mit einem Prüfpfad nur sehr eingeschränkt möglich, da längere Zeit vergeht, bis das zweite Muster eines Testmusterpaares in den Prüfpfad geladen ist. Um zwei Testmuster unmittelbar nacheinander anzulegen, gibt es lediglich zwei Möglichkeiten: Die Antwort auf das erste Muster wird sofort als zweites Muster genommen [SaPa94], oder das zweite Muster wird erzeugt, indem das erste im Prüfpfad um eine Stelle weitergeschoben wird [SaPa93]. Die Erzeugung beliebiger Musterpaare würde dagegen eine Verdoppelung der Flipflops im Prüfpfad erfordern.

3.3.2 Partielles Rücksetzen

Wenn alle Speicherelemente einer Schaltung mit einem globalen Reset-Signal rückgesetzt werden können, wird die Testmusterbestimmung einfacher, da sie von einem bekannten Anfangszustand ausgehen kann. Dieses vollständige Rücksetzen ist jedoch nur zu Beginn einer

Testmusterfolge sinnvoll. Ein partielles Rücksetzen ("partial reset"), bei dem nur eine Teilmenge der Speicherelemente rückgesetzt wird, läßt sich dagegen auch innerhalb einer Testmusterfolge einsetzen, um einen gewünschten Zustandsübergang zu bewirken. Wenn partielles Rücksetzen verwendet wird, genügen oft kürzere Testmusterfolgen [PoRe94]. Der Test wird mit der normalen Betriebsgeschwindigkeit ausgeführt.

Die Flipflops werden anhand von Strukturkriterien (Schneiden aller Zyklen [MaSa93a]) oder Testbarkeitsmaßen [APMS93] ausgewählt. Die Werte (0 oder 1), auf die sie rückzusetzen sind, werden mit Heuristiken bestimmt. Anders als beim Prüfpfad wird das Testen der Schaltung wieder schwieriger, wenn zu viele Flipflops für das Rücksetzen ausgewählt werden, da man sich dann dem vollständigen Rücksetzen nähert.

Fläche und Verzögerungszeit eines rücksetzbaren Flipflops sind zwar größer als bei einem einfachen D-Flipflop, aber kleiner als bei einem Prüfpfadflipflop [APMS93]. Die Verdrahtung des Reset-Signals erfordert geringeren Hardware-Aufwand als die Verdrahtung eines partiellen Prüfpfads. Nur ein zusätzlicher primärer Eingang wird benötigt.

Die Erkennung kombinatorischer Schaltungsfehler wird durch das partielle Rücksetzen generell nicht so deutlich verbessert wie durch einen partiellen Prüfpfad mit der gleichen Anzahl von Flipflops, denn in einem Flipflop wird beim Rücksetzen stets der gleiche Wert eingestellt, während über den Prüfpfad beide Werte eingestellt und beobachtet werden können. Die Steuerbarkeit durch Rücksetzen wird verbessert, wenn die ausgewählten Flipflops in mehrere Gruppen aufgeteilt werden, die sich unabhängig voneinander rücksetzen lassen [MaSa93b].

3.3.3 Testpunkte

Eine andere Möglichkeit zur Verbesserung der Testbarkeit sind Testpunkte [HaFr73]. Der Grundgedanke ist dabei, durch zusätzliche primäre Eingänge und Ausgänge bestimmte Knoten der Schaltung, die sonst schwer zugänglich sind, leicht einstellen oder beobachten zu können. Insbesondere beim Test mit gleichverteilten Zufallsmustern sind Testpunkte interessant, da sich mit ihnen die Fehlererfassung erhöhen bzw. die Testlänge verkürzen läßt. Gewichtete Zufallsmuster führen zwar zum gleichen Ziel. Aber wenn gewichtete Zufallsmuster auf dem Chip generiert werden sollen, und vor allem wenn mehrere Verteilungen verwendet werden, kann der Hardware-Mehraufwand erheblich sein (siehe Kapitel 4). Eingebaute Testpunkte vergrößern die Fläche nur um etwa 1 % [SeTS91].

Es gibt zwei Arten von Testpunkten: Beobachtungspunkte und Steuerpunkte. Die Beobachtbarkeit o(v) eines Schaltungsknotens v wird beim Zufallstest definiert als Wahrscheinlichkeit, daß der Wert von v an einem primären Ausgang beobachtet werden kann. Bei der Implementierung eines Beobachtungspunkts am Knoten v wird eine Leitung von v zu einem primären Ausgang gezogen (siehe Bild 3.7).

Bild 3.7: Einbau eines Beobachtungspunkts

Bild 3.8 illustriert die Auswirkung eines Beobachtungspunkts am Knoten v. Die Beobachtbarkeit von v wird auf 1 erhöht und auch die Beobachtbarkeit der Vorgängerknoten im Schaltungsgraphen wird verbessert. Um primäre Ausgänge zu sparen, werden manchmal die Signale von mehreren Beobachtungspunkten durch einen XOR-Baum zusammengefaßt, und nur der Ausgang des XOR-Baumes wird zu einem primären Ausgang geführt [IyBr89]. Diese Kompaktierung bringt allerdings die Gefahr der Maskierung mit sich, da eine gerade Anzahl fehlerhafter Bits nicht erkennbar ist.

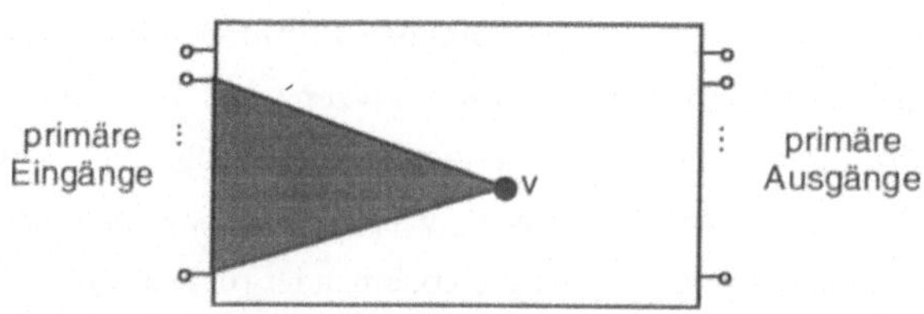

Bild 3.8: Einfluß eines Beobachtungspunkts

Die Steuerbarkeit eines Knotens v wird beim Zufallstest über die Signalwahrscheinlichkeit c(v) beurteilt, die angibt, mit welcher Wahrscheinlichkeit der Knoten v auf 1 gesetzt wird. Am günstigsten sind Werte um 0,5. Steuerpunkte gibt es in Ausführungen, welche die Signalwahrscheinlichkeit erhöhen oder erniedrigen. Wenn die Signalwahrscheinlichkeit des Knotens v sehr klein ist, kann sie über ein OR-Gatter erhöht werden (Bild 3.9 oben). Der zusätzliche primäre Eingang r wird mit zufälligen Bits belegt. An dem neuen Knoten v' ergibt sich die Signalwahrscheinlichkeit $c(v') = c(r) + c(v) - c(r) \cdot c(v)$, die größer als c(v) ist.

Falls die Signalwahrscheinlichkeit c(v) nahe bei 1 liegt, wird für den Steuerpunkt ein AND-Gatter eingesetzt (Bild 3.9 unten), und die Signalwahrscheinlichkeit von v' ist $c(v') = c(r) \cdot c(v)$, also kleiner als c(v). Im Normalbetrieb wird r für das OR-Gatter auf 0, für das AND-Gatter auf 1 gesetzt.

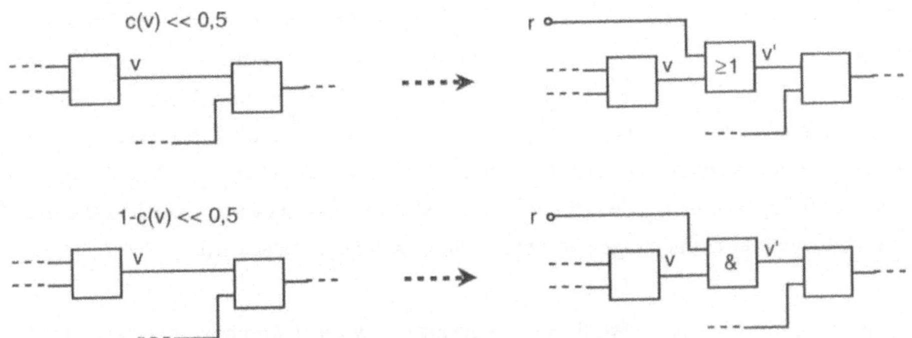

Bild 3.9: Einbau eines Steuerpunkts, der die Signalwahrscheinlichkeit am Knoten v erhöht (oben) oder erniedrigt (unten)

Durch einen Steuerpunkt am Knoten v wird die Steuerbarkeit von v und seiner Nachfolger im Schaltungsgraphen verbessert (grauer Bereich in Bild 3.10). Aber auch die Beobachtbarkeit mancher Knoten wird beeinflußt (grauer und schraffierter Bereich in Bild 3.10). Z.B. ist der Wert von v nur noch mit Wahrscheinlichkeit 1-c(r) bzw. c(r) am Knoten v' zu beobachten.

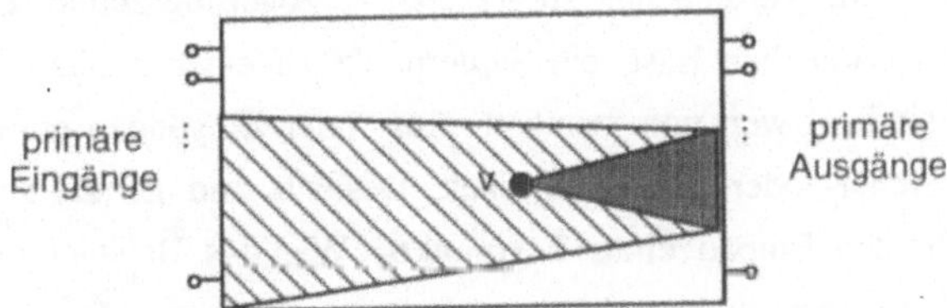

Bild 3.10: Einfluß eines Steuerpunkts

Da die Einflußbereiche verschiedener Testpunkte sich i.a. überschneiden, werden die Testpunkte einzeln nacheinander plaziert. Für jeden Knoten werden Steuerbarkeit und Beobachtbarkeit ermittelt. Die Fehlererkennungswahrscheinlichkeit ist $p_{s0\text{-}v} = c(v) \cdot o(v)$ für den „ständig 0“-Haftfehler und $p_{s1\text{-}v} = (1\text{-}c(v)) \cdot o(v)$ für den „ständig 1“-Haftfehler am Knoten v. Damit kann die Fehlererfassung geschätzt werden (siehe Abschnitt 3.2.3).

Für den Einbau eines Steuerpunkts kommen alle Knoten infrage, bei denen sowohl die Erkennungswahrscheinlichkeit für einen der beiden Haftfehler als auch der Wert von c(v) bzw. 1-c(v) unterhalb einer gewissen Schwelle liegen. Aus diesen Kandidaten wird ein Knoten mit geringem Abstand zu den primären Eingängen (und deshalb großem Einflußbereich) ausgewählt. Wenn c(v) sehr klein ist, wird der Steuerpunkt dort mit einem OR-Gatter, andernfalls mit einem AND-Gatter realisiert. Danach werden die Werte für Steuer- und Beobachtbarkeit aktualisiert.

Beobachtungspunkte werden erst nach den Steuerpunkten plaziert, da Steuerpunkte die Beobachtbarkeit verändern, Beobachtungspunkte aber umgekehrt keinen Einfluß auf die Steuerbarkeit haben. Zunächst werden alle Knoten bestimmt, deren Fehlererkennungswahrscheinlichkeit und Beobachtbarkeit unter einer gewissen Schranke liegen, und von diesen Kandidaten wird einer mit geringem Abstand zu den primären Ausgängen ausgesucht. Nach dem Einbau des Beobachtungspunkts werden Steuer- und Beobachtbarkeitswerte aktualisiert, und das Ganze wird wiederholt, bis die gewünschte Fehlererfassung erreicht wird.

Prozeduren dieser Art sind sowohl für Schaltnetze bzw. den kombinatorischen Anteil von Schaltungen mit vollständigem Prüfpfad bekannt [SeTS91, SYKK91, ToMc96] als auch für Schaltwerke mit einem S-Graphen, der außer Schleifen keine Zyklen enthält [LiZB93, ChLi95]. Bei akzeptabler Testlänge kann für Haftfehler eine Fehlererfassung nahe bei 100 % erzielt werden. In Schaltungen mit einem Prüfpfad können je ein Beobachtungspunkt und ein Steuerpunkt an ein Prüfpfadflipflop angeschlossen werden, so daß keine zusätzlichen primären Ein- und Ausgänge erforderlich sind.

Die eingebauten Testpunkte verursachen zusätzliche Verzögerungszeiten. Ein Beobachtungspunkt führt zu einer zusätzlichen Last, ein Steuerpunkt zu einer zusätzlichen Gatterlaufzeit. Zeitkritische Knoten sind oft weit von primären Aus- oder Eingängen entfernt und tendieren daher zu schlechter Steuer- oder Beobachtbarkeit. Deshalb sind gerade zeitkritische Knoten häufig Kandidaten für den Einbau eines Testpunkts. Wie das Beispiel in Bild 3.11 zeigt, können aber auch Testpunkte an benachbarten Knoten, die nicht auf einem kritischen Pfad liegen, die gewünschte Verbesserung der Testbarkeit bringen.

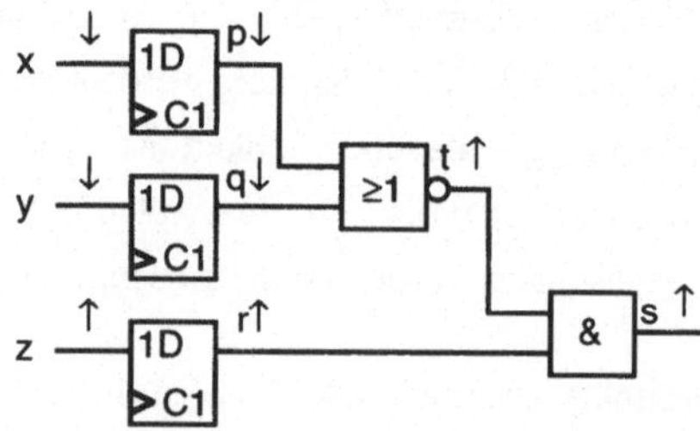

Bild 3.11: Maßnahmen zur Erhöhung der Signalwahrscheinlichkeit am Knoten s

Die Signalwahrscheinlichkeit am Knoten s, der auf einem kritischen Pfad liege, soll erhöht werden. Dazu müssen c(r) oder c(t) erhöht, alternativ c(p) oder c(q) verringert werden. Falls die Knoten p, q, r, t alle auf kritischen Pfaden liegen, ist es günstiger, die Signalwahrscheinlichkeiten von x und y zu verringern bzw. die von z zu erhöhen. Das Verfahren von [ChLi95] baut Testpunkte bevorzugt an Knoten ein, die nicht auf kritischen Pfaden liegen, und vermeidet so eine Beeinträchtigung der maximalen Betriebsgeschwindigkeit. In manchen Fällen sind dann mehr Testpunkte notwendig.

Beim *"Cross Check"-Verfahren* [Ghee89, SwTW89] wird die ganze Schaltung mit einem Netz von speziellen Testpunkten überzogen. Jedes Gatter erhält am Ausgang einen kleinen zusätzlichen Transistor (siehe Bild 3.12). Wird die "Probe"-Leitung P_i aktiviert, schaltet der Transistor durch, und an der "Sense"-Leitung S_j kann der Wert des Gatterausgangs beobachtet werden. Auch analoge Messungen sind über die S-Leitung möglich, so daß Brückenfehler erkannt werden. Das "Cross Check"-Verfahren erfordert eine eigene Zellenbibliothek und spezielle Plazierungs- und Verdrahtungsalgorithmen, um die Gatterausgänge an die Gitterpunkte (i, j) der P- und S-Leitungen anzuschließen. Die Gesamtfläche der Schaltung wird um ungefähr 10 % vergrößert [SwTW89]. Für Schaltwerke wurden D-Flipflops entwickelt, die über die S-Leitung beobachtet und eingestellt werden können [CFGP91].

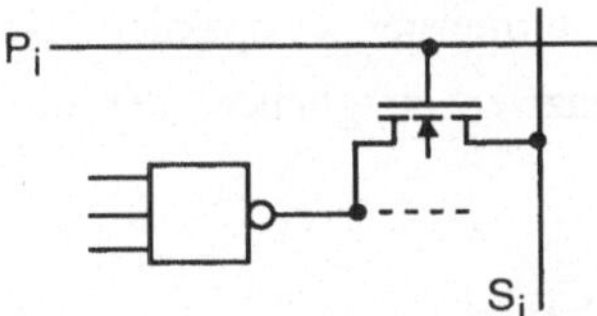

Bild 3.12: Gatter in einer Schaltung mit dem "Cross Check"-Verfahren

Prüfpfad, partielles Reset, Testpunkte und auch Segmentierungszellen für den pseudoerschöpfenden Test sind verwandte Techniken, die sich auch kombinieren lassen (siehe z.B. [MaSa95]). Vor allem Prüfpfade finden sich heute in sehr vielen Chips. Moderne Entwurfssysteme sind in der Lage, vollständige und partielle Prüfpfade automatisch einzubauen.

3.4 Durchführung des Tests

Wenn das Fehlermodell definiert, durch Entwurfsmaßnahmen für ausreichende Testbarkeit gesorgt und eine Menge von Testmustern festgelegt ist, bleibt noch zu entscheiden, ob Mustergenerierung und Auswertung der Antworten von einem externen Testgerät übernommen werden sollen oder von Hardware-Strukturen auf dem Chip selbst. Diese Entscheidung hat weitreichende Konsequenzen für den Testablauf und die Testzeit.

3.4.1 Externer Testautomat oder Selbsttest

Beim Test mit einem externen Testautomaten werden die Testmuster und die fehlerfreien Testantworten im Speicher des Testautomaten abgelegt. Um die gefertigten Chips mit ihrer Betriebsgeschwindigkeit zu testen, müssen die Muster sehr schnell angelegt und die Antworten ebenso schnell mit den fehlerfreien Referenzwerten verglichen werden. Dazu ist modernste und sehr teure Technologie notwendig. Wegen der hohen Kosten des Testgeräts, soll jeder Chip das Testgerät nur für kurze Zeit in Anspruch nehmen. Für eine kurze Testzeit sind deterministisch bestimmte Testmuster die beste Wahl. Aber selbst mit einer im Vergleich zu anderen Testmusterarten geringen Musterzahl kann die Testzeit erheblich sein, da komplexe Schaltungen meist mit einem Prüfpfad ausgerüstet sind, der für jedes Testmuster viele Schiebetaktzyklen erfordert.

Die Anordnung beim Selbsttest ist in Bild 3.13 skizziert. Der Mustergenerator ist direkt an die Eingänge der Schaltung angeschlossen und erzeugt mit jedem Takt ein neues Muster. Die beobachteten Antworten werden nicht Bit für Bit mit den fehlerfreien Antworten verglichen, sondern zunächst in einem Signaturregister kompaktiert. Nur das Kompaktierungsergebnis wird am Ende mit dem Referenzwert verglichen, der durch Simulation der fehlerfreien Schaltung bestimmt wurde.

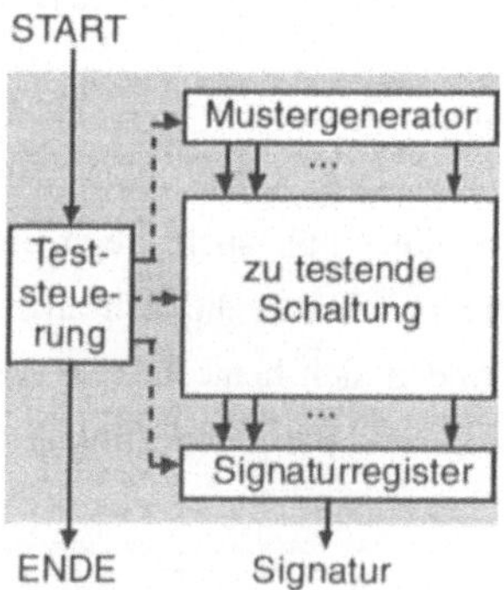

Bild 3.13: Prinzipielle Anordnung beim Selbsttest

Die Teststeuerung initialisiert zu Beginn den Mustergenerator, das Signaturregister und die zu testende Schaltung. Dann schaltet sie den Testbetrieb ein und zählt die erzeugten Muster. Nach einer vorgegebenen Musterzahl beendet sie den Test, gibt eine Meldung an die Umgebung und schaltet wieder zurück in den Normalbetrieb. Die Testeinrichtungen sind im Normalbetrieb transparent.

Die Anforderungen an die Testumgebung sind hier sehr gering. Es muß lediglich am Anfang das START-Signal aktiviert werden, und wenn das Ende angezeigt wird, die Signatur ausgelesen und mit dem Referenzwert verglichen werden. Eine hohe Testgeschwindigkeit bereitet hier keine Probleme, da die Testeinrichtungen mit der gleichen Technologie wie die Schaltung realisiert sind und die Verbindungen zwischen Testeinrichtungen und Schaltung nicht über Treiber, Pads und längere Leitungen wie im Fall eines externen Testautomaten führen. Bei größeren Schaltungen werden weitere Mustergeneratoren und Signaturregister in das Innere der Schaltung eingebaut. Damit können auch Teile der Schaltung, die von außen schwer zugänglich sind, gründlich getestet werden, und ein Prüfpfad erübrigt sich für diesen Zweck.

Die Selbsttesteinrichtungen lassen sich auch nach dem Fertigungstest nutzen. Während des "burn in", wo die Chips in einer Klimakammer bei erhöhter Temperatur betrieben werden, um Frühausfälle rasch herbeizuführen, kann durch die Selbsttesteinrichtungen ein hohes Maß an Schaltaktivitäten erreicht werden. Wenn der Chip später in ein Gerät eingebaut ist, kann der Selbsttest nach dem Einschalten des Geräts ablaufen. In fehlertoleranten Systemen kann der Selbsttest in Betriebspausen wiederholt werden, um sicherzustellen, daß die Komponente korrekt funktioniert. Auch für die Fehlerdiagnose sind die Selbsttesteinrichtungen nützlich.

Das große Handicap des Selbsttests ist der zusätzliche Hardware-Aufwand für Mustergeneratoren, Signaturregister und Teststeuerung. Mit einer größeren Chip-Fläche sinkt nicht nur die Zahl der Chips pro Wafer, sondern auch die Ausbeute, weil die Wahrscheinlichkeit eines Defekts auf der größeren Fläche höher ist.

Um den Hardware-Aufwand zu verringern, werden so weit wie möglich die Register, die in der Schaltung bereits vorhanden sind, genutzt. Mustergeneratoren und Signaturregister werden mit ähnlichen Hardware-Strukturen implementiert, z.B. beide mit linear rückgekoppelten Schieberegistern, so daß beide Funktionen in sogenannten *Testregistern* kombiniert werden können. Ein solches Testregister verfügt typisch über vier Betriebsarten:

- Normalbetrieb wie ein Register aus D-Flipflops,
- Schiebebetrieb zum seriellen Laden eines Startwerts und Lesen der Signatur,
- Mustererzeugung,
- Kompaktierung der Testantworten.

Pseudozufällige und pseudoerschöpfende Muster lassen sich mit relativ einfachen Testregisterstrukturen erzeugen. Eine Menge deterministisch bestimmter Testmuster zu realisieren, verlangt dagegen meist einen hohen Hardware-Aufwand (siehe Kapitel 4).

Am einfachsten, aber auch am teuersten ist es, alle Register der Schaltung zu Testregistern zu erweitern. Verschiedene wissensbasierte Systeme versuchen mit geringerem Hardware-Aufwand auszukommen. TDES ("Testable Design Expert System" [AbBr85b]) verfügt über eine Sammlung von Strukturschemata, die jeweils angeben, wie Mustergeneratoren eines bestimmten Typs mit den Eingängen und Kompaktierer mit den Ausgängen einer Teilschaltung verbunden werden müssen, um die Teilschaltung testen zu können. Die Schaltung wird zunächst in Blöcke kombinatorischer Logik partitioniert, und dann werden nacheinander für jeden Block passende Strukturschemata ermittelt. Diese werden hinsichtlich Hardware-Aufwand und Testzeit bewertet, und eines wird interaktiv ausgewählt und zugewiesen.

Die wissensbasierten Systeme von [JoBa86] und [BhPa89] optimieren ebenfalls in erster Linie lokal. Sie stellen für jede Teilschaltung fest, welche Testeinrichtungen benötigt werden, und identifizieren andererseits die Hardware-Strukturen, die einfach zu Mustergeneratoren und/oder Kompaktierern auszubauen sind. Danach werden für jede Teilschaltung diejenigen potentiellen Mustergeneratoren ausgesucht, die über Pfade in der Schaltung mit den Eingängen der Teilschaltung verbunden werden können, und ähnlich diejenigen potentiellen Kompaktierer, die von den Ausgängen der Teilschaltung erreichbar sind. Aus den besten Lösungen für die einzelnen Teilschaltungen wird dann eine globale Lösung für die gesamte Schaltung aufgebaut. Das Expertensystem von [KiTH88, KiTH91] versucht darüber hinaus, die zunächst gefundene globale Lösung in einem Wechsel von Bewertung und Modifikation iterativ zu verbessern. Alle diese Systeme verwenden zahlreiche Heuristiken, die zwar die Rechenzeit verkürzen, aber nicht garantieren können, daß die ermittelte Lösung wirklich optimal ist.

Als Kompromiß zwischen einem externen Testautomaten und eingebauten Selbsttesteinrichtungen wurde eine Anordnung entwickelt, bei der die Testeinrichtungen auf einen eigenen programmierbaren Chip ausgelagert sind [StWH90, StWu91b]. In Bild 3.14 ist der Testchip, der zwei Mustergeneratoren, ein Signaturregister und eine komplexe Steuerung enthält, dargestellt. Der Test wird mit gewichteten zufälligen Mustern nach mehreren Verteilungen ausgeführt. Der eine Mustergenerator erzeugt die Belegung für die primären Eingänge, der andere beliefert den Prüfpfad. Die Antwort von den primären Ausgängen und die Antwort aus dem Prüfpfad werden beide im gleichen Signaturregister kompaktiert. Die Zahl der primären Ein- und Ausgänge, die Länge des Prüfpfads, die Zahl der Muster, die Zahl der Verteilungen und deren Eingangswahrscheinlichkeit können von einem angekoppelten Personal Computer eingestellt werden. Nach der Initialisierung wird der ganze Testablauf von dem Testchip gesteuert.

Diese Anordnung mit einem eigenen Testchip ist aufgrund ihrer geringen Kosten besonders für Chips, die in geringen Stückzahlen gefertigt werden, günstig. Der teure Testautomat und seine aufwendige Programmierung werden durch einen PC und einen einfach einzustellenden Testchip ersetzt. Die rechenzeitintensive Testmusterbestimmung entfällt, und die Chips, die getestet werden sollen, müssen lediglich mit einem Prüfpfad ausgestattet werden.

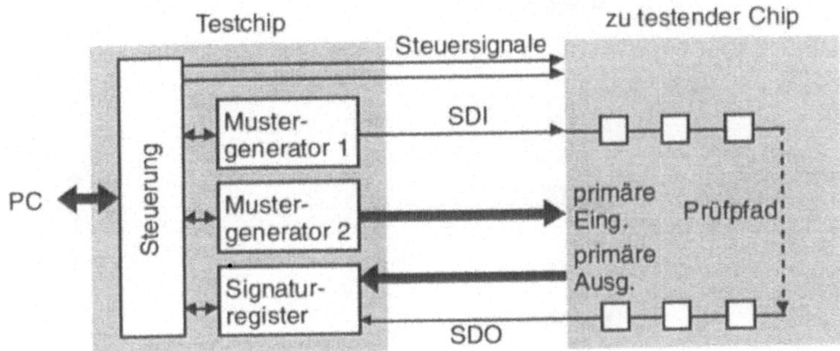

Bild 3.14: Testanordnung mit Testchip

3.4.2 Segmentierung der Schaltung

Die eingebauten Testregister und die in einen Prüfpfad aufgenommenen Register führen zu einer Segmentierung der Schaltung, da die Schaltung an diesen Stellen während des Testbetriebs praktisch aufgetrennt wird. Der Testregistereinbau läßt sich auf RT-Ebene einfach modellieren, indem manche Register durch Testregister ersetzt werden und an bestimmten Stellen der RT-Beschreibung bzw. des Registergraphen noch zusätzliche Testregister eingefügt werden. Nach dem Einbau der Testregister kann mit dem *Testregistergraphen* $G_T := (T, E_T)$ die gegenseitige Beeinflussung der Testregister T ähnlich wie im Registergraphen beschrieben werden. Zwei Knoten $T_i, T_j \in T$ sind im Testregistergraphen durch eine Kante $(T_i, T_j) \in E_T$ verbunden, wenn es im Schaltungsgraphen einen Pfad von einem Element des Testregisters T_i zu einem Element des Testregisters T_j gibt, der kein Element eines anderen Testregisters enthält. Dann wirken sich die vom Testregister T_i erzeugten Muster auf die Werte an den Eingängen des Testregisters T_j aus und beeinflussen den Inhalt von T_j, wenn T_j Daten kompaktiert. Im Gegensatz zur Beschreibung im Registergraphen führt der Datenfluß zwischen den Testregistern im allgemeinen über einen Block mit sequentieller Logik. Bild 3.15 veranschaulicht dies für das Schaltungsbeispiel von Bild 3.4, wo die Register $R_1 \dots R_5$ zu den Testregistern $T_1 \dots T_5$ erweitert wurden.

Durch die eingebauten Testregister entstehen Teilschaltungen, die allseitig durch Testregister begrenzt sind (Bild 3.16). Beim Test einer solchen Teilschaltung werden alle Testregister, die an die Eingänge angeschlossen sind, in die Betriebsart „Mustererzeugung" geschaltet und alle

Testregister, die an die Ausgänge angeschlossen sind, in die Betriebsart „Datenkompaktierung". Ähnliches gilt für Prüfpfadregister.

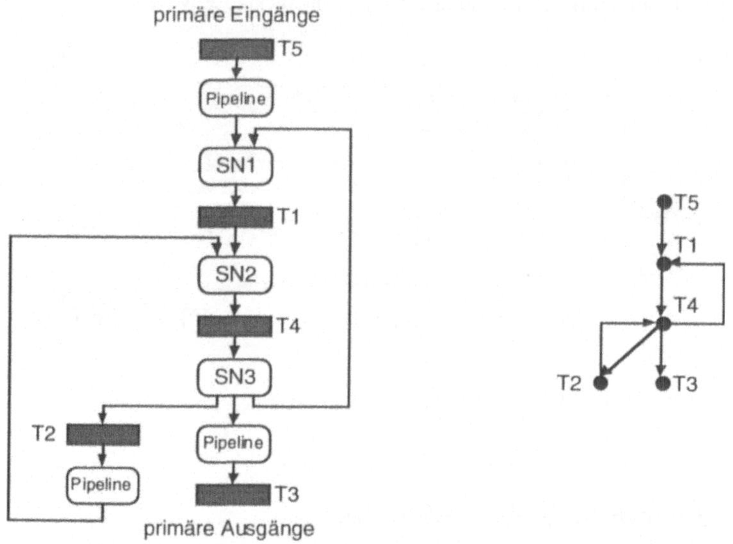

Bild 3.15: Schaltung aus Bild 3.4 mit eingebauten Testregistern (links) und zugehöriger Testregistergraph (rechts)

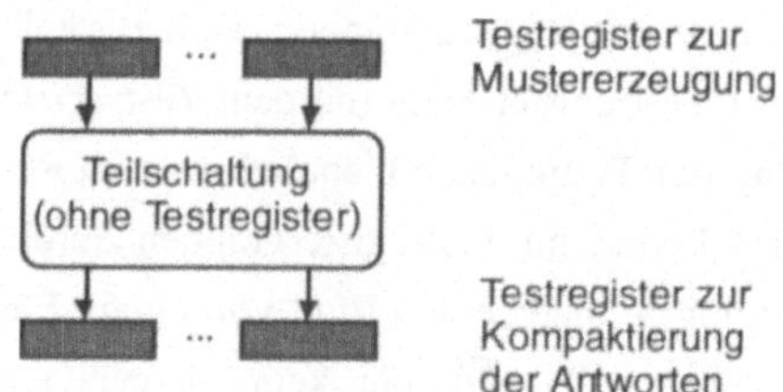

Bild 3.16: Allgemeine Struktur der Teilschaltungen, die bei der Segmentierung entstehen

Wenn man verlangt, daß diese Teilschaltungen nur kombinatorische Logik enthalten, also alle Speicherelemente bzw. Register in einen Prüfpfad aufgenommen oder zu Testregistern ausgebaut werden [IlCl90, GuSB91], dann lassen sich die Teilschaltungen einfach aus dem Schaltungsgraphen $G := (V, E)$, $V := V_C \cup V_S \cup I \cup O$, ermitteln. Sie entsprechen nämlich den maximalen schwachen Zusammenhangskomponenten des Graphen G_{V_S}. Die Erweiterung aller Speicherzellen zu Testregisterzellen erfordert jedoch einen hohen Hardware-Aufwand, so daß dieser Ansatz für den Selbsttest ungeeignet ist.

Wenn weniger Testregister eingebaut werden, sind die zu testenden Teilschaltungen nicht nur größer, sondern nun sequentiell statt kombinatorisch. Um dennoch eine hohe Fehlererfassung und eine kurze Testzeit zu erreichen, müssen die Testregister so plaziert werden, daß Teilschaltungen mit einer günstigen Struktur entstehen. In [KrAl85] wird deshalb vorgeschlagen, in jeden Zyklus der RT-Struktur mindestens zwei Testregister einzusetzen und die Teilschaltungen so zu strukturieren, daß ein einziges Testregister die (erschöpfenden) Muster für alle Eingänge einer Teilschaltung liefert (Bild 3.17). Die Antworten können von einem oder von mehreren Testregistern aufgenommen werden.

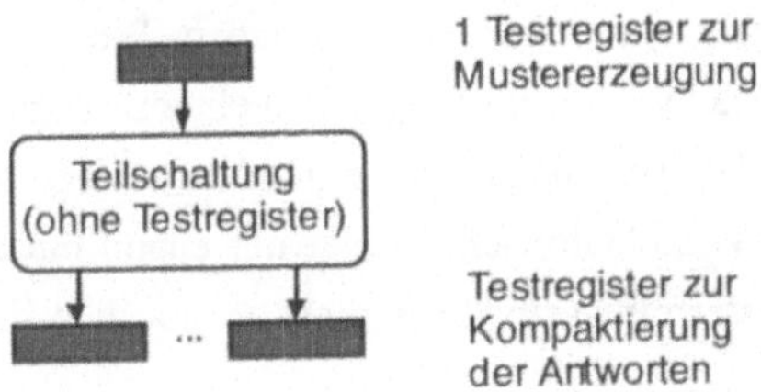

Bild 3.17: Teilschaltung bei der Segmentierung nach [KrAl85]

Die Beschränkung auf ein einziges mustererzeugendes Testregister pro Teilschaltung ist jedoch nicht notwendig. Es genügt sicherzustellen, daß sich während des Tests der Teilschaltung die Eingangsbelegungen nicht zyklisch wiederholen.

Um einen Teil der Schaltung zu testen, muß mindestens ein Testregister Testantworten aufnehmen. Daher besteht das kleinste Gebiet, das unabhängig vom Rest der Schaltung getestet werden kann (*Testeinheit*), aus einem Testregister, das als Kompaktierer konfiguriert werden kann, dem mit den Eingängen dieses Testregisters verbundenen Schaltungsblock und einer Menge von Testregistern, die für die Eingänge dieses Blocks Muster erzeugen [Strö92c, Strö94a]. Auf diese Weise ist jede Testeinheit $u(T_i)$ eindeutig durch das Testregister T_i an ihren Ausgängen bestimmt (siehe Bild 3.18).

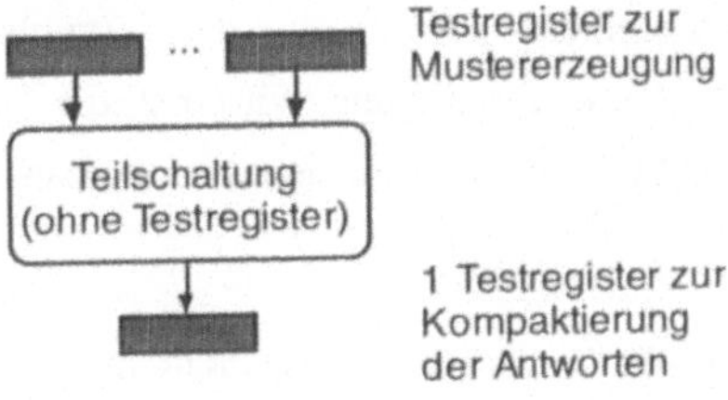

Bild 3.18: Struktur einer Testeinheit

Aus dem Testregistergraphen G_T läßt sich unmittelbar ablesen, welche Testregister für eine Testeinheit $u(T_i)$ Muster erzeugen. Die Testregister an den Eingängen der Testeinheit $u(T_i)$ werden nämlich in G_T durch die direkten Vorgänger des Knotens T_i repräsentiert. Die Testeinheit $u(T_i)$ wird extrahiert, indem man von den Zellen des Testregisters T_i aus rückwärts durch den Schaltungsgraphen geht, bis man wieder auf Testregister trifft. Einzelne Schaltungsteile können zu mehreren Testeinheiten gehören. In Bild 3.15 überlappen sich z.B. die Testeinheiten $u(T_1)$, $u(T_2)$ und $u(T_3)$, ein Schaltungsfehler in SN3 kann sich in allen drei Testeinheiten bemerkbar machen.

Auch Testeinheiten sollten eine zyklenfreie Struktur haben. Wenn die Struktur darüber hinaus so beschaffen ist, daß jeder Pfad von einem Eingang zu einem Ausgang über die gleiche Anzahl von Registern führt, wird der Test besonders einfach. In einer solchen pipeline-ähnlichen Struktur kann nämlich jeder kombinatorische Fehler mit einem einzelnen Testmuster entdeckt werden, und längere Testmusterfolgen sind dazu nicht erforderlich [LiGB94].

3.4.3 Planung des Testablaufs

Die Testablaufplanung legt die Reihenfolge fest, in der die einzelnen Teilschaltungen getestet werden, und bestimmt, wann und wie die Testeinrichtungen initialisiert und die Ergebnisse ausgewertet werden. Ziel ist dabei, die Ressourcen Testzeit und Schaltungsaufwand optimal für eine hohe Fehlererfassung zu nutzen. In diesem Abschnitt wird ein Modell für den Testablauf beschrieben, das im weiteren als formale Grundlage für die Planung dient. Wenn Testeinheiten als kleinste Einheiten bei der Planung verwendet werden, läßt sich der maximal mögliche Parallelitätsgrad beim Testablauf erzielen.

3.4.3.1 Modell für die Testablaufplanung

Für die Planung benötigt man eine Schaltungsbeschreibung auf abstrakter Ebene und Informationen über die Randbedingungen, welche die mögliche Parallelität beim Testablauf begrenzen. Als Schaltungsbeschreibung nehmen wir die Testeinheiten und den Testregistergraphen aus Abschnitt 3.4.2. Diese Darstellung wird um die Testzeit der einzelnen Testeinheiten ergänzt. Die Testzeit ist i.a. direkt proportional zur Anzahl der Muster, die an die Testeinheit angelegt werden.

Um die Dauer des gesamten Tests zu verkürzen, versucht man möglichst viele Testeinheiten gleichzeitig zu bearbeiten. Testhilfsmittel, die für die Bearbeitung mehrerer Testeinheiten erforderlich sind, aber jeweils nur für eine Testeinheit exklusiv genutzt werden können, schränken jedoch die mögliche Parallelität ein. Zur Beschreibung dieses Sachverhalts wurde der Begriff der Kompatibilität eingeführt [KiSa82].

Definition 3.8: Zwei Testeinheiten heißen *kompatibel (inkompatibel)*, wenn sie gleichzeitig (nicht gleichzeitig) getestet werden können.

Beispielsweise können viele der üblichen Testregister nicht gleichzeitig für Mustererzeugung und Kompaktierung von Testantworten eingesetzt werden. Wenn dann ein Testregister von einer Testeinheit für die Mustererzeugung und von einer anderen Testeinheit für die Kompaktierung gebraucht wird, dürfen diese beiden Testeinheiten nicht gleichzeitig bearbeitet werden.

Sämtliche Inkompatibilitätsbeziehungen zwischen den Testeinheiten einer Schaltung werden im Testinkompatibilitätsgraphen zusammengefaßt [CrKS88]. Er enthält für jedes Paar inkompatibler Testeinheiten eine Kante.

Definition 3.9: Der *Testinkompatibilitätsgraph* $G_I := (U, E_I)$ ist ein Graph mit den Testeinheiten U als Knoten und den Kanten
$E_I := \{ \{u_i, u_j\} \mid u_i, u_j \in U \wedge (u_i \text{ und } u_j \text{ sind inkompatibel}) \}$.

Aus dem Testinkompatibilitätsgraphen lassen sich die maximalen Mengen paarweise kompatibler Testeinheiten ermitteln. Bild 3.19 zeigt den Testinkompatibilitätsgraphen zur Schaltung von Bild 3.15. Dabei wird angenommen, daß außer der oben genannten Kompatibilitätsbedingung keine weiteren Einschränkungen für die gleichzeitige Bearbeitung der Testeinheiten bestehen. Zwischen $u(T_1)$, $u(T_2)$ und $u(T_3)$ gibt es keine Kanten, diese Testeinheiten können also gleichzeitig getestet werden.

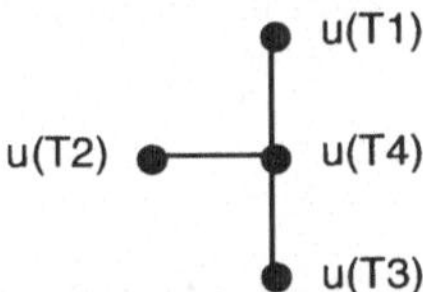

Bild 3.19: Testinkompatibilitätsgraph zur Schaltung von Bild 3.15

Der Testablauf wird in Testsitzungen gegliedert, und in jeder *Testsitzung* wird eine Menge von Testeinheiten parallel getestet. Inkompatible Testeinheiten sind in einer Testsitzung nicht erlaubt. Ein vollständiger Testablaufplan muß außer einer Folge von Testsitzungen auch angeben, aus welchen Testregistern Ergebnisse (Signaturen) ausgelesen werden. Die Initialisierung der Testregister und sonstiger Testeinrichtungen führen wir im Testablaufplan nicht explizit auf, da sie unabhängig von der übrigen Planung ist und i.a. keine großen Probleme bereitet.

Definition 3.10: Ein *Testablaufplan* $S := ((s_0, s_1, \ldots, s_{d-1})^r, \Omega)$ besteht aus einer Folge von Testsitzungen $s_i \subset U$, $i = 0, 1, \ldots, d-1$, die r mal ausgeführt wird, und einer Menge $\Omega \subset T$, die alle Testregister angibt, aus denen eine Signatur ausgelesen wird.

In Bild 3.20 ist ein Testablaufplan für das Schaltungsbeispiel von Bild 3.15 als Balkenplan dargestellt (vgl. Testinkompatibilitätsgraph in Bild 3.19). Nach der ersten Testsitzung werden die Signaturen in den Testregistern T_1, T_2, T_3 ausgelesen, nach der zweiten Testsitzung die Signatur in T_4.

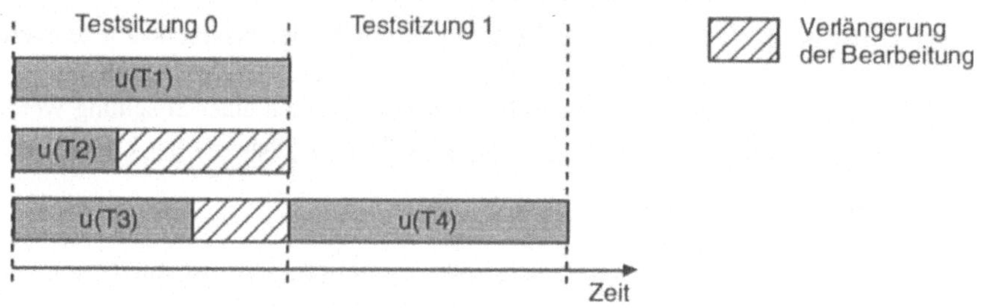

Bild 3.20: Testablaufplan $((\{u(T_1), u(T_2), u(T_3)\}, \{u(T_4)\}), \{T_1, T_2, T_3, T_4\})$ für das Schaltungsbeispiel von Bild 3.15

Die Bearbeitung aller Testeinheiten einer Testsitzung wird zum gleichen Zeitpunkt begonnen und dauert solange, bis die Testeinheit, welche die größte Testlänge erfordert, vollständig bearbeitet ist. Die dazu notwendige Verlängerung der Bearbeitung mancher Testeinheiten (z.B. $u(T_2)$ und $u(T_3)$ in Bild 3.20) kann die Fehlererfassung an den Ausgängen der Testeinheiten höchstens erhöhen. Die Teststeuerung muß bei dieser Strukturierung des Testablaufplans nur an wenigen Zeitpunkten eingreifen und kann daher mit geringem Hardware-Aufwand realisiert werden.

3.4.3.2 Bekannte Verfahren zur Testablaufplanung

Wenn eine Schaltung mit Prüfpfad getestet wird, reicht eine Testsitzung allgemein aus, denn über den Prüfpfad lassen sich für alle Testeinheiten gleichzeitig die Testmuster anlegen und anschließend die Antworten auslesen. Eine Aufteilung in mehrere Phasen kann aber oft die Testzeit verkürzen. In der ersten Phase werden alle Testeinheiten parallel bearbeitet, bis die Testeinheit, welche die kürzeste Testlänge benötigt, alle Testmuster erhalten hat. In der zweiten Phase werden die übrigen Testeinheiten bearbeitet, bis die Testeinheit mit der zweitkürzesten Testlänge fertig ist, usw. Der Prüfpfad muß während der ersten Phase stets in voller Länge geladen und gelesen werden, in den folgenden Phasen aber nur teilweise, weil nicht mehr alle

Prüfpfadregister für den Test gebraucht werden. Das Verfahren aus [NaNB92] legt die Reihenfolge der Register im Prüfpfad so fest, daß die Gesamtzeit für die Ausführung aller Phasen minimiert wird.

Die Ablaufplanung für den Selbsttest mit eingebauten Testregistern ist dagegen schwieriger. Die bekannten Verfahren schränken die Zeitpunkte, zu denen die Bearbeitung einer Testeinheit begonnen werden darf, auf unterschiedliche Weise ein und liefern damit unterschiedlich strukturierte Testablaufpläne. In jedem Fall stehen am Beginn eine Initialisierungsphase und am Ende Aktionen, welche die Testauswertung abschließen. Da ihr Anteil an der gesamten Testzeit gering ist, werden sie bei der Konstruktion des Testablaufplans vernachlässigt und erst nachträglich ergänzt.

Wenn für alle Testeinheiten eine gleich lange Bearbeitungszeit vorgesehen wird, bilden die Testsitzungen ein festes Zeitraster, in das die Testeinheiten eingefügt werden (siehe Bild 3.21). Um die minimale Gesamttestzeit zu erreichen, ist die Menge der Testeinheiten dann in eine minimale Anzahl von Testsitzungen zu partitionieren. Diese Aufgabe entspricht dem Problem, die Knoten des Inkompatibilitätsgraphen G_I mit einer minimalen Zahl $\chi(G_I)$ von Farben so zu färben, daß keine Kante zwei Knoten mit gleicher Farbe verbindet [KrAl85, HuPe87, CrKS88]. Dann repräsentieren die Knoten mit gleicher Farbe Mengen von paarweise kompatiblen Testeinheiten, und wenn man für jede Farbe eine Testsitzung bildet, ist die Zahl der Testsitzungen minimal. Der Testablaufplan in Bild 3.21 wurde mit diesem Graphfärbungsverfahren konstruiert. Die Knoten in den Teilmengen $\{u_1, u_2\}$, $\{u_3, u_4, u_5\}$ und $\{u_6, u_7\}$ haben jeweils die gleiche Farbe erhalten.

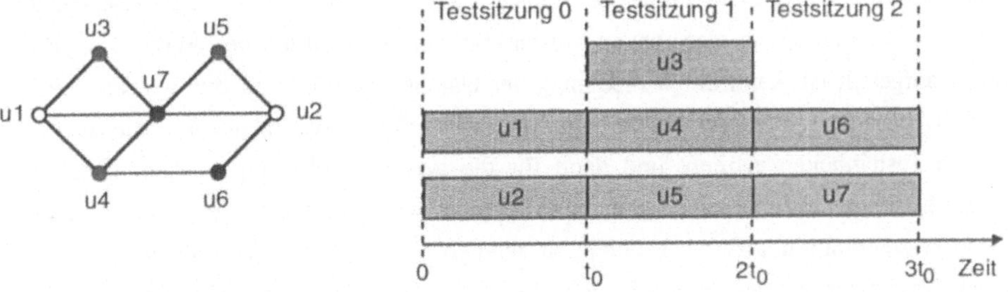

Bild 3.21: Testinkompatibilitätsgraph und Testablaufplan mit minimaler Anzahl von Testsitzungen (alle Testeinheiten mit gleicher Bearbeitungszeit t_0)

Für Testeinheiten mit unterschiedlichen Bearbeitungszeiten läßt sich das oben beschriebene Planungsverfahren verallgemeinern [KiSa82], der Rechenaufwand für eine optimale Lösung steigt damit allerdings stark an. [Chen91b] beschreibt einen Algorithmus, der mit Heuristiken suboptimale Lösungen ermittelt. Bild 3.22 zeigt den gleichen Inkompatibilitätsgraphen wie in

Bild 3.21, wobei nun unterschiedliche Testzeiten für die einzelnen Testeinheiten angegeben sind. Mit den Testsitzungen $\{u_1, u_5\}$, $\{u_2, u_3, u_4\}$, $\{u_6, u_7\}$ wird insgesamt eine kürzere Testzeit erreicht als mit den Testsitzungen von Bild 3.21. Die Anzahl der Testsitzungen bleibt minimal.

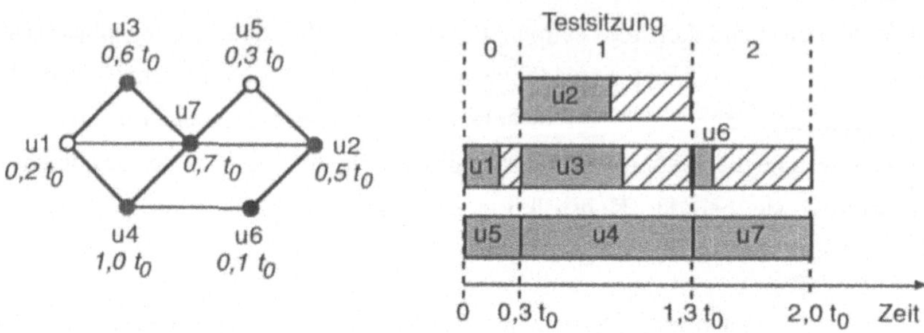

Bild 3.22: Testablaufplan mit Testsitzungen unterschiedlicher Länge

Die Gesamttestzeit läßt sich weiter verkürzen, wenn man die starren Grenzen der Testsitzungen auflöst und die Bearbeitung jeder Testeinheit beginnt, sobald die erforderlichen Testhilfsmittel zur Verfügung stehen, oder gar die Bearbeitung einzelner Testeinheiten unterbricht und zu einem späteren Zeitpunkt fortsetzt. Auch dann läßt sich das Planungsproblem auf ein Graphfärbungsproblem abbilden [CrKS88]. Die Implementierung erfordert aber einen beträchtlich höheren Hardware-Aufwand.

Die oben beschriebenen Planungsverfahren betrachten den Test einer Testeinheit als einen elementaren Block, der nicht weiter untergliedert wird. Wenn innerhalb der Testeinheit der Ablauf von der Erzeugung eines neuen Musters bis zur Auswertung der Antwort in mehrere Schrittte aufgeteilt ist, kann durch Pipelining der Durchsatz erhöht und die Testzeit verringert werden [AbBr85a, AbBr86c, HaOr94a]. Die zweistufige Ablaufplanung - zuerst für die einzelnen Testeinheiten getrennt und dann für die gesamte Schaltung - ergibt nicht immer optimale Lösungen. Wenn beides gemeinsam geplant wird, sind zwar im Prinzip die besten Ergebnisse zu erwarten, aber das Problem ist dann so komplex, daß eine Lösung doch wieder nur mit Heuristiken gelingt [SaKi92]. Eine hierarchische Planung in mehreren Schritten läßt sich auch auf höhere Abstraktionsebenen ausdehnen. Nach der Planung für die Testeinheiten eines Chips wird der Test für die Chips einer Baugruppe und schließlich für das komplette System geplant.

Ein Vergleich der Methoden zur Testablaufplanung zeigt, daß mit wachsender Zahl von Freiheitsgraden bei der Gestaltung des Testablaufs die Gesamttestzeit kürzer wird, gleichzeitig aber der Schaltungsaufwand für die Realisierung der Teststeuerung steigt. Für einen flexibleren

Testablauf muß nämlich die Teststeuerung öfter eingreifen und eine größere Zahl unterschiedlicher Aktionen ausführen. Da die bekannten Methoden stets alle ermittelten Signaturen auswerten, ergibt sich jeweils die gleiche Fehlererfassung. Aufgrund des geringeren Hardware-Aufwands für die Implementierung des Ablaufplans wird allgemein die Einteilung in Testsitzungen bevorzugt, und das Optimierungsziel ist vereinfachend eine minimale Zahl von Testsitzungen [KrAl85, HuPe87, Chen91b, OrHa93, HaOr94b].

Die Testzeit hängt auch von der Plazierung der Testeinrichtungen ab. Die Positionen und der Typ der eingebauten Testregister wirken sich auf die Randbedingungen für mögliche Testablaufpläne aus und beeinflussen damit die Testzeit. Dieser Zusammenhang wurde bisher kaum untersucht. In [LiNB91] werden Testregister so eingesetzt, daß sich entweder eine Lösung mit einer minimalen Zahl von Testsitzungen ergibt oder eine Lösung mit minimalem Hardware-Aufwand (bei einer beschränkten Zahl von Testsitzungen). Die rechenzeitaufwendigen Suchverfahren lassen sich jedoch nur auf kleine Schaltungen anwenden. In [OrHa93] werden die Testregister mit Heuristiken so plaziert, daß die Anzahl der Testsitzungen ohne Rücksicht auf den Hardware-Mehraufwand minimiert wird. Sowohl [LiNB91] als auch [OrHa93] sind auf BILBOs beschränkt. Ein besseres Verfahren wird in Kapitel 5 vorgestellt.

3.4.3.3 Teststeuerung

Falls ein externer Testautomat verwendet wird, muß der Testablauf in ein entsprechendes Teststeuerprogramm umgesetzt werden. Für den Selbsttest dagegen muß die Teststeuerung durch Hardware-Strukturen auf dem Chip realisiert werden. Eine solche Steuerung kann mit einem Mikroprogramm-ROM oder einem PLA und einem Zustandsregister aufgebaut werden. Oft wird zusätzlich ein Zähler eingesetzt, um die Schiebetakte für einen Prüfpfad oder die Muster zu zählen. Gelegentlich ist es auch günstig, die einzelnen Testregister mit einfachen lokalen Steuerungen auszustatten. Zahlreiche verschiedene Varianten wurden entwickelt, von der einzelnen zentralen Steuerung bis zu ganzen Hierachien von Steuerwerken, die auf Chip-, Baugruppen- und höheren Ebenen die Testabläufe koordinieren [BrGL88, WuHa89, Maie90, MaPF92, Habe93, MuPB93, Zori93].

Um später den Hardware-Aufwand, der mit der Implementierung unterschiedlicher Testablaufpläne verbunden ist, vergleichen zu können, wird im folgenden die etwas modifizierte Teststeuerung aus [WuHa89] als ein typisches Beispiel behandelt (siehe Bild 3.23). In einer Schaltung mit eingebauten Testregistern generiert diese Steuerung alle Signale, um die Betriebsarten der Testregister entsprechend den Testsitzungen einzustellen.

Der Testablauf wird im Mikroprogramm mit zwei verschiedenen Befehlstypen A und B beschrieben, von denen jeder die Initialisierung für den Schleifenzähler (SELECT), die Betriebsart der Testregister (TEST, C0 ... Cd-1), das Signal SIG für eine gültige Signatur und das Signal TEND für das Ende des Tests festlegt. Der Befehlstyp A schaltet die Testregister entsprechend den Anforderungen einer Testsitzung in die Betriebsart „Mustererzeugung" oder „Kompaktierung" und bestimmt die Anzahl ℓ_i der Muster. Mit TEST = 1 werden dazu alle Testregister gemeinsam in den Testbetrieb geschaltet, die Signale C0 ... Cd-1 wählen dann jeweils für Gruppen von Testregistern zwischen „Mustererzeugung" und „Kompaktierung" aus. Der Befehlstyp B lädt eine Anzahl ℓ_j von Bits in den Prüfpfad, der die Testregister enthält, und liest gleichzeitig ebenso viele Bits aus dem Prüfpfad. Dazu setzt er TEST = 0 und stellt mit den Signalen C0 ... Cd-1 für alle Testregister im Prüfpfad den Schiebebetrieb ein.

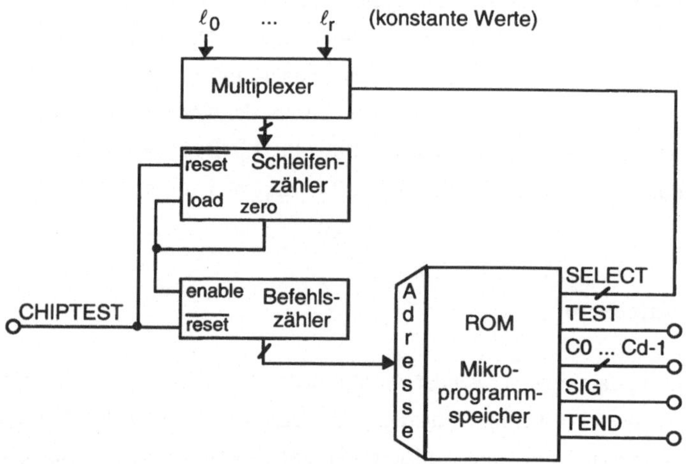

Bild 3.23: Mikroprogrammierte Selbstteststeuerung

Der Testablauf wir durch CHIPTEST = 1 gestartet. Mit jedem Befehl wird dann der Schleifenzähler neu geladen und beginnt rückwärts zu zählen. Wenn der Schleifenzähler 0 erreicht hat, wird der Befehlszähler erhöht und der nächste Befehl ausgeführt. Nach der letzten Testsitzung zeigt die Teststeuerung der Umgebung mit TEND = 1 an, daß der Test beendet ist.

Das konventionelle Vorgehen beim Selbsttest erfordert nach jedem Befehl vom Typ A mindestens einen Befehl vom Typ B, der die Signaturen seriell ausliest und die Testregister neu initialisiert. Wenn gültige Signaturbits am Prüfpfadausgang zu beobachten sind, wird dies mit SIG = 1 angezeigt.

Die Verteilung der Steuersignale TEST und C0 ... Cd-1 von der Teststeuerung zu den Testregistern kann über eine sternförmige Verbindungsstruktur, die für jedes Steuersignal ein eigenes Netz vorsieht, über einen speziellen Teststeuerbus oder über eine Schieberegisteranordnung ähnlich wie bei einem Prüfpfad erfolgen [KaAB86, CrKS88, MuPB94]. Welche Lösung im konkreten Fall am günstigsten ist, hängt in erster Linie von der Zahl der Steuersignale ab. Die in Kapitel 5 vorgestellten Methoden kommen i.a. mit einer sehr geringen Anzahl von Testsitzungen aus. Da dann nur wenige Steuersignale verbreitet werden müssen, ist der Hardware-Aufwand für eine sternförmige Verbindungsstruktur am geringsten.

3.5 Auswahl einer Teststrategie

Die verschiedenen Fehlermodelle, Testerzeugungsverfahren, Maßnahmen zur Verbesserung der Testbarkeit und Verfahren zur Durchführung des Tests lassen sich auf vielfältige Weise kombinieren. Je umfassender das Fehlermodell ist, um so größer sind i.a. die Rechenzeit für die Testmusterbestimmung, die Anzahl der Muster und die Testzeit. Mit einer größeren Zahl von Mustern lassen sich mehr Fehler entdecken, so daß die Testqualität höher ist. Letztlich sind die Kosten entscheidend, mit denen ein vorgegebener, hoher Anteil der in der Fertigung tatsächlich auftretenden Fehler entdeckt wird. Da die Schaltungen sehr unterschiedliche Strukturen haben und die Anforderungen an Geschwindigkeit und Zuverlässigkeit stark differieren, gibt es keine einzelne Teststrategie, die für alle Schaltungen gleichermaßen ideal ist. Vielmehr kommt es darauf an, eine Auswahl verschiedener Teststrategien zur Verfügung zu stellen, die auf die konkrete Schaltung angepaßt und flexibel miteinander kombiniert werden können.

Bei kleinen Schaltungen mit wenigen Eingängen lohnt eine aufwendige Testmusterbestimmung nicht, hier ist der erschöpfende Test die beste Wahl. Bei größeren Schaltungen werden am häufigsten entweder deterministisch bestimmte Testmuster und ein externer Testautomat oder pseudozufällige (manchmal auch pseudoerschöpfende) Muster und integrierte Selbsttesteinrichtungen verwendet. Da in Zukunft Größe und Komplexität der Schaltungen auf einem Chip weiter zunehmen werden, ist zu erwarten, daß der Selbsttest noch größere Bedeutung erlangen und in vielen Fällen die beste Lösung sein wird, denn beim Selbsttest können durch eingebaute Testregister auch die Module im Inneren der Schaltung umfassend und in kurzer Zeit getestet werden. Beim Test mit einem externen Testautomaten dagegen wird für große Schaltungen ein langer Prüfpfad gebraucht und die Testzeit wird lang. Außerdem sind Verzögerungsfehler schwer zu entdecken.

Wenn Teile einer Schaltung durch gleichverteilte Pseudozufallsmuster nicht mit ausreichender Fehlererfassung getestet werden können, weil sie Fehler mit sehr geringer Erkennungswahrscheinlichkeit enthalten, dann helfen folgende Maßnahmen:

- Einbau von Testpunkten oder zusätzlichen Testregistern,
- Verwendung gewichteter Zufallsmuster,
- Berücksichtigung der Zufallstestbarkeit bei der Synthese der kombinatorischen Logik (siehe z.B. [ChGu94b, ToMc94, ChPK95]).

Ohne Beschränkung der Allgemeinheit können wir deshalb im folgenden davon ausgehen, daß die einzelnen Blöcke mit kombinatorischer Logik ausreichend zufallstestbar sind. Auch die Testbarkeit bezüglich der Verzögerungszeiten läßt sich durch Maßnahmen beim Entwurf und durch nachträglich eingebaute Testpunkte verbessern [RADL89, DeKe90, KuRJ91, PoRe91b, DeKe92, JPRM92].

Während der Test mit deterministisch bestimmten Mustern, einem Prüfpfad und einem externen Testautomaten bereits weitgehend erforscht ist, sind die vielschichtigen Optimierungsprobleme beim Selbsttest erst in den letzten Jahren in das Zentrum vieler Forschungsarbeiten gerückt, und der Raum zur Minimierung von Hardware-Mehraufwand und Testzeit wurde bisher erst ansatzweise ausgelotet.

Das anschließende Kapitel 4 behandelt Selbsttesteinrichtungen, die Muster erzeugen und Antworten kompaktieren, analysiert ihre Eigenschaften und beschreibt geeignete Hardware-Strukturen. In Kapitel 5 werden dann Methoden, welche die Selbsttesteinrichtungen plazieren und integrieren, sowie darauf abgestimmte Planungsverfahren für den Testablauf vorgestellt.

4 Methoden und Hardware-Strukturen für Mustererzeugung und Kompaktierung

Der Selbsttest erfordert integrierte Einrichtungen, die pseudozufällige, pseudoerschöpfende oder deterministisch bestimmte Muster erzeugen, und außerdem Kompaktierer, die Folgen von Testantworten zu einem einzigen Datenwort verarbeiten. Diese Testhilfsmittel sollen sich mit geringem Hardware-Aufwand implementieren lassen, den Normalbetrieb nicht negativ beeinflussen und im Testbetrieb eine hohe Fehlererfassung ermöglichen.

Wir behandeln zunächst Mustergeneratoren und Kompaktierer auf der Basis von linear rückgekoppelten Schieberegistern (Abschnitt 4.1) und zellularen Automaten (Abschnitt 4.2). Beide Funktionen werden dann in Testregistern mit mehreren Betriebsarten zusammengefaßt (Abschnitt 4.3). Zur Implementierung solcher Testregister werden Register der Schaltung durch zusätzliche Gatter in ihrer Funktionalität erweitert. In Abschnitt 4.4 verfolgen wir einen anderen Ansatz: Funktionseinheiten, die in vielen Datenpfaden bereits vorhanden sind, nämlich Addierer, Subtrahierer, ALUs, Multiplizierer und Register, werden in geeigneter Zusammenschaltung als Mustergeneratoren und Kompaktierer genutzt. Damit lassen sich (fast) ohne Modifikation der Schaltung ähnliche Testergebnisse erzielen wie mit Testregistern.

4.1 Rückgekoppelte Schieberegister

Sowohl für die Mustererzeugung als auch für die Kompaktierung werden sehr häufig Hardware-Strukturen eingesetzt, die auf rückgekoppelten Schieberegistern aufbauen. Ein rückgekoppeltes Schieberegister ist ein autonom arbeitendes Gebilde, das prinzipiell keine Eingänge außer einem Takteingang besitzt. Es besteht aus einer Serienschaltung von Speicherelementen und einer kombinatorischen Rückkopplung. In Bild 4.1 ist f eine beliebige Funktion, die einen neuen Wert für das Speicherelement s_0 liefert. Für den Zustand $\mathbf{s} = (s_0, s_1, \ldots, s_{k-1})^T$ ergibt sich der Folgezustand $(f(s_0, s_1, \ldots, s_{k-1}), s_0, s_1, \ldots, s_{k-2})^T$.

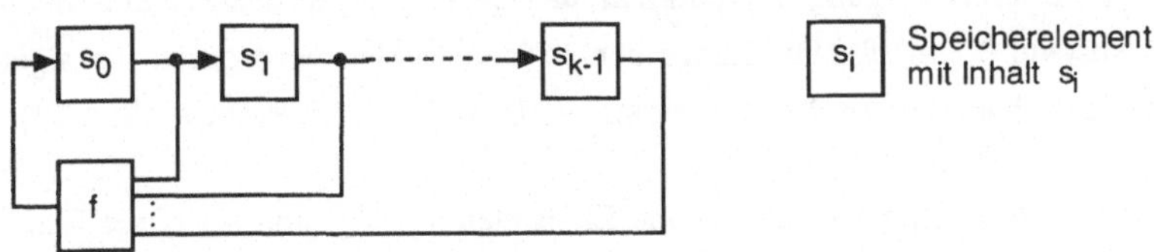

Bild 4.1: Rückgekoppeltes Schieberegister

Bei einem linear rückgekoppelten Schieberegister (LRSR) ist die Funktion f linear,

$$f(s_0, s_1, \ldots, s_{k-1}) = g_{k-1}s_0 + g_{k-2}s_1 + \ldots + g_0 s_{k-1} .$$

Im einfachsten Fall enthält jedes Speicherelement nur 1 Bit. Zur formalen Beschreibung des LRSR genügt dann ein Körper mit zwei Elementen. Sei $\mathbb{F}_2$ der Körper mit den Elementen 0 und 1, Addition "+" und Multiplikation "·". Der Zustandsvektor $\mathbf{s} := (s_0, s_1, \ldots, s_{k-1})^T$ eines LRSR der Breite k läßt sich als Element des k-dimensionalen Vektorraums über $\mathbb{F}_2$ auffassen. Der Vektor $(0, 0, \ldots, 0)^T$ wird mit $\mathbf{0}$ abgekürzt. Technisch wird die Addition in $\mathbb{F}_2$ durch ein XOR-Gatter realisiert, die Multiplikation mit einer Konstanten g_i durch einen Schalter, der für $g_i = 1$ mit einem Flipflopausgang und für $g_i = 0$ mit dem konstanten Wert 0 verbindet (siehe Bild 4.2).

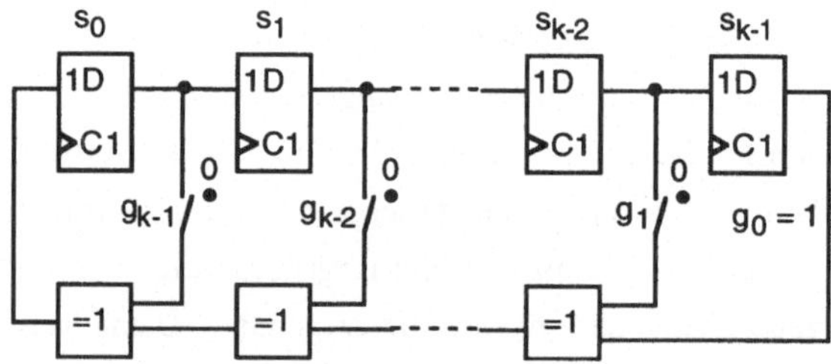

Bild 4.2: Linear rückgekoppeltes Schieberegister mit externen XOR-Verknüpfungen

Die lineare Rückkopplungsfunktion kann auch durch eine k×k-Matrix C mit Elementen aus $\mathbb{F}_2$ (*Rückkopplungsmatrix*) dargestellt werden, z.B. wird für das LRSR in Bild 4.2

$$C = \begin{pmatrix} g_{k-1} & g_{k-2} & \cdots & g_1 & g_0 \\ 1 & 0 & & & \mathbf{0} \\ & \ddots & \ddots & & \\ & & 1 & 0 & \\ \mathbf{0} & & & 1 & 0 \end{pmatrix} .$$

Die Folge der Zustände, die das LRSR durchläuft, ist $\mathbf{s}(0)$, $\mathbf{s}(1) = C\mathbf{s}(0)$, ..., $\mathbf{s}(t) = C^t\mathbf{s}(0)$. Wenn das LRSR im Zustand $\mathbf{s} = \mathbf{0}$ ist, kann es diesen Zustand wegen $C\,\mathbf{0} = \mathbf{0}$ nicht mehr verlassen. Das Zustandsübergangsdiagramm enthält deshalb stets einen Zyklus der Länge 1, der nur den Zustand $\mathbf{0}$ umfaßt. Die Länge der übrigen Zyklen wird durch die algebraischen Eigenschaften des charakteristischen Polynoms bestimmt [Golo67, PeWe72, Ston73].

Definition 4.1: Sei C eine k×k-Matrix mit Elementen aus $\mathbb{F}_2$, und sei I_k die Einheitsmatrix der Größe k×k. Das Polynom $g(x) := \det(xI_k - C)$, $g \in \mathbb{F}_2[x]$, heißt *charakteristisches Polynom* der Matrix C (bzw. des LRSR mit der Rückkopplungsmatrix C).

Für das LRSR in Bild 4.2 können die Koeffizienten des charakteristischen Polynoms $g(x) = x^k + \sum_{i=0}^{k-1} g_i x^i$ auch unmittelbar aus der Struktur abgelesen werden. (In $\mathbb{F}_2$ sind Addition und Subtraktion identisch.)

Definition 4.2: Sei $g \in \mathbb{F}_2[x]$ ein Polynom mit Grad $\partial g \geq 1$. Das Polynom g heißt *irreduzibel*, wenn für $g = r \cdot s$, $r, s \in \mathbb{F}_2[x]$, stets $\partial r = 0$ oder $\partial s = 0$ folgt.

Definition 4.3: Ein Polynom $g \in \mathbb{F}_2[x]$ mit Grad k heißt *primitiv*, falls es x^m-1 teilt für $m = 2^k-1$, aber nicht für $m < 2^k-1$.

Die Nullstellen von g in $\mathbb{F}_{2^k}$ sind dann primitive (2^k-1)-te Einheitswurzeln. Für jeden Grad $k > 1$ und jeden endlichen Körper $\mathbb{F}_q$ gibt es primitive Polynome. Irreduzible und primitive Polynome über $\mathbb{F}_2$ sind z.B. in [PeWe72] bis zum Grad 34 tabelliert.

Für ein LRSR mit irreduziblem charakteristischem Polynom ist die Rückkopplungsmatrix C regulär, $\det C \neq 0$. Denn es gilt $\det C = \det(0I_k-C) = g(0) = g_0$, und in einem irreduziblen Polynom darf der Koeffizient bei x^0 nicht 0 sein. Zu einer regulären Matrix C existiert die Inverse C^{-1}, so daß die durch C beschriebene lineare Abbildung bijektiv ist. Folglich hat jeder Zustand genau einen Vorgänger und genau einen Nachfolger, und das Übergangsdiagramm besteht aus paarweise disjunkten Zyklen.

Satz 4.1: Im Übergangsdiagramm eines LRSR mit irreduziblem charakteristischem Polynom haben alle Zyklen außer dem **0**-Zyklus die gleiche Länge, und diese ist ein Teiler von 2^k-1.

Satz 4.2: Im Übergangsdiagramm eines LRSR mit primitivem charakteristischem Polynom gibt es einen (maximalen) Zyklus mit der Länge 2^k-1.

Die Beweise finden sich in [Golo67]. Ein LRSR mit primitivem charakteristischem Polynom kann also alle k-bit-Muster außer **0** aufzählen. Ein solches LRSR wird auch *maximalperiodisch* genannt.

Neben dem LRSR mit externen XOR-Verknüpfungen wird auch das LRSR mit internen XOR-Verknüpfungen verwendet (siehe Bild 4.3). Hier werden die Koeffizienten aus der Schaltungsstruktur in umgekehrter Richtung abgelesen. Die Übergangsmatrix ist

$$C = \begin{pmatrix} 0 & & & \mathbf{0} & g_0 \\ 1 & 0 & & & g_1 \\ & \ddots & \ddots & & \vdots \\ & & 1 & 0 & g_{k-2} \\ \mathbf{0} & & & 1 & g_{k-1} \end{pmatrix} \quad \text{mit dem charakteristischen Polynom } g(x) = x^k + \sum_{i=0}^{k-1} g_i x^i.$$

Zu jedem LRSR mit externen XOR-Verknüpfungen gibt es ein LRSR mit internen XOR-Verknüpfungen, das das gleiche charakteristische Poynom und damit die gleiche Zyklenstruktur im Übergangsdiagramm hat. Selbstverständlich brauchen alle XOR-Gatter, bei denen ein Eingang konstant 0 ist, nicht implementiert zu werden.

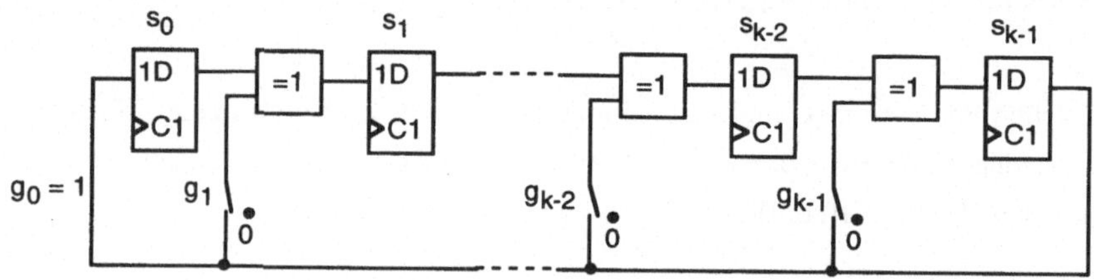

Bild 4.3: Linear rückgekoppeltes Schieberegister mit internen XOR-Verknüpfungen

Bild 4.4 zeigt als Beispiele zwei 3-bit-LRSR, die als charakteristisches Polynom beide das gleiche primitive Polynom besitzen.

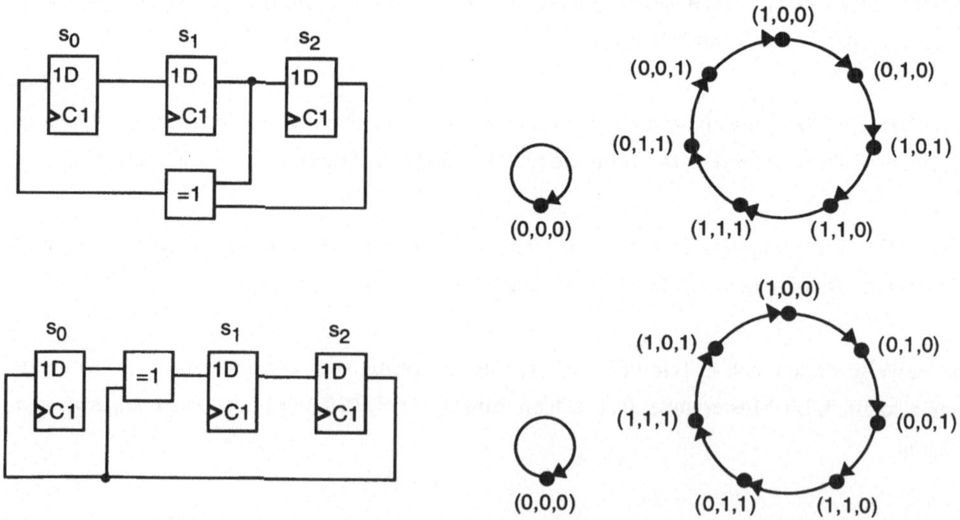

Bild 4.4: Zwei linear rückgekoppelte Schieberegister mit gleichem charakteristischem Polynom $x^3 + x + 1$ und ihre Übergangsdiagramme
(oberes LRSR mit externer, unteres LRSR mit interner XOR-Verknüpfung)

4.1.1 Erzeugung pseudozufälliger Muster

Linear rückgekoppelte Schieberegister mit primitivem charakteristischem Polynom können Bitfolgen erzeugen, die ähnliche Eigenschaften haben wie zufällige Bitfolgen. In (pseudo-) zufälligen Bitfolgen sollen 0 und 1 mit annähernd gleicher Häufigkeit auftreten. Diese Forderung allein genügt jedoch nicht, sie wäre auch in einer so regelmäßigen Folge wie 010101... erfüllt. Vielmehr müssen auch die Teilfolgen gleichartiger Bits bestimmten Bedingungen genügen. Eine von Einsen (Nullen) begrenzte Folge von Nullen (Einsen) wird 0-Lauf (1-Lauf) genannt. Je länger ein Lauf ist, um so geringer soll die Wahrscheinlichkeit für sein Auftreten sein. Schließlich ist noch zu berücksichtigen, daß ein Element der Folge nicht von den vorangegangenen Elementen abhängen soll.

In [Golo67] wurden diese Anforderungen an pseudozufällige Bitfolgen formalisiert und der Nachweis erbracht, daß die Bitfolgen, die von einem LRSR mit primitivem charakteristischem Plolynom generiert werden (insbesondere $s_{k-1}(0)$, $s_{k-1}(1)$, ...) pseudozufällig sind. Die Kriterien R1, R2, R3 berücksichtigen, daß die erzeugte Bitfolge sich aufgrund des stets begrenzten Speicherplatzes irgendwann wiederholen muß und eine Periode p hat.

R1: 0 tritt innerhalb einer Periode der Bitfolge annähernd so häufig auf wie 1. Für das LRSR gilt $\frac{1}{2^k-1} \cdot \sum_{i=0}^{2^k-2} s_{k-1}(i) = \frac{1}{2} + \frac{0,5}{2^k-1} \approx \frac{1}{2}$.

R2: Innerhalb einer Periode p hat die Hälfte aller Läufe die Länge 1, ein Viertel die Länge 2 und der 2^i-te Teil die Länge i, solange $\frac{p}{2^i} > 1$ ist. Für jede Länge existieren gleich viele 0- und 1-Läufe.

R3: Die Autokorrelationsfunktion $A(\tau)$, die angibt, wie stark ein Folgenelement von dem τ Schritte vorangegangenen Folgenelement abhängt, ist zweiwertig. Bei der Berechnung der Autokorrelationsfunktion werden 1 durch -1 und 0 durch 1 ersetzt. Für das LRSR ergibt sich

$$A(\tau) = \frac{1}{2^k-1} \cdot \sum_{i=0}^{2^k-2} (1 - 2s_{k-1}(i))\,(1 - 2s_{k-1}(i+\tau)) = \begin{cases} 1 & \text{falls } \tau = 0 \\ K & \text{falls } 0 < \tau < 2^k - 1 \end{cases}$$

mit einer Konstanten K.

Die Gültigkeit von R1 bis R3 läßt sich am Beispiel des 4-bit-LRSR in Bild 4.5 leicht nachprüfen. Dieses LRSR mit dem primitivem charakteristischen Polynom $x^4 + x + 1$ erzeugt die Bitfolge 0 0 0 1 0 0 1 1 0 1 0 1 1 1 1 ... mit Periode 2^4-1 = 15. Eine Periode dieser Folge umfaßt sieben 0-Bits, und acht 1-Bits. Sie enthält je zwei 0-Läufe und 1-Läufe der Länge 1, je einen 0-Lauf und 1-Lauf der Länge 2, einen 0-Lauf der Länge 3 und einen 1-Lauf der Länge 4. Von den insgesamt acht Läufen haben also die Hälfte die Länge 1 und ein Viertel die Länge 2. Die Autokorrelationsfunktion ist

$$A(\tau) = \begin{cases} 1 & \text{falls } \tau = 0 \\ 1/15 & \text{falls } 0 < \tau < 15 \end{cases} .$$

Damit sind R1, R2 und R3 - so gut wie es bei einer ungeraden Periode überhaupt möglich ist - erfüllt.

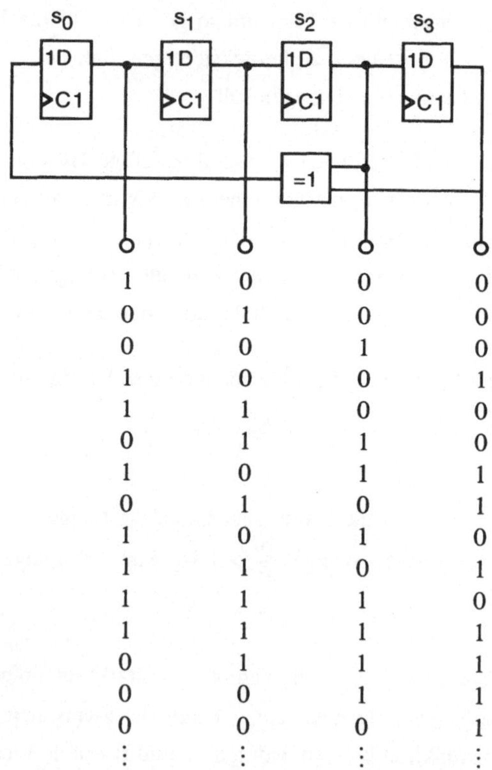

Bild 4.5: Erzeugung pseudozufälliger Muster mit einem maximalperiodischen LRSR (charakterisches Polynom $x^4 + x + 1$)

Der folgende Satz von [Golo67] zeigt, wie die Bitfolgen, die in den einzelnen Flipflops eines maximalperiodischen LRSR erzeugt werden, miteinander verwandt sind.

Satz 4.3: Sei $(s_{k-1}(0), s_{k-1}(1), \ldots)$ die Bitfolge, die von einem LRSR mit primitivem charakteristischem Polynom und einem Startwert $s(0) \neq \mathbf{0}$ erzeugt wird. Die Folgen $(s_{k-1}(0+h), s_{k-1}(1+h), \ldots)$, $h = 0, 1, \ldots, 2^k-2$, die durch Verschiebung um h Takte auseinander hervorgehen, bilden zusammen mit dem neutralen Element (0, 0, ...) und der elementweisen Addition modulo 2 eine Gruppe.

Wenn man also zwei phasenverschobene maximalperiodische Bitfolgen addiert, erhält man wieder eine maximalperiodische Bitfolge mit einer anderen Phasenverschiebung. Daraus folgt, daß in allen Flipflops eines maximalperiodischen LRSR mit externen oder internen XOR-Verknüpfungen die bis auf eine Phasenverschiebung gleiche Bitfolge erzeugt wird. Die Bitfolge hängt nur von der Wahl des Polynoms ab. Bild 4.5 demonstriert diesen Zusammenhang an einem 4-bit-LRSR.

Die linearen Abhängigkeiten zwischen phasenverschobenen maximalperiodischen Bitfolgen haben manchmal unerwünschte Auswirkungen, wenn ein LRSR seriell einen Prüfpfad lädt. An manchen Stellen des Prüfpfads können dann nicht alle Bitkombinationen erzeugt werden. Während für das Gatter G1 in Bild 4.6 alle möglichen Eingangsbelegungen generiert werden, treten an den Eingängen von G2 nur 4 von 8 möglichen Belegungen auf. Am Gatter G2 gilt nämlich stets $i_1 = i_2 \oplus i_3$, so daß die Belegungen (0, 0, 1), (0, 1, 0), (1, 0, 0) und (1, 1, 1) unmöglich sind und die „ständig 0"-Haftfehler von G2 nicht getestet werden.

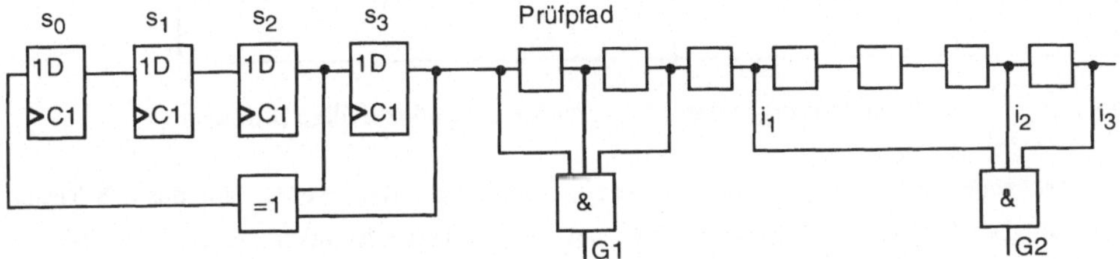

Bild 4.6: Beispiel für linear abhängige Bitfolgen an i_1, i_2 und i_3

Wenn ein LRSR mehrere Prüfpfade gleichzeitig mit pseudozufälligen Bitfolgen lädt, kommt es besonders häufig zu Problemen durch lineare Abhängigkeit. Abhilfe schaffen können eine andere Reihenfolge der Flipflops oder zusätzliche Flipflops in den Prüfpfaden, ein anderes charakteristisches Polynom für das LRSR und eine Phasenverschiebung der erzeugten Bitfolgen durch zusätzliche XOR-Verknüpfungen [BaMc84, Bard90]. Wenn anstelle eines LRSR über $\mathbb{F}_2$ ein LRSR über einem Körper $\mathbb{F}_{2^h}$ mit $h > 1$ eingesetzt wird, ergeben sich ebenfalls andere Phasenverschiebungen zwischen den in den einzelnen LRSR-Flipflops erzeugten Bitfolgen [PrCh94].

Für einen Test mit gewichteten Zufallsmustern müssen die gleichverteilten Muster, die ein maximalperiodisches LRSR liefert, transformiert werden. Durch die Verknüpfung mehrerer unabhängiger pseudozufälliger Bitfolgen läßt sich eine Bitfolge mit beliebiger 1-Häufigkeit erzeugen, die ähnliche Eigenschaften wie eine zufällige Bitfolge mit der entsprechenden 1-Wahrscheinlichkeit besitzt. Die verknüpfende Funktion wird so gewählt, daß die Anzahl ihrer Minterme geteilt durch die Zahl aller möglichen Minterme die gewünschte 1-Wahrscheinlichkeit ergibt, z.B. ein AND-Gatter mit 2 Eingängen für die 1-Wahrscheinlichkeit 1/4 oder ein OR-Gatter mit 3 Eingängen für die 1-Wahrscheinlichkeit 7/8. Der serielle Mustergenerator in Bild 4.7 kann Bitfolgen mit den sieben verschiedenen Gewichten $\frac{1}{8}, \frac{2}{8}, \ldots, \frac{7}{8}$ erzeugen. Durch die SELECT-Signale wird eine Funktion $f \in \{ a_1a_2a_3,\ a_2a_3,\ \overline{a_1 + a_2a_3},\ a_3,\ a_1 + a_2a_3,\ \overline{a_2a_3},\ \overline{a_1a_2a_3} \}$ ausgewählt [StWH90, StWu91b]. Damit die verknüpften Bitfolgen möglichst wenig voneinander abhängen, werden sie an weit voneinander entfernten Positionen des LRSR abgegriffen.

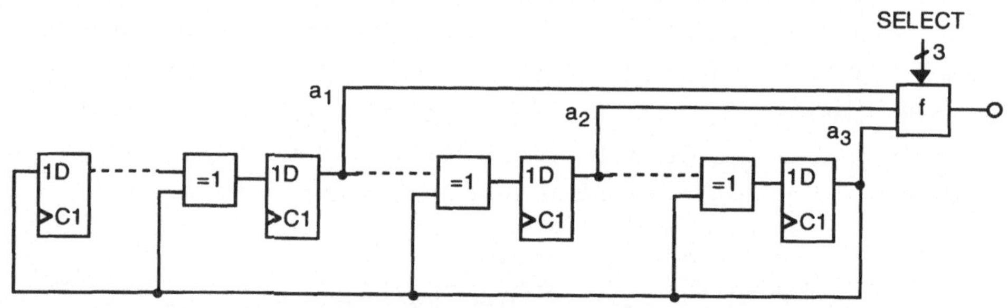

Bild 4.7: Serieller Mustergenerator für gewichtete pseudozufällige Bitfolgen

Die errechneten optimalen Gewichte für die zu testende Schaltung werden auf das 1/8-Raster gerundet. Der Einfluß der Rundungsfehler auf die Testlänge ist relativ gering, so daß ein feineres Raster keine signifikanten Vorteile bringt und nur den Hardware-Aufwand erhöht.

Ein paralleler Mustergenerator für gewichtete Zufallsmuster, die sogenannte GURT-Konfiguration ("Generator of Unequiprobable Random Tests") ist in [Wund87a] beschrieben. Der parallele Mustergenerator besteht im wesentlichen aus mehreren Mustergeneratoren wie in Bild 4.7, dazwischen sind einfache Schieberegister geschaltet. Auf diese Weise lassen sich alle Gewichte aus $\frac{1}{8}, \frac{2}{8}, \frac{3}{8}$ und $\frac{4}{8}$ realisieren und an den negierten Ausgängen der Flipflops auch $\frac{5}{8}, \frac{6}{8}$ und $\frac{7}{8}$ (siehe Bild 4.8).

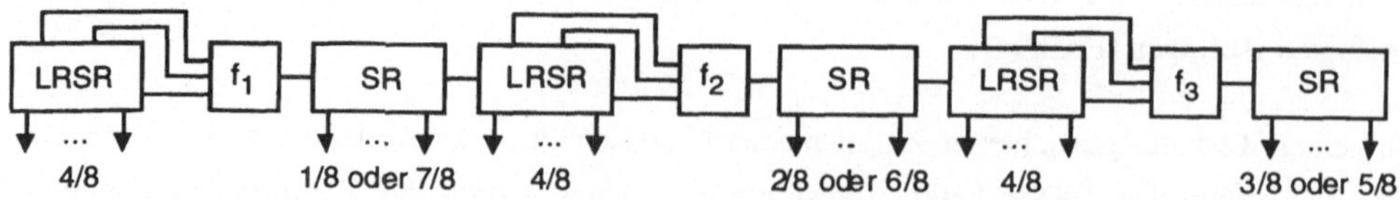

Bild 4.8: GURT-Konfiguration für die Gewichte 1/8, ..., 7/8

Die Verdrahtung zwischen Mustergeneratorausgängen und Schaltungseingängen kann jedoch einen erheblichen Aufwand erfordern, weil die Schaltungseingänge, die Musterbits mit der gleichen 1-Wahrscheinlichkeit erhalten sollen, i.a. nicht nebeneinanderliegen. Am günstigsten ist es, die Zellen der einzelnen LRSR- und SR-Teile nicht unmittelbar aufeinanderfolgend wie in Bild 4.8 anzuordnen, sondern so, daß sie den Schaltungseingängen direkt gegenüber liegen. Dann genügen wenige Verdrahtungskanäle, um die einzelnen Zellen, die zum gleichen LRSR- oder SR-Teil gehören, miteinander zu verketten [Wund91].

Die Erzeugung gewichteter Zufallsmuster kann auch in Prüfpfadzellen integriert werden [MuAN90]. Am Anfang des Prüfpfads wird dann ein LRSR ergänzt. Die Prüfpfadzelle in Bild 4.9 benötigt eine Siliziumfläche, die etwa 2,5 mal so groß ist wie die eines normalen Prüfpfad-flipflops. Mit WT_SEL = 1 werden an die Schaltung Bits angelegt, deren 1-Wahrscheinlichkeit durch die Funktion f bestimmt wird. Die Argumente von f sind die Inhalte mehrerer Prüfpfad-zellen. Dadurch sind die in den Prüfpfadzellen erzeugten Bitfolgen stark voneinander abhängig. Die experimentellen Ergebnisse von [BoMa92] zeigen, daß durch diese Korrelationen die Fehlererfassung in manchen Fällen verringert wird.

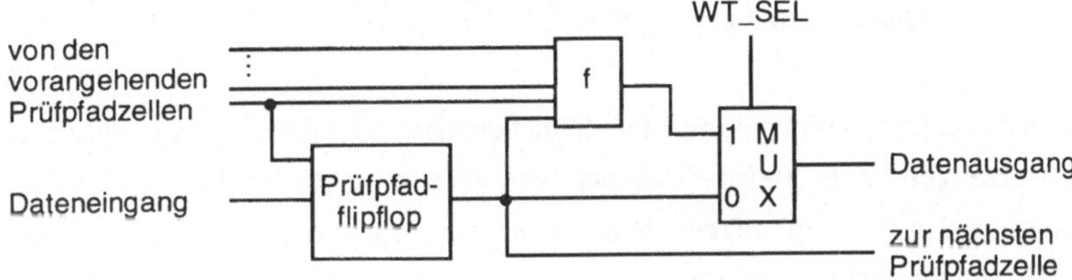

Bild 4.9: Erweiterte Prüfpfadzelle zur Erzeugung einer gewichteten Bitfolge

Mit mehreren unterschiedlichen Verteilungen der Zufallsmuster kann die Testlänge weiter reduziert werden (siehe Abschnitt 3.2.3). Wegen des hohen Hardware-Aufwands werden beim Selbsttest aber höchstens zwei Verteilungen verwendet, wovon die eine die Gleichverteilung ist. Nur wenn die Gewichte auf 0, w, 1 mit $0 < w < 1$ eingeschränkt werden und damit die Implementierung relativ einfach wird, sind auch mehrere Verteilungen mit vertretbarem Hardware-Aufwand realisierbar [PaRa91, PoRe91a, AlKi94].

4.1.2 Erzeugung erschöpfender und pseudoerschöpfender Muster

Eine erschöpfende Mustermenge kann einfach mit einem Binärzähler erzeugt werden. Wenn in der Schaltung aber nicht bereits ein geeigneter Zähler vorhanden ist, erfordert der Einbau eines zusätzlichen Zählers einen relativ großen Hardware-Mehraufwand. Günstiger ist es dann, ein maximalperiodisches LRSR einzubauen und zu einem *vollständigen, rückgekoppelten Schieberegister* zu erweitern, das auch das Muster **0** generiert ("complete feedback shift register" [McCl86, WaMc86b]). In Bild 4.10 wird zu diesem Zweck ein NOR-Gatter ergänzt, das nur bei den Zuständen (0, ..., 0, 0) und (0, ..., 0, 1) eine 1 an seinem Ausgang liefert. Dadurch wird zwischen die Zustände (0, ..., 0, 1) und (1, 0, ..., 0), die beim LRSR aufeinanderfolgen, der Zustand **0** eingefügt, so daß das Übergangsdiagramm dann aus einem einzigen Zyklus der Länge 2^k besteht.

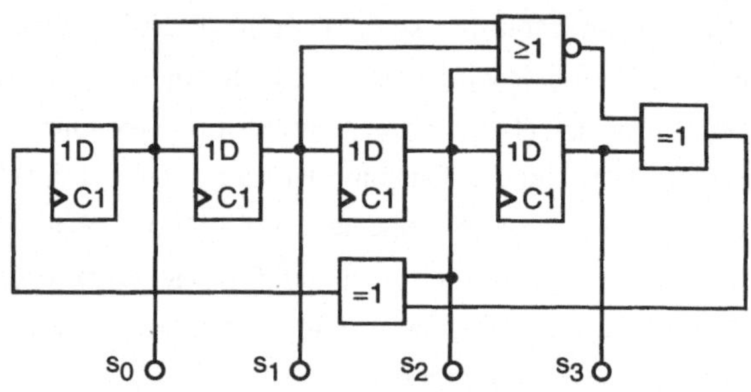

Bild 4.10: Vollständiges, rückgekoppeltes Schieberegister

Mit einem vollständigen, rückgekoppelten Schieberegister doppelter Breite lassen sich alle Musterpaare erzeugen. Zum Beispiel werden von dem 4-bit-Register in Bild 4.10 an den Ausgängen s_1 und s_3 alle möglichen Paare von 2-bit-Mustern generiert. Auf das Muster $(s_1(t), s_3(t))$ folgt das Muster $(s_1(t+1), s_3(t+1)) = (s_0(t), s_2(t))$, das unabhängig von $(s_1(t), s_3(t))$ beliebige Werte annehmen kann. Steht im rückgekoppelten Schieberegister nicht die doppelte Zahl von Flipflops zur Verfügung, dann kann durch eine geschickte Wahl der Schieberegisterausgänge die Anzahl der erzeugten Musterpaare wenigstens innerhalb gewisser Grenzen maximiert werden [ChGu96].

Zur Erzeugung pseudoerschöpfender Mustermengen, die für jeden Kegel der Schaltung alle möglichen Eingangsbelegungen aufzählen, wurden verschiedene Hardware-Strukturen vorgeschlagen, die alle Codeworte eines linearen Codes, eines zyklischen Codes oder eines Codes mit konstantem Gewicht generieren [AbBR90]. Andere Ansätze arbeiten mit Linearkombinationen, die durch ein XOR-Netzwerk gebildet werden (Bild 4.11 links) [Aker85]. Die hinsichtlich des Hardware-Aufwands günstigste Lösung besteht aus einem maximalperiodischen LRSR und einem angekoppelten Schieberegister wie in Bild 4.11 rechts. Wenn ein Prüfpfad als Schieberegister verwendet wird, sind im Gegensatz zum XOR-Netzwerk keine zusätzlichen Multiplexer für das Umschalten zwischen Normalbetrieb und Test erforderlich.

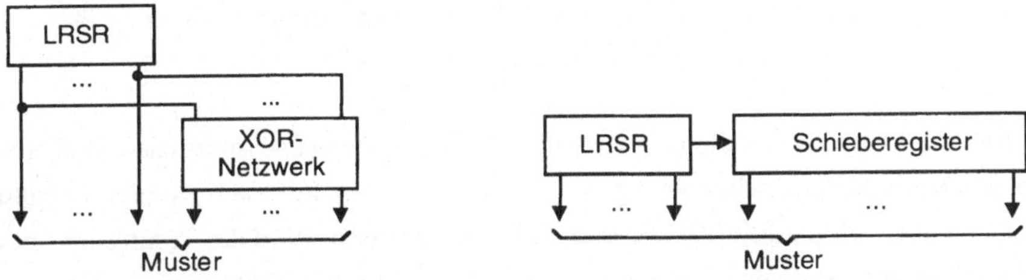

Bild 4.11: Erzeugung pseudoerschöpfender Muster mit einem maximalperiodischen LRSR und einem XOR-Netzwerk (links) oder einem angekoppelten Schieberegister (rechts)

Sei w die maximale Zahl von Eingängen eines Kegels in der zu testenden Schaltung. Dann muß das charakteristische Polynom g(x) des LRSR mindestens den Grad w haben. Aufgrund linearer Abhängigkeiten kann ein größerer Grad erforderlich sein (vgl. Abschnitt 4.1.1). Für die Eingänge i_1, i_2, ..., i_m, $m \leq w$, eines Kegels werden genau dann alle Belegungen aufgezählt, wenn die Polynome $x^{i1} \bmod g(x)$, $x^{i2} \bmod g(x)$, ..., $x^{im} \bmod g(x)$ über $\mathbb{F}_2$ linear unabhängig sind [BaCR83]. Das primitive Polynom g(x) muß so gewählt werden, daß diese Bedingung für alle Kegel der Schaltung erfüllt ist. Falls das Polynom g(x) den Grad w hat und die Kegel mit maximaler Eingangszahl das Testmuster **0** brauchen, dann muß entweder eine Einrichtung zum Rücksetzen des LRSR auf **0** vorgesehen werden, oder das maximalperiodische LRSR muß zu einem vollständigen, rückgekoppelten Schieberegister erweitert werden.

Da die Testlänge exponentiell mit dem Grad von g(x) wächst, wird versucht, mit einem Polynom möglichst kleinen Grades zum Ziel zu kommen. Dazu werden die Flipflops in der LRSR/SR-Kombination bzw. die Eingänge der Schaltung permutiert [KaTr93] oder XOR-Gatter zwischen die Flipflops des Schieberegisters eingefügt, um eine Phasenverschiebung zu erreichen [SrGB93].

4.1.3 Erzeugung deterministisch bestimmter Muster

Wenn die Schaltung mit einer vorgegebenen Menge deterministisch bestimmter Muster getestet werde soll, ist ein ROM auf dem Chip die naheliegende Lösung. Mit Hilfe eines Adreßzählers werden die im ROM gespeicherten Wörter nacheinander ausgelesen und als Testmuster an die Schaltung gelegt. Dadurch wird die kürzeste Testzeit erreicht, aber die Hardware-Kosten sind i.a. extrem groß. In [DuCh93] wird das ROM durch ein LRSR und ein zweidimensionales Feld von OR-Gattern ersetzt. Die OR-Gatter realisieren eine Abbildung der LRSR-Zustände auf die vorgegebenen, vollständig spezifizierten Muster. Aber auch mit dieser Anordnung läßt sich der Hardware-Aufwand nicht auf ein akzeptables Maß reduzieren.

Anders ist die Situation, wenn die vorgegebenen Muster nur teilweise spezifiziert sind. Für die weitaus meisten Schaltungsfehler genügen Testmuster, die nur für relativ wenige Schaltungseingänge und/oder Prüfpfadflipflops bestimmte Werte zuweisen. Wird das Testmuster mit einer LRSR/SR-Kombination erzeugt, dann muß nur der Startwert des LRSR so festgelegt werden, daß das vorgegebene Muster generiert wird, wobei die nicht spezifizierten Musterbits 0 oder 1 sein dürfen. Jedes Bit, das in der LRSR/SR-Kombination generiert wird, läßt sich als Linearkombination der Startwertbits ausdrücken. Für jedes spezifzierte Musterbit wird nun eine Gleichung aufgestellt, in der die Bits des Startwerts die unabhängigen Variablen sind. Die Lösung dieses Gleichungssystems ergibt den gesuchten Startwert [Köne91]. Falls ein Testmuster nur sehr wenige spezifizierte Bits enthält, kann es zusammen mit einem anderen Testmuster, das an keiner Bitposition eine widersprüchliche Belegung erfordert, gemeinsam generiert werden. Bei diesem sogenannten "Reseeding"-Verfahren werden also die Testmuster durch Startwerte codiert, die wesentlich weniger Bits umfassen. Die Datenmenge wird stark reduziert, da im Gegensatz zur expliziten Speicherung der Muster die Positionen der unspezifizierten Bits nicht gespeichert werden müssen.

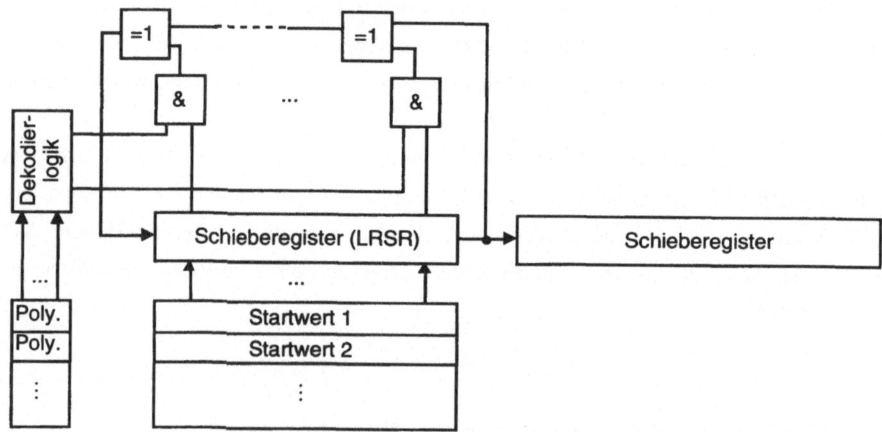

Bild 4.12: Erzeugung teilweise spezifizierter Muster durch eine LRSR/SR-Kombination mit mehreren charakteristischen Polynomen und Startwerten

Das "Reseeding"-Verfahren kann ergänzt werden durch die Wahl eines geeigneten charakteristischen Polynoms für das LRSR. Wenn die Rückkopplung des LRSR zwischen mehreren primitiven charakteristischen Polynomen umschaltbar ist, läßt sich vermeiden, daß manche Muster infolge linearer Abhängigkeiten zwischen den generierten Bits nicht erzeugt werden können. Wenn z.B. 16 verschiedene primitive Polynome vom Grad k zur Auswahl stehen, läßt sich ein beliebiges Muster, das k spezifizierte Bits enthält, mit Wahrscheinlichkeit 0,999999 durch die LRSR/SR-Kombination erzeugen [HELL95]. Bild 4.12 zeigt schematisch die verwendete Anordnung. Für jedes Muster sind k Bits für den Startwert und 4 Bits für die Polynomauswahl zu speichern.

Weitere Optimierungen sind in [HELL95] und [HRTW95] beschrieben. Die deterministische Testmusterberechnung kann speziell auf diesen Mustergenerator abgestimmt werden, und wenn die zu erzeugenden Muster geeignet geordnet werden, genügt 1 Bit, um zum nächsten Polynom weiterzuschalten.

Der Mustergenerator von Bild 4.12 braucht, da er seriell arbeitet, viele Takte bis das nächste Muster bereit steht. Wenn ein LRSR als paralleler Mustergenerator eingesetzt wird, entsteht in jedem Taktzyklus ein neues Muster, aber die Möglichkeiten, die erzeugte Musterfolge zu beeinflussen, sind eng begrenzt, weil nur der Startwert und das charakteristische Polynom als Freiheitsgrade verfügbar sind. Deshalb ist das Ziel bei der parallelen Mustererzeugung nicht unbedingt eine Musterfolge, welche ausschließlich aus den vorgegebenen Testmustern besteht, sondern es sind dazwischen weitere Muster erlaubt. Oft wird zunächst eine Folge zufälliger Muster erzeugt, welche die leicht erkennbaren Schaltungsfehler entdeckt. Für die wenigen, verbleibenden Schaltungsfehler werden dann deterministisch Testmuster berechnet, und es wird eine Musterfolge gesucht, die alle diese Testmuster umfaßt und eine vorgegebene Länge nicht überschreitet bzw. unter bestimmten Randbedingungen minimal ist.

Auch für die parallele Mustererzeugung mit einem LRSR wurden verschiedene "Reseeding"-Techniken entwickelt. In [LeGB95] wird auf analytische Weise der Startwert so optimiert, daß die Länge der Musterfolge, um eine vorgegebene Fehlermenge zu entdecken, minimal wird. Beim "Store and Generate"-Verfahren wird das LRSR periodisch mit einem neuen Startwert geladen, der in einem ROM gespeichert ist. In der Zwischenzeit arbeitet das LRSR für eine bestimmte Zahl von Taktzyklen dann autonom [AgCe81]. In [Köne93] werden mit einem parallelen Mustergenerator Blöcke von gewichteten Zufallsmustern erzeugt. Durch Simulation wird festgestellt, ob ein Block neue Schaltungsfehler entdeckt. Immer wenn das nicht der Fall ist, wird der Mustergenerator mit einem neuen Startwert geladen, so daß ein oder mehrere Blöcke übersprungen werden. Anstatt einen neuen Startwert aus einem ROM zu laden, kann auch die Rückkopplung des LRSR derart modifziert werden, daß nach dem letzten Muster eines Blocks unmittelbar der Startzustand für einen anderen Block folgt [UpCh93].

Einen anderen Ansatz verfolgt das konstruktive Verfahren von [DaMu81], das ein nichtlinear rückgekoppeltes Schieberegister in der Form von Bild 4.1 aufbaut. Das Schieberegister muß mindestens die Breite der Testmuster haben. Die vorgegebenen Testmuster werden so geordnet, daß sie möglichst durch Verschiebung um 1 Bit auseinander hervorgehen, wobei ein neues Bit an der letzten Position hinzukommt. Wenn sich die Testmuster nicht lückenlos auf diese Weise aneinanderreihen lassen, müssen Verbindungsmuster eingefügt werden (maximal k-1 Verbindungsmuster zwischen zwei k-bit-Testmuster). Durch diese eingefügten Zwischenschritte können manche Muster mehrfach in der Folge auftreten, allerdings mit unterschiedlichen Nachfolgern. Dann sind zur Unterscheidung weitere Flipflops im Schieberegister notwendig. Die Konstruktion garantiert, daß m vorgegebene Testmuster mit je k Bits in einer Folge von höchstens $(m-1) \cdot k + 1$ Mustern generiert werden. Aber die Implementierung der Rückkopplungsfunktion ist auch nach einer Logikminimierung sehr aufwendig.

Eine sehr erfolgversprechende Methode wurde in [ChPr95, ToMc95a,b] entwickelt. Zwischen den parallelen Mustergenerator (z.B. LRSR) und die Schaltung wird eine kombinatorische Logik geschaltet, die einige der eingegebenen Bitvektoren verändert (siehe Bild 4.13). Ziel ist, die geforderte Fehlererfassung mit einer Musterfolge bestimmter Länge zu erreichen. Zuerst wird das LRSR über die vorgegebene Testlänge simuliert, und durch eine Fehlersimulation wird ermittelt, welche Schaltungsfehler mit den unveränderten Mustern entdeckt werden. Außerdem wird festgestellt, welche Muster in der Folge einen Schaltungsfehler zum ersten Mal testen. Diese Muster werden bei der Transformation auf sich selbst abgebildet. Von den übrigen Mustern werden einige ausgewählt und auf Testmuster abgebildet, die für noch nicht entdeckte Fehler berechnet wurden. Für alle anderen Muster kann die Transformation beliebige Werte liefern.

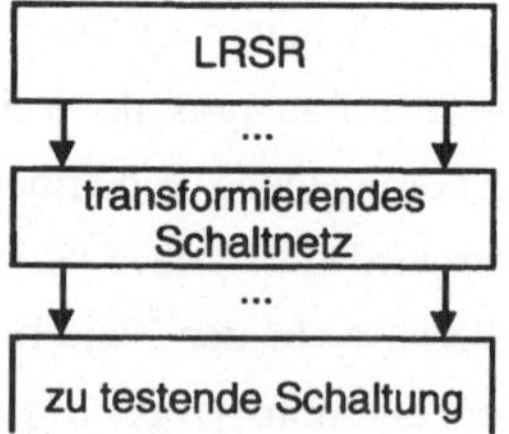

Bild 4.13: Paralleler Mustergenerator mit transformierender kombinatorischer Logik

Das Verfahren von [ToMc95b] bestimmt aus den vielen Transformationen, die infrage kommen, eine, die sich mit geringem Hardware-Aufwand realisieren läßt, und synthetisiert die entsprechende kombinatorische Logik. Im Vergleich zu einem Test mit Zufallsmustern kann dabei die Testlänge für die Erfassung aller Haftfehler um Größenordnungen reduziert werden. Der Hardware-Mehraufwand liegt für die untersuchten Schaltungen bei etwa einem Gatter pro Schaltungseingang.

Die Struktur von Bild 4.13 weist Ähnlichkeiten mit parallelen Mustergeneratoren für gewichtete Zufallsmuster auf. Dort werden die vom LRSR erzeugten Bitfolgen über eine kombinatorische Logik so verknüpft, daß mit den optimierten 1-Wahrscheinlichkeiten bestimmte Schaltungsfehler mit größerer Wahrscheinlichkeit erkannt werden. Hier dagegen wird durch die kombinatorische Logik die Erkennung bestimmter Fehler garantiert.

Während in Bild 4.13 die Breite des LRSR mit der Anzahl der Schaltungseingänge übereinstimmt, wird in [KuKr94, ChGu95] ein Zähler oder ein LRSR mit weniger Bits verwendet, und das transformierende Schaltnetz besteht nur Leitungen. Ausgehend von einem Testmustersatz für alle Haftfehler werden iterativ Paare von Schaltungseingängen, die stets mit gleichen Musterbits oder stets mit invertierten Musterbits belegt werden können, zusammengefaßt und an das gleiche Flipflop des Zählers bzw. LRSR angeschlossen. Die Zusammenschaltung zweier Eingänge beim Test ist generell dann erlaubt, wenn dadurch keine redundanten Gatteranschlüsse (d.h. nicht testbare Haftfehler) entstehen. Diese Bedingung ist schwächer als beim pseudoerschöpfenden Test, wo nur Eingänge, die nicht den gleichen Ausgang beeinflussen, zusammengeschaltet werden dürfen. Deshalb ist i.a. eine weitergehende Zusammenfassung möglich, es genügt ein kleineres maximalperiodisches LRSR zur Aufzählung der Muster, und die Testlänge ist kürzer. Allerdings können einige andere kombinatorische Schaltungsfehler, wie z.B. Brückenfehler, nach der Zusammenfassung der Eingänge nicht mehr erkannt werden.

Insgesamt sind also zahlreiche Verfahren zur Mustererzeugung bekannt, die in verschiedener Weise auf linear rückgekoppelte Schieberegister aufbauen. Allgemein kann, wenn eine größere Testzeit zur Verfügung steht, ein Mustergenerator mit geringerem Hardware-Aufwand implementiert werden. Kürzere Testzeiten führen zu höheren Hardware-Kosten. Die beschriebenen Mustergeneratoren sind für den Test von kombinatorischen Schaltungsfehlern in Schaltnetzen konzipiert. Sie nutzen aus, daß die Testmuster in beliebiger Reihenfolge generiert werden dürfen. Mustergeneratoren, die eine bestimmte Menge von Musterpaaren liefern, sind zwar prinzipiell ebenfalls möglich (siehe z.B. [VuFu94]), werden aber beim Selbsttest wegen des sehr großen Aufwands nicht eingesetzt.

4.1.4 Signaturanalyse

Beim Selbsttest werden die Testantworten der Schaltung zu einem einzigen Registerinhalt, der *Signatur*, kompaktiert. Die korrekte Signatur, die sich für die fehlerfreie Schaltung ergibt, kann durch eine Logiksimulation ermittelt werden. Wünschenswert ist eine Datenkompaktierung, die alle fehlerhaften Antwortfolgen auf solche Signaturen abbildet, die sich von der korrekten Signatur unterscheiden, so daß alle Schaltungsfehler an einer verfälschten Signatur erkennbar sind. Prinzipiell ist das möglich [GuPR90], es übersteigt aber weit den beim Selbsttest vertretbaren Hardware-Aufwand, so daß man sich mit einer nur selten auftretenden Fehlermaskierung zufriedengibt.

Aus der Literatur sind zahlreiche Kompaktierungsverfahren bekannt. Beim Einser-Zählen und beim Syndrom-Test werden die 1-Bits in der Antwortfolge gezählt [Savi80, SaMc85], beim Übergangszählen die Anzahl der 0→1- und 1→0-Übergange in der Antwortfolge [Haye76, SaMc85]. Die spektralen Methoden transformieren die Antwortfolge (z.B. mit der Walsh-Transformation) in ein Spektrum, aus dem einzelne Koeffizienten für die Fehlererkennung herangezogen werden [Suss81, MiMu85]. Bei der Signaturanalyse werden die Testantworten in ein linear rückgekoppeltes Schieberegister eingegeben [Froh77]. Durch zusätzliche Schaltungsmaßnahmen kann die Fehlermaskierungswahrscheinlichkeit beliebig klein gemacht werden ("output data modification" [ZoAg86, ZoAg90]).

Die Signaturanalyse wird allgemein als das günstigste Verfahren zur Kompaktierung der Testantworten angesehen, da sie bei vorgegebenem Hardware-Aufwand im Durchschnitt weniger Schaltungsfehler maskiert als die anderen Verfahren [SaMc85, RoSa87, AbBF90, PiWi91, PiWi92]. Sie verlangt keine Modifikationen im Inneren der zu testenden Schaltung und keinen speziellen Satz von Testmustern. Insbesondere muß die Testlänge nicht exponentiell mit der Anzahl der Schaltungseingänge wachsen wie beim Syndrom-Test und beim Test mit Spektralkoeffizienten.

Linear rückgekoppelte Schieberegister, die für die Signaturanalyse benutzt werden, nennt man auch *Signaturregister*. Ein Signaturregister mit mehreren Eingängen (wie in Bild 4.14) wird als *paralleles Signaturregister* (*multiple input signature register, MISR*) bezeichnet. In jedem Taktzyklus werden alle Bits einer Testantwort parallel eingegeben. Das serielle Signaturregister (*single input signature register*) mit nur einem Eingang d_0, das in der älteren Literatur überwiegend behandelt wird, ist ein Spezialfall davon.

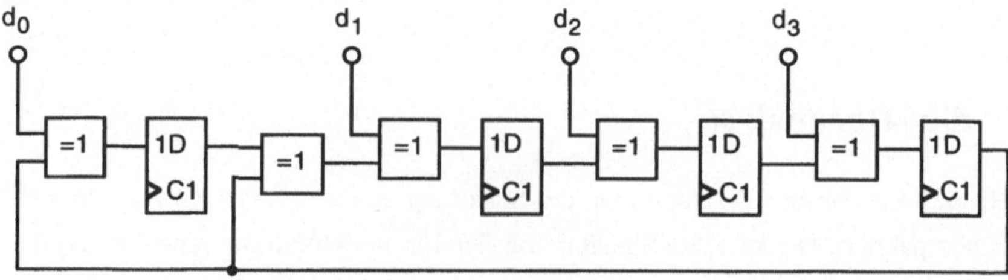

Bild 4.14: 4-bit-Signaturregister auf der Basis eines linear rückgekoppelten Schieberegisters

Signaturregister gehören zu den Kompaktierern mit einer linearen Rückkopplungsfunktion, die allgemein eine Struktur wie in Bild 4.15 besitzen. Die Rückkopplung wird durch eine k×k-Matrix C beschrieben. Der Registerinhalt (k Bits) wird durch diese lineare Funktion, die durch ein Schaltnetz realisiert ist, umgeformt und dann zur Testantwort (k-bit-Vektor **r**) komponentenweise modulo 2 addiert. Die Summe ergibt den nächsten Zustand des Registers, $\mathbf{s_{sig}}(i+1) = C \cdot \mathbf{s_{sig}}(i) \oplus \mathbf{r}(i)$. Nachdem eine Folge von t Testantworten eingegeben wurde, enthält das Register die Signatur $\mathbf{s_{sig}}(t) = C^t\, \mathbf{s_{sig}}(0) \oplus \bigoplus_{i=0}^{t-1} C^{t-1-i}\, \mathbf{r}(i)$. $\bigoplus_{i=0}^{n} \mathbf{x}(i)$ bezeichnet die Summe $\mathbf{x}(0) \oplus \mathbf{x}(1) \oplus \ldots \oplus \mathbf{x}(n)$, bei der komponentenweise modulo 2 addiert wird.

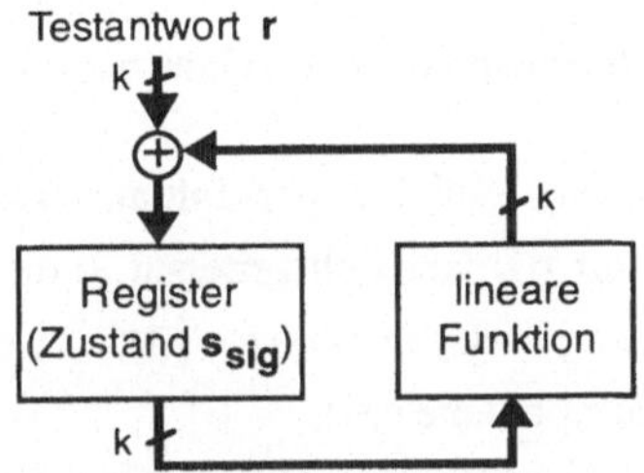

Bild 4.15: Kompaktierer mit linearer Rückkopplungsfunktion

Aus der Signatur läßt sich die kompaktierte Antwortfolge i.a. nicht mehr rekonstruieren. Die Kompaktierung einer verfälschten Testantwortfolge kann zur gleichen Signatur führen wie die Kompaktierung der fehlerfreien Testantwortfolge. Wenn eine solche *Fehlermaskierung ("aliasing")* eintritt, ist der Schaltungsfehler anhand der Signatur nicht mehr erkennbar, und der Informationsverlust bei der Kompaktierung verringert die Fehlererfassung. Die zentrale Frage bei der Kompaktierung ist deshalb: Wie viele Schaltungsfehler werden maskiert?

Im Prinzip kann die Zahl der maskierten Fehler exakt bestimmt werden, indem man die Schaltung und den Kompaktierer simuliert. Diese Simulation muß sich aber über die ganze Testlänge erstrecken, da erst am Ende die Signatur bekannt ist, und sie muß für jeden Fehler wiederholt werden. Durch die sehr lange Rechenzeit ist dieses Vorgehen für große Schaltungen ungeeignet. Als Alternative wurden probabilistische Modelle zur Beschreibung des Kompaktierungsprozesses entwickelt. Mit Hilfe dieser Modelle kann die Wahrscheinlichkeit der Fehlermaskierung ermittelt und so der Anteil der maskierten Fehler geschätzt werden.

Der folgende Abschnitt behandelt die Kompaktierung der Antworten von kombinatorischen Schaltungen und bringt die aus der Literatur bekannten Aussagen. Danach analysieren wir die Kompaktierung der Antworten von sequentiellen Schaltungen.

4.1.4.1 Bekannte Aussagen zur Fehlermaskierungswahrscheinlichkeit für kombinatorische Schaltungen

Alle Muster, Zustände und Testantworten lassen sich durch Spaltenvektoren beschreiben, deren Komponenten Elemente von $\mathbb{F}_2$ sind. **0** bezeichnet den Vektor mit 0 in allen Komponenten. Die Elemente der Rückkopplungsmatrix C sind ebenfalls Elemente von $\mathbb{F}_2$. Die bijektive Abbildung **bin**: $\{0, 1, \ldots, 2^k-1\} \rightarrow \{0, 1\}^k$ ordnet jeder Ganzzahl $n \in \{0, 1, \ldots, 2^k-1\}$ ihre Binärdarstellung $\mathbf{bin}(n) := (b_{k-1}, b_{k-2}, \ldots, b_0)^T$ zu, wobei $b_\nu \in \{0, 1\}$ für $\nu = 0, 1, \ldots, 2^k-1$ und $\sum_{\nu=0}^{k-1} b_\nu \cdot 2^\nu = n$ gilt. Fettgedruckte Buchstaben wie **e** stehen im folgenden für Binärvektoren, und kursive wie *e* für die entsprechenden Ganzzahlen.

Die Signatur $\mathbf{s_{sig}}(t)$ ist eine lineare Funktion der Initialisierung $\mathbf{s_{sig}}(0)$ und der Eingaben $\mathbf{r}(0), \mathbf{r}(1), \ldots, \mathbf{r}(t-1)$. Jede Antwort $\mathbf{r}(i)$ läßt sich zerlegen in die fehlerfreie Antwort $\mathbf{r_{ef}}(i)$ und eine Verfälschung $\mathbf{e}(i)$. Die Vektoren $\mathbf{e}(i) := (e_0(i), e_1(i), \ldots, e_{k-1}(i))^T$ werden als *Bitfehlervektoren* bezeichnet. Hat eine Komponente $e_j(i)$, $j \in \{0, 1, \ldots, k-1\}$, den Wert 1, so spricht man von einem *Bitfehler* am Eingang j des Signaturregisters. Mit $\mathbf{r}(i) = \mathbf{r_{ef}}(i) \oplus \mathbf{e}(i)$ erhalten wir

$$\begin{aligned}
\mathbf{s_{sig}}(t) &= C^t\, \mathbf{s_{sig}}(0) \oplus \bigoplus_{i=0}^{t-1} C^{t-1-i} (\mathbf{r_{ef}}(i) - \mathbf{e}(i)) \\
&= C^t\, \mathbf{s_{sig}}(0) \oplus \bigoplus_{i=0}^{t-1} C^{t-1-i}\, \mathbf{r_{ef}}(i) \oplus \bigoplus_{i=0}^{t-1} C^{t-1-i}\, \mathbf{e}(i) \\
&= \mathbf{s_{sig,ef}}(t) \oplus \bigoplus_{i=0}^{t-1} C^{t-1-i}\, \mathbf{e}(i),
\end{aligned}$$

wobei $\mathbf{s_{sig,ef}}(t)$ die Signatur der fehlerfreien Schaltung ist, und als Bedingung für die Fehlermaskierung

$$\mathbf{s_{sig}}(t) = \mathbf{s_{sig,ef}}(t) \quad \Leftrightarrow \quad \bigoplus_{i=0}^{t-1} C^{t-1-i}\, \mathbf{e}(i) = \mathbf{0}\,.$$

Es genügt also, das Signaturregister mit $\mathbf{s}(0) = \mathbf{0}$ zu initialisieren, die Folge der Bitfehlervektoren $(\mathbf{e}(i))_{0 \le i \le t-1}$ zu kompaktieren, und am Ende nachzuprüfen, ob die Signatur $\mathbf{s}(t) = \bigoplus_{i=0}^{t-1} C^{t-1-i}\, \mathbf{e}(i)$ den Wert **0** hat [Davi78]. Für eine unverfälschte Antwortfolge mit $\mathbf{e}(0) = \mathbf{e}(1) = \ldots = \mathbf{e}(t-1) = \mathbf{0}$ bekommen wir die Signatur $\mathbf{s}(t) = \mathbf{0}$. Auf diese Weise ist die Analyse unabhängig vom konkreten Startwert und von den konkreten fehlerfreien Antworten.

Definition 4.4: Die Fehlermaskierungswahrscheinlichkeit zum Zeitpunkt t, $p_{al}(t)$, ist die Wahrscheinlichkeit, daß das Signaturregister zum Zeitpunkt t den Inhalt **0** hat und mindestens

ein von **0** verschiedener Bitfehlervektor aufgetreten ist,
$p_{al}(t) := Pr(\mathbf{s}(t) = \mathbf{0}) - Pr(\mathbf{e}(0) = \ldots = \mathbf{e}(t-1) = \mathbf{0})$.

Um das Verhalten von p_{al} für große Zeiten t zu analysieren, wird die Zustandsfolge $\mathbf{s}(0), \mathbf{s}(1), \ldots$ des Signaturregisters durch eine stochastische Kette $(S(t))_{t\geq 0}$ modelliert, wobei die Zufallsvariablen S(t) Werte aus $\{0, 1\}^k$ annehmen. Die Verteilung von S(t) wird repräsentiert durch $\pi(t) := (\pi_0(t), \pi_1(t), \ldots, \pi_{2^k-1}(t))^T$ mit $\pi_i(t) := Pr(S(t) = \mathbf{bin}(i))$, $i = 0, 1, \ldots, 2^k-1$. Aus Definition 4.4 wird $p_{al}(t) := \pi_0(t) - Pr(\mathbf{e}(0) = \ldots = \mathbf{e}(t-1) = \mathbf{0})$.

Zustandsübergänge $j \rightarrow i$ werden durch die Übergangswahrscheinlichkeiten p_{ij} beschrieben. p_{ij} ist die bedingte Wahrscheinlichkeit, daß das Signaturregister zum nächsten Zeitpunkt im Zustand $\mathbf{bin}(i)$ sein wird, wenn es zum aktuellen Zeitpunkt im Zustand $\mathbf{bin}(j)$ ist. Die Übergangswahrscheinlichkeiten werden in der Übergangsmatrix $P := (p_{ij})_{0\leq i,j\leq 2^k-1}$ zusammengefaßt. Damit gilt $\pi(t+1) = P\cdot\pi(t) = P^{t+1}\cdot\pi(0)$. Wenn aufeinanderfolgende Testantworten unabhängig voneinander sind, ist der stochastische Prozeß eine Markovkette, und die Erkenntnisse aus der Theorie der Markovketten lassen sich anwenden (siehe Anhang B).

Den aus der Literatur bekannten Resultaten über die Fehlermaskierungswahrscheinlichkeit liegen unterschiedliche Annahmen über die Verfälschungen, die in den Testantworten auftreten können, zugrunde. Wenn alle möglichen Testantwortfolgen mit der gleichen Wahrscheinlichkeit vorkommen, ist die Wahrscheinlichkeit einer Fehlermaskierung im Signaturregister

$$p_{al}(t) = \frac{2^{tk-k} - 1}{2^{tk} - 1} \quad \text{[Froh77]}.$$

Für große Testlängen t gilt $p_{al}(t) \approx 2^{-k}$, und die Fehlermaskierungswahrscheinlichkeit hängt nur von der Breite k des Signaturregisters ab. Die gleiche Fehlermaskierungswahrscheinlichkeit ergibt sich aber auch, wenn man einen beliebigen Bitfehlervektor aus der Folge $(\mathbf{e}(i))_{0\leq i\leq t-1}$ herausgreift und als Signatur verwendet [Smit80]. Dann wäre das Signaturregister im Widerspruch zu den praktischen Erfahrungen überflüssig. Dieses Modell ist also offensichtlich unzureichend.

Das Modell des *symmetrischen Kanals* (*"symmetric channel error model"* [IwAr90, PrGK90]) nimmt an, daß mit Wahrscheinlichkeit p_0 eine fehlerfreie Antwort auftritt und alle 2^k-1 möglichen Verfälschungen die gleiche Wahrscheinlichkeit $\frac{1-p_0}{2^k-1}$ haben. Unter diesen Voraussetzungen ist die Fehlermaskierungswahrscheinlichkeit unabhängig vom charakteristischen Polynom g(x) des LRSRs, solange der Koeffizient g_0 von 0 verschieden ist. Die Simulationsergebnisse von [RaTy91] widersprechen jedoch dieser Aussage. Außerdem wirken sich in realen Schaltungen Fehler oft nur auf wenige Ausgänge aus. Dann treten nicht alle möglichen

Verfälschungen mit von 0 verschiedener Wahrscheinlichkeit auf, und die Annahmen dieses Modells gelten nicht mehr genau.

Das Modell der *unabhängigen Bitfehler* (*"independent error model"* [WiDa89, DAMI90]) geht davon aus, daß die Bitfehler an den einzelnen Ausgängen der Schaltung stochastisch unabhängig sind. Das Auftreten von Bitfehlern wird durch zeitlich konstante Wahrscheinlichkeiten $Pr(e_0 = 1)$, $Pr(e_1 = 1)$, ..., $Pr(e_{k-1} = 1)$ beschrieben. Dieses Modell ignoriert, daß manche Schaltungsteile mehrere Ausgänge beeinflussen können.

Im Modell der unabhängigen Bitfehler gilt für die Signaturanalyse mit einem LRSR, dessen Koeffizient g_0 ungleich 0 ist [DAMI90]:

$$p_{al}(t) = \frac{1}{2^k} + \frac{1}{2^k} \sum_{i=1}^{2^k-1} \left(\prod_{j=0}^{k-1} (1-2\varepsilon_j)^{w_j(i,t)} \right) - Pr(\mathbf{e} = \mathbf{0})^t \tag{4.1}$$

mit $\varepsilon_j := Pr(e_j = 1)$ für $j = 0, 1, \ldots, k-1$,

$$Pr(\mathbf{e} = \mathbf{0}) = \prod_{j=0}^{k-1} Pr(e_j = 0),$$

k: Breite des Signaturregisters,

t: Testlänge,

$w_j(i, t) := \sum_{h=1}^{t} s_j(h)$, wobei $s_j(h)$ die j-te Komponente des Zustandsvektors $\mathbf{s}(h)$ für das duale LRSR im autonomen Betrieb ist ($\mathbf{d} \equiv \mathbf{0}$) und der Startzustand $\mathbf{s}(0) = \mathbf{bin}(i)$ verwendet wird. (Das duale LRSR zu einem LRSR mit der Rückkopplungsmatrix C ist das LRSR mit der Rückkopplungsmatrix $(C^{-1})^T$.)

Aus (4.1) läßt sich eine Näherung herleiten, die für ein LRSR mit primitivem charakteristischem Polynom bei großen Testlängen gilt:

$$p_{al}(t) \approx \frac{1}{2^k} + \frac{2^k-1}{2^k} \cdot \left(\prod_{j=0}^{k-1} |1-2\varepsilon_j| \right)^{t \cdot \frac{2^{k-1}}{2^k-1}} < \frac{1}{2^k} + \prod_{j=0}^{k-1} |1-2\varepsilon_j|^{\frac{t}{2}}. \tag{4.2}$$

Die Formel (4.1) ist zur praktischen Auswertung ungeeignet, da sie eine exponentielle Anzahl von Summanden enthält und für jeden Summanden der Wert $w_j(i, t)$ ermittelt werden muß. Sie ermöglicht aber eine Analyse des dynamischen Verhaltens der Fehlermaskierungswahrscheinlichkeit. Wenn an mindestens einem Eingang j des Signaturregisters Bitfehler mit einer Wahrscheinlichkeit $0 < \varepsilon_j < 1$ auftreten, erreicht die Fehlermaskierungswahrscheinlichkeit mit wachsender Testlänge asymptotisch einen Grenzwert, bei einem LRSR mit irreduziblem charakteristischem Polynom ist das 2^{-k}. Falls an mindestens einem Eingang $\varepsilon_j > 0{,}5$ gilt, kann die Fehlermaskierungswahrscheinlichkeit eine gedämpfte Schwingung ausführen. Für eine Wahrscheinlichkeit ε_j, die in der Nähe von 0,5 liegt, wird der stationäre Endwert besonders rasch erreicht.

Für praktische Berechnungen der Fehlermaskierungswahrscheinlichkeit sind die iterativen Verfahren aus [IvAg89, Ivan91] günstiger. Sie legen ebenfalls das Modell der unabhängigen Bitfehler zugrunde und lassen darüber hinaus eine zeitliche Veränderung der Bitfehlerwahrscheinlichkeiten zu. Da die iterativen Verfahren diese Bitfehlerwahrscheinlichkeiten in jedem Schritt berücksichtigen, muß die Berechnung für alle Schaltungsfehler, die zu unterschiedlichen Bitfehlerwahrscheinlichkeiten führen, wiederholt werden. Bei breiten Testregistern sind auch die iterativen Verfahren mit großem Rechenaufwand verbunden.

Die Modelle „symmetrischer Kanal" und „unabhängige Bitfehler" erlauben zwar, die Maskierungswahrscheinlichkeit mit geschlossenen Formeln zu beschreiben. Im allgemeinen ist es jedoch sehr schwierig zu entscheiden, ob eine bestimmte Schaltung durch das gewählte Modell ausreichend genau wiedergegeben wird. Das allgemeinere Modell der *unabhängigen Bitfehlervektoren* [DaWW90, DaOR91, KaPI93], das die Modelle „symmetrischer Kanal" und „unabhängige Bitfehler" als Spezialfälle umfaßt, ist in diesem Punkt weniger problematisch. Es läßt beliebige Korrelationen zwischen den Komponenten eines Bitfehlervektors zu, aufeinanderfolgende Bitfehlervektoren sind stochastisch unabhängig. Damit gilt es für alle Schaltnetze mit Fehlern, die kein sequentielles Verhalten hervorrufen. Dieses Modell wurde hauptsächlich verwendet, um den Grenzwert der Fehlermaskierungswahrscheinlichkeit zu ermitteln. Für ein Signaturregister mit Breite k, regulärer Rückkopplungsmatrix C und charakteristischem Polynom g(x) ergibt sich:

g(x) reduzibel:

Der Grenzwert der Fehlermaskierungswahrscheinlichkeit hängt von der Korrelation zwischen den Bitfehlerfolgen an den einzelnen Signaturregistereingängen ab. Sei $g(x) = g_0(x) \cdot g_1(x) \cdot \ldots \cdot g_{r-1}(x)$ eine Zerlegung des charakteristischen Polynoms g(x) in irreduzible Faktoren mit $\partial(g_i(x)) > 0$, $i = 0, 1, \ldots, r-1$. Dann gilt

$$\lim_{t\to\infty} p_{al}(t) \le \frac{1}{2^{k_{min}}} \qquad \text{mit} \quad k_{min} = \min_{0\le i\le r-1} \{\partial(g_i(x))\} \qquad \text{[DaWW90].}$$

Für den Spezialfall, daß alle Bitfehlervektoren aus $\{0, 1\}^k$ an den Eingängen des Signaturregisters mit einer von 0 verschiedenen Wahrscheinlichkeit auftreten, werden Fehler nur mit der Wahrscheinlichkeit $\lim_{t\to\infty} p_{al}(t) = 2^{-k}$ maskiert.

g(x) irreduzibel:

Falls mindestens zwei Bitfehlervektoren mit von 0 verschiedener Wahrscheinlichkeit auftreten, gilt unabhängig von der konkreten Verteilung der Bitfehlervektoren

$$\lim_{t \to \infty} p_{al}(t) = \frac{1}{2^k}$$ [DaWW90, DaOR91, KaPI93].

Dieser stationäre Wert der Fehlermaskierungswahrscheinlichkeit wird besonders rasch erreicht, wenn g(x) primitiv ist [DaWW90, DaOR91].

In dem seltenen Fall, daß stets der gleiche Bitfehlervektor auftritt, ist der Kompaktierungsprozeß deterministisch. Fehlermaskierung tritt bei bestimmten Testlängen mit Sicherheit auf, sonst garantiert nicht. Signaturregister mit primitivem charakteristischem Polynom sind also die beste Wahl, weil dann für jeden Schaltungsfehler die Maskierungswahrscheinlichkeit für große Testlängen gegen 2^{-k} strebt oder 0 ist, sofern bestimmte Testlängen vermieden werden. 2^{-k} ist der kleinste Grenzwert, der erzielt werden kann, wenn die fehlerfreien Testantworten der Schaltung nicht a priori bekannt sind [BhKr84].

Simulationsexperimente haben gezeigt, daß der transiente Anteil der Fehlermaskierungswahrscheinlichkeit bei den Testlängen, die mit pseudozufälligen und pseudoerschöpfenden Mustern üblich sind, praktisch ganz abgeklungen ist. Damit ist der asymptotisch erreichte Grenzwert eine sehr gute Näherung für die tatsächliche Maskierungswahrscheinlichkeit, sofern die Testlänge nicht extrem kurz ist [DaWW90, RaTy91, DEBA92, XAIA92].

Die genannten Modelle nehmen alle an, daß Bitfehlervektoren in aufeinanderfolgenden Antworten stochastisch unabhängig sind. Sie sind deshalb auf kombinatorische Schaltungen mit kombinatorischen Fehlern beschränkt. Wenn die Schaltung jedoch sequentielles Verhalten aufweist, können Verfälschungen in aufeinanderfolgenden Antworten voneinander abhängen. Solche Korrelationen machen die Analyse der Fehlermaskierung schwieriger. Erste Studien behandelten Bedingungen für eine Maskierung [Davi86, DaWW90]. Kürzlich wurde das Modell des symmetrischen Kanals erweitert, so daß die Korrelation zweier aufeinanderfolgender Antworten in gewissem Maß berücksichtigt werden kann. Die Wahrscheinlichkeit einer Verfälschung wird um einen konstanten Faktor höher angesetzt, wenn die vorhergehende Antwort verfälscht war [EdRo93]. Die Fehlermaskierung wurde auch für kombinatorische Schaltungen mit "stuck open"-Fehlern und Verzögerungsfehlern [SaPr92, PiKI93], für Schaltungen mit vollständigem Prüfpfad und kombinatorischen Fehlern [PiIK94] und für sequentielle Schaltungen mit fehlerfreiem Hardware-Reset [Strö94b] untersucht (vgl. Abschnitt 4.1.4.4).

Aber diese Ergebnisse reichen nicht aus, um die Fragen, die durch moderne Selbsttest-Techniken aufgeworfen werden, zu beantworten. Um den Hardware-Aufwand zu verringern, werden nicht sämtliche Flipflops in einen Prüfpfad oder ein Testregister aufgenommen. Im Testbetrieb ist die Schaltung in sequentielle Teilschaltungen aufgeteilt, die durch Prüfpfad-flipflops oder Testregister begrenzt sind. Diese Teilschaltungen besitzen i.a. eine zyklenfreie Struktur, so daß sie leicht zu initialisieren sind. Aber die Bitfehler in den Testantworten können sowohl räumlich (an verschiedenen Ausgängen der Schaltung) als auch zeitlich korreliert sein.

Im folgenden analysieren wir die Kompaktierung für die Testantworten der sequentiellen (Teil-) Schaltungen, die beim Selbsttest typisch sind. Da Selbsttestverfahren gewöhnlich mit einer großen Zahl von zufälligen Mustern arbeiten, ist hier besonders die Fehlermaskierungswahrscheinlichkeit bei großen Testlängen interessant. Wir beweisen, daß für fast alle Schaltungsfehler die Wahrscheinlichkeit der Maskierung in einem Signaturregister mit irreduziblem charakteristischem Polynom sich ähnlich wie bei den Testantworten von kombinatorischen Schaltungen asymptotisch dem Wert 2^{-k} nähert, wenn die Testlänge zunimmt. Die Voraussetzungen, die hier verwendet werden, sind wesentlich allgemeiner als in früheren Arbeiten, und die wichtigsten der früheren Ergebnisse sind als Spezialfälle enthalten.

4.1.4.2 Grundlegende Voraussetzungen

Wir beginnen mit einer formalen Beschreibung des Kompaktierungsprozesses und diskutieren die grundlegenden Annahmen, bevor wir dann in Abschnitt 4.1.4.3 neue Aussagen über die Fehlermaskierungswahrscheinlichkeit beweisen. Bild 4.16 zeigt die betrachtete Testanordnung. Die sequentielle Schaltung, die getestet wird, kann beliebige Schaltungsfehler aufweisen, die sich als Bitfehler in den Testantworten bemerkbar machen.

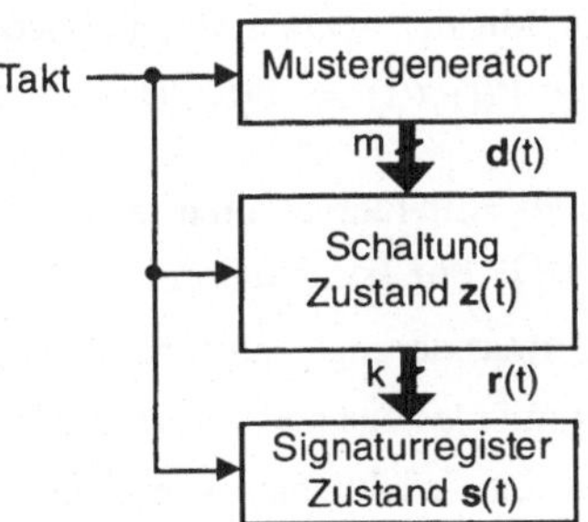

Bild 4.16: Testkonfiguration

Der Mustergenerator, die zu testende Schaltung und der Kompaktierer werden synchron getaktet. Im Zeitintervall zwischen t-1 und t wird ein Muster **d**(t-1) an die Eingänge der

Schaltung angelegt (siehe Bild 4.17). Zum Zeitpunkt t wird in der Schaltung ein neuer Zustand **z**(t) gespeichert. Unmittelbar nach t wird ein neues Muster **d**(t) angelegt. Dies bewirkt an den Ausgängen neue Werte **r**(t), die von **d**(t) und **z**(t) abhängen. Mit der folgenden Taktflanke zum Zeitpunkt t+1 wird die Testantwort **r**(t) kompaktiert, und das Signaturregister bekommt einen neuen Zustand **s**(t+1).

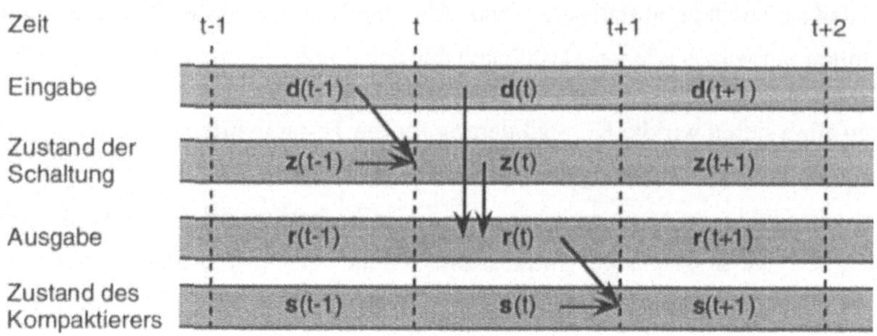

Bild 4.17: Abhängigkeiten bei der Testausführung

Wie allgemein üblich, wird der Kompaktierungsprozeß durch eine stochastische Kette modelliert. Die Übergangswahrscheinlichkeiten hängen von den Wahrscheinlichkeiten der verschiedenen Verfälschungen in den Testantworten ab. Diese wiederum hängen von den Wahrscheinlichkeiten der Eingabemuster und nun auch vom aktuellen Zustand der Schaltung ab. Folglich sind die Übergangswahrscheinlichkeiten i.a. nicht zeitlich konstant. $p_{ij}(t)$ ist die bedingte Wahrscheinlichkeit, daß das Signaturregister zum Zeitpunkt t+1 im Zustand **bin**(i) sein wird, wenn es zum Zeitpunkt t im Zustand **bin**(j) ist. Da der augenblickliche Zustand der Schaltung vom vorhergehenden Zustand und der vorhergehenden Eingabe abhängt, sind die Übergangswahrscheinlichkeiten außerdem zeitlich korreliert. Deshalb ist dieser stochastische Prozeß $(S(t))_{t\geq 0}$ keine Markovkette, und die bekannten Markovmodelle von Abschnitt 4.1.4.1 lassen sich hier nicht anwenden. Mit der zeitlich veränderlichen Übergangsmatrix $P(t) := (p_{ij}(t))_{0\leq i,j\leq 2^k-1}$ gilt $\pi(t+1) = P(t)\cdot\pi(t) = P(t)\cdot P(t-1)\cdot\ldots\cdot P(0)\cdot\pi(0)$.

Sei E die Menge der Muster, die als Bitfehlervektoren in den Testantworten auftreten können, $E := \{\mathbf{c} \mid \exists t \geq 0\ [Pr(\mathbf{e}(t) = \mathbf{c}) > 0]\}$. Für kombinatorische Schaltungen mit kombinatorischen Schaltungsfehlern strebt die Fehlermaskierungswahrscheinlichkeit für große Testlängen gegen 2^{-k}, wenn Bitfehlervektoren mit mindestens zwei verschiedenen Werten auftreten können, $|E| \geq 2$, und das Signaturregister ein irreduzibles charakteristisches Polynom besitzt (siehe Abschnitt 4.1.4.1). Wenn das gleiche Signaturregister aber eingesetzt wird, um die Testantworten einer beliebigen sequentiellen Schaltung zu kompaktieren, wo ebenfalls $|E| \geq 2$ gilt, dann kann der Grenzwert $\lim_{t\to\infty} p_{al}(t) = 2^{-k}$ nicht garantiert werden. Das folgende Beispiel zeigt, daß der Grenzwert der Fehlermaskierungswahrscheinlichkeit viel größer sein kann.

Wir betrachten eine Schaltung, die einen modulo-5-Zähler und etwas kombinatorische Logik enthält und 4 primäre Ausgänge hat. Die Schaltung wird mit Zufallsmustern getestet, die Antworten werden durch ein 4-bit-Signaturregister mit dem charakteristischen Polynom $x^4 + x + 1$ kompaktiert (siehe Bild 4.18). Die Rückkopplungsmatrix des Signaturregisters sei

$$C = \begin{pmatrix} 0 & 0 & 1 & 1 \\ 1 & 0 & 0 & 0 \\ 0 & 1 & 0 & 0 \\ 0 & 0 & 1 & 0 \end{pmatrix}.$$

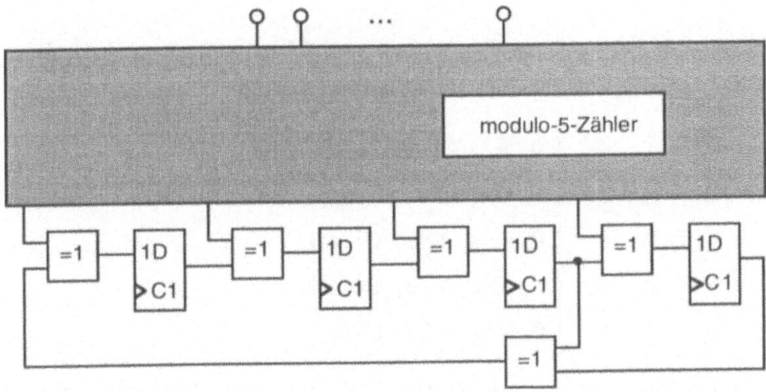

Bild 4.18: Testkonfiguration des Beispiels

Die Schaltung enthalte einen Fehler, der an ihren Ausgängen nur dann zu beobachten ist, wenn sich der Zähler in einem bestimmten Zustand befindet, z.B. im Zustand, der periodisch erreicht wird bei $t = 5i+4$, $i = 0, 1, \ldots$ Außerdem nehmen wir an, daß die Bitfehlervektoren zu diesen Zeitpunkten die Werte $\mathbf{0}$ und $\mathbf{a} \neq \mathbf{0}$ mit den Wahrscheinlichkeiten $Pr(\mathbf{e}(5i+4) = \mathbf{0}) = p_0$ und $Pr(\mathbf{e}(5i+4) = \mathbf{a}) = 1-p_0$ annehmen, $0 < p_0 < 1$, $i \in \mathbb{N}$. Die Antworten zu allen anderen Zeitpunkten seien stets fehlerfrei.

Für die Analyse der Maskierungswahrscheinlichkeit initialisieren wir das Signaturregister auf $\mathbf{s}(0) = \mathbf{0}$ und kompaktieren dann die Bitfehlervektoren $\mathbf{e}(0)$, $\mathbf{e}(1)$, ... Wenn wir das Signaturregister zu den Zeitpunkten $t = 0, 5, 10, 15, \ldots$ betrachten, bekommen wir das Zustandsübergangsdiagramm in Bild 4.19.

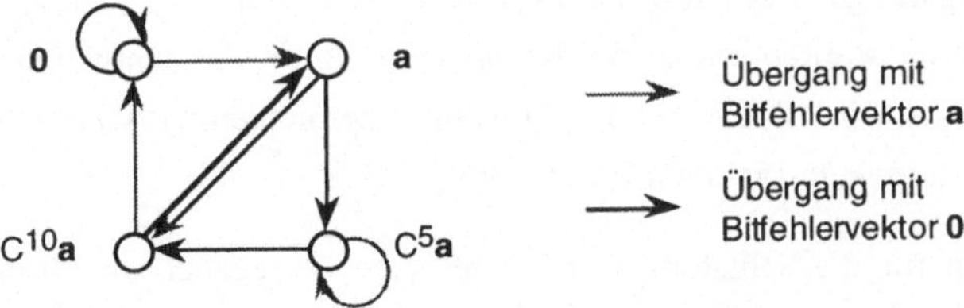

Bild 4.19: Zustandsübergänge des 4-bit-Signaturregisters bei $t = 5i$

In diesem Fall kann die Folge der Signaturregisterzustände zu den Zeitpunkten t = 5i mit einer Markovkette $(S(5i))_{i\geq 0}$ modelliert werden, die aperiodisch und irreduzibel ist. Die Übergangsmatrix dieser Markovkette, $\begin{pmatrix} p_0 & 0 & 0 & 1-p_0 \\ 1-p_0 & 0 & 0 & p_0 \\ 0 & p_0 & 1-p_0 & 0 \\ 0 & 1-p_0 & p_0 & 0 \end{pmatrix}$, ist doppelt stochastisch. Daher treten für große Testlängen zu den Zeitpunkten t = 5i die Zustände $\mathbf{0}$, $\mathbf{a}$, $C^5\mathbf{a}$ und $C^{10}\mathbf{a}$ mit der gleichen Wahrscheinlichkeit 0,25 auf.

Da die Testantworten bei t = 5i, 5i+1, ..., 5i+3 stets fehlerfrei sind, sind die Übergänge von $\mathbf{s}(5i)$ zu $\mathbf{s}(5i+1)$, $\mathbf{s}(5i+2)$, $\mathbf{s}(5i+3)$ und $\mathbf{s}(5i+4)$ deterministisch:

$$\begin{aligned} \mathbf{s}(5i) &\in \{\, \mathbf{0},\ \mathbf{a},\ C^5\mathbf{a},\ C^{10}\mathbf{a} \,\}, \\ \mathbf{s}(5i+1) &\in \{\, \mathbf{0},\ C\mathbf{a},\ C^6\mathbf{a},\ C^{11}\mathbf{a} \,\}, \\ \mathbf{s}(5i+2) &\in \{\, \mathbf{0},\ C^2\mathbf{a},\ C^7\mathbf{a},\ C^{12}\mathbf{a} \,\}, \\ \mathbf{s}(5i+3) &\in \{\, \mathbf{0},\ C^3\mathbf{a},\ C^8\mathbf{a},\ C^{13}\mathbf{a} \,\}, \\ \mathbf{s}(5i+4) &\in \{\, \mathbf{0},\ C^4\mathbf{a},\ C^9\mathbf{a},\ C^{14}\mathbf{a} \,\}. \end{aligned}$$

So sind zu jedem Zeitpunkt nur vier Zustände (einschließlich Zustand $\mathbf{0}$) möglich, und für große Testlängen tritt jeder dieser Zustände mit Wahrscheinlichkeit 0,25 auf. Folglich erhalten wir $\lim_{t\to\infty} p_{al}(t) = 2^{-2}$, und nicht 2^{-4}.

Es läßt sich zeigen, daß die Wahl eines anderen charakteristischen Polynoms gleichen Grades die Situation nicht verbessern kann. Auch wenn das Signaturregister mit externen XORs durch ein Signaturregister mit internen XORs ersetzt wird, ändert sich nichts Wesentliches. Welche Eigenschaften das Signaturregister auch hat, es lassen sich immer sequentielle Schaltungen und Fehler finden, so daß die Maskierungswahrscheinlichkeit gegen einen Grenzwert konvergiert, der ein Vielfaches des optimalen Werts 2^{-k} ist.

Andererseits aber haben praxisrelevante Schaltungen nicht beliebige Strukturen. Entwurfsmaßnahmen zur Verbesserung der Testbarkeit und insbesondere Selbsttest-Techniken führen zu einer Beschränkung auf gewisse sinnvolle Strukturen (siehe Kapitel 5). Diese Einschränkungen können berücksichtigt werden, wenn die Kompaktierung der Testantworten und die Fehlermaskierung untersucht wird. Die folgenden Annahmen betrachten typische selbsttestbare Strukturen, sind aber auch in vielen anderen Fällen gültig:

(i) Die Eingaben für die Schaltung werden aus einer vorgegebenen Mustermenge zufällig gewählt.

(ii) Für mindestens einen Zustand $\mathbf{z_0}$ der Schaltung existiert eine synchronisierende Eingabefolge. (Synchronisationszustand und synchronisierende Eingabefolge für die fehlerhafte Schaltung können sich von denen der fehlerfreien Schaltung unterscheiden.)

(iii) Für die fehlerbehaftete Schaltung, die auf einen Synchronisationszustand $\mathbf{z_0}$ initialisiert wurde, gibt es Eingabefolgen $\mathbf{d}(0), \mathbf{d}(1), \ldots, \mathbf{d}(t\text{-}1)$ und $\mathbf{d}'(0), \mathbf{d}'(1), \ldots, \mathbf{d}'(t\text{-}1)$, welche die Schaltung in den gleichen Zustand $\mathbf{z}(t) = \mathbf{z}'(t)$ überführen, aber verschiedene Signaturen $\mathbf{s}(t) \neq \mathbf{s}'(t)$ ergeben.

(iv) Das charakteristische Polynom det(xI-C) der Matrix C, welche die lineare Rückkopplungsfunktion des Signaturregisters spezifiziert, ist irreduzibel.

Wie später bewiesen wird, garantieren diese Voraussetzungen, daß die Maskierungswahrscheinlichkeit bei großen Testlängen asymptotisch den Grenzwert 2^{-k} erreicht. Ebenso wie es alle bekannten probabilistischen Modelle implizit oder explizit tun, nehmen wir an, daß die Schaltung mit zufälligen Mustern getestet wird (Annahme (i)). Die Muster dürfen mit unterschiedlichen Wahrscheinlichkeiten auftreten.

Eine synchronisierende Eingabefolge ist eine Eingabefolge, welche die Schaltung unabhängig vom (beliebigen) aktuellen Zustand in einen definierten Zustand, den Synchronisationszustand, überführt. Das Testen mit Signaturanalyse erfordert, daß die Signatur der fehlerfreien Schaltung bekannt ist. Das ist aber nur dann möglich, wenn die Schaltung zu Beginn des Tests in einen definierten Zustand gebracht wird. Dazu muß eine synchronisierende Eingabefolge existieren.

Außerdem werden durch vollständige oder partielle Prüfpfade und eingebaute Testregister alle Zyklen der Schaltungsstruktur aufgeschnitten. Dann kann im Testbetrieb jeder Zustand der Schaltung mit einer Anzahl von Eingabemustern erreicht werden, die der sequentiellen Tiefe der Schaltung entspricht. Es existieren also synchronisierende Eingabefolgen zu allen Zuständen, und wir können erwarten, daß es auch für die fehlerhafte Schaltung eine synchronisierende Eingabefolge für mindestens einen Zustand gibt.

Um zu zeigen, daß die Annahme (iii) in fast allen Fällen gültig ist, betrachten wir die beiden Situationen (a) und (b), wo sie nicht gilt.

(a) *Alle Eingabefolgen führen zur gleichen Folge von Signaturen* $\mathbf{s}(1), \mathbf{s}(2), \ldots$

Dies bedeutet, daß die Bitfehlervektoren $\mathbf{e}(0), \mathbf{e}(1), \ldots$ nicht von den Eingaben abhängen. Da der Schaltungszustand von den Eingaben beeinflußt wird (vgl. die obige Diskussion von Annahme (ii)), können die Bitfehlervektoren auch nicht vom Schaltungszustand abhängen und müssen konstant sein, $\mathbf{e}(i) = \mathbf{c}$ für alle $i \geq 0$. In dieser Situation ist es gleichgültig, ob die Testantworten von einer kombinatorischen oder einer sequentiellen Schaltung stammen, und der folgende Satz, der in [KaPI93] für kombinatorische Schaltungen bewiesen wurde, gilt.

Satz 4.4: Ein Signaturregister mit irreduziblem charakteristischem Polynom kompaktiere eine Folge von t identischen Bitfehlervektoren $\mathbf{e}(0) = \mathbf{e}(1) = \ldots = \mathbf{e}(t\text{-}1) = \mathbf{c}$. Für den Fall, daß dieses Signaturregister mit konstanter Eingabe $\mathbf{r} \equiv \mathbf{0}$ betrieben wird, sei n_c die Länge desjenigen Zyklus im Übergangsdiagramm, der den Zustand **c** enthält. Unter diesen Voraussetzungen tritt Fehlermaskierung genau dann auf, wenn $\mathbf{c} \neq \mathbf{0}$ gilt und t ein Vielfaches von n_c ist.

Ist das charakteristische Polynom des Kompaktierers ein primitives Polynom vom Grad k, wird für $\mathbf{c} \neq \mathbf{0}$ der Fehler also genau zu den Zeitpunkten $t = 2^k\text{-}1,\ \ 2\cdot(2^k\text{-}1)$, $3\cdot(2^k\text{-}1)$, usw. maskiert. Für $\mathbf{c} = \mathbf{0}$ stimmen die Testantworten mit den Antworten der fehlerfreien Schaltung überein, und Fehlermaskierung tritt nie auf.

(b) *Es gibt Eingabefolgen, die zu unterschiedlichen Signaturen führen, aber immer wenn sich die Signaturen unterscheiden, sind auch die Zustände der Schaltung unterschiedlich.*

Dann gilt $\mathbf{z}(t) = \mathbf{z}'(t) \rightarrow \mathbf{s}(t) = \mathbf{s}'(t)$ für alle Paare von Eingabefolgen. Diese Bedingung wird genau dann erfüllt, wenn es eine Abbildung **f** gibt, die jeden Schaltungszustand **z** auf genau eine Signatur **s** abbildet.

Mit einer beliebigen, aber festen Zustandsübergangsfunktion der Schaltung führen die Eingabe **d**(i) und der aktuelle Zustand **z**(i) zum Folgezustand **z**(i+1). Mit einer festen Abbildung **f** bestimmt der Zustand **z**(i) die aktuelle Signatur **s**(i), und **z**(i+1) bestimmt die nächste Signatur **s**(i+1). Um den Inhalt des Signaturregisters von **s**(i) auf **s**(i+1) zu bringen, muß der Bitfehlervektor $\mathbf{e}(i) = \mathbf{s}(i+1) \oplus C\mathbf{s}(i)$ auftreten.

Allgemein ist **e**(i) eine Funktion von **d**(i) und **z**(i). Diese Funktion $\mathbf{g}(\mathbf{d}, \mathbf{z})$ ist implizit durch den kombinatorischen Anteil der fehlerhaften Schaltung implementiert. Die Anzahl der möglichen Funktionen **g** ist $2^{k \cdot n_d \cdot n_z}$, wobei n_d die Zahl der möglichen Eingabemuster und n_z die Zahl der möglichen Schaltungszustände bezeichnen. In der betrachteten speziellen Situation wird der Bitfehlervektor **e**(i) durch die Übergangsfunktion der Schaltung und durch die Abbildung **f** bestimmt. Da die Übergangsfunktion fest ist und $2^{k \cdot n_z}$ Abbildungen **f** möglich sind, ergibt sich der Anteil der Funktionen **g**, die den genannten Bedingungen genügen, zu

$$\frac{2^{k \cdot n_z}}{2^{k \cdot n_d \cdot n_z}} = \frac{1}{2^{k \cdot (n_d - 1) \cdot n_z}} .$$

Dieser Wert ist extrem klein. Selbst für eine sehr kleine Schaltung mit 5 Eingängen (32 mögliche Eingabemuster), 3 Ausgängen und 10 Zuständen bekommen wir

$$\frac{1}{2^{k\cdot(n_d-1)\cdot n_z}} = \frac{1}{2^{3\cdot 31\cdot 10}} < 10^{-270}.$$

Daraus können wir folgern, daß die Annahme (iii) für fast alle fehlerhaften Schaltungen gilt, bei denen nicht alle Testantworten die gleiche Verfälschung aufweisen.

Wenn aufeinanderfolgende Bitfehlervektoren stochastisch unabhängig sind, können nur Signaturregister mit einem irreduziblen charakteristischen Polynom den Grenzwert 2^{-k} für die Fehlermaskierungswahrscheinlichkeit garantieren [DaOR91]. Da stochastisch unabhängige Bitfehlervektoren ein Spezialfall der hier betrachteten Situationen sind, kann eine schwächere Annahme als (iv) nicht genügen.

4.1.4.3 Fehlermaskierungswahrscheinlichkeit für sequentielle Schaltungen

Wir zeigen nun, daß die oben genannten Voraussetzungen ausreichen, damit die Fehlermaskierungswahrscheinlichkeit gegen den Grenzwert 2^{-k} konvergiert. Wir beginnen mit einem Lemma, das später benötigt wird, um den Kompaktierungsprozeß zu analysieren.

Lemma 4.1: Gegeben sei eine sequentielle Schaltung mit einem Startzustand $\mathbf{z}(0) = \mathbf{z_0}$, und für $\mathbf{z_0}$ existiere eine synchronisierende Eingabefolge der Länge t_{sync}. Ein Signaturregister mit irreduziblem charakteristischem Polynom kompaktiere die Antworten der Schaltung. Falls es zwei Eingabefolgen mit gleicher Länge t_0 gibt, die zum gleichen Zustand $\mathbf{z}(t_0) = \mathbf{z}'(t_0)$, aber unterschiedlichen Signaturen $\mathbf{s}(t_0) \neq \mathbf{s}'(t_0)$ führen, dann gibt es für jeden Wert $t \geq t_0 + t_{sync}$ Eingabefolgen der Länge t mit $\mathbf{z}(t) = \mathbf{z}'(t) = \mathbf{z_0}$ und $\mathbf{s}(t) \neq \mathbf{s}'(t)$.

Beweis: Seien $\mathbf{d}(0), \mathbf{d}(1), \ldots, \mathbf{d}(t_0\text{-}1)$ und $\mathbf{d}'(0), \mathbf{d}'(1), \ldots, \mathbf{d}'(t_0\text{-}1)$ zwei Eingabefolgen, die zu $\mathbf{z}(t_0) = \mathbf{z}'(t_0)$ und $\mathbf{s}(t_0) \neq \mathbf{s}'(t_0)$ führen. An beide Folgen können wir $t - t_0 - t_{sync}$ beliebige weitere Eingaben anhängen und dann eine synchronisierende Eingabefolge für den Zustand $\mathbf{z_0}$. Dies ergibt zwei Eingabefolgen der Länge t.

Wegen $\mathbf{d}(i) = \mathbf{d}'(i)$ für $t_0 \leq i < t$ und $\mathbf{z}(t_0) = \mathbf{z}'(t_0)$ gelten $\mathbf{z}(i) = \mathbf{z}'(i)$ für $t_0 < i \leq t$ und $\mathbf{e}(i) = \mathbf{e}'(i)$ für $t_0 \leq i < t$. Der Unterschied zwischen den beiden Signaturen zur Zeit t ist

$$\begin{aligned}
\mathbf{s}(t) \oplus \mathbf{s}'(t) &= \left[C^{t-t_0}\, \mathbf{s}(t_0) \oplus \bigoplus_{i=0}^{t-t_0-1} C^i\, \mathbf{e}(t-1-i) \right] \oplus \left[C^{t-t_0}\, \mathbf{s}'(t_0) \oplus \bigoplus_{i=0}^{t-t_0-1} C^i\, \mathbf{e}'(t-1-i) \right] \\
&= C^{t-t_0}\, \mathbf{s}(t_0) \oplus C^{t-t_0}\, \mathbf{s}'(t_0) \\
&= C^{t-t_0} \left[\mathbf{s}(t_0) \oplus \mathbf{s}'(t_0)\right]
\end{aligned}$$

Aus $\mathbf{s}(t_0) \neq \mathbf{s}'(t_0)$ folgt $\mathbf{s}(t) \neq \mathbf{s}'(t)$, da C eine bijektive lineare Abbildung darstellt. ■

Wir beweisen nun als erstes, daß die stochastische Kette $(S(t))_{t\geq 0}$, die den Kompaktierungsprozeß beschreibt, irreduzibel und aperiodisch ist und eine doppelt stochastische Übergangsmatrix hat. Mit Hilfe dieser Eigenschaften zeigen wir dann, daß die stochastische Kette eine Grenzverteilung besitzt, die gleichzeitig eine stationäre Verteilung ist. Aus der Grenzverteilung bekommen wir schließlich den Grenzwert der Fehlermaskierungswahrscheinlichkeit.

Da die Übergangswahrscheinlichkeiten der betrachteten stochastischen Kette nicht zeitlich konstant sind, muß bei der Definition der Begriffe „irreduzibel" und „aperiodisch" die Zeit berücksichtigt werden. Die folgenden Definitionen schließen die entsprechenden Definitionen für zeithomogene Markovketten [Fell68] als Spezialfälle ein.

Definition 4.5: Ein Zustand *i* ist von einem Zustand *j* *erreichbar*, wenn es für jeden Zeitpunkt $t \geq 0$ eine Zahl n_t gibt, so daß die n_t-Schritt-Übergangswahrscheinlichkeit $p_{ij}^{(n_t)}(t)$ von 0 verschieden ist.

Definition 4.6: Eine stochastische Kette ist *irreduzibel*, wenn jeder Zustand von jedem anderen Zustand erreichbar ist.

Definition 4.7: Ein Zustand *j* einer stochastischen Kette heißt *aperiodisch*, wenn zu keinem Zeitpunkt $t \geq 0$ eine Zahl $w > 1$ mit $p_{jj}^{(n)}(t) = 0$ für alle $n \notin \{w, 2w, 3w, \ldots\}$ existiert. Und eine stochastische Kette heißt aperiodisch, falls alle ihre Zustände aperiodisch sind.

Das nächste Lemma zeigt, daß die stochastische Kette $(S(t))_{t\geq 0}$ irreduzibel und aperiodisch ist.

Lemma 4.2: Ein Signaturregister mit irreduziblem charakteristischem Polynom kompaktiere die Testantworten einer Schaltung, wo die Annahmen (ii) und (iii) gelten. Die stochastische Kette, welche die Zustandsfolge $\mathbf{s}(0), \mathbf{s}(1), \ldots$ des Signaturregisters beschreibt, ist irreduzibel und aperiodisch.

Beweis: Wir betrachten ein Signaturregister mit einer $k\times k$-Rückkopplungsmatrix C und nehmen zunächst an, daß die Schaltung zum Zeitpunkt 0 in einem Zustand $\mathbf{z}_0$ ist, zu dem eine synchronisierende Eingabefolge der Länge t_{sync} existiert. Sei t_{min} die kleinste Länge, für die zwei Eingabefolgen existieren, die die Schaltung wieder in den Zustand $\mathbf{z}_0$ bringen und zu unterschiedlichen Signaturen $\mathbf{s}(t_{min}) \neq \mathbf{s}'(t_{min})$ führen. Dann wählen wir die kleinste Zahl $u \geq t_{min} + t_{sync}$, die teilerfremd zu allen Zyklenlängen im Zustandsübergangsdiagramm des Signaturregisters ist, wenn es mit konstanter Eingabe $\mathbf{r} \equiv \mathbf{0}$ arbeitet. (Diese Wahl garantiert, daß das charakteristische Polynom der Matrix C^u, $u > 0$, irreduzibel ist [Strö94b]). Nach Lemma 4.1 gibt es Eingabefolgen $\mathbf{d}(0), \ldots, \mathbf{d}(u-1)$ und $\mathbf{d}'(0), \ldots, \mathbf{d}'(u-1)$, die zu dem gleichen

Schaltungszustand $\mathbf{z}(u) = \mathbf{z}'(u) = \mathbf{z}_0$, aber unterschiedlichen Signaturen führen. Die entsprechenden Folgen der Bitfehlervektoren seien

$$\varepsilon := (\mathbf{e}(0), \ldots, \mathbf{e}(u-1)) \quad \text{und} \quad \varepsilon' := (\mathbf{e}'(0), \ldots, \mathbf{e}'(u-1)).$$

Die Fehlerfolge ε wird zur Signatur $\mathbf{s}_\varepsilon = \mathbf{s}(u)$, die Folge ε' zu $\mathbf{s}_\varepsilon' = \mathbf{s}'(u)$ kompaktiert, $\mathbf{s}_\varepsilon \neq \mathbf{s}_\varepsilon'$. Die gleichen Signaturen ergeben sich auch, wenn die Fehlerfolgen

$$\tilde{\varepsilon} := (\mathbf{0}, \ldots, \mathbf{0}, \mathbf{s}_\varepsilon) \quad \text{und} \quad \tilde{\varepsilon}' := (\mathbf{0}, \ldots, \mathbf{0}, \mathbf{s}_\varepsilon')$$

kompaktiert werden, die aus (u-1) **0**-Vektoren bestehen und einem letzten Vektor, der sich von **0** unterscheiden kann.

Wenn die Eingabefolge aus Teilfolgen der Länge u besteht und jede der Teilfolgen (separat an die auf $\mathbf{z}_0$ initialisierte Schaltung angelegt) zur Signatur $\mathbf{s}_\varepsilon$ oder $\mathbf{s}_\varepsilon'$ führt und die Schaltung wieder in den Zustand $\mathbf{z}_0$ bringt, dann läßt sich die Eingabefolge durch Zahlen α_i folgendermaßen beschreiben:

$$\alpha_i := \begin{cases} 0 & \text{falls die i-te Eingabeteilfolge die Signatur } \mathbf{s}_\varepsilon \text{ hat} \\ 1 & \text{falls die i-te Eingabeteilfolge die Signatur } \mathbf{s}_\varepsilon' \text{ hat} \end{cases}.$$

Die resultierende Fehlerfolge ergibt die gleiche Signatur wie die Aneinanderreihung von Folgen $\tilde{\varepsilon}$ und $\tilde{\varepsilon}'$. Für den Zustand des Signaturregisters bekommen wir

$$\begin{aligned}
\mathbf{s}(0) &= \mathbf{0} \\
\mathbf{s}(u) &= \mathbf{s}_\varepsilon \oplus \alpha_1 (\mathbf{s}_\varepsilon' \oplus \mathbf{s}_\varepsilon) \\
\mathbf{s}(2u) &= C^u (\mathbf{s}_\varepsilon \oplus \alpha_1 (\mathbf{s}_\varepsilon' \oplus \mathbf{s}_\varepsilon)) \oplus \mathbf{s}_\varepsilon \oplus \alpha_2 (\mathbf{s}_\varepsilon' \oplus \mathbf{s}_\varepsilon) \\
&\vdots \\
\mathbf{s}(ku) &= \bigoplus_{i=0}^{k-1} (C^u)^i (\mathbf{s}_\varepsilon \oplus \alpha_{k-i} (\mathbf{s}_\varepsilon' \oplus \mathbf{s}_\varepsilon)) \\
&= \bigoplus_{i=0}^{k-1} (C^u)^i \mathbf{s}_\varepsilon \oplus \bigoplus_{i=0}^{k-1} \alpha_{k-i} (C^u)^i (\mathbf{s}_\varepsilon' \oplus \mathbf{s}_\varepsilon) \\
&= \mathbf{s}_* \oplus \bigoplus_{i=0}^{k-1} \alpha_{k-i} (C^u)^i (\mathbf{s}_\varepsilon' \oplus \mathbf{s}_\varepsilon),
\end{aligned}$$

wobei $\mathbf{s}_*$ den Term bezeichnet, der nicht von den Zahlen α_i abhängt.

Da das charakteristische Polynom von C^u irreduzibel ist, gibt es für jeden Vektor $\mathbf{v} \in \{0, 1\}^k$ eine Menge $J \subseteq \{0, 1, \ldots, k-1\}$, so daß $\bigoplus_{i \in J} (C^u)^i (\mathbf{s}_\varepsilon' \oplus \mathbf{s}_\varepsilon) = \mathbf{v}$ gilt [KaPI93]. Das bedeutet, daß die Summe $\bigoplus_{i=0}^{k-1} \alpha_{k-i} (C^u)^i (\mathbf{s}_\varepsilon' \oplus \mathbf{s}_\varepsilon)$ jeden beliebigen Wert aus $\{0, 1\}^k$ annehmen kann, wenn die Zahlen α_i geeignet gewählt werden. Da alle Kombinationen der Zahlen α_i mit von 0 verschiedener Wahrscheinlichkeit auftreten, ist zum Zeitpunkt $t = k \cdot u$ jeder Zustand des Signaturregisters erreichbar. Diese Überlegungen sind unabhängig vom Startzustand $\mathbf{s}(0)$ des Signaturregisters. So kann eine beliebige Zahl von zusätzlichen Eingaben gefolgt von einer synchronisierenden Eingabefolge der oben konstruierten Eingabefolge vorangestellt werden. Auf diese Weise kann jeder Zustand des Signaturregisters zu jedem Zeitpunkt $t \geq k \cdot u + t_{sync}$ erreicht werden, und $\pi_j(t) > 0$ gilt für alle Zustände $j \in \{0, 1, \ldots, 2^k-1\}$ und alle Zeiten $t \geq k \cdot u + t_{sync}$. ■

Lemma 4.3: Die stochastische Kette $(S(t))_{t \geq 0}$ beschreibe die Zustandsfolge eines Signaturregisters mit irreduziblem charakteristischem Polynom. Die Übergangsmatrizen $P(t)$ der stochastischen Kette $(S(t))_{t \geq 0}$ sind doppelt stochastisch.

Beweis: Sei k der Grad des charakteristischen Polynoms. Jeder Zustand $j \in \{0, 1, \ldots, 2^k-1\}$ hat mit Sicherheit einen Nachfolger, $\sum_{i=0}^{2^k-1} p_{ij}(t) = 1$. Es bleibt zu zeigen, daß auch jede Zeilensumme $\sum_{j=0}^{2^k-1} p_{ij}(t)$ den Wert 1 ergibt. Die Wahrscheinlichkeit $p_{ij}(t)$ eines Zustandsübergangs $j \to i$ ist gleich der Wahrscheinlichkeit, daß der Bitfehlervektor $\mathbf{e}(t)$ genau den Wert $\mathbf{c}$ hat, für den $C \cdot \mathbf{bin}(j) \oplus \mathbf{c} = \mathbf{bin}(i)$ gilt. Da die Multiplikation mit C eine bijektive Abbildung ist, nimmt der Term $C \cdot \mathbf{bin}(j) \oplus \mathbf{bin}(i)$ alle Werte aus $\{0,1\}^k$ an, wenn j von 0 bis 2^k-1 läuft. Das ergibt

$$\sum_{j=0}^{2^k-1} p_{ij}(t) = \sum_{j=0}^{2^k-1} \Pr(\mathbf{e}(t) = C \cdot \mathbf{bin}(j) \oplus \mathbf{bin}(i)) = \sum_{\mathbf{c} \in \{0,1\}^k} \Pr(\mathbf{e}(t) = \mathbf{c}) = 1 .$$ ■

Die Verteilung $\pi := (\frac{1}{2^k}, \ldots, \frac{1}{2^k})^T$ ist eine stationäre Verteilung der betrachteten stochastischen Kette $(S(t))_{t \geq 0}$, da $\pi = P(t) \cdot \pi$ für jede doppelt stochastische Übergangsmatrix $P(t)$ gilt. Der folgende Satz zeigt, daß diese stationäre Verteilung die eindeutig bestimmte Grenzverteilung ist.

Satz 4.5: Sei $(S(t))_{t \geq 0}$ die stochastische Kette, die die Zustandsfolge eines Signaturregisters mit irreduziblem charakteristischem Polynom vom Grad k beschreibt. Unter den Voraussetzungen (ii) und (iii) existiert die Grenzverteilung von $(S(t))_{t \geq 0}$ und ihr Wert ist

$$\lim_{t \to \infty} \pi(t) = (\frac{1}{2^k}, \ldots, \frac{1}{2^k})^T.$$

Beweis: Um zu zeigen, daß die Verteilung $\pi(t)$ gegen $(\frac{1}{2^k}, \ldots, \frac{1}{2^k})^T$ konvergiert, genügt der Nachweis, daß die Differenz zwischen der größten und der kleinsten Zustandswahrscheinlichkeit, $\pi_{max}(t) := \max_{0 \leq i \leq 2^k-1} \{\pi_i(t)\}$ und $\pi_{min}(t) := \min_{0 \leq i \leq 2^k-1} \{\pi_i(t)\}$, für $t \to \infty$ gegen 0 strebt.

$\lim_{t\to\infty} (\pi_{max}(t) - \pi_{min}(t)) = 0$ impliziert, daß die Wahrscheinlichkeiten aller Zustände gleich werden und gegen $\frac{1}{2^k}$ streben.

Jede m-Schritt-Übergangsmatrix $P^{(m)}(t) = P(t+m-1)\cdot \ldots \cdot P(t)$, $m > 0$, ist doppelt stochastisch, weil sie ein Produkt von doppelt stochastischen Matrizen ist. Sei $p_{min}^{(m)}(t)$ das kleinste Element von $P^{(m)}(t)$. Dann haben wir

$$\pi_i(t+m) = \sum_{j=0}^{2^k-1} p_{ij}^{(m)} \cdot \pi_j(t) \leq \pi_{max}(t)\cdot(1 - p_{min}^{(m)}(t)) + \pi_{min}(t)\cdot p_{min}^{(m)}(t) .$$

Insbesondere gilt dies für den Index i mit der Eigenschaft $\pi_i(t+m) = \pi_{max}(t+m)$, und es ergibt sich

$$\pi_{max}(t+m) \leq \pi_{max}(t) - p_{min}^{(m)}(t)\cdot(\pi_{max}(t) - \pi_{min}(t)) .$$

Auf ähnliche Weise erhält man

$$\pi_{min}(t+m) \geq \pi_{min}(t) + p_{min}^{(m)}(t)\cdot(\pi_{max}(t) - \pi_{min}(t)) .$$

Kombinieren wir die beiden Ungleichungen, so erhalten wir

$$\pi_{max}(t+m) - \pi_{min}(t+m) \leq (1 - 2\,p_{min}^{(m)}(t))\cdot(\pi_{max}(t) - \pi_{min}(t)) \leq \pi_{max}(t) - \pi_{min}(t) . \quad (*)$$

Die Differenz $\pi_{max}(t) - \pi_{min}(t)$ fällt monoton mit wachsender Testlänge t.

Da die stochastische Kette $(S(t))_{t\geq 0}$ nach Lemma 4.2 irreduzibel und aperiodisch ist, gibt es eine Konstante m_0, so daß für beliebige Zeiten $t \geq 0$ jeder Zustand $\mathbf{s}(t+m_0)$ von jedem Zustand $\mathbf{s}(t)$ erreichbar ist. (Der Beweis von Lemma 4.2 liefert $m_0 = k\cdot u + t_{sync}$.) Jeder m_0-Schritt-Übergang wird durch mindestens eine bestimmte Eingabefolge der Länge m_0 ausgelöst. Sei q die kleinste von 0 verschiedene Auftrittswahrscheinlichkeit aller möglichen Eingabefolgen der Länge m_0. Dann gilt sicher $p_{min}^{(m_0)}(t) \geq q > 0$ für alle $t \geq 0$.

Gemäß (*) ist zum Zeitpunkt $t = h\cdot m_0$ die Differenz $\pi_{max}(t) - \pi_{min}(t)$ höchstens $(1 - 2q)^h$. Wegen $\lim_{h\to\infty} (1-2q)^h = 0$ erhalten wir $\lim_{t\to\infty} (\pi_{max}(t) - \pi_{min}(t)) = 0$. ■

Abschließend beschreibt das folgende Korollar die Fehlermaskierungswahrscheinlichkeit für große Testlängen.

Korollar 4.1: Ein Signaturregister mit irreduziblem charakteristischem Polynom vom Grad k kompaktiere die Testantworten einer kombinatorischen oder sequentiellen Schaltung. Wenn die Voraussetzungen (ii) und (iii) erfüllt sind, strebt die Fehlermaskierungswahrscheinlichkeit gegen den Grenzwert $\lim_{t\to\infty} p_{al}(t) = 2^{-k}$.

Beweis: Wenn in der Folge der Bitfehlervektoren mindestens zwei unterschiedliche Werte mit von 0 verschiedener Wahrscheinlichkeit auftreten, geht die Wahrscheinlichkeit, daß die Antwortfolge fehlerfrei ist, mit wachsender Testlänge gegen 0,

$$\lim_{t\to\infty} \Pr(\mathbf{e}(0) = \ldots = \mathbf{e}(t-1) = \mathbf{0}) = 0.$$

Mit Definition 4.4 und Satz 4.5 erhalten wir

$$\lim_{t\to\infty} p_{al}(t) = \lim_{t\to\infty} \Pr(\mathbf{s}(t) = \mathbf{0}) = \lim_{t\to\infty} \pi_{\mathcal{O}}(t) = \frac{1}{2^k}. \qquad \blacksquare$$

Zusammen zeigen Satz 4.5 und Korollar 4.1, daß für fast alle Schaltungsfehler die Wahrscheinlichkeit einer Maskierung im Signaturregister gegen 2^{-k} strebt und in Sonderfällen 0 ist, sofern bestimmte Testlängen vermieden werden. Bei großen Testlängen beträgt der Anteil der bei der Signaturanalyse maskierten Fehler also etwa 2^{-k}.

Die Fehlermaskierungswahrscheinlichkeit läßt sich verringern, indem man das Signaturregister breiter macht. Jedes zusätzliche Bit im Signaturregister halbiert die Maskierungswahrscheinlichkeit. Außerdem können für die gleiche Schaltung mehrere Signaturen ermittelt werden. Die Wahrscheinlichkeit, daß ein Schaltungsfehler in den Signaturen, die für zwei unterschiedliche Testmustersätze bestimmt wurden, jedesmal maskiert ist, beträgt nur noch $2^{-k} \cdot 2^{-k} = 2^{-2k}$.

4.1.4.4 Spezialfälle

Während die beiden vorangegangenen Abschnitte darauf zielten, Aussagen über die Fehlermaskierungswahrscheinlichkeit unter möglichst schwachen Voraussetzungen zu beweisen, werden in diesem Abschnitt nun als konkrete Beispiele mehrere Klassen von Schaltungen und Fehlern behandelt, in denen diese Voraussetzungen erfüllt sind. Es zeigt sich dabei, daß viele Situationen, die in der Literatur bisher separat untersucht wurden, als Spezialfälle in Satz 4.5 und Korrolar 4.1 enthalten sind.

A: Kombinatorische Schaltungen mit kombinatorischen Fehlern

Kombinatorische Fehler (z.B. Haftfehler) verändern die Funktion des Schaltnetzes, aber im Gegensatz zu "stuck open"-Fehlern und Verzögerungsfehlern verursachen sie kein sequentielles Verhalten. Daher hat die Schaltung stets den gleichen Zustand, und explizite Synchronisation ist nicht erforderlich, d.h. die synchronisierende Eingabefolge hat die Länge 0. Falls der Schaltungsfehler nicht bei allen Eingabemustern zum gleichen Bitfehlervektor führt ($|E| \geq 2$), existieren Eingabemuster $\mathbf{d}(0)$ und $\mathbf{d}'(0)$, die zu $\mathbf{e}(0) \neq \mathbf{e}'(0)$ und unterschiedlichen Signaturen $\mathbf{s}(1) \neq \mathbf{s}'(1)$ führen. So gelten die Annahmen (ii) und (iii), und Satz 4.5 und Korrolar 4.1 schließen die Ergebnisse ein, die aus [DaWW90, DaOR91, KaPI93] für den Grenzwert von

$p_{al}(t)$ bekannt sind. Darüber hinaus gelten die Sätze auch für Schaltwerke mit einer Pipeline-Struktur und kombinatorischen Fehlern.

B: Kombinatorische Schaltungen mit Verzögerungsfehlern

Schaltnetze sind zwischen primären Eingängen, Registern und primären Ausgängen eingeschlossen. Wenn die Belegung der Schaltnetzeingänge geändert wird, stellen sich eine gewisse Zeit später neue Werte an den Schaltnetzausgängen ein. Verzögerungsfehler verhindern, daß diese neuen Werte rechtzeitig, d.h. noch innerhalb des gleichen Taktzyklus, an den Schaltnetzausgängen eintreffen. Am häufigsten sind Verzögerungsfehler, welche die neuen Werte erst im folgenden Zyklus erscheinen lassen. Diese Schaltungsfehler stehen hier im Mittelpunkt.

Falls zwei aufeinanderfolgende Eingabemuster identisch sind, $\mathbf{d}(t-1) = \mathbf{d}(t)$, kann zwar die Testantwort $\mathbf{r}(t-1)$ durch den Verzögerungsfehler verfälscht sein, aber die Antwort $\mathbf{r}(t)$ ist fehlerfrei. Allgemein hängt $\mathbf{r}(t)$ von $\mathbf{d}(t)$ und im Falle eines Verzögerungsfehlers auch von $\mathbf{d}(t-1)$ ab, aber nicht von einer Eingabe vor t-1. Ein beliebiges Eingabemuster $\mathbf{d}(t-1)$ kann also als synchronisierende Eingabefolge dienen, weil sie den (transienten) Zustand der Schaltung zum Zeitpunkt t eindeutig bestimmt.

Um einen solchen Verzögerungsfehler zu testen, muß ein Paar von Eingabemustern mit Betriebsgeschwindigkeit eingegeben werden. Das erste Muster initialisiert die Schaltung, das zweite löst einen Signalübergang aus und macht den Fehler an den primären Ausgängen der Schaltung erkennbar. Sei $(\mathbf{d}_{\mathbf{init}}, \mathbf{d}_{\mathbf{test}})$ ein Testmusterpaar für den Verzögerungsfehler. Dann führen die Eingabefolgen

$$(\mathbf{d}(0) = \mathbf{d}_{\mathbf{init}}, \quad \mathbf{d}(1) = \mathbf{d}_{\mathbf{test}}, \quad \mathbf{d}(2) = \mathbf{d}_{\mathbf{test}})$$

und $(\mathbf{d}'(0) = \mathbf{d}_{\mathbf{init}}, \quad \mathbf{d}'(1) = \mathbf{d}_{\mathbf{init}}, \quad \mathbf{d}'(2) = \mathbf{d}_{\mathbf{test}})$

zum gleichen Zustand bei $t = 3$, da $\mathbf{d}(2) = \mathbf{d}'(2)$ gilt. Aber die Signaturen sind verschieden:

$$\mathbf{s}(3) = C^2\mathbf{e}(0) + C\mathbf{e}(1) + \mathbf{e}(2),$$

$$\mathbf{s}'(3) = C^2\mathbf{e}'(0) + C\mathbf{e}'(1) + \mathbf{e}'(2)$$

und $\mathbf{e}(0) = \mathbf{e}'(0), \quad \mathbf{e}(1) = \mathbf{e}'(2), \quad \mathbf{e}(2) = \mathbf{e}'(1) = \mathbf{0}$

ergeben in Anwesenheit des Schaltungsfehlers

$\mathbf{s}(3) - \mathbf{s}'(3) = C\mathbf{e}(1) - \mathbf{e}(1) = (C-I)\cdot\mathbf{e}(1) \neq \mathbf{0}$ wegen $C \neq I$ und $\mathbf{e}(1) \neq \mathbf{0}$.

Folglich gilt Annahme (iii), und auch bei diesen Verzögerungsfehlern strebt die Fehlermaskierungswahrscheinlichkeit gegen 2^{-k} (vgl. [SaPr92, PiKI93]).

C: Kombinatorische Schaltungen mit "stuck open"-Fehlern

Ein "stuck open"-Fehler in einer CMOS-Schaltung verhindert bei bestimmten Eingabebelegungen, daß ein Knoten ge- oder entladen wird. Der Knoten behält dann den logischen Wert, den er zum vorhergehenden Zeitpunkt hatte. Auf diese Weise wird sequentielles Verhalten verursacht, ohne daß eine Rückkopplungsverbindung entstanden ist.

Da die fehlerhafte Schaltung weiterhin eine zyklenfreie Struktur besitzt, gibt es Eingabefolgen, welche die Schaltung unabhängig von ihrem Startzustand in einen bestimmten Zustand überführen. Die Schaltung sei zur Zeit $t = 0$ auf einen beliebigen, aber festen Zustand initialisiert. Wenn der betrachtete einfache oder mehrfache "stuck open"-Fehler testbar ist, dann muß es eine Eingabefolge

$$(\mathbf{d}(0), \ldots, \mathbf{d}(t\text{-}3), \mathbf{d}(t\text{-}2), \mathbf{d}(t\text{-}1)) \quad \text{mit} \quad \mathbf{d}(t\text{-}2) = \mathbf{d}(t\text{-}1)$$

geben, die eine Fehlervektorfolge

$$(\mathbf{e}(0), \ldots, \mathbf{e}(t\text{-}3), \mathbf{e}(t\text{-}2), \mathbf{e}(t\text{-}1)) \quad \text{mit} \quad \mathbf{e}(t\text{-}3) \neq \mathbf{e}(t\text{-}2) \quad \text{und} \quad \mathbf{e}(t\text{-}2) = \mathbf{e}(t\text{-}1)$$

liefert, z.B.

$$(\mathbf{e}(0), \ldots, \mathbf{e}(t\text{-}3), \mathbf{e}(t\text{-}2), \mathbf{e}(t\text{-}1)) = (\mathbf{0}, \ldots, \mathbf{0}, \mathbf{a}, \mathbf{a}) \quad \text{mit} \quad \mathbf{a} \neq \mathbf{0}.$$

Denn zwei aufeinanderfolgende gleiche Eingaben führen zu gleichen Bitfehlervektoren. Selbstverständlich kann auch die Eingabefolge

$$(\mathbf{d}'(0), \ldots, \mathbf{d}'(t\text{-}3), \mathbf{d}'(t\text{-}2), \mathbf{d}'(t\text{-}1)) := (\mathbf{d}(0), \ldots, \mathbf{d}(t\text{-}3), \mathbf{d}(t\text{-}3), \mathbf{d}(t\text{-}1))$$

auftreten, in der das Muster $\mathbf{d}(t\text{-}2)$ durch $\mathbf{d}(t\text{-}3)$ ersetzt ist. Für diesen Fall bekommen wir die Fehlervektorfolge

$$(\mathbf{e}'(0), \ldots, \mathbf{e}'(t\text{-}3), \mathbf{e}'(t\text{-}2), \mathbf{e}'(t\text{-}1)) = (\mathbf{e}(0), \ldots, \mathbf{e}(t\text{-}3), \mathbf{e}(t\text{-}3), \mathbf{e}(t\text{-}1)) .$$

Zum Zeitpunkt t ist die Schaltung in beiden Fällen im gleichen Zustand, aber die Signaturen sind unterschiedlich:

$$\mathbf{s}(t) - \mathbf{s}'(t) = C\mathbf{e}(t\text{-}2) - C\mathbf{e}'(t\text{-}2) = C \cdot (\mathbf{e}(t\text{-}2) - \mathbf{e}(t\text{-}3)) \neq \mathbf{0} .$$

Damit gelten wieder die Annahmen (ii) und (iii) und die daraus folgenden Sätze (vgl. [PiKI93]).

D: Schaltungen mit vollständigem Prüfpfad und kombinatorischen Fehlern

Bild 4.20 beschreibt die Testkonfiguration für eine Schaltung mit vollständigem Prüfpfad. Jedes Eingabemuster enthält ein Bit für den seriellen Prüfpfadeingang, die übrigen Bits werden an die primären Eingänge des kombinatorischen Teils der Schaltung gelegt. Sei ℓ die Länge des Prüfpfads. Jede Eingabefolge der Länge ℓ ist eine synchronisierende Folge, da sie unabhängig vom aktuellen Zustand der Schaltung einen bestimmten neuen Zustand einstellt. Mit einem Taktimpuls im Normalbetrieb wird dann der Folgezustand der Schaltung parallel in den Prüfpfad geladen. Anschließend werden die Bits dieses neuen Zustands herausgeschoben und in einem seriellen Signaturregister kompaktiert. (Die Kompaktierung in dem parallelen Signaturregister für den kombinatorischen Teil der Schaltung wurde bereits unter A behandelt.)

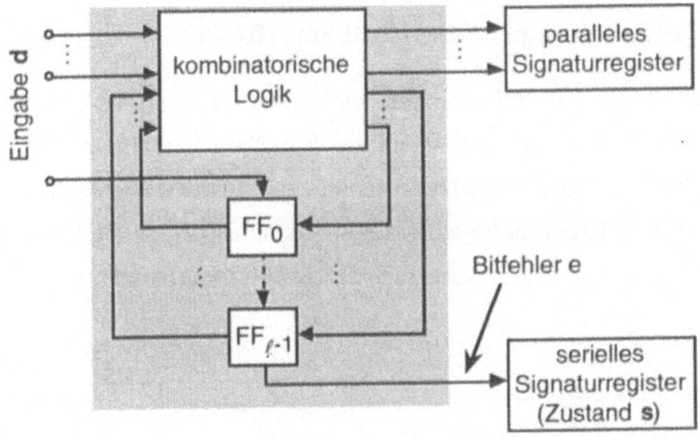

Bild 4.20: Testkonfiguration für eine Schaltung mit vollständigem Prüfpfad

Um die Darstellung zu vereinfachen, werden hier nur die Taktimpulse für das Schieben und die gleichzeitige Kompaktierung des Prüfpfadinhalts gezählt, nicht aber die Taktimpulse im Normalbetrieb. In dem seltenen Fall, daß die Bitfehler $(e(0), \ldots, e(\ell-1))$, die im Prüfpfad enthalten sind, stets zur gleichen Signatur $\mathbf{s}(\ell) = \bigoplus_{i=0}^{\ell-1} C^{\ell-1-i}\,(e(i), 0, \ldots, 0)^T$ führen (unabhängig von den Eingabemustern), tritt Maskierung periodisch zu festen Zeitpunkten auf. Eine genaue Analyse ergibt sehr ähnliche Ergebnisse wie in Satz 4.4. In allen anderen Fällen gibt es Eingabefolgen $(\mathbf{d}(-\ell), \ldots, \mathbf{d}(0), \ldots, \mathbf{d}(\ell-1))$ und $(\mathbf{d}'(-\ell), \ldots, \mathbf{d}'(0), \ldots, \mathbf{d}'(\ell-1))$ mit $\mathbf{d}(i) = \mathbf{d}'(i)$ für $i = 0, \ldots, \ell-1$, die zu solchen Bitfehlerfolgen $(e(0), \ldots, e(\ell-1))$ und $(e'(0), \ldots, e'(\ell-1))$ führen, daß die Signaturen sich unterscheiden, $\mathbf{s}(\ell) \neq \mathbf{s}'(\ell)$. Nach beiden Eingabefolgen ist der resultierende Zustand der Schaltung der gleiche, $\mathbf{z}(\ell) = \mathbf{z}'(\ell)$.

Wenn das serielle Signaturregister ein irreduzibles charakteristisches Polynom vom Grad k besitzt, dann besteht sein Zustandsübergangsdiagramm bei konstanter Eingabe 0 nur aus Zyklen, die alle die gleiche Länge n_c haben, und einem einzelnen Zyklus der Länge 1 [Golo67]. Die Zahl n_c muß ein Teiler von 2^k-1 sein. Um wie im Beweis von Lemma 4.2 zu zeigen, daß die stochastische Kette, welche die Zustandsfolge im seriellen Signaturregister beschreibt, irreduzibel und aperiodisch ist, sind synchronisierende Eingabefolgen erforderlich mit einer Länge u, die teilerfremd zu n_c ist. In der hier betrachteten Situation mit Prüfpfad kann Synchronisation nur nach $\ell, 2\ell, 3\ell, \ldots$ Eingaben erreicht werden. Daher gilt Lemma 4.2 genau dann, wenn die Länge ℓ des Prüfpfads teilerfremd zu n_c ist, ggT $(\ell, n_c) = 1$. Dann gelten auch Satz 4.5 und Korrolar 4.1. Dieses Ergebnis verallgemeinert das Resultat von [PiIK94], wo der Grenzwert $\lim_{t \to \infty} p_{al}(t) = 2^{-k}$ nur für Signaturregister mit primitivem charakteristischem Polynom und ggT $(\ell, 2^k-1) = 1$ nachgewiesen wurde.

E: Sequentielle Schaltungen mit Hardware-Reset

In einer Schaltung mit fest verdrahtetem Rücksetzsignal (Reset) ist jedes Eingabemuster, das dieses Signal aktiviert, eine synchronisierende Eingabefolge. Solange der Rücksetzmechanismus nicht infolge von Schaltungsfehlern zu einem partiellen Rücksetzen degradiert ist und nicht stets der gleiche Bitfehlervektor auftritt, gilt Annahme (iii). Auch für diese Schaltwerke ist damit der oben bewiesene Grenzwert für die Maskierungswahrscheinlichkeit gültig (vgl. [Strö94b]).

4.1.4.5 Experimentelle Ergebnisse

Für eine praktische Anwendung muß die Signatur der fehlerfreien Schaltung bekannt sein. So kann die Musterfolge, die an die Eingänge der Schaltung gelegt wird, zwar einmal beliebig gewählt werden, muß dann jedoch für alle gefertigten Exemplare der Schaltung in gleicher Weise verwendet werden. Das bedeutet, daß die Zeitpunkte, zu denen die Schaltung in einen Synchronisationszustand gezwungen wird, für alle gefertigten Chips gleich sind mit Ausnahme der sehr wenigen Chips, die so katastrophale Fehler aufweisen, daß sie sich mit der verwendeten Eingabefolge überhaupt nicht mehr synchronisieren lassen. Aufgrund unterschiedlicher Schaltungsfehler kann die gleiche Eingabefolge aber eine Vielzahl unterschiedlicher Folgen von Bitfehlervektoren an den Ausgängen der Schaltung hervorrufen.

Wenn kombinatorische Schaltungen getestet werden, sind aufeinanderfolgende Bitfehlervektoren stochastisch unabhängig. Um den Unterschied deutlich herauszustellen, werden hier Experimente beschrieben, bei denen die Bitfehlervektoren eine starke zeitliche Korrelation aufweisen. Es wurde angenommen, daß die Schaltung sich wie ein Zähler verhält (vgl. Beispiel in Abschnitt 4.1.4.2). Zum Zeitpunkt t = 0 wurde die Schaltung auf einen Zustand $\mathbf{z_0}$ initialisiert, für den eine synchronisierende Eingabefolge existiert. Nach Verlassen des Zustands $\mathbf{z_0}$ konnte nur die w-te, 2w-te, 3w-te, ... Testantwort verfälscht sein; dort trat mit Wahrscheinlichkeit $1\text{-}p_0$ eine Verfälschung auf. Alle anderen Testantworten (einschließlich der Testantworten beim Schaltungszustand $\mathbf{z_0}$) waren fehlerfrei. Die Schaltung wurde zu bestimmten

Zeitpunkten, die während eines Experiments konstant gehalten wurden, wieder in den Zustand $\mathbf{z}_0$ versetzt. Vor Beginn des Experiments wurden diese Synchronisationszeitpunkte zufällig festgelegt, jeder Zeitpunkt wurde mit einer vorgegebenen Wahrscheinlichkeit p_{sync} zu einem Synchronisationszeitpunkt gemacht.

Der erste Satz von Experimenten behandelte eine Schaltung mit 4 Ausgängen. Mit einem Zufallszahlengenerator wurden 100 000 Testantworten gemäß obiger Spezifikation erzeugt mit $w = 5$, $p_0 = 0{,}5$, möglichen Bitfehlervektoren $(0, 0, 0, 0)^T$ und $(0, 0, 1, 0)^T$ und mehreren verschiedenen Folgen von Synchronisationspunkten ($p_{sync} = 0{,}1$). Die Kompaktierung mit dem 4-bit-Signaturregister von Bild 4.18 wurde simuliert, und die Maskierungsereignisse wurden für jeden Zeitpunkt t separat gezählt. Zum Zeitpunkt t tritt ein Maskierungsereignis ein, wenn die bis dahin kompaktierten Antworten Verfälschungen enthielten und die Signatur s(t) dennoch **0** ist. Die Fehlermaskierungswahrscheinlichkeit wurde geschätzt durch

$$p_{al}(t) = \frac{\text{Anzahl der Maskierungsereignisse zum Zeitpunkt t}}{\text{Anzahl der simulierten Testantwortfolgen}} .$$

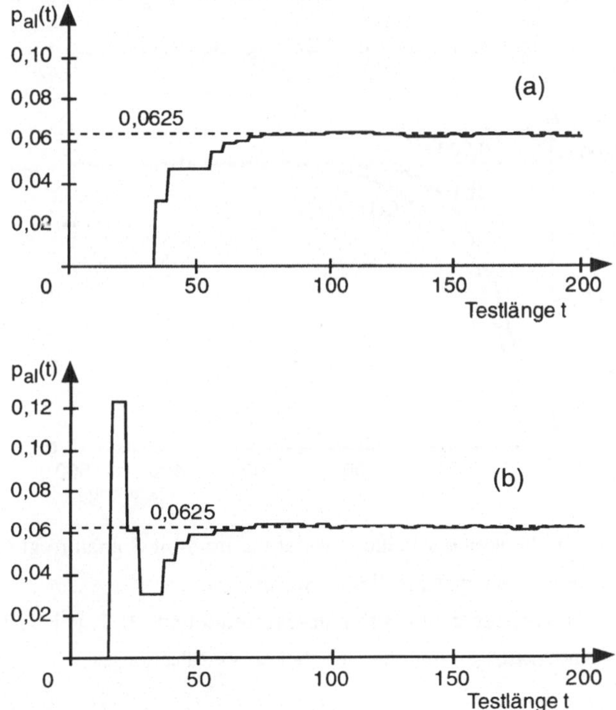

Bild 4.21: Wahrscheinlichkeit der Fehlermaskierung im 4-bit-Signaturregister, Testantworten mit Bitfehlervektoren **0** und $(0, 0, 1, 0)^T$

Bild 4.21 zeigt die Ergebnisse für das 4-bit-Signaturregister. Die Experimente (a) und (b) verwendeten zwei unterschiedliche Folgen von Synchonisationszeitpunkten. Bei kurzen Testlängen hängt die Maskierungswahrscheinlichkeit stark von den konkreten Zeitpunkten der Synchonisation ab. Aber bei größeren Testlängen wird der Einfluß, den die Lage der Synchonisationszeitpunkte hat, rasch geringer, und die Maskierungswahrscheinlichkeit nähert sich dem Grenzwert $2^{-4} = 0{,}0625$.

Ein zweiter Satz von Experimenten wurde mit einem 8-bit-Signaturregister ausgeführt. Das charakteristische Polynom war $x^8 + x^5 + x^4 + x^3 + 1$ (irreduzibel, nicht primitiv). Die Folge der Synchronisationszeitpunkte wurde mit $p_{sync} = 0{,}01$ generiert, die Testantwortfolgen mit $w = 3$, $p_0 = 0{,}9$. Um herauszufinden, wie die Anzahl unterschiedlicher Verfälschungsmuster das dynamische Verhalten der Fehlermaskierungswahrscheinlichkeit beeinflußt, wurden zwei sehr unterschiedliche Situationen untersucht. In der einen Situation konnte nur ein bestimmtes Verfälschungsmuster auftreten. Die 3., 6., 9., ... Testantwort war mit Wahrscheinlichkeit 0,1 um $(0,0,1,1,1,0,0,0)^T$ verfälscht. In der anderen Situation traten zu diesen Zeitpunkten alle möglichen Verfälschungen mit gleicher Wahrscheinlichkeit $\frac{0{,}1}{255}$ auf. Für beide Situationen wurden 10^7 Testantwortfolgen simuliert. Bild 4.22 zeigt die Ergebnisse.

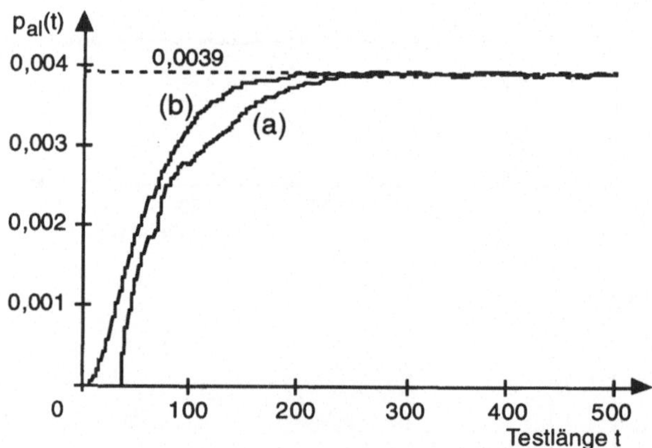

Bild 4.22: Wahrscheinlichkeit der Fehlermaskierung im 8-bit-Signaturregister, Testantworten einer sequentiellen Schaltung

(a) Antwortfolgen mit Bitfehlervektoren **0** und $(0, 0, 1, 1, 1, 0, 0, 0)^T$

(b) Antwortfolgen mit allen möglichen Verfälschungen

In beiden Fällen war die Zahl der aufgetretenen Bitfehlervektoren, die sich von **0** unterschieden, fast gleich. Aber durch die größere Anzahl verschiedener Verfälschungsmuster erreicht die Maskierungswahrscheinlichkeit im Fall (b) den Grenzwert rascher. Für $t \geq 118$

weichen die Werte von $p_{al}(t)$ um weniger als ±10 % vom Grenzwert $2^{-8} = 0{,}0039$ ab. Für Fall (a) beträgt die entsprechende Testlänge 161.

Zum Vergleich wurden auch die Testantworten von kombinatorischen Schaltungen kompaktiert. Wieder war jede Testantwort mit der Wahrscheinlichkeit $1\text{-}p_0 = 0{,}1$ verfälscht. Das Verfälschungsmuster war stets $(0, 0, 1, 1, 1, 0, 0, 0)^T$ wie oben in Situation (a), oder alle möglichen Verfälschungen traten mit gleicher Wahrscheinlichkeit wie oben in Situation (b) auf. Bei diesen Folgen stochastisch unabhängiger Bitfehlervektoren konvergiert die Fehlermaskierungswahrscheinlichkeit schneller. Für $t \geq 50$ bzw. $t \geq 39$ weicht $p_{al}(t)$ um weniger als 10 % von 2^{-8} ab (siehe Bild 4.23).

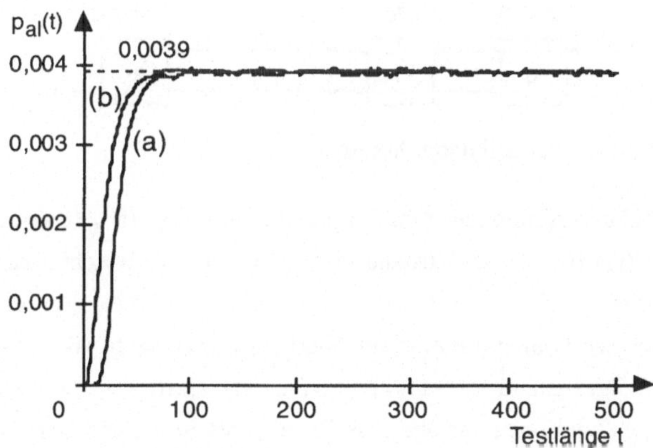

Bild 4.23: Wahrscheinlichkeit der Fehlermaskierung im 8-bit-Signaturregister, Testantworten einer kombinatorischen Schaltung

(a) Antwortfolgen mit Bitfehlervektoren **0** und $(0, 0, 1, 1, 1, 0, 0, 0)^T$

(b) Antwortfolgen mit allen möglichen Verfälschungen

Viele andere Experimente führten zu ähnlichen Ergebnissen. Unabhängig vom gewählten irreduziblen Polynom lassen sich zwei wichtige Beobachtungen machen. Je geringer die Anzahl der Verfälschungsmuster ist, die mit von 0 verschiedener Wahrscheinlichkeit auftreten, um so langsamer nähert sich die Fehlermaskierungswahrscheinlichkeit dem Grenzwert. Die Annäherung verläuft ebenfalls langsamer, wenn die Korrelation zwischen aufeinanderfolgenden Bitfehlervektoren stärker ist und die Zeitpunkte, zu denen mehrere verschiedene Bitfehlervektoren möglich sind, seltener sind. Insgesamt ist also die Konvergenz um so langsamer, je stärker die zeitliche und/oder räumliche Korrelation der Bitfehler ist. Aber auch bei langsamer Konvergenz ist der Grenzwert ein guter Schätzwert für die Maskierungswahrscheinlichkeiten, die bei den relativ großen Testlängen des Selbsttests auftreten.

4.2 Zellulare Automaten

An Stelle von rückgekoppelten Schieberegistern können auch zellulare Automaten für Mustererzeugung und Kompaktierung verwendet werden. Ein zellularer Automat ist eine regelmäßige Anordnung von einfachen Zellen, die einen Zustand speichern und bei jedem Taktimpuls synchron in einen Folgezustand übergehen [Wolf83, PrTC86]. Rückgekoppelte Schieberegister sind damit ein Spezialfall von zellularen Automaten. Um eine einfache technische Realisierung zu ermöglichen, beschränkt man sich i.a. auf 1-dimensionale Anordnungen, bei denen jede Zelle nur die beiden Zustände 0 und 1 annehmen kann und der Folgezustand nur vom Zustand des linken und rechten Nachbarn und der Zelle selbst abhängt (siehe Bild 4.24).

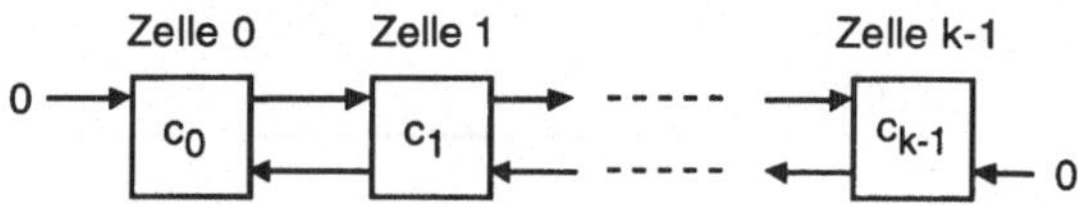

Bild 4.24: 1-dimensionaler zellularer Automat

Der Zustand des zellularen Automaten zum Zeitpunkt t wird mit $\mathbf{c}(t) = (c_0(t), c_1(t), \ldots, c_{k-1}(t))$ bezeichnet, wobei $c_i(t) \in \{0, 1\}$ der Zustand der Zelle i ist. Zur Beschreibung der konstanten Werte am linken und rechten Rand wird $c_{-1}(t) = c_k(t) = 0$ für alle $t \geq 0$ gesetzt. Das Verhalten einer einzelnen Zelle i wird durch die Zustandsübergangsfunktion f_i: $\{0, 1\}^3 \rightarrow \{0, 1\}$ charakterisiert, so daß der Folgezustand $c_i(t+1) = f_i(c_{i-1}(t), c_i(t), c_{i+1}(t))$ wird. Insgesamt existieren 256 solcher Übergangsfunktionen, die auch als Regel 0 bis Regel 255 bezeichnet werden. Die Übergangsfunktion, deren Vektor der Funktionswerte das Dezimaläquivalent r hat, heißt damit Regel r. Tabelle 4.1 stellt als Beispiel die Regel 150 dar. Bild 4.25 zeigt den Aufbau einer Zelle.

linker Nachbar (Zelle i-1)	Zelle i	rechter Nachbar (Zelle i+1)	Folgezustand der Zelle i
0	0	0	0
0	0	1	1
0	1	0	1
0	1	1	0
1	0	0	1
1	0	1	0
1	1	0	0
1	1	1	1

Tabelle 4.1: Übergangstabelle für Regel 150 ($10010110_2 = 150_{10}$)

Wenn am Rand des zellularen Automaten als konstanter Wert nur 0 betrachtet wird, schränkt dies die Möglichkeiten der Verhaltensbeschreibung nicht ein. Das Verhalten mit dem Randwert 1 läßt sich nämlich durch Veränderung der Funktionen f_0 und f_{k-1} nachbilden, indem man das erste Argument von f_0 bzw. das dritte von f_{k-1} komplementiert.

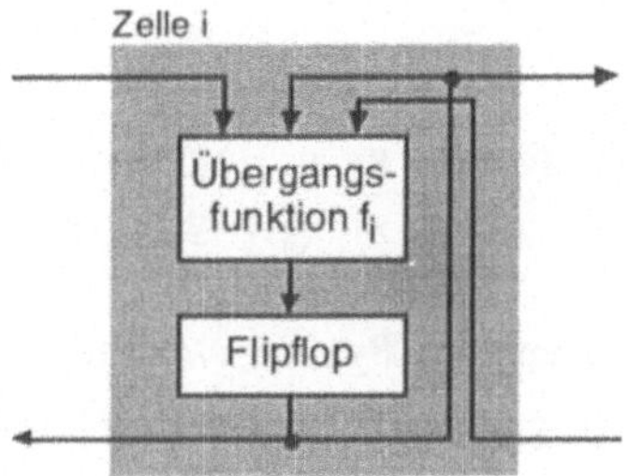

Bild 4.25: Aufbau einer Zelle

Beginnend mit der Initialisierung **c**(0) erzeugt der zellulare Automat in jedem Taktzyklus ein Muster. Der nächste Zustand (und damit das nächste Muster) ist

$$
\begin{aligned}
\mathbf{c}(t+1) \quad = \quad & (\, f_0(0, c_0(t), c_1(t)), \\
& f_1(c_0(t), c_1(t), c_2(t)), \\
& \vdots \\
& f_{k-2}(c_{k-3}(t), c_{k-2}(t), c_{k-1}(t)), \\
& f_{k-1}(c_{k-2}(t), c_{k-1}(t), 0)\,).
\end{aligned}
$$

Da für jede Zelle eine von 256 Regeln gewählt werden kann, ergeben sich mehr Möglichkeiten, die Musterfolge zu beeinflussen, als bei einem linear rückgekoppelten Schieberegister. Dieser größere Gestaltungsraum erlaubt es, zellulare Automaten nicht nur in ähnlicher Weise wie linear rückgekoppelte Schieberegister einzusetzen (siehe Abschnitt 4.2.1), sondern in gewissem Umfang auch gewichtete „zufällige" Muster (Abschnitt 4.2.2) und vorgegebene deterministisch bestimmte Testmuster (Abschnitt 4.2.3) zu erzeugen.

4.2.1 Zellulare Automaten mit linearen Übergangsfunktionen

Zellulare Automaten mit linearen Übergangsfunktionen können in der gleichen Weise wie linear rückgekoppelte Schieberegister mit einer Rückkopplungsmatrix C beschrieben werden. Für einen zellularen Automaten der Breite k hat die k×k-Matrix die Form

$$C = \begin{pmatrix} g_{0,0} & g_{0,1} & & & \mathbf{0} \\ g_{1,0} & g_{1,1} & g_{1,2} & & \\ & \ddots & \ddots & \ddots & \\ & & g_{k-2,k-3} & g_{k-2,k-2} & g_{k-2,k-1} \\ \mathbf{0} & & & g_{k-1,k-2} & g_{k-1,k-1} \end{pmatrix},$$

wobei die Komponenten $g_{i,j}$ Elemente von $\mathbb{F}_2$ sind. Wenn die Zelle i die Regel 90 ($c_{i-1} + c_{i+1}$) hat, ergibt sich $g_{i,i-1} = 1$, $g_{i,i} = 0$, $g_{i,i+1} = 1$; für die Regel 150 ($c_{i-1} + c_i + c_{i+1}$) erhält man $g_{i,i-1} = 1$, $g_{i,i} = 1$, $g_{i,i+1} = 1$. Das charakteristische Polynom $g(x) = \det(xI_k - C)$ wird berechnet durch

$$\begin{aligned} \Delta_0(x) &= 1, \\ \Delta_1(x) &= x + g_{0,0}, \\ \Delta_i(x) &= (x + g_{i-1,i-1})\,\Delta_{i-1}(x) + g_{i-1,i-2}\,g_{i-2,i-1}\,\Delta_{i-2}(x) \quad \text{für } i = 2, \ldots, k, \\ g(x) &= \Delta_k(x). \end{aligned}$$

Zu jedem irreduziblen Polynom gibt es genau zwei zellulare Automaten mit der Struktur von Bild 4.24, die dieses Polynom als charakteristisches besitzen [CaMu96].

Zellulare Automaten mit linearen Übergangsfunktionen lassen sich auf linear rückgekoppelte Schieberegister zurückführen, so daß die Analyse von Abschnitt 4.1 unmittelbar übertragbar ist (vgl. auch [SSMM90]). Allgemein gilt dies für alle Mustergeneratoren mit einer linearen Rückkopplungsfunktion, die eine Struktur wie in Bild 4.26 haben. Für solche *linearen Mustergeneratoren* gelten nämlich die beiden folgenden Sätze.

Satz 4.6: Lineare Mustergeneratoren mit gleicher Breite und ähnlichen Rückkopplungsmatrizen haben isomorphe Zustandsübergangsdiagramme.

Beweis: Seien M_1 und M_2 lineare Mustergeneratoren mit gleicher Breite und Rückkopplungsmatrix C_1 bzw. C_2. Aufgrund der Ähnlichkeit von C_1 und C_2 gibt es eine reguläre Matrix Q mit $C_1 = Q^{-1} C_2 Q$. Im autonomen Betrieb wird ein Zustandsübergang in M_1 durch $\mathbf{s}(t+1) = C_1\,\mathbf{s}(t) = Q^{-1} C_2\, Q\,\mathbf{s}(t)$ und in M_2 durch $Q\,\mathbf{s}(t+1) = C_2\, Q\,\mathbf{s}(t)$ beschrieben. Die Abbildung $\mathbf{h}\colon \{0,1\}^k \to \{0,1\}^k$, $\mathbf{h}(\mathbf{s}) := Q\mathbf{s}$ ordnet jedem Zustand $\mathbf{s}$ des Mustergenerators M_1 genau einen Zustand $Q\mathbf{s}$ von M_2 zu und ist ein Homomorphismus. Da $\mathbf{h}$ außerdem bijektiv ist, liegt ein Isomorphismus vor. ■

Bild 4.26 veranschaulicht diesen Zusammenhang. Wenn die Muster des Mustergenerators M_2 durch XOR-Verknüpfungen entsprechend Q^{-1} transformiert werden und M_2 mit Q s(0) initialisiert wird, generieren beide Anordnungen die gleiche Musterfolge **s**(0), **s**(1), ...

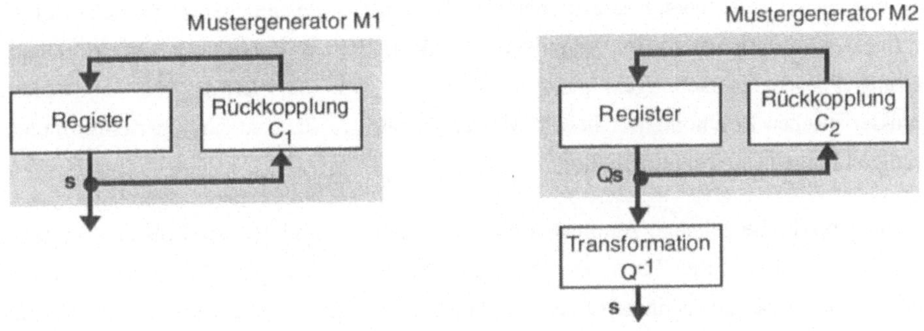

Bild 4.26: Lineare Mustergeneratoren mit ähnlichen Rückkopplungsmatrizen, $C_1 = Q^{-1} C_2 Q$

Jede Klasse von linearen Mustergeneratoren mit ähnlichen Rückkopplungsmatrizen enthält einen Mustergenerator, der aus einer Aneinanderreihung von linear rückgekoppelten Schieberegistern besteht.

Satz 4.7: Jede Äquivalenzklasse von ähnlichen Matrizen enthält eine Matrix der Gestalt

$$B = \begin{pmatrix} B_0 & & \mathbf{0} \\ & B_1 & \\ & & \ddots \\ \mathbf{0} & & B_{r-1} \end{pmatrix}$$

mit B_i: Begleitmatrix zu g_i, $g_i \in \mathbb{F}_2[x]$, $\partial g_i \geq 1$ für $i = 0, 1, \ldots, r-1$.

Beweis: [MaBi67].

Die *Begleitmatrix* zu einem Polynom $g(x) = x^k + \sum_{i=0}^{k-1} g_i x^i$ ist die k×k-Matrix

$$\begin{pmatrix} 0 & & & \mathbf{0} & g_0 \\ 1 & 0 & & & g_1 \\ & \ddots & \ddots & & \vdots \\ & & 1 & 0 & g_{k-2} \\ \mathbf{0} & & & 1 & g_{k-1} \end{pmatrix}.$$

Sie stimmt mit der Rückkopplungsmatrix des LRSR mit charakteristischem Polynom g(x) und internen XOR-Verknüpfungen überein. Damit beschreibt die Matrix B in Satz 4.7 eine

Aneinanderreihung von r linear rückgekoppelten Schieberegistern, die nicht miteinander verbunden sind. Ihr charakteristisches Polynom ist $\prod_{i=0}^{r-1} g_i(x)$.

Wie man leicht nachrechnet, besitzen ähnliche Matrizen das gleiche charakteristische Polynom. Ein linearer Mustergenerator mit primitivem charakteristischem Polynom generiert deshalb die bis auf Phasenverschiebungen gleichen Bitfolgen wie ein LRSR mit dem gleichen charakteristischen Polynom. Der lineare Mustergenerator ist dann maximalperiodisch, und die erzeugten Folgen sind pseudozufällig.

Maximalperiodische zellulare Automaten mit den Regeln 90 und 150 sind bis zur Breite 53 in [HORT89] tabelliert. Bei Tests, die die Zufälligkeit der erzeugten Musterfolge bewerten, schneiden sie besser ab als linear rückgekoppelte Schieberegister, da die Phasenverschiebungen zwischen den Bitfolgen größer sind [HORT89]. Jedoch wird dadurch meist keine signifikant bessere Fehlererfassung erreicht. (Mit zellularen Automaten, bei denen im Gegensatz zu Bild 4.24 alle Zellen zyklisch verbunden sind, lassen sich übrigens keine maximalperiodischen Folgen generieren [CaMu96, NaPa96]).

Zellulare Automaten lassen sich auch für die Kompaktierung von Testantworten verwenden. Dazu erhält jede Zelle einen zusätzlichen Eingang, der über eine XOR-Verknüpfung mit der Übergangsfunktion den Folgezustand bestimmt. Diese Erweiterung entspricht dem parallelen Signaturregister, das auf einem LRSR basiert, und kann auf Strukturen mit beliebiger linearer Rückkopplung wie in Bild 4.27 verallgemeinert werden. In einem derartigen *linearen Kompaktierer* wird in jedem Taktzyklus eine Testantwort komponentenweise zu dem Vektor, den die Rückkopplung liefert, addiert.

Die oben verwendete Ähnlichkeitstransformation ermöglicht es, lineare Kompaktierer auf Signaturregister zurückzuführen. In Bild 4.27 werden zwei Kompaktierer mit ähnlichen Rückkopplungsmatrizen einander gegenübergestellt. Der Kompaktierer K1 sei mit $\mathbf{s}(0)$ initialisiert und K2 mit $Q\mathbf{s}(0)$, z.B. $\mathbf{s}(0) = Q\mathbf{s}(0) = \mathbf{0}$. Da alle Operationen linear sind, genügt es bei der Analyse der Fehlermaskierung, nur die Kompaktierung der Bitfehlervektoren zu betrachten (vgl. Abschnitt 4.1.4.1). Der Kompaktierer K1 geht mit dem Bitfehlervektor $\mathbf{e}(i)$ vom Zustand $\mathbf{s}(i)$ in den Zustand $\mathbf{s}(i+1) = C_1\,\mathbf{s}(i) \oplus \mathbf{e}(i)$ über. Der Kompaktierer K2 erhält als Eingaben die entsprechend der Abbildung Q transformierten Antworten. Er geht vom Zustand $Q\,\mathbf{s}(i)$ über in den Zustand

$$C_2\,Q\,\mathbf{s}(i) \oplus Q\,\mathbf{e}(i) = Q\,Q^{-1}\,C_2\,Q\,\mathbf{s}(i) \oplus Q\,\mathbf{e}(i) = Q\,(C_1\,\mathbf{s}(i) \oplus \mathbf{e}(i)) = Q\,\mathbf{s}(i+1)\,.$$

Wegen $Q\,\mathbf{s}(t) = Q\,\mathbf{s}(0) \Leftrightarrow \mathbf{s}(t) = \mathbf{s}(0)$ tritt im Kompaktierer K2 die Fehlermaskierung genau dann ein, wenn der Fehler in K1 maskiert wird.

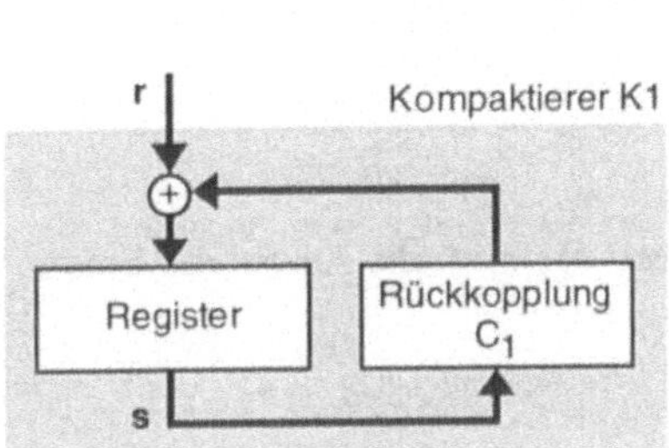

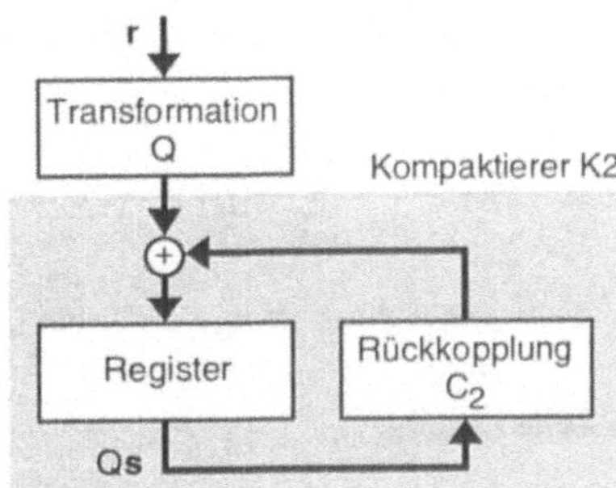

Bild 4.27: Lineare Kompaktierer mit ähnlichen Rückkopplungsmatrizen, $C_1 = Q^{-1} C_2 Q$

Bei der Herleitung des Grenzwerts für die Fehlermaskierungswahrscheinlichkeit in Signaturregistern (siehe Abschnitt 4.1.4) spielen die konkreten Werte der Bitfehlervektoren keine Rolle. Es wird nur vorausgesetzt, daß mindestens zwei von **0** verschiedene Werte mit einer Wahrscheinlichkeit größer als 0 auftreten. Da die Abbildung Q linear und bijektiv ist, wird der Vektor **0** auf **0** abgebildet, und die Anzahl der von **0** verschiedenen Werte, die die Bitfehlervektoren annehmen können, wird durch die Abbildung nicht verändert. Die Resultate für Signaturregister sind also auf allgemeine lineare Kompaktierer übertragbar. Insbesondere gilt, daß die Fehlermaskierungswahrscheinlichkeit in allen linearen Kompaktierern mit irreduziblem charakteristischem Polynom vom Grad k mit wachsender Testlänge gegen 2^{-k} strebt.

4.2.2 Konstruktion von zellularen Automaten zur Erzeugung gewichteter Zufallsmuster

Um aus gleichverteilten Zufallsmustern Muster mit anderen 1-Wahrscheinlichkeiten zu machen, werden bei linear rückgekoppelten Schieberegistern Gatter angeschlossen, die mehrere der pseudozufälligen Bitfolgen verknüpfen (siehe Abschnitt 4.1.1). Diese Methode ist selbstverständlich bei maximalperiodischen zellularen Automaten ebenso anwendbar. Eine Gewichtung kann aber auch direkt erreicht werden durch die Wahl der Übergangsfunktionen für die Zellen. Die Häufigkeit der 1 in einer Zelle wird nämlich stark durch die Zahl der Minterme in ihrer Übergangsfunktion beeinflußt, und auch das Verhalten der Nachbarzellen (bestimmt durch die Übergangsfunktionen der Nachbarzellen) wirkt sich auf die 1-Häufigkeit aus.

Für einen vorgegebenen Gewichtsvektor $\mathbf{w} = (w_0, w_1, \ldots, w_{k-1})$ sollen die Übergangsfunktionen $f_0, f_1, \ldots, f_{k-1}$ für die Zellen 0, 1, ..., k-1 so bestimmt werden, daß die relativen 1-Häufigkeiten der erzeugten Bitfolgen möglichst wenig von den angestrebten Gewichten abweichen. Als Gütekriterium verwenden wir die betragsmäßig maximale Abweichung, wir minimieren also

$$\max_{0 \le i \le k-1} \left| w_i - \frac{1}{t} \cdot \sum_{j=0}^{t-1} c_i(j) \right|$$

für die erzeugte Musterfolge $\mathbf{c}(0), \mathbf{c}(1), \ldots, \mathbf{c}(t-1)$, wobei $\sum_{j=0}^{t-1} c_i(j)$ die Anzahl der Einsen in der Zelle i angibt.

Ein zellularer Automat, dessen Zellen mit beliebig festgelegten Übergangsfunktionen ausgestattet sind, erzeugt i.a. Bitfolgen, die keine Regelmäßigkeiten erkennen lassen und auch nicht pseudozufällig sind. Häufig erreichen einzelne Zellen des Automaten aber bereits nach relativ wenigen Taktzyklen einen Zustand, den sie nicht mehr verlassen können. Der zellulare Automat muß deshalb immer wieder mit zufälligen Werten neu initialisiert werden, z.B. nach jeweils 31 Taktzyklen [NeKi93]. Diese Reinitialisierungen verhindern auch, daß die erzeugte Musterfolge sich nach kurzer Zeit wiederholt.

Ein erstes Konstruktionsverfahren für zellulare Automaten, die gewichtete „Zufallsmuster" erzeugen, ist in [NeKi93] beschrieben. Wir stellen im folgenden ein anderes Verfahren vor, das einen zellularen Automaten mit oft geringeren Abweichungen von den vorgegebenen Gewichten liefert [Keit95]. Da die meisten Übergangsfunktionen der Zellen nichtlinear sind, können die algebraischen Methoden aus dem vorigen Abschnitt nicht angewandt werden. Eine einfache Suche nach der optimalen Lösung verbietet sich ebenfalls, weil der Suchraum mit 256^k Möglichkeiten für einen zellularen Automaten der Breite k sehr groß ist. Wir schränken deshalb zuerst die Menge der betrachteten Regeln ein, indem wir alle Regeln ausschließen, die generell zu einem ungünstigen Verhalten führen. Im zweiten Schritt analysieren wir für kleine Teilautomaten mit wenigen Zellen alle möglichen Varianten. Im dritten Schritt schließlich wird aus solchen Teilautomaten der komplette Automat zusammengebaut und iterativ verbessert.

4.2.2.1 Auswahl geeigneter Regeln

Jede Zelle soll eine Bitfolge generieren, die keine auffallenden Regelmäßigkeiten hat. Dazu ist es günstig, wenn der Folgezustand der Zelle sowohl vom Zustand des rechten als auch des linken Nachbarn abhängt. Dann können alle Änderungen in der Umgebung auch eine Zustandsänderung in der Zelle selbst auslösen. Übergangsfunktionen, bei denen der Funktionswert nur von einem der beiden Nachbarn abhängt (d.h. $f_i(c_{i-1}, c_i, 0) = f_i(c_{i-1}, c_i, 1)$ oder $f_i(0, c_i, c_{i+1}) = f_i(1, c_i, c_{i+1})$), werden als *einseitige Regeln* bezeichnet. Eine Zelle mit einer einseitigen Regel teilt den Automaten in zwei Teile auf, die sich nicht wechselseitig beeinflussen können.

Dadurch kommt es häufig schon nach wenigen Taktzyklen zu unerwünschten Wiederholungen. Zu den 26 einseitigen Regeln gehören auch 0, 255 und 204 ($f_i = c_i$), die einen konstanten Zustand bewirken.

Ungeeignet sind auch die *unidirektionalen Regeln*, die einer Zelle nur den Übergang vom Zustand 0 in den Zustand 1 oder nur von 1 nach 0 erlauben, den umgekehrten Übergang aber nicht zulassen. Eine Zelle mit unidirektionaler Regel kann ihren Zustand höchstens einmal ändern und bleibt dann konstant. Tabelle 4.2 beschreibt die unidircktionalen Regeln. An den nicht spezifizierten Stellen kann ein beliebiger Funktionswert stehen, aber nicht an allen 4 Stellen einer Spalte der gleiche. (Sonst ergibt sich die Übergangsfunktion $f_i = c_i$, die überhaupt keinen Übergang erlaubt.

linker Nachbar (Zelle i-1)	Zelle i	rechter Nachbar (Zelle i+1)	Folgezustand der Zelle i	
			(a)	(b)
0	0	0		0
0	0	1		0
0	1	0	1	
0	1	1	1	
1	0	0		0
1	0	1		0
1	1	0	1	
1	1	1	1	

Tabelle 4.2: Übergangstabelle für unidirektionale Regeln
(a) nur 0→1-Übergang möglich
(b) nur 1→0-Übergang möglich

Um unterschiedliche 1-Häufigkeiten realisieren zu können, müssen Regeln mit 1, 2, ..., 7 Mintermen zur Auswahl stehen. Mit 3, 4 und 5 Mintermen gibt es verhältnismäßig viele Regeln. Einige davon streichen wir ebenfalls aus der betrachteten Regelmenge, nämlich diejenigen, die sich von unidirektionalen Regeln nur geringfügig unterscheiden (z.B. durch einen einzigen zusätzlichen Minterm [NeKi93, Keit95]). Da nicht garantiert ist, daß alle Zustandskombinationen der beiden Nachbarzellen tatsächlich auftreten, ist bei solchen Regeln die Gefahr eines rasch erreichten konstanten Zustands groß.

Nach dieser Auslese bleiben 160 Regeln, die für den Aufbau eines zellularen Automaten geeignet sind:

Regeln mit 1 Minterm: 1, 2, 16, 32.

Regeln mit 2 Mintermen: 5, 6, 9, 10, 18, 20, 24, 33, 36, 40, 65, 66, 80, 96, 129, 130, 144, 160.

Regeln mit 3 Mintermen: 22, 25, 26, 28, 37, 38, 41, 44, 52, 56, 67, 70, 73, 74, 82, 88, 97, 98, 100, 104, 131, 133, 134, 137, 145, 146, 148, 152, 161, 164, 193, 194.

Regeln mit 4 Mintermen: 27, 29, 30, 39, 45, 46, 53, 54, 57, 58, 71, 75, 78, 83, 86, 89, 90, 92, 99, 101, 105, 106, 108, 114, 116, 120, 135, 139, 141, 147, 149, 150, 154, 156, 163, 165, 166, 169, 172, 177, 180, 184, 197, 198, 201, 202, 209, 210, 216, 225, 226, 228.

Regeln mit 5 Mintermen: 61, 62, 91, 94, 103, 107, 109, 110, 118, 121, 122, 124, 151, 155, 157, 158, 167, 173, 181, 182, 185, 188, 199, 203, 211, 214, 217, 218, 227, 229, 230, 233.

Regeln mit 6 Mintermen: 95, 111, 123, 125, 126, 159, 175, 183, 189, 190, 215, 219, 231, 235, 245, 246, 249, 250.

Regeln mit 7 Mintermen: 127, 191, 247, 251.

Die linearen Regeln 90 und 150, die für maximalperiodische zellulare Automaten verwendet werden, gehören übrigens zu denjenigen Regeln, die sich von den unidirektionalen Regeln am stärksten unterscheiden.

4.2.2.2 Analyse von Teilautomaten

Auch mit 160 Regeln sind die Kombinationsmöglichkeiten noch sehr zahlreich. Wir beschränken die Betrachtung daher zunächst auf Abschnitte des zellularen Automaten, die wie in Bild 4.28 drei Zellen umfassen. Das Verhalten der übrigen Zellen links und rechts von dem 3-Zellen-Abschnitt wird durch zufällige Bitfolgen mit 1-Wahrscheinlichkeit p_ℓ bzw. p_r modelliert.

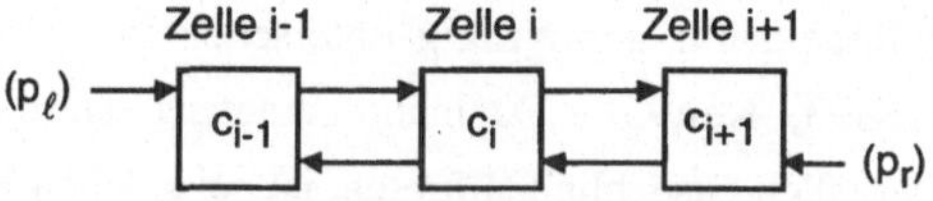

Bild 4.28: 3-Zellen-Abschnitt in einem zellularen Automaten

Die Frage ist hier: Welche Regeln müssen die drei Zellen haben, damit die relativen 1-Häufigkeiten der erzeugten Bitfolgen möglichst wenig von den vorgegebenen Gewichten w_{i-1}, w_i, w_{i+1} abweichen? Die Gewichte w_{i-2} und w_{i+2}, die die Wahrscheinlichkeiten p_ℓ und p_r bestimmen, sind ebenfalls gegeben. Wie in Abschnitt 4.1.1 sind alle Gewichte Werte aus der Menge $\{\frac{1}{8}, \frac{2}{8}, \ldots, \frac{7}{8}\}$.

Um eine Antwort zu finden, schlagen wir einen indirekten Weg ein. Wir ermitteln zu allen möglichen Regelkombinationen für die Zellen i-1, i und i+1 die resultierenden 1-Häufigkeiten und wählen dann dasjenige Regeltripel aus, das zu den geringsten Abweichungen von den Vorgaben führt. Zur Ermittlung der 1-Häufigkeiten für ein bestimmtes Regeltripel wird der 3-Zellen-Abschnitt durch eine homogene Markov-Kette nachgebildet. Die Markov-Kette hat die Zustände $(c_{i-1}, c_i, c_{i+1}) \in \{0, 1\}^3$, die Übergangswahrscheinlichkeiten sind durch p_ℓ, p_r und die Regeln der Zellen bestimmt. Zu Beginn haben alle Zustände entsprechend einer zufälligen Initialisierung die gleiche Wahrscheinlichkeit, $\pi_{000}(0) = \pi_{001}(0) = \ldots = \pi_{111}(0) = 1/8$. Die Markov-Kette wird bis zum Zeitpunkt t-1 simuliert, bei t folgt die nächste Initialisierung. Für die relative 1-Häufigkeit in den Zellen i-1, i und i+1 bekommen wir die Erwartungswerte

$$H_{i-1} = \frac{1}{t} \cdot \sum_{i=0}^{t-1} (\pi_{100}(i) + \pi_{101}(i) + \pi_{110}(i) + \pi_{111}(i)),$$

$$H_i = \frac{1}{t} \cdot \sum_{i=0}^{t-1} (\pi_{010}(i) + \pi_{011}(i) + \pi_{110}(i) + \pi_{111}(i)),$$

$$H_{i+1} = \frac{1}{t} \cdot \sum_{i=0}^{t-1} (\pi_{001}(i) + \pi_{011}(i) + \pi_{101}(i) + \pi_{111}(i)).$$

Die maximale Abweichung von den vorgegebenen Gewichten ist

$\max \{|w_{i-1} - H_{i-1}|, |w_i - H_i|, |w_{i+1} - H_{i+1}|\}$.

Die oben gestellte Frage wird beantwortet, indem alle 160^3 Regeltripel für die drei Zellen auf diese Weise ausprobiert und verglichen werden. Nach diesen Simulationen lassen sich leicht auch die entsprechenden Fragen für alle anderen Vorgaben w_{i-1}, w_i, w_{i+1} bei gleichen Randbedingungen w_{i-2} und w_{i+2} beantworten.

Die gleichen Berechnungen werden für alle anderen Randbedingungen $(w_{i-2}, w_{i+2}) \in \{\frac{1}{8}, \frac{2}{8}, \ldots, \frac{7}{8}\}^2$ wiederholt. Mit den Ergebnissen wird eine Tabelle aufgebaut, die für jede Kombination $(w_{i-2}, w_{i-1}, w_i, w_{i+1}, w_{i+2})$ die besten Regeltripel zur Realisierung der Gewichte enthält. Die in [Keit95] verwendete Tabelle gibt für jede der $7^5 = 16807$ Gewichtskombinationen die fünf besten Regeltripel an. Bei allen eingetragenen Regeltripeln ist die Abweichung von der Vorgabe weniger als 0,05. Auch mit der Beschränkung auf 160 Regeln lassen sich also alle Gewichtsvorgaben mit ausreichender Genauigkeit realisieren, zumindest unter den idealisierten Bedingungen mit zufälligen Bitfolgen an den Rändern. Der Aufbau der Regeltripel-Tabelle erfordert zwar einmal einige Stunden Rechenzeit (auf einer SUN-Workstation SPARC-10), aber die Tabelle kann dann als Grundlage für die Konstruktion beliebig vieler zellularer Automaten eingesetzt werden.

4.2.2.3 Konstruktionsverfahren

Der zellulare Automat wird aus den 3-Zellen-Abschnitten, die bereits lokal optimiert sind, zusammengesetzt. Bild 4.29 zeigt an einem Beispiel, wie die Regeltripel-Tabelle für die Konstruktion genutzt wird. Falls die Breite des zellularen Automaten sich nicht durch 3 teilen läßt, erhalten 1 oder 2 Zellen die Regel 150.

Zelle	0	1	2	3	4	5	6
Gewicht	2/8	4/8	3/8	5/8	2/8	6/8	1/8
Regel	43	192	55	242	34	54	150
	Tabelleneintrag für (1/8, 2/8, 4/8, 3/8, 5/8)			Tabelleneintrag für (3/8, 5/8, 2/8, 6/8, 1/8)			

Bild 4.29: Konstruktion eines zellularen Automaten mit 7 Zellen

Die 3-Zellen-Abschnitte liefern in einem zellularen Automaten, in dem die benachbarten Bausteine keine zufälligen Bitfolgen generieren, etwas andere 1-Häufigkeiten als unter idealen Bedingungen. Wir verbessern den zellularen Automaten iterativ, indem wir jeweils die Zelle verändern, deren relative 1-Häufigkeit am weitesten vom vorgegebenen Gewicht abweicht.

Zur Ermittlung der 1-Häufigkeiten wird der ganze zellulare Automat mehrmals über eine bestimmte Zahl von Taktzyklen simuliert, wobei zufällige Initialisierungen gewählt werden. Abhängig vom Startwert können sich nämlich unterschiedliche 1-Häufigkeiten ergeben, und diese Unterschiede werden durch Mittelung über mehrere Simulationsläufe ausgeglichen. Das Verfahren mit dem Markov-Modell ist hier i.a. nicht praktikabel, da die Zustände sehr viel zahlreicher sind als bei den oben untersuchten 3-Zellen-Abschnitten.

Für die Zelle mit der größten Abweichung vom angestrebten Gewicht werden alle anderen geeigneten Regeln ausprobiert und simuliert. Die Regel, die zur größten Verbesserung führt, wird eingesetzt. Danach wird die Zelle bestimmt, die im modifizierten zellularen Automaten die größte Abweichung aufweist, und diese wird verändert, usw. So wird die maximale Abweichung Schritt für Schritt verkleinert, bis sie eine vorgegebene Schranke unterschreitet.

Wenn für eine Zelle keine bessere Regel gefunden wird, dann wird versucht, durch Änderungen an den Nachbarzellen eine Verbesserung zu erzielen. Denn auch das Verhalten der Nachbarzellen beeinflußt die 1-Häufigkeit der Zelle. Falls auch diese Versuche erfolgslos bleiben, wird rückgesetzt, und eine Zelle, die in den ersten Schritten verändert wurde, erhält statt der lokal besten Regel eine etwas schlechtere Regel. Damit wird die Suche nach dem optimalen zellularen Automaten wie oben fortgesetzt, aber nun in einer anderen Richtung.

Mit diesem Verfahren wurden zellulare Automaten der Breite 5, 10, 16 und 32 für viele unterschiedliche Gewichtsvektoren konstruiert [Keit95]. In mehr als 90 % aller Fälle wurde ein zellularer Automat gefunden, bei dem alle relativen 1-Häufigkeiten um weniger als 0,06 von den vorgegebenen Gewichten differierten. Die Rechenzeiten für die Konstruktion einschließlich der iterativen Verbesserungen lagen bei wenigen Sekunden für die Automaten mit 5 Zellen und im Bereich um eine Stunde für die Automaten mit 32 Zellen (SUN-Workstation SPARC-10).

Die zellularen Automaten generieren in jedem Taktzyklus ein neues Muster, müssen aber immer wieder neu intialisiert werden. In [NeKi93] wurde für die Initialisierungen eine elegante Lösung gefunden: Jede Zelle wird zusätzlich mit der Regel 90 oder 150 ausgestattet. Nach 31 Taktzyklen für die Erzeugung gewichteter Muster wird der zellulare Automat umgeschaltet zu einem maximalperiodischen Automaten (Zellen mit den Regeln 90 und 150). Diese Konfiguration erzeugt ein paar Taktzyklen lang pseudozufällige Muster und bringt so einen neuen Startzustand in die Zellen, bevor wieder zurück auf die anderen Regeln geschaltet wird. Auf diese Weise werden abwechselnd gleichverteilte und gewichtete Muster generiert. Die Konfiguration mit den Regeln 90 und 150 kann außerdem für die Signaturanalyse genutzt werden (siehe Abschnitt 4.2.1).

Der umschaltbare zellulare Automat erfordert einen ähnlichen Hardware-Aufwand wie ein linear rückgekoppeltes Schieberegister mit zusätzlichen Gattern zur Gewichtung der pseudozufälligen Muster. Der zellulare Automat hat aber den Vorteil, daß keine Gatter und keine Multiplexer zwischen die Flipflops der Zellen und die Eingänge der zu testenden Schaltung eingesetzt werden müssen und deshalb keine zusätzlichen Verzögerungszeiten entstehen. Durch Umschaltung zwischen mehreren Übergangsfunktionen lassen sich auch Muster nach mehreren Verteilungen erzeugen [NeKi94].

4.2.3 Konstruktion von zellularen Automaten zur Erzeugung deterministisch bestimmter Muster

Statt die Übergangsfunktionen der Zellen für eine Gewichtung der Muster zu optimieren, kann man sie auch für die Erzeugung bestimmter Muster optimieren. Die Aufgabe ist hier ähnlich wie in Abschnitt 4.1.3: Es soll ein zellularer Automat mit möglichst wenigen Zellen konstruiert werden, der eine vorgegebene Mustermenge in möglichst wenigen Taktzyklen erzeugt. Wenn gefordert wird, daß die Anzahl der Zellen mit der Breite der Muster übereinstimmt und in jedem Taktzyklus ein anderes der vorgegebenen Muster generiert wird, ist das Problem meist nicht lösbar. Um überhaupt eine Lösung zu bekommen, muß man entweder eine größere Zahl von Zellen oder mehr Taktzyklen zulassen.

In [KhAl87] ist ein Algorithmus beschrieben, der für eine vorgegebene Musterfolge einen zellularen Automaten konstruiert, so daß mit einem Startwert, der dem ersten Muster entspricht, genau die gewünschte Folge erzeugt wird. Zunächst wird festgelegt, daß Zelle 0 das erste Bit aller Muster erzeugen soll. Dann wird für Zelle 1 eine Übergangsfunktion gesucht, so daß sie ein anderes Bit der Muster erzeugt. Wird eine solche Übergangsfunktion gefunden, kann Zelle 1 diese Bitposition in den Mustern übernehmen. Andernfalls trägt Zelle 1 nicht direkt zur Mustererzeugung bei, schafft aber mehr Spielraum, wenn anschließend eine Übergangsfunktion für Zelle 2 gewählt wird. Auf diese Weise wird der Automat Zelle für Zelle konstruiert. Zu jeder Musterfolge wird stets ein zellularer Automat gefunden, aber der Hardware-Aufwand für die Realisierung des zellularen Automaten ist groß. Um für eine 4-bit-ALU 12 Testmuster mit je 14 Bits zu erzeugen, werden beispielsweise 35 Zellen gebraucht, und auch der Aufwand für die Verdrahtung zwischen den Ausgängen des zellularen Automaten und den Schaltungseingängen ist erheblich.

Für eine Anwendung beim Selbsttest ist es günstiger, eine etwas längere Zeit für die Mustererzeugung in Kauf zu nehmen, und dafür mit geringerem Hardware-Aufwand auszukommen. Testmuster für kombinatorische Fehler in Schaltnetzen können in beliebiger Reihenfolge an die Schaltung gelegt werden. Wenn zwischen den Testmustern der vorgebenen Menge andere Muster generiert werden, wird die Fehlererfassung dadurch höchstens erhöht.

Auch mit dem minimalen Hardware-Aufwand von k Zellen für die Erzeugung von k-bit-Mustern lassen sich Automaten bauen, die fast alle Muster erzeugen können und damit insbesondere auch die Muster einer vorgebenen Menge M. Maximalperiodische zellulare Automaten mit linearen Übergangsfunktionen können alle Muster außer **0** generieren (siehe Abschnitt 4.2.1). Wenn die Menge M auch **0** enthält, kann durch eine Umkodierung das Muster **0** an Stelle eines anderen Musters in den maximalen Zyklus einbezogen werden (z.B. durch Verwendung invertierter Flipflopausgänge). In [NaCh93] werden Heuristiken beschrieben, die für eine gegebene Menge M alle primitiven charakteristischen Polynome vom Grad k bewerten und dann für das beste Polynom einen zellularen Automaten auswählen, der eine Musterfolge mit allen vorgegebenen Mustern und möglichst wenigen anderen Mustern generiert. Durch die Einschränkung auf die Regeln 90 und 150 und primitive Polynome wird jedoch nur ein sehr geringer Teil der möglichen zellularen Automaten in Betracht gezogen. Bereits bei einer relativ kleinen Menge M wird die erforderliche Folge lang und erreicht bald die Größenordnung von 2^k [Kohm94].

Eine andere Methode verwendet einen zellularen Automaten, bei dem alle Zellen gemeinsam zwischen den gleichen zwei Regeln umschaltbar sind. Die Umschaltzeitpunkte werden so gelegt, daß die vorgegebenen Muster in einer möglichst kurzen Folge enthalten sind. Da die

Umschaltzeitpunkte aber dann keine Regelmäßigkeiten aufweisen und außerdem mehrere verschiedene Initialisierungen für den zellularen Automaten gebraucht werden, ist eine komplexe Steuerung für den Mustergenerator erforderlich [SaCM90, SaCM92].

Die vielfältigen Möglichkeiten, die zellulare Automaten bieten, werden erst dann wirklich ausgeschöpft, wenn für jede Zelle ohne Einschränkungen eine eigene Regel gewählt werden darf. Das Problem besteht nun darin, für jede der k Zellen die Übergangsfunktion so zu wählen, daß nicht nur die vorgebenen Muster alle auf einem Pfad im Zustandsübergangsdiagramm des zellularen Automaten liegen, sondern die Länge dieses Pfads vom ersten bis zum letzten Muster möglichst kurz ist.

Im Gegensatz zum Verfahren von [KhAl87] gehen wir im folgenden nicht Zelle für Zelle, sondern Muster für Muster vor. Am Anfang sind die Übergangsfunktionen der Zellen vollkommen unspezifiziert. Der Automat wird mit einem Muster aus M initialisiert. Dann wird ein zweites Muster aus M ausgewählt, das als nächstes erzeugt werden soll. Um den zellularen Automaten in diesen Folgezustand zu bringen, sind in den Zellen gewisse Übergänge erforderlich. In den Übergangstabellen der Zellen müssen dazu bestimmte Einträge festgelegt werden. Für jedes weitere Muster, das folgt, sind die Spezifikationen der Übergangsfunktionen entsprechend zu ergänzen, bis schließlich alle vorgegebenen Muster erzeugt sind oder aufgrund widersprüchlicher Anforderungen an die Übergangsfunktion einer Zelle kein weiteres Muster aus M mehr erreicht werden kann.

Widersprüche ergeben sich bei der Konstruktion, wenn für zwei Zeitpunkte t_1 und t_2 die Zustände einer Zelle i und ihrer Nachbarn übereinstimmen, aber unterschiedliche Zustände $c_i(t_1+1)$ und $c_i(t_2+1)$ folgen sollen. Denn mit einer deterministischen Übergangsfunktion f_i sind für $(c_{i-1}(t_1), c_i(t_1), c_{i+1}(t_1)) = (c_{i-1}(t_2), c_i(t_2), c_{i+1}(t_2))$ wegen $f_i\,(c_{i-1}(t_1), c_i(t_1), c_{i+1}(t_1)) = f_i\,(c_{i-1}(t_2), c_i(t_2), c_{i+1}(t_2))$ nur gleiche Folgezustände möglich.

Wir behandeln zuerst den Fall, daß alle Muster einer Menge M lückenlos nacheinander erzeugt werden sollen, und erweitern das Konstruktionsverfahren dann, indem wir zwischen den vorgegebenen Mustern zusätzliche Muster, sogenannte Verbindungsmuster, zulassen. Die Konstruktion beginnt mit einem Startzustand $\mathbf{c}(0)$, der entsprechend einem beliebigen Muster aus M gewählt wird. Als zweites Muster (Zustand $\mathbf{c}(1)$) kann ebenfalls ein beliebiges Muster aus M erzeugt werden. Danach jedoch ergeben sich aufgrund der Übergangsfunktionen, die durch den Übergang von $\mathbf{c}(0)$ nach $\mathbf{c}(1)$ teilweise spezifiziert wurden, Einschränkungen. Der Zustand $\mathbf{c}(2)$ ist deshalb i.a. bereits teilweise festgelegt, weist aber noch einige "don't care"-Stellen auf, die beliebig belegt werden können. Ein Zustand $\mathbf{c}$ *enthält* ein Muster $\mathbf{m} = (m_0, m_1, \ldots, m_{k-1})$ genau dann, wenn für jede Zelle $i \in \{0, 1, \ldots, k-1\}$ entweder $c_i = m_i$ oder $c_i =$ "-" gilt. In jedem

Konstruktionsschritt wird aus den noch nicht behandelten Mustern, die im aktuellen Zustand enthalten sind, eines ausgewählt und an die bereits erzeugte Folge angehängt. Wenn ein Zustand erreicht ist, der kein Muster mehr enthält, wird bis zur letzten freien Auswahl zurückgesetzt.

Damit wird der Baum, der in Bild 4.30 dargestellt ist, in einer Tiefensuche durchlaufen. Jeder von der Wurzel ausgehende Pfad repräsentiert eine Musterfolge, die von einem zellularen Automaten generiert werden kann. Sobald die Tiefe |M| erreicht ist, also eine Reihenfolge für die Muster aus M gefunden ist, die sich mit einem zellularen Automaten generieren läßt, ist die Suche erfolgreich abgeschlossen.

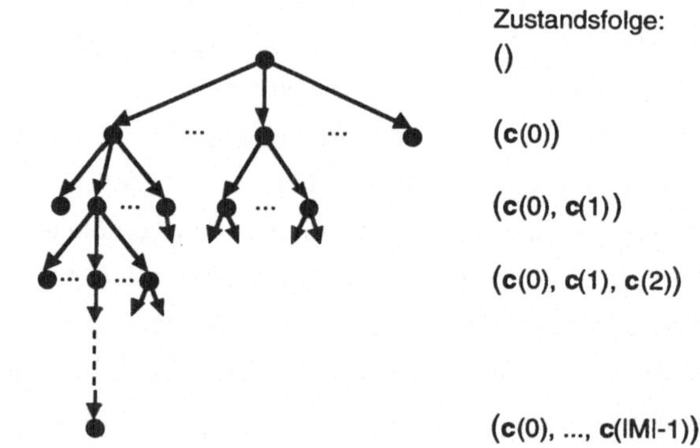

Bild 4.30: Suchbaum für einen zellularen Automaten, der die Mustermenge M erzeugt

In Bild 4.31 ist der Algorithmus zusammengefaßt. Zu Beginn jedes Schleifendurchlaufs wird eines der im aktuellen Zustand **c**(t) enthaltenen Muster ausgewählt. Hier hat es sich als vorteilhaft erwiesen, dasjenige Muster zu nehmen, das mit den (teilweise spezifizierten) Übergangsfunktionen zu einem Folgezustand **c**(t+1) mit möglichst wenigen "don't care"-Stellen führt. Diese Wahl hat nämlich zwei wichtige Konsequenzen:

- Wegen der wenigen "don't care"-Stellen des Zustands **c**(t+1) wird es schwierig, ein enthaltenes Muster zu finden. Gibt es kein enthaltenes Muster, dann hat die Suche eine Sackgasse erreicht. Der Suchbaum kann dort abgeschnitten werden, und der Suchraum wird frühzeitig eingeschränkt.

- Wenn es aber gelingt, ein im Zustand **c**(t+1) enthaltenes Muster zu finden, sind für dieses Muster nur wenige zusätzliche Festlegungen bei den Übergangsfunktionen erforderlich. Dadurch bleibt viel Spielraum für die nachfolgenden Konstruktionsschritte.

```
Prozedur KONSTRUIERE_ZA (in: k, M; out: c(0), f0, f1, ..., fk-1)

/*  Eingabe:    Breite k der Muster,                                   */
/*              Menge M der vorgegebenen Muster                        */

/*  Ausgabe:    Startwert c(0)                                         */
/*              (falls Konstruktion nicht erfolgreich: c(0) = (-, ..., -)),  */
/*              Übergangsfunktionen f0, f1, ..., fk-1 für die Zellen   */

für i := 0, 1, ..., k-1:
    für alle (x, y, z) ∈ {0, 1}^3
        fi (x, y, z) := "-";              /* unspezifizierte Übergangsfunktion */

t := 0;   M0 := M;   c(0) := (-, ..., -);

wiederhole
    {   solange (c(t) enthält mindestens ein Muster von Mt)
            {   wähle ein Muster m∈ Mt, das in c(t) enthalten ist;
                für i := 0, 1, ..., k-1:
                    c(t) := m;                        /* neuer Zustand */
                falls t>0
                    für i := 0, 1, ..., k-1:
                        fi (ci-1(t-1), ci(t-1), ci+1(t-1)) := ci(t);
                Mt+1 := Mt \ {m};
                t := t+1;
            }
        t := t-1;
        lösche die Werte, die in f0, f1, ..., fk-1 für den Übergang von c(t-1) nach c(t)
        neu spezifiziert wurden;
    }   bis (t = |M|-1 oder t = -1);

falls t < |M|-1
    c(0) := (-, ..., -);                      /* Konstruktion nicht möglich */

end;
```

Bild 4.31: Einfacher Algorithmus zur Konstruktion eines zellularen Automaten

Der Algorithmus in Bild 4.31 findet stets einen zellularen Automaten, falls eine Lösung überhaupt existiert. Wenn die Konstruktion nicht möglich ist, müssen Verbindungsmuster in die Musterfolge bzw. Zwischenzustände in die Zustandsfolge eingefügt werden.

Alle Verbindungsmuster, die im aktuellen Zustand enthalten sind, kommen prinzipiell infrage. Bei einer größeren Zahl von "don't care"-Stellen im aktuellen Zustand wird die Rechenzeit jedoch sehr groß, wenn man die Alternativen alle untersucht. Günstiger ist dann ein zielgerichtetes Vorgehen, bei dem die Zustandsfolge nach dem letzten Zustand **c**(t), der einem vorgegebenen Muster entspricht, soweit simuliert wird, bis ein Zustand **c**(t+i) erreicht wird, der eines der übrigen vorgegebenen Muster enthält, oder ein Zustand, der schon vorher in der Folge vorkam. Im zweiten Fall ist es auch mit Verbindungsmustern nicht möglich, ein weiteres, vorgegebenes Muster zu erreichen. Kein Muster darf sich in der Folge wiederholen, da sonst die Folge zyklisch wird und keine neuen Muster mehr erreicht werden. Im ersten Fall wird **c**(t+i) = **m** für ein Muster $\mathbf{m} \in M_{t+i}$ gesetzt, und die Zwischenzustände **c**(t+1), **c**(t+2), ..., **c**(t+i-1) müssen nun so festgelegt werden, daß tatsächlich der Übergang von **c**(t) nach **c**(t+i) erfolgt. Dazu geht man von dem vollständig spezifizierten Zustand **c**(t+i) rückwärts und ermittelt die Bedingungen, welche die Übergangsfunktionen für den Übergang von **c**(t+i-1) nach **c**(t+i) erfüllen müssen, dann die Bedingungen für den Übergang von **c**(t+i-2) nach **c**(t+i-1) usw., bis der vollständig spezifizierte Zustand **c**(t) erreicht ist. Ist die Gesamtheit dieser Bedingungen nicht erfüllbar, dann ist der Übergang von **c**(t) nach **c**(t+i) unmöglich, und es muß rückgesetzt werden. Andernfalls werden die Übergangsfunktionen so spezifiziert, daß die Bedingungen erfüllt sind. Das folgende Beispiel erläutert das Vorgehen.

Gegeben sei die Mustermenge M = {0001, 1101, 0011, 1010, 0100, 0110, 1000, 1001}. Das Verfahren findet ohne Verwendung von Verbindungsmustern einen zellularen Automaten, der mit dem Startzustand (0, 0, 0, 1) die Folge (0001, 1001, 1101, 0011, 1000) erzeugt. Die Spezifikation dieses Automaten mit den Übergangsfunktionen f_0, f_1, f_2, f_3 für die vier Zellen ist in Tabelle 4.3 aufgeführt. Eingabebelegungen, die aufgrund des konstanten Werts 0 am Rand des zellularen Automaten nicht auftreten können, sind mit × gekennzeichnet.

linker Nachbar	Zelle selbst	rechter Nachbar	f_0	f_1	f_2	f_3
0	0	0	1	0		
0	0	1		0	0	×
0	1	0	1			1
0	1	1	0		0	×
1	0	0	×	1		
1	0	1	×		1	×
1	1	0	×	0		0
1	1	1	×			×

Tabelle 4.3: Teilweise Spezifikation des zellularen Automaten nach 5 Mustern

Es verbleibt die Mustermenge M_5 = {1010, 0100, 0110}. Auf den Zustand **c**(4) = (1, 0, 0, 0) folgt **c**(5) = $(f_0(0,1,0), f_1(1,0,0), f_2(0,0,0), f_3(0,0,0))$ = (1, 1, -, -). Darin ist kein Muster von M_5 enthalten, so daß **c**(5) einem Verbindungsmuster entsprechen muß. Der nächste Zustand ist **c**(6) = (0, -, -, -), er enthält die Muster 0100 und 0110. Wir wählen willkürlich

0100 aus. Damit ist nun **c**(6) festgelegt, und **c**(5) muß so angepaßt werden, daß tatsächlich in zwei Schritten der Übergang von **c**(4) nach **c**(6) erfolgt.

Das Muster 0100 zum Zeitpunkt $t = 6$ erfordert für die Zelle 1 beispielsweise $c_1(6) = 1$. Die Übergangsfunktion f_1 kann aber 1 nur dann liefern, wenn vorher $(c_0(5), c_1(5), c_2(5)) \in \{(0, 1, 0), (0, 1, 1), (1, 0, 0), (1, 0, 1), (1, 1, 1)\}$ gilt. Auf der anderen Seite ist **c**(5) Nachfolger von **c**(4) und deshalb $c_1(5) = 1$ festgelegt. Damit kommen nur noch die Belegungen $(c_0(5), c_1(5), c_2(5)) \in \{(0, 1, 0), (0, 1, 1), (1, 1, 1)\}$ infrage. Auf die gleiche Weise lassen sich aus der Sicht der anderen Zellen die Einschränkungen für die Belegung des Zustands **c**(5) aufstellen. Die Tabelle 4.4 faßt alle diese Bedingungen zusammen.

	Anforderungen an den Zustand **c**(5)			
aus der Sicht von	$c_0(5)$	$c_1(5)$	$c_2(5)$	$c_3(5)$
Zelle 0	1	1		
Zelle 1	1	1	1	
Zelle 2		1	0	0
			oder	
		1	1	0
			oder	
		1	1	1
Zelle 3			0	0
			oder	
			1	0
			oder	
			1	1

Tabelle 4.4: Anforderungen an den Zustand, der dem Verbindungsmuster entspricht

$c_0(5) = 1$, $c_1(5) = 1$ und $c_2(5) = 1$ sind zwingend erforderlich. $c_3(5)$ kann beliebig gesetzt werden, wir wählen z.B. $c_3(5) = 0$. Die Musterfolge ist nun verlängert auf (0001, 1001, 1101, 0011, 1000, *1110*, 0100), die Spezifikation des Automaten wurde dazu um die fett gedruckten Einträge in Tabelle 4.5 ergänzt.

linker Nachbar	Zelle selbst	rechter Nachbar	f_0	f_1	f_2	f_3
0	0	0	1	0	**1**	**0**
0	0	1		0	0	×
0	1	0	1			1
0	1	1	0		0	×
1	0	0	×	1		**0**
1	0	1	×		1	×
1	1	0	×	0	**0**	0
1	1	1	×	**1**		×

Tabelle 4.5: Teilweise Spezifikation des zellularen Automaten nach 7 Mustern

Danach bleibt noch die Mustermenge {1010, 0110}. Die Fortsetzung des Verfahrens ergibt schließlich die in Tabelle 4.6 beschriebene, endgültige Spezifikation des zellularen Automaten. Mit dem Startzustand **c**(0) = (0, 0, 0, 1) wird die Musterfolge (0001, 1001, 1101, 0011, 1000, *1110*, 0100, 0110, *0000*, 1010) generiert, wobei 0000 ein weiteres Verbindungsmuster ist. Die verbleibenden "don't cares" können bei der Logikminimierung zur Verringerung des Hardware-Aufwands genutzt werden.

linker Nachbar	Zelle selbst	rechter Nachbar	f_0	f_1	f_2	f_3
0	0	0	1	0	1	0
0	0	1	0	0	0	×
0	1	0	1	1	-	1
0	1	1	0	0	0	×
1	0	0	×	1	1	0
1	0	1	×	-	1	×
1	1	0	×	0	0	0
1	1	1	×	1	-	×

Tabelle 4.6: Endgültige Spezifikation des zellularen Automaten nach allen Mustern

Da die Rechenzeit mit der Anzahl der Verbindungsmuster stark ansteigt, wurde die Zahl der unmittelbar aufeinanderfolgenden Verbindungsmuster und/oder die erlaubte Gesamtzahl von Verbindungsmustern in der Folge begrenzt. Der so ergänzte Algorithmus kann zwar nicht garantieren, daß der konstruierte zellulare Automat eine Folge mit der minimalen Zahl von Verbindungsmustern generiert, aber durch mehrere Aufrufe mit schrittweise verringerter Obergrenze für die Zahl der Verbindungsmuster kann man sich dem Optimum nähern. Und beim Selbsttest kommt es i.a. auf einzelne zusätzliche Taktzyklen nicht an.

Breite der Muster (k)	Anzahl der Muster (|M|)	maximale Gesamtzahl der Verbindungs-muster	Anteil der gelösten Fälle	Anteil der unlösbaren Fälle	Anteil der abgebrochenen Fälle
8	8	7	55 %	11 %	34 %
8	10	9	21 %	58 %	21 %
8	16	15	0 %	100 %	0 %
12	8	7	20 %	10 %	70 %

Tabelle 4.7: Experimentelle Ergebnisse zur Konstruktion von zellularen Automaten, die eine vorgegebene Mustermenge erzeugen

Tabelle 4.7 zeigt experimentelle Ergebnisse, die auf die Möglichkeiten und Grenzen des vorgestellten Verfahrens hinweisen. Die vorgegebenen Muster wurden mit einem Zufallszahlengenerator erzeugt. Die Rechenzeit für die Suche nach einem zellularen Automaten, der die

Anforderungen erfüllt, wurde auf 1 Stunde auf einer SUN-Workstation SPARC-10 begrenzt. In allen Fällen, in denen eine Lösung gefunden oder die Nichtexistenz einer Lösung festgestellt wurde, genügten aber wenige Sekunden.

Wenn bis zu 8 Muster mit einer Breite bis zu 8 bit vorgegeben sind, gelingt in den meisten Fällen die Konstruktion eines zellularen Automaten, der die Muster zusammen mit einer geringen Zahl von Verbindungsmustern generiert. Umfaßt die Mustermenge eine größere Anzahl von Mustern, dann kann sie partitioniert werden. Für jede Teilmenge (von k-bit-Mustern) wird ein eigener zellularer Automat der Breite k konstruiert, und diese werden dann zu einem einzigen zellularen Automaten mit umschaltbaren Übergangsfunktionen zusammengefaßt (siehe [BoKa95]). Für die Implementierung ist es besonders günstig, wenn zwischen den Umschaltzeitpunkten stets gleich viele Muster erzeugt werden und das letzte Muster einer Teilfolge jeweils mit dem ersten Muster der nächsten Teilfolge übereinstimmt.

Die Konstruktion breiter zellularer Automaten, z.B. mit 32 bit, gelingt dagegen relativ selten. Sowohl die Experimente als auch die wahrscheinlichkeitstheoretischen Betrachtungen in [Kohm94] zeigen, daß von der Gesamtheit aller Mengen mit der gleichen, gegebenen Zahl von k-bit-Mustern ein immer kleinerer Teil durch einen zellularen Automaten generiert werden kann, wenn die Musterbreite k größer wird und die zulässige Zahl der Verbindungsmuster nicht stärker als proportional zu k erhöht wird. Eine Partitionierung der k-bit-Muster in kleinere Teilmuster, die von parallel geschalteten, kleineren zellularen Automaten generiert werden, hilft hier nicht, denn die kleineren Automaten dürfen dann ihre Teilmuster nicht in beliebiger Reihenfolge erzeugen, so daß der Spielraum bei ihrer Konstruktion stark eingeschränkt ist.

4.3 Multifunktionale Testregister

Ein Mustergenerator und ein Kompaktierer mit ähnlicher Struktur können zu einer kombinierten Testeinrichtung zusammengefaßt werden, die weniger zusätzliche Schaltungsteile benötigt als die getrennte Implementierung der beiden Funktionen. Läßt sich diese Testeinrichtung auch wie ein normales Register betreiben, dann kann sie ein Register der ursprünglichen Schaltung ersetzen, und zusätzliche Flipflops erübrigen sich. Am bekanntesten ist der *Built-In Logic Block Observer (BILBO)* [KoMZ79], ein multifunktionales Testregister, das auf einem linear rückgekoppelten Schieberegister basiert (siehe Bild 4.32). Die Rückkopplung wird meist so gewählt, daß das charakteristische Polynom primitiv ist, denn dies ist sowohl für die Mustererzeugung als auch für die Signaturanalyse am besten.

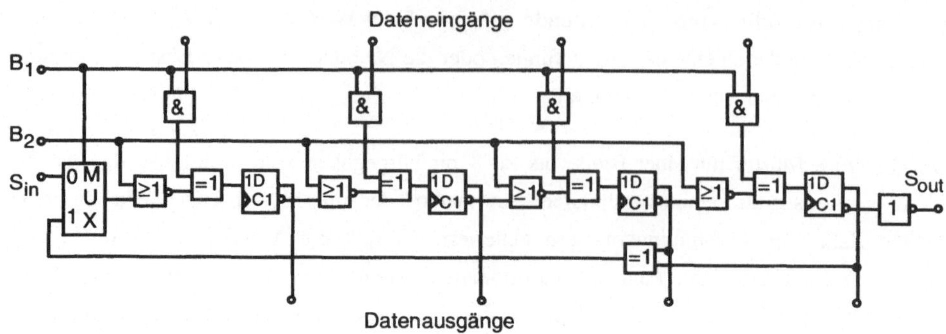

Bild 4.32: 4-bit-BILBO in der Originalversion [KoMZ79]

Mit den Steuersignalen B_1 und B_2 wird zwischen vier Betriebsarten ausgewählt. Im Normalbetrieb ($B_1 = B_2 = 1$) funktioniert das Testregister wie ein Register mit D-Flipflops. Im Schiebebetrieb ($B_1 = B_2 = 0$) wird das Testregister über den Eingang S_{in} seriell geladen und gleichzeitig über S_{out} ausgelesen. Mit $B_1 = 0$, $B_2 = 1$ wird das Testregister bei der nächsten positiven Taktflanke auf **0** rückgesetzt. Die Steuersignalkombination $B_1 = 1$, $B_2 = 0$ konfiguriert das Testregister zu einem parallelen Signaturregister. Für die Mustererzeugung wird die gleiche Konfiguration verwendet, und die Werte an den Dateneingängen werden auf einem konstanten Wert **d** gehalten. Wenn die Mustererzeugung mit einem von $(I+C)^{-1} \cdot \mathbf{d}$ verschiedenen Registerinhalt beginnt, werden pseudozufällige Muster generiert. (Wie in Abschnitt 4.1 bezeichnet I hier wieder die Einheitsmatrix und C die Rückkopplungsmatrix des linear rückgekoppelten Schieberegisters.)

Die Daten an den Testregistereingängen konstant zu halten, kann zusätzlichen Schaltungsaufwand erfordern. Deshalb wurde untersucht, ob sich in der Betriebsart „Signaturanalyse" auch ohne konstante Eingabewerte Muster erzeugen lassen, die für einen Test geeignet sind. Falls die Werte an den Testregistereingängen unabhängig vom Testregisterinhalt sind, erzeugt das Testregister annähernd zufällige Muster [KiHT88]. Wiederholungen einzelner Muster kommen zwar vor, sind aber selten, solange die Testlänge deutlich geringer als 2^k ist. Die konkreten Werte an den Testregistereingängen haben hier nur einen geringen Einfluß.

Falls jedoch der Registerinhalt durch eine Rückkopplung in der Schaltung auf die Werte an den Testregistereingängen wirkt, sind die Muster i.a. nicht mehr zufällig, nur eine kleine Teilmenge der 2^k möglichen Muster wird erzeugt, und die erreichbare Fehlererfassung genügt nicht [ChGu89, CaPa94]. Aus der Literatur sind zwar Aussagen über die zu erwartende Zahl unterschiedlicher Muster bekannt, aber ihnen liegen stark vereinfachende Annahmen zugrunde [KrPi89, SaMa91, PiKK92]. Erst eine Fehlersimulation für jeden einzelnen Schaltungsfehler kann die Fehlererfassung zuverlässig bestimmen. Sehr ähnliche Schwierigkeiten treten beim zirkulären Prüfpfad auf, der in Abschnitt 5.1 beschrieben wird.

Eine eigene Betriebsart „Rücksetzen" wie in Bild 4.32 ist nicht unbedingt notwendig, da im Schiebebetrieb ein beliebiger Wert geladen werden kann. Die BILBO-Variante in Bild 4.33 besitzt statt dessen getrennte Betriebsarten „Mustererzeugung" und „Signaturanalyse". Die Werte an den Dateneingängen müssen hier während der Mustererzeugung nicht konstant gehalten werden. In anderen BILBO-Varianten wird die XOR-Verknüpfung der Rückkopplung zwischen die Flipflops verlegt. Dadurch entstehen größere Phasenverschiebungen zwischen den erzeugten Bitfolgen (vgl. Abschnitt 4.1.1).

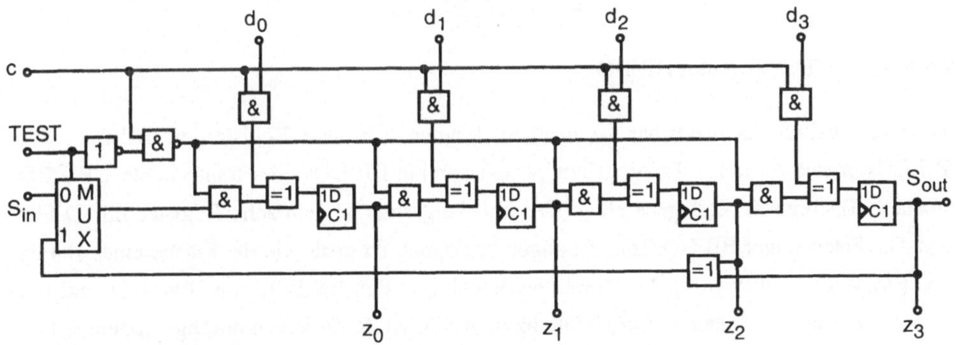

Betriebsart	Steuersignale	
	TEST	c
Normalbetrieb	0	1
Schiebebetrieb	0	0
Mustererzeugung	1	0
Signaturanalyse	1	1

Bild 4.33: 4-bit-BILBO mit eigener Betriebsart „Mustererzeugung"

Da ein BILBO für jedes Bit des Datenpfads nur ein Flipflop hat, sind Signaturanalyse und Erzeugung pseudozufälliger Muster nicht gleichzeitig möglich. Das *Concurrent BILBO (CBILBO)* [WaMc86a] hingegen besitzt einen zweiten Satz von Flipflops sowie zusätzliche Logik und ist damit in der Lage, beide Aufgaben gleichzeitig zu erfüllen. Die CBILBO-Variante, die auch als L3-BILBO bezeichnet wird [DWEW81, OhWM87], kommt mit drei Latches pro Bit im Testregister aus, benötigt aber einen Mehrphasentakt, weil Mustererzeugung und Signaturanalyse zeitlich verzahnt sind.

Testregister können auch in Leitungen der ursprünglichen Schaltung eingefügt werden. Dazu sind *transparente Testregister* erforderlich, die im Normalbetrieb ihre Dateneingänge mit ihren Datenausgängen verbinden, ohne Werte zu speichern. Die anderen Betriebsarten stimmen mit denen in Bild 4.33 überein. Bild 4.34 zeigt als Beispiel den prinzipiellen Aufbau eines transparenten BILBOs. Der Hardware-Aufwand ist größer als bei einem nichttransparenten Testregister, da keine Flipflops der ursprünglichen Schaltung mitgenutzt werden.

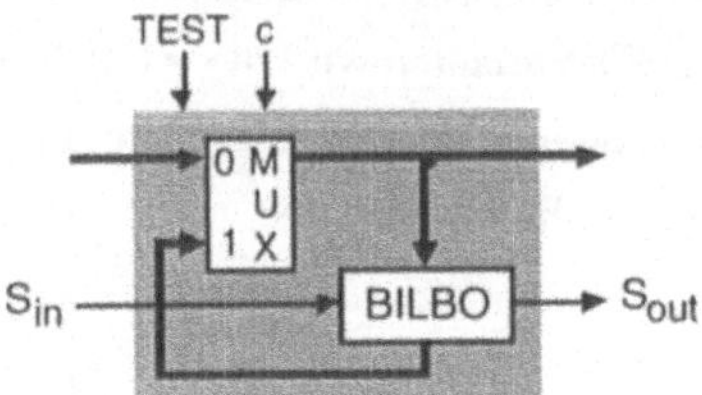

Bild 4.34: Transparentes BILBO

Um eine Schaltung selbsttestbar zu machen, können wir also Register zu BILBOs oder CBILBOs erweitern und in Leitungsbündel transparente BILBOs oder transparente CBILBOs einbauen. Testregister sind generell größer und langsamer als einfache Register mit D-Flipflops. Die Fläche einer BILBO-Zelle ist ungefähr doppelt so groß wie die Fläche eines D-Flipflops [WaMc86a, OhWM87]. Im Normalbetrieb sind in den BILBOs von Bild 4.32 und Bild 4.33 zwei zusätzliche Gatter (NOR, XOR bzw. AND, XOR) in jedem durchgeschalteten Pfad von einem Dateneingang zu einem Datenausgang. Diese Gatter verursachen zusätzliche Verzögerungszeiten.

Ein CBILBO ist vom Standpunkt der Hardwarekosten teurer als ein BILBO, und der Einbau eines kompletten transparenten Testregisters ist teurer als die Erweiterung eines vorhandenen Registers. Dennoch sind CBILBOs und transparente Testregister in manchen Situationen nützlich, wie sich in Kapitel 5 bei der Plazierung der Testregister zeigen wird. Rückgekoppelte Schieberegisteranordnungen, die pseudoerschöpfende oder gewichtete pseudozufällige Muster erzeugen, und auch zellulare Automaten wurden auf ähnliche Weise zu multifunktionalen Testregistern mit den in Bild 4.33 genannten Betriebsarten weiterentwickelt (siehe z.B. [Wund87a, HORT89]).

4.4 Mustererzeugung und Kompaktierung mit arithmetischen Funktionseinheiten

In Datenpfaden von Prozessoren und Schaltungen zur digitalen Signalverarbeitung stehen häufig Addierer, Subtrahierer, Multiplizierer oder komplette arithmetisch-logische Einheiten (ALUs) zur Verfügung, die sich zusammen mit einem Register wie in Bild 4.35 konfigurieren lassen. Auch mit solchen Konfigurationen lassen sich Testmuster erzeugen und Testantworten kompaktieren. Dieser Abschnitt beschreibt die Eigenschaften der erzeugten Musterfolgen, analysiert die Fehlermaskierung bei der Kompaktierung und zeigt, wie die Parameter dieser Konfigurationen beim Entwurf günstig zu wählen sind. Experimentelle Untersuchungen zeigen, daß Konfigurationen mit arithmetischen Funktionseinheiten ähnlich leistungsfähig sind wie Testregister, die auf linear rückgekoppelten Schieberegistern oder auf linearen zellularen Automaten basieren.

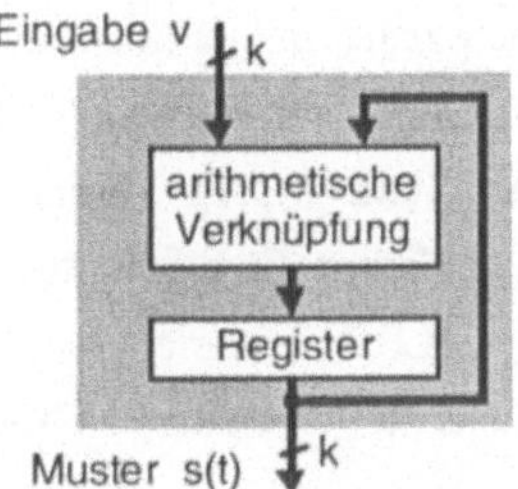

Bild 4.35: Mustergenerator/Kompaktierer mit einer arithmetischen Funktionseinheit und einem Register

Werden die multifunktionalen Testregister von Abschnitt 4.3 in die Schaltung eingebaut, dann stehen den Vorteilen des Selbsttests folgende Nachteile gegenüber:

- Hardware-Mehraufwand durch zusätzliche Gatter, die für die Implementierung der Testregister notwendig sind (Testregisterzellen sind etwa doppelt so groß wie normale D-Flipflops),
- längere Signallaufzeiten infolge der langsameren Testregisterzellen (und damit u.U. geringere Betriebsgeschwindigkeit),
- komplexe Teststeuerung, welche die Betriebsarten der Testregister während des Tests umschalten muß.

Mustergeneratoren und Kompaktierer, die auf den unveränderten Bausteinen der ursprünglichen Schaltung basieren, vermeiden diese negativen Auswirkungen. Sie erschließen neue Möglichkeiten für den Selbsttest, die bisher noch kaum genutzt wurden.

4.4.1 Mustererzeugung mit Addierern, Subtrahierern und Multiplizierern

Wenn die Struktur in Bild 4.35 als Mustergenerator eingesetzt wird, liefert sie in jedem Taktzyklus ein neues Muster, das dem Registerinhalt entspricht. Das Muster wird direkt an die Eingänge der zu testenden Schaltung angelegt. Das k-bit-Musters zum Zeitpunkt t wird durch einen Binärvektor $(s_{k-1}(t), s_{k-2}(t), \ldots, s_0(t))$ oder alternativ durch die entsprechende Zahl $s(t) = \sum_{i=0}^{k-1} s_i(t)\, 2^i$ dargestellt. Durch Verknüpfung mit dem Eingabewert v entsteht das nächste Muster. Bei konstanter Eingabe v wird die Musterfolge schließlich periodisch.

Definition 4.8: Die *Periode der Musterfolge* $s(t_0), s(t_0+1), \ldots$ ist die kleinste ganze Zahl p mit $s(t+p) = s(t)$ für alle $t \geq t_0$. Entsprechend ist die *Periode der Bitfolge* $s_i(t_0), s_i(t_0+1), \ldots$ die kleinste ganze Zahl p_i mit $s_i(t+p_i) = s_i(t)$ für alle $t \geq t_0$.

Ein linear rückgekoppeltes Schieberegister mit primitivem charakteristischem Polynom vom Grad k generiert pseudozufällige Bitfolgen mit Periode 2^k-1, wobei 0 und 1 mit fast gleicher Häufigkeit vorkommen (siehe Abschnitt 4.1.1). Wenn es gelingt, durch arithmetische Operationen eine Musterfolge mit ähnlichen Eigenschaften zu erzeugen, kann eine ähnliche Fehlererfassung wie mit einem BILBO erwartet werden, und Mustergeneratoren mit arithmetischen Operationen sind eine echte Alternative zu Testregistern vom BILBO-Typ.

Da wir keine speziellen Kenntnisse über die zu testende Schaltung voraussetzen, suchen wir Mustergeneratoren mit folgenden Eigenschaften:

(i) Der Mustergenerator kann alle möglichen k-bit-Muster erzeugen.

(ii) Die Periode der Musterfolge ist so lang wie möglich, d.h. nahe bei 2^k.

(iii) Die Perioden aller Bitfolgen $s_i(t_0), s_i(t_0+1), \ldots, \; i = 0, 1, \ldots, k-1,$ sind so lang wie möglich.

Ohne die Eigenschaft (i) kann es unmöglich sein, ein bestimmtes Muster zu generieren, das für die Erkennung mancher Fehler benötigt wird. Wenn die Eigenschaft (ii) gilt, kann der Startwert des Mustergenerators (fast) beliebig gewählt werden, ohne daß die Mustermenge, die erzeugt werden kann, beeinflußt wird. Dann läßt sich die Initialisierung des Mustergenerators so festlegen, daß sie keine oder nur minimale zusätzliche Hardwarekosten verursacht.

Wenn mehrere Mustergeneratoren parallel arbeiten, um gemeinsam Muster für die zu testenden Module bereitzustellen, können Korrelationen zwischen den Bitfolgen der verschiedenen Mustergeneratoren auftreten. Insbesondere wenn es mehrere Bitfolgen mit der gleichen, sehr kurzen Periode gibt, sind starke Korrelationen unvermeidlich. Die geforderte Eigenschaft (iii) soll solche Regelmäßigkeiten in den Musterfolgen vermeiden. Die Eigenschaften (i) und (ii) gelten beispielsweise auch für einen einfachen Zähler, nicht aber die Eigenschaft (iii), denn die Bitfolgen, die der Zähler an seinen niedrigstwertigen Bitpositionen generiert, haben sehr kurze Perioden.

Als Verknüpfungen kommen für den Mustergenerator vor allem Addition, Subtraktion und Multiplikation in Frage. Hardware-Einheiten für Division sind selten zu finden. Schiebeoperationen und (bitweise) logische Operationen, die ebenfalls oft in Datenpfaden verwendet werden, sind für die Mustererzeugung weniger nützlich. Mit einer Schiebeoperation werden höchstens 2k verschiedene Muster erreicht (durch Rotation mit Invertierung). Wenn eine beliebige zweistellige Boolesche Verknüpfung eingesetzt wird, lassen sich nicht mehr als zwei verschiedene Muster erzeugen

Die Konfiguration in Bild 4.35 wird als Akkumulator bezeichnet, falls ein Addierer oder ein Subtrahierer für die Verknüpfung eingesetzt wird. Bei einem Subtrahierer muß die Rückkopplung vom Register stets zum Minuendeneingang führen. Würde sie zum Subtrahendeneingang führen, dann könnten nur maximal drei verschiedene Muster erzeugt werden. Im folgenden behandeln wir drei Akkumulatortypen mit Addierern und die entsprechenden Akkumulatortypen mit Subtrahierern. Sie unterscheiden sich in der Behandlung des Über- bzw. Unterlaufs. Die erzeugte Musterfolge hängt von der Initialisierung und dem Eingabewert ab. Die Eingabe 0 führt bei allen Akkumulatoren zu einer konstanten Musterfolge, deshalb wird hier $v \neq 0$ vorausgesetzt. Nach den Akkumulatoren analysieren wir zwei verschiedene Mustergeneratoren mit Multiplizierern, und schließlich vergleichen wir alle vorgeschlagenen Mustergeneratoren.

4.4.1.1 Akkumulator mit Addierer modulo 2^k

Der einfachste Akkumulator hat einen Addierer, der die Addition modulo 2^k ausführt. Der Übertrag co aus der höchstwertigen Bitposition wird ignoriert, der Eingang ci für den Übertrag in die niedrigstwertige Bitposition wird auf 0 gesetzt (siehe Bild 4.36).

Jeder Zustand s(t) dieses Akkumulators hat genau einen Nachfolger $s(t+1) = [s(t) + v] \bmod 2^k$ und einen Vorgänger $s(t-1) = [s(t) - v] \bmod 2^k$. Daher besteht das Zustandsübergangsdiagramm aus einer Menge von paarweise disjunkten Zyklen. Der folgende Satz zeigt, wie die Längen der Zyklen von dem konstanten Eingabewert v abhängen.

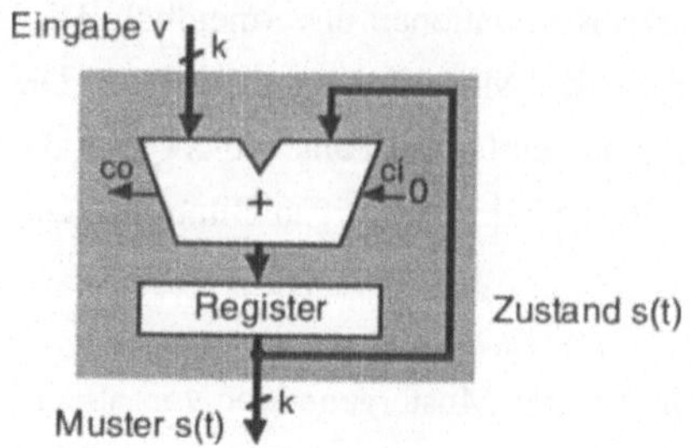

Bild 4.36: Akkumulator modulo 2^k als Mustergenerator

Satz 4.8: Das Übergangsdiagramm eines k-bit-Akkumulators mit Addierer modulo 2^k und konstanter Eingabe v besteht aus $d = ggT(v, 2^k)$ Zyklen der Länge $\frac{2^k}{d}$. Die erzeugte Musterfolge ist

$$\begin{array}{c} s(0) \\ [s(0)+v] \bmod 2^k \\ [s(0)+2v] \bmod 2^k \\ \vdots \\ [s(0)+(\frac{2^k}{d}-1)\cdot v] \bmod 2^k \\ s(0) \\ \vdots \end{array}$$

Beweis:

$s(t) = [s(t)+p\cdot v] \bmod 2^k$ gilt genau dann, wenn $(p\cdot v) \bmod 2^k = 0$ gilt. Sei $d = ggT(v, 2^k)$ der größte gemeinsame Teiler von v und 2^k. Dann ist $p = \frac{2^k}{d}$ die kleinste ganze Zahl mit der Eigenschaft, daß 2^k ein Teiler von $p\cdot v$ ist. ■

Für alle ungeraden Eingabewerte v erhalten wir d = 1, und unabhängig vom Startzustand s(0) wird eine Musterfolge generiert, die alle möglichen Wertekombinationen für k Bits umfaßt.

Satz 4.9: Ein k-bit-Akkumulator mit Addierer modulo 2^k arbeite mit konstanter Eingabe $v \neq 0$. Die Perioden der erzeugten Bitfolgen $s_i(t), s_i(t+1), \ldots$ sind

$$p_i := \begin{cases} 1 & \text{falls } 0 \leq i < \beta \\ 2^{i+1-\beta} & \text{falls } \beta \leq i < k \end{cases},$$

wobei β die Anzahl der in v enthaltenen Faktoren "2" ist (d.h. $v = 2^\beta \cdot u$ mit ungeradem u).

Um Satz 4.9 zu beweisen, muß die kleinste Zahl p_i bestimmt werden, so daß für alle möglichen Werte s die Zustände s und $s+p_iv$ in Bitposition i übereinstimmen. Wir beweisen dazu zunächst folgendes Lemma.

Lemma 4.4: Wenn p_i die Periode der Bitfolge $s_i(t)$, $s_i(t+1)$, ... ist, dann haben die i+1 niedrigstwertigen Bits von p_iv den Wert 0, $p_iv \bmod 2^{i+1} = 0$.

Beweis (durch Widerspruch):

Seien b_i, b_{i-1}, ..., b_0 die niedrigstwertigen Bits von p_iv. Wir nehmen an, daß mindestens eines dieser Bits 1 ist.

Falls $b_i = 1$: Für $s = 0$ bekommen wir $s_i = 0$, aber $s+p_iv$ hat eine 1 in Bitposition i. Deshalb kann p_i nicht die Periode sein.

Falls $b_i = 0$: Sei j die höchstwertige Bitposition in $b_i\, b_{i-1} \dots b_0$, wo eine 1 steht. Für einen Zustand s mit $s_i = 0$, $s_{i-1} = \dots = s_j = 1$, $s_{j-1} = \dots = s_0 = 0$ hat die Summe $s+p_iv$ eine 1 in Bitposition i und unterscheidet sich damit von s_i. ■

Für den Spezialfall eines ungeraden Eingabewertes v (d.h. $\beta = 0$) folgt aus $p_iv \bmod 2^{i+1} = 0$, daß die Periode $p_i = 2^{i+1}$ ist. Im allgemeinen Fall werden in den β niedrigstwertigen Bitpositionen nur Nullen addiert, und die Bitwerte ändern sich dort nicht (Periode 1). Um die übrigen k-β Bits zu behandeln, verschieben wir sie um β Positionen nach rechts und betrachten dann den (k-β)-bit-Akkumulator mit konstanter Eingabe $u = \frac{v}{2^\beta}$. Nun läßt sich das Ergebnis für den Spezialfall eines ungeraden Eingabewertes anwenden. Damit ist der Beweis für Satz 4.9 komplett.

Tabelle 4.8(a) am Ende dieses Abschnitts zeigt als Beispiel einen 4-bit-Akkumulator mit Startzustand $s(0) = 1$ und konstanter Eingabe 5. Die Periode der Musterfolge ist $2^4 = 16$, die Perioden der Bitfolgen sind $p_0 = 2$, $p_1 = 4$, $p_2 = 8$, $p_3 = 16$.

Anstelle des k-bit-Addierers kann auch ein k-bit-Subtrahierer eingesetzt werden. Die Subtraktion von v entspricht der Addition von 2^k-v, und $ggT(2^k-v, 2^k) = 1$ gilt genau dann, wenn $ggT(v, 2^k) = 1$ gilt. Folglich haben die von einem Akkumulator mit Subtrahierer erzeugten Muster- und Bitfolgen die in Satz 4.8 und 4.9 genannten Perioden.

Die Akkumulatoren von Bild 4.36 lassen sich auch verwenden, um für benachbarte Bitpositionen im Muster alle Wertekombinationen aufzuzählen. In [GuRT94] und [MKRT95] wurde beschrieben, wie gleichzeitig für alle Blöcke von jeweils m benachbarten Bitpositionen sämtliche Wertekombinationen generiert werden. Dazu wird der Akkumulator mit $s(0) = 0$ initialisiert, und ein Bitmuster wird addiert, das beginnend mit der niedrigstwertigen Position an jeder m-ten Stelle eine 1 hat, d.h. $v = \sum_{i=0}^{\lceil k/m \rceil - 1} 2^{mi}$. Beispielsweise erzeugt ein 8-bit-Akkumulator mit der Eingabe 73 (entsprechend dem Bitvektor 01001001) für je 3 benachbarte Bitpositionen alle Wertekombinationen:

t = 0: 0 0 0 0 0 0 0 0
t = 1: 0 1 0 0 1 0 0 1
t = 2: 1 0 0 1 0 0 1 0
t = 3: 1 1 0 1 1 0 1 1
t = 4: 0 0 1 0 0 1 0 0
t = 5: 0 1 1 0 1 1 0 1
t = 6: 1 0 1 1 0 1 1 0
t = 7: 1 1 1 1 1 1 1 1

Mit solchen Mustern ist es möglich, Schaltungen zu testen, die sich so in kleinere Teilschaltungen aufteilen lassen, daß die Eingänge jeder Teilschaltung mit benachbarten Bitpositionen des Musters verbunden sind (z.B. "bit slices"). Da 2^m Taktzyklen benötigt werden, ist der Test von größeren Schaltungen, die keine eindimensional iterative Struktur besitzen, so nicht in akzeptabler Zeit durchführbar. Zähler sind ein Spezialfall dieser Akkumulatoren.

In [VPNH95] wird der Akkumulator in Bild 4.36 durch einen k-bit-Zähler ergänzt, der die Eingabe für den Akkumulator liefert. Mit Hilfe einer geeigneten Steuerung lassen sich alle Paare von k-bit-Mustern innerhalb von $2^k \cdot (2^k-1)$ Taktzyklen aufzählen. Damit können alle "stuck open"-Fehler und alle Verzögerungsfehler einer Schaltung mit k Eingängen getestet werden, wobei k allerdings aufgrund der begrenzten Testzeit nicht größer als ca. 10 ... 15 sein darf.

4.4.1.2 Akkumulator mit unmittelbarer Rückkopplung von Überlauf bzw. Unterlauf

Akkumulatoren mit Addition oder Subtraktion modulo 2^k sind für die Kompaktierung von Testantworten nicht gut geeignet, da einige Fehler mit relativ hoher Wahrscheinlichkeit maskiert werden. Wie später in Abschnitt 4.4.2 gezeigt wird, verringert sich die Wahrscheinlichkeit der Fehlermaskierung deutlich, wenn der Übertrag aus der höchstwertigen Bitposition an der niedrigstwertigen Bitposition addiert wird. Das entspricht dem "end-around carry", wenn Zahlen in Einerkomplement-Darstellung addiert werden. Bei der Implementierung ist zu beachten, daß in keinem Fall Schwingungen durch das "end-around carry" auftreten dürfen [Wake76, Shed77a].

Selbstverständlich ist es wünschenswert, genau die gleiche Konfiguration auch als Mustergenerator einzusetzen. In einem Akkumulator mit unmittelbarer Rückkopplung des Überlaufs wird der Folgezustand berechnet mit

$$\begin{aligned} &\text{if } (s(t)+v \geq 2^k) \quad \text{then } s(t+1) := s(t)+v-2^k+1 \,; \\ &\qquad\qquad\qquad\qquad\quad \text{else } s(t+1) := s(t)+v \end{aligned}$$

Mit der Voraussetzung $v \neq 0$ gilt $s(t+1) = [s(t) - 1 + v] \bmod (2^k-1) + 1$. Das Zustandsübergangsdiagramm besteht aus disjunkten Zyklen, die alle Zustände außer 0 enthalten. Eine zusätzliche Kante verbindet den Zustand 0 mit dem Zustand v. Der Startzustand s(0) darf also 0 sein, aber nach $t=0$ kann der Zustand 0 nicht mehr erreicht werden.

Satz 4.10: Das Übergangsdiagramm eines k-bit-Akkumulators mit Addition, unmittelbarer Rückkopplung des Überlaufs und konstanter Eingabe $v \neq 0$ enthält $d = ggT(v, 2^k-1)$ Zyklen der Länge $\frac{2^k-1}{d}$. Die erzeugten Muster sind

falls $s(0)=0$	sonst.
0	$s(0)$
v	$[s(0) - 1 + v] \bmod (2^k-1) + 1$
$[-1 + 2v] \bmod (2^k-1) + 1$	$[s(0) - 1 + 2v] \bmod (2^k-1) + 1$
$\vdots$	$\vdots$
$[-1 + (\frac{2^k-1}{d} - 1)\cdot v] \bmod (2^k-1) + 1$	$[s(0) - 1 + (\frac{2^k-1}{d} - 1)\cdot v] \bmod (2^k-1) + 1$
2^k-1	$s(0)$
v	$\vdots$
$\vdots$	

Beweis: Für $t > 0$ ist das Zustandsübergangsdiagramm des betrachteten Akkumulators mit den möglichen Zuständen $s \in \{1, 2, \ldots, 2^k-1\}$ isomorph zum Übergangsdiagramm eines Akkumulators mit einem nicht rückgekoppelten (modulo 2^k-1)-Addierer, wo nur die Zustände $s' \in \{0, 1, \ldots, 2^k-2\}$ vorkommen. Die zugehörige bijektive Abbildung wird durch $s' = s-1$ beschrieben. Daher wird Satz 4.10 bewiesen, indem man im Beweis zu Satz 4.8 2^k durch 2^k-1 ersetzt. ∎

Wenn der Akkumulator mit $s(0)=0$ startet und der Eingabewert keinen nichttrivialen Teiler mit 2^k-1 gemeinsamen hat ($d = 1$), dann generiert der Akkumulator eine Folge, die alle möglichen k-bit-Muster umfaßt. Im folgenden wird das periodische Verhalten der Bitfolgen für den wichtigsten Fall $d = 1$ analysiert. Die Bitfolge $s_i(t), s_i(t+1), \ldots$ hat die Periode p_i, wenn für alle $s \in \{1, 2, \ldots, 2^k-1\}$ der Zustand s und der Zustand $[s-1+p_i v] \bmod (2^k-1) + 1$ in Bitposition i übereinstimmen.

Satz 4.11: Wenn das Übergangsdiagramm eines k-bit-Akkumulators, der mit konstanter Eingabe arbeitet, einen Zyklus der Länge 2^k-1 enthält, dann haben die erzeugten Bitfolgen $s_i(t), s_i(t+1), \ldots$ alle die Periode $p_i = 2^k-1,\ i = 0, 1, \ldots, k-1$.

Beweis: Der Akkumulator generiert zyklisch alle Muster der Menge $\{0, 1, \ldots, 2^k-1\}$ bis auf eines. Dieses eine Muster sei $(x_{k-1}, x_{k-2}, \ldots, x_0)$. Wenn die Bitfolge $s_i(t), s_i(t+1), \ldots$ über eine Periode der Musterfolge beobachtet wird, sind zwei Fälle zu unterscheiden:

(i) $x_i = 0$: Die beobachtete Bitfolge $s_i(t), s_i(t+1), \ldots, s_i(t+2^k-2)$ besteht aus $2^{k-1}-1$ 0-Bits und 2^{k-1} 1-Bits.

(ii) $x_i = 1$: Die beobachtete Bitfolge $s_i(t), s_i(t+1), \ldots, s_i(t+2^k-2)$ besteht aus 2^{k-1} 0-Bits und $2^{k-1}-1$ 1-Bits.

Die Periode p_i der Bitfolge $s_i(t), s_i(t+1), \ldots$ muß die Periode der Musterfolge teilen. Deshalb ist $\alpha = \frac{2^k-1}{p_i}$ ganzzahlig. Sei n_0 (n_1) die Anzahl der 0-Bits (1-Bits) in einer Periode dieser Bitfolge, $n_0 + n_1 = p_i$. Für den Fall (i) ergibt sich $\alpha \cdot n_0 = 2^{k-1}-1$ und $\alpha \cdot n_1 = 2^{k-1}$. Wegen $ggT(2^{k-1}-1, 2^{k-1}) = 1$ muß α den Wert 1 haben. Für den Fall (ii) wird $\alpha = 1$ auf entsprechende Weise gezeigt. Damit erhält man $p_i = \frac{2^k-1}{\alpha} = 2^k-1$. ■

Satz 4.11 läßt sich verallgemeinern. Er gilt für beliebige synchrone Schaltwerke, die k Zustandsbits haben und einen Zyklus mit 2^k-1 verschiedenen Zuständen durchlaufen. Tabelle 4.8(b) zeigt ein Beispiel mit Startzustand s(0) = 1 und konstanter Eingabe 4. Die Periode der Musterfolge und auch aller Bitfolgen ist $2^4-1 = 15$.

Bei einem Akkumulator mit Subtrahierer kann auf die gleiche Weise die Leistungsfähigkeit bei der Kompaktierung gesteigert werden. Man subtrahiert den Unterlauf, der sich in der höchstwertigen Bitposition ergibt, an der niedrigstwertigen Bitposition. Dann wird der Folgezustand berechnet mit

$$\text{if } (s(t) - v < 0) \quad \text{then } s(t+1) := s(t) - v + 2^k - 1;$$
$$\text{else } s(t+1) := s(t) - v$$

Dazu äquivalent ist (mit der Annahme $v \neq 0$) $s(t+1) = [s(t) - v] \bmod (2^k-1)$.

Das Übergangsdiagramm STG_{sub} für die Subtraktion mit unmittelbarer Rückkopplung des Unterlaufs (Zustände s_{sub}) ist isomorph zum Übergangsdiagramm STG_{add} für Addition mit unmittelbarer Rückkopplung des Überlaufs (Zustände s_{add}) bei gleicher konstanter Eingabe. Mit der bijektiven Abbildung der Zustände

$$g: \{0, 1, \ldots, 2^k-1\} \to \{0, 1, \ldots, 2^k-1\}, \qquad s_{sub} = g(s_{add}) := 2^k - 1 - s_{add}$$

läßt sich dies beweisen, indem man zeigt, daß für jeden Übergang $s_{add}(t) \rightarrow s_{add}(t+1)$ in STG_{add} der Übergang $s_{sub}(t) = g(s_{add}(t)) \rightarrow s_{sub}(t+1) = g(s_{add}(t+1))$ in STG_{sub} existiert. Der einzige Zustand in STG_{add}, der nicht zu einem Zyklus gehört, nämlich der Zustand 0, entspricht dem Zustand 2^k-1 in STG_{sub}, der ebenfalls keinem Zyklus angehört. Im Akkumulator mit Subtrahierer kann daher der Zustand 2^k-1 nach $t = 0$ nicht mehr erreicht werden.

Mit dem Isomorphismus g läßt sich Satz 4.10 auf die entsprechenden Akkumulatoren mit Subtrahierern übertragen.

Satz 4.12: Das Übergangsdiagramm eines k-bit-Akkumulators mit einem Subtrahierer, unmittelbarer Rückkopplung des Unterlaufs und konstanter Eingabe $v \neq 0$ enthält $d = ggT(v, 2^k-1)$ Zyklen der Länge $\frac{2^k-1}{d}$. Die erzeugten Muster sind

$2^k - 1$	$s(0)$
$[2^k - 1 - v] \bmod (2^k-1)$	$[s(0) - v] \bmod (2^k-1)$
$[2^k - 1 - 2v] \bmod (2^k-1)$	$[s(0) - 2v] \bmod (2^k-1)$
$\vdots$	$\vdots$
$[2^k - 1 - (\frac{2^k-1}{d} - 2)\cdot v] \bmod (2^k-1)$	$[s(0) - (\frac{2^k-1}{d} - 2)\cdot v] \bmod (2^k-1)$
$v \bmod (2^k-1)$	$[s(0) - (\frac{2^k-1}{d} - 1)\cdot v] \bmod (2^k-1)$
0	$s(0)$
$\vdots$	$\vdots$
falls $s(0) = 2^k-1$	sonst.

Satz 4.10 gibt die Perioden der Bitfolgen für den Fall $d = 1$ an.

4.4.1.3 Akkumulator mit gespeichertem Überlauf- oder Unterlauf-Bit

Die Addition mit unmittelbarer Rückkopplung des Überlaufs führt manchmal zu Zeitproblemen, da der Übertrag aus der höchstwertigen Bitposition noch im gleichen Taktzyklus zur niedrigstwertigen Bitposition addiert werden muß. Dieses Problem läßt sich lösen, indem man das Überlauf-Bit zunächst in einem Flipflop speichert und dann im nächsten Taktzyklus addiert (siehe Bild 4.37). Für diesen Zweck kann eine "add with carry"-Operation des Datenpfads genutzt werden. Bei der Kompaktierung ist ein Akkumulator mit gespeichertem Überlauf-Bit ähnlich leistungsfähig wie ein Akkumulator mit unmittelbarer Berücksichtigung des Überlaufs. Auch bei der Mustererzeugung haben diese beiden Akkumulatortypen ähnliche Eigenschaften.

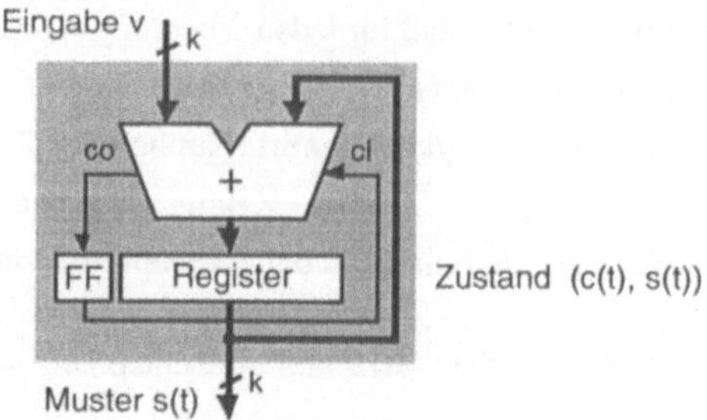

Bild 4.37: Akkumulator mit Rückkopplung des gespeicherten Überlauf-Bits

Satz 4.13: Das Übergangsdiagramm eines k-bit-Akkumulators mit gespeichertem Überlauf-Bit und konstanter Eingabe $v \notin \{0, 2^k\text{-}1\}$ enthält $d = \text{ggT}(v, 2^k\text{-}1)$ disjunkte Zyklen, und jeder Zyklus umfaßt $\frac{2^k - 1}{d}$ Zustände.

Beweis: Der Zustand des Akkumulators mit gespeichertem Überlaufbit ist bestimmt durch den Registerinhalt s und den Flipflopinhalt c. Wir vergleichen nun das Übergangsdiagramm STG dieses Akkumulators (Zustände (c, s)) mit dem Übergangsdiagramm STG' eines Akkumulators mit unmittelbarer Rückkopplung des Überlaufs (Zustände s'), wobei beide den gleichen Eingabewert v erhalten. Nach Satz 4.10 hat das Übergangsdiagramm STG' $d = \text{ggT}(v, 2^k\text{-}1)$ Zyklen der Länge $\frac{2^k - 1}{d}$. Mit der folgenden Abbildung **f** der Zustände kann gezeigt werden, daß STG die gleiche Anzahl von Zyklen und auch die gleiche Anzahl von Zuständen in den Zyklen hat:

$\mathbf{f}\colon \{1, 2, \ldots, 2^k\text{-}1\} \rightarrow \{0, 1\} \times \{0, 1, \ldots, 2^k\text{-}1\},$

$$(c, s) = \mathbf{f}(s') := \begin{cases} (1, s'-1) & \text{falls } s' \in \{1, 2, \ldots, v\} \\ (0, s') & \text{falls } s' \in \{v+1, v+2, \ldots, 2^k - 1\} \end{cases}$$

Nur wenn der aktuelle Zustand $s' \in \{1, 2, \ldots, v\}$ ist, hat die vorhergehende Addition von v zu einem Überlauf geführt (co = 1). Beim Akkumulator mit gespeichertem Überlauf ist dieser Überlauf noch nicht zum Registerinhalt addiert, und wir bekommen (c, s) = (1, s'-1). In allen Fällen, in denen kein Überlauf bei der vorhergehenden Addition auftrat, haben beide Akkumulatoren den gleichen Registerinhalt und der Flipflopinhalt ist 0. Wenn der Übergang $s'(t) \rightarrow s'(t+1)$ in STG' enthalten ist (wobei $s'(t) \neq 0$ vorausgesetzt wird), dann ist der Übergang $(c(t), s(t)) = \mathbf{f}(s'(t)) \rightarrow (c(t+1), s(t+1)) = \mathbf{f}(s'(t+1))$ in STG enthalten. Daher wird jeder Zyklus von STG' auf einen Zyklus von STG abgebildet. Und da die Abbildung **f** injektiv ist, sind die resultierenden Zyklen in STG disjunkt. Eine detaillierte Analyse zeigt, daß alle anderen Zustände (c, s) nicht zu irgendeinem Zyklus von STG gehören. ■

Die Zyklen des Übergangsdiagramms enthalten die Zustände (1, 0), (1, 1), ..., (1, v-1), (0, v+1), ..., (0, 2^k-1). Unabhängig vom Startwert wird stets nach höchstens zwei Taktzyklen einer dieser Zustände erreicht. Da (0, v) und (1, v) nicht in einem Zyklus auftreten, kann das Muster v nach t = 1 nicht mehr erzeugt werden. Wenn ggT (v, 2^k-1) = 1 gilt und der Startzustand aus der Menge {(0, 0), (0, v), (1, v), (1, 2^k-1)} gewählt wird, dann werden alle möglichen k-bit-Muster generiert (siehe Bild 4.38).

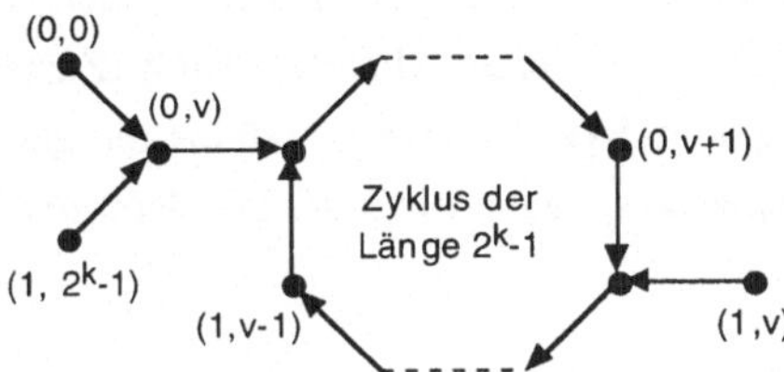

Bild 4.38: Teil des Übergangsdiagramms (Addierer mit gespeichertem Überlauf-Bit, d = 1)

Für den Fall ggT (v, 2^k-1) = 1 haben die Bitfolgen $s_i(t)$, $s_i(t+1)$, ... mit t ≥ 2 die Periode $p_i = 2^k-1$, i = 0, 1, ..., k-1. Das folgt direkt aus Satz 4.11. Tabelle 4.8(c) zeigt ein Beispiel mit der Initialisierung (c, s) = (0, 1) und der konstanten Eingabe 4. Die Periode der Musterfolge und aller Bitfolgen ist 2^4-1 = 15.

Zeit	(modulo 2^4)-Addierer (a)	unmittelbare Rückkopplung des Überlaufs (b)	Rückkoplung mit gespeichertem Überlauf-Bit (c)
0	**0 0 0 1**	**0 0 0 1**	0 0 0 1
1	0 1 1 0	0 1 0 1	**0 1 0 1**
2	1 0 1 1	1 0 0 1	1 0 0 1
3	0 0 0 0	1 1 0 1	1 1 0 1
4	0 1 0 1	0 0 1 0	0 0 0 1
5	1 0 1 0	0 1 1 0	0 1 1 0
6	1 1 1 1	1 0 1 0	1 0 1 0
7	0 1 0 0	1 1 1 0	1 1 1 0
8	1 0 0 1	0 0 1 1	0 0 1 0
9	1 1 1 0	0 1 1 1	0 1 1 1
10	0 0 1 1	1 0 1 1	1 0 1 1
11	1 0 0 0	1 1 1 1	1 1 1 1
12	1 1 0 1	0 1 0 0	0 0 1 1
13	0 0 1 0	1 0 0 0	1 0 0 0
14	0 1 1 1	1 1 0 0	1 1 0 0
15	1 1 0 0	**0 0 0 1**	0 0 0 0
16	**0 0 0 1**	0 1 0 1	**0 1 0 1**
⋮	⋮	⋮	⋮

Tabelle 4.8: Musterfolgen von 4-bit-Akkumulatoren mit Addierern
(a) Addition modulo 2^4 (Eingabewert 5)
(b) Addition mit unmittelbarer Rückkopplung des Überlaufs (Eingabewert 4)
(c) Addition mit gespeichertem Überlauf-Bit (Eingabewert 4, Überlauf-Bit auf 0 initialisiert)

Bei der Subtraktion mit Rückkopplung des Unterlaufs kann eine Verlängerung der Subtraktionszeit auf die gleiche Weise vermieden werden, indem der Unterlauf in einem Flipflop zwischengespeichert und erst im nächsten Taktzyklus subtrahiert wird. Für diesen Zweck kann eine "subtract with borrow"-Operation des Datenpfads genutzt werden.

Das zusätzliche Flipflop ändert weder die Anzahl der Zyklen im Übergangsdiagramm des Mustergenerators noch die Anzahl der Zustände in den Zyklen. Das Übergangsdiagramm STG_{sub} für die Subtraktion mit gespeichertem Unterlauf-Bit b (Zustände (b, s_{sub})) ist nämlich isomorph zum Übergangsdiagramm STG_{add} für die Addition mit gespeichertem Überlauf-Bit c (Zustände (c, s_{add})) bei gleicher konstanter Eingabe. Das läßt sich mit Hilfe der bijektiven Abbildung

$$\mathbf{h}: \quad \{0, 1\} \times \{0, 1, \ldots, 2^k\text{-}1\} \rightarrow \{0, 1\} \times \{0, 1, \ldots, 2^k\text{-}1\},$$
$$(b, s_{sub}) = \mathbf{h}(c, s_{add}) := (c, 2^k - 1 - s_{add})$$

zeigen [Strö95c, Strö97]. Die Akkumulatorzustände (1, 0), (1, 1), ..., (1, v-1), (0, v+1), ..., (0, 2^k-1), die in den Zyklen von STG_{add} enthalten sind, werden auf die Zustände (1, 2^k-1), (1, 2^k-2), ..., (1, 2^k-v), (0, 2^k-v-2), ..., (0, 0) von STG_{sub} abgebildet. Aufgrund dieser Isomorphie ist Satz 4.13 auch für die entsprechenden Akkumulatoren mit Subtrahierern gültig.

Wenn ggT (v, 2^k-1) = 1 gilt und der Startzustand des Mustergenerators (1, 0), (0, 2^k-1-v), (1, 2^k-1-v) oder (0, 2^k-1) ist, werden alle möglichen k-bit-Muster erzeugt (siehe Bild 4.39). Alle Bitfolgen haben nach Satz 4.11 die Periode 2^k-1.

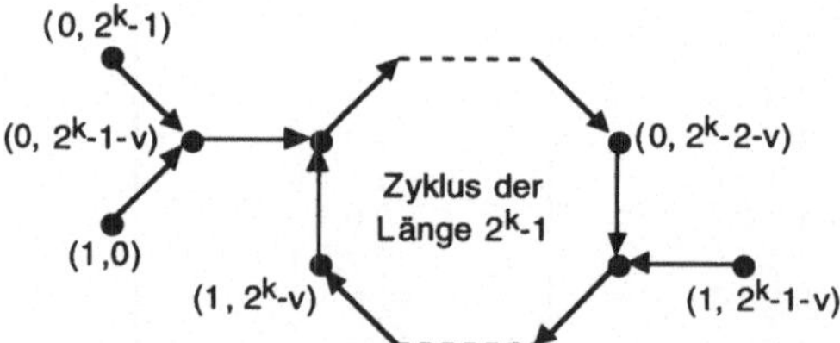

Bild 4.39: Teil des Übergangsdiagramms
(Subtrahierer mit gespeichertem Unterlauf-Bit, d = 1)

Tabelle 4.9 zeigt drei Beispiele für Mustergeneratoren, die auf Subtrahierern basieren.

Zeit	(modulo 2^4)-Subtrahierer (a)	unmittelbare Rückkopplung des Unterlaufs (b)	Rückkopplung mit gespeichertem Unterlauf-Bit (c)
0	**0 0 0 1**	**0 0 0 1**	**0 0 0 1**
1	1 1 0 0	1 1 0 0	1 1 0 1
2	0 1 1 1	1 0 0 0	1 0 0 0
3	0 0 1 0	0 1 0 0	0 1 0 0
4	1 1 0 1	0 0 0 0	0 0 0 0
5	1 0 0 0	1 0 1 1	1 1 0 0
6	0 0 1 1	0 1 1 1	0 1 1 1
7	1 1 1 0	0 0 1 1	0 0 1 1
8	1 0 0 1	1 1 1 0	1 1 1 1
9	0 1 0 0	1 0 1 0	1 0 1 0
10	1 1 1 1	0 1 1 0	0 1 1 0
11	1 0 1 0	0 0 1 0	0 0 1 0
12	0 1 0 1	1 1 0 1	1 1 1 0
13	0 0 0 0	1 0 0 1	1 0 0 1
14	1 0 1 1	0 1 0 1	0 1 0 1
15	0 1 1 0	**0 0 0 1**	**0 0 0 1**
16	**0 0 0 1**	1 1 0 0	1 1 0 1
⋮	⋮	⋮	⋮

Tabelle 4.9: Musterfolgen von 4-bit-Akkumulatoren mit Subtrahierern
(a) Subtraktion modulo 2^4 (Eingabewert 5)
(b) Subtraktion mit unmittelbarer Rückkopplung des Unterlaufs (Eingabewert 4)
(c) Subtraktion mit gespeichertem Unterlauf-Bit (Eingabewert 4, Unterlauf-Bit auf 0 initialisiert)

Die Sätze 4.1, 4.3, 4.5, 4.6, welche die erzeugten Musterfolgen beschreiben, gelten auch, wenn die Addition bzw. Subtraktion nicht modulo 2^k sondern allgemein modulo N mit einer beliebigen Ganzzahl $N > 0$ erfolgen.

4.4.1.4 Mustergenerator mit Multiplizierer und Rückkopplung des H-Worts

An Stelle eines Addierers oder Subtrahierers kann auch ein Multiplizierer im Mustergenerator verwendet werden. Wenn zwei k-bit-Operanden multipliziert werden, hat das Produkt eine Länge von 2k bit. In Datenpfaden werden oft zwei Datenworte verwendet, um das Ergebnis zu speichern (ein H-Wort für die höherwertigen Bits und ein L-Wort für die niederwertigen Bits des Produkts). In [MuRT95] wird vorgeschlagen, die (modulo 2^k-1)-Summe oder die Differenz der beiden Worte als Testmuster zu verwenden. Da der erforderliche Addierer oder Subtrahierer aber lediglich für den Test genutzt wird und außerdem durch Multiplexer zusätzliche Verzögerungszeiten auch im Normalbetrieb entstehen, erscheint dieser Ansatz ungünstig. Bild 4.40 zeigt zwei einfachere Konfigurationen, in denen eines dieser Datenworte zu einem Eingang des Multiplizierers zurückgeführt wird.

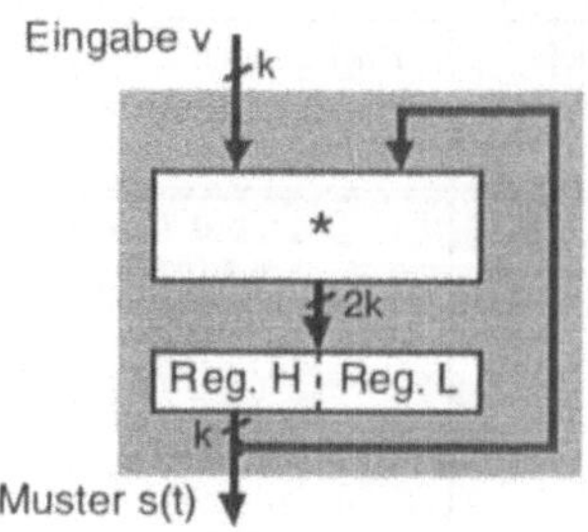

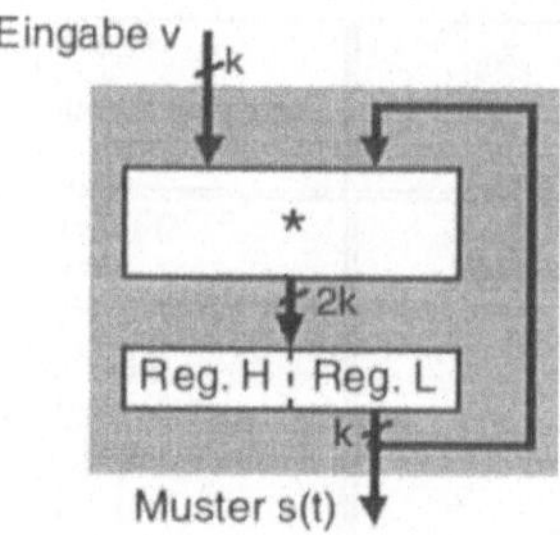

Bild 4.40: Mustergenerator mit Multiplizierer und Rückkopplung des H-Worts (links) bzw. des L-Worts (rechts)

Wenn das H-Wort zu einem Multiplizierereingang zurückgeführt wird, ergibt sich die Musterfolge s(0), $\left\lfloor \frac{s(0)\cdot v}{2^k} \right\rfloor$, $\left\lfloor \left\lfloor \frac{s(0)\cdot v}{2^k} \right\rfloor \cdot \frac{v}{2^k} \right\rfloor$, ... Wegen $s(t) \leq s(0)\cdot\left(\frac{v}{2^k}\right)^t$ und $\frac{v}{2^k} < 1$ ergibt sich eine streng monoton fallende Folge. Je kleiner der Wert von v ist, um so schneller fällt die Folge. Nach höchstens 2^k-1 Taktzyklen ist das Muster 0 erreicht, und die Folge wird konstant. Tabelle 4.10(a) gibt ein Beispiel.

Um viele verschiedene Muster zu erzeugen, sollten möglichst große Werte für die konstante Eingabe v und den Startzustand s(0) gewählt werden. Mit $v = 2^k - 1$ erhalten wir

$$s(t) = \left\lfloor \frac{s(t-1)\cdot(2^k-1)}{2^k} \right\rfloor = \left\lfloor s(t-1) - \frac{s(t-1)}{2^k} \right\rfloor = \begin{cases} s(t-1)-1 & \text{falls } s(t-1)>0 \\ 0 & \text{falls } s(t-1)=0 \end{cases}.$$

Das ist die Musterfolge eines k-bit-Abwärtszählers, der mit s(0) beginnt und anhält, wenn 0 erreicht ist. Die mit einer solchen Konfiguration erzeugten Musterfolgen haben den Nachteil, daß die Bits in den höherwertigen Positionen sich nur sehr selten ändern.

4.4.1.5 Mustergenerator mit Multiplizierer und Rückkopplung des L-Worts

Bei Rückkopplung des L-Worts wird die Folge durch $s(t+1) = [s(t)\cdot v] \bmod 2^k$ beschrieben. Zur Vereinfachung der Darstellung wird im folgenden $k \geq 4$ vorausgesetzt.

Satz 4.14: Eine Konfiguration mit einem k-bit-Multiplizierer, $k \geq 4$, und Rückkopplung des L-Worts arbeite mit konstanter Eingabe v. Dann beträgt die maximal mögliche Länge eines Zyklus im Übergangsdiagramm 2^{k-2}. Eine Musterfolge mit dieser Periode wird genau dann erzeugt, wenn $ggT(s(0), 2^k) = 1$ und $v \bmod 8 \in \{3, 5\}$ gelten.

Beweis: Siehe [Knut81].

Wenn der Startzustand ungerade ist und das niedrigstwertige Bit von v den Wert 1 hat, dann ist das niedrigstwertige Bit des Produkts, s_0, stets 1. Eine genaue Analyse der unter den Voraussetzungen von Satz 4.14 erzeugten Muster zeigt überdies, daß mit $v \bmod 8 = 3$ ($v \bmod 8 = 5$), das Bit s_2 (s_1) ebenfalls konstant ist; sein Wert wird durch die Initialisierung bestimmt. Daher folgt aus der Periode 2^{k-2} der Musterfolge, daß für die übrigen k-2 Bitpositionen alle möglichen Wertekombinationen erzeugt werden.

Satz 4.15: Eine Konfiguration mit einem k-bit-Multiplizierer, $k \geq 4$, Rückkopplung des L-Worts und ungeradem Startzustand arbeite mit konstanter Eingabe v, $v \bmod 8 \in \{3, 5\}$. Die Perioden der erzeugten Bitfolgen sind

$$p_0 = 1, \quad p_1 = \begin{cases} 2 & \text{falls} \quad v \bmod 8 = 3 \\ 1 & \text{falls} \quad v \bmod 8 = 5 \end{cases}, \quad p_2 = \begin{cases} 1 & \text{falls} \quad v \bmod 8 = 3 \\ 2 & \text{falls} \quad v \bmod 8 = 5 \end{cases},$$

$$p_i = 2^{i-2} \quad \text{für } 3 \leq i < k.$$

Beweis: Wir vergleichen die Musterfolgen, die von zwei etwas unterschiedlichen Konfigurationen generiert werden:

A: $i \times i$-bit-Multiplizierer mit konstantem Eingabewert v, i-bit-Register L auf s(0) initialisiert,

B: $(i-1) \times (i-1)$-bit-Multiplizierer mit konstantem Eingabewert $v \bmod 2^{i-1}$, (i-1)-bit-Register L auf $s(0) \bmod 2^{i-1}$ initialisiert.

A und B erzeugen die gleichen Bitfolgen $s_j(0), s_j(1), \ldots$ für $j = 0, 1, \ldots, i-2$. Die Perioden dieser Bitfolgen müssen 2^{i-3} teilen, da B eine Musterfolge der Periode 2^{i-3} liefert. So sind alle Perioden Potenzen von 2. Konfiguration A jedoch erzeugt eine Musterfolge mit Periode 2^{i-2}. Das ist nur möglich, wenn die Bitfolge $s_{i-1}(0), s_{i-1}(1), \ldots$, die nicht in der von B generierten Musterfolge enthalten ist, die Periode $p_i = 2^{i-2}$ hat. ■

Wenn die nach Satz 4.15 erzeugten Muster $(s_{k-1}(t), \ldots, s_0(t))$ an eine Schaltung angelegt werden, dann läßt sich eine vollständige Fehlererfassung nicht erreichen. Die konstanten Bitfolgen an Position 0 und an Position 1 bzw. 2, müssen durch nicht-konstante Folgen ersetzt werden. Eine Möglichkeit ist, manche der nicht-konstanten Bitfolgen an mehr als einen Eingang der Schaltung anzulegen. Dann bekommen manche Schaltungseingänge immer gleiche Werte, und eine Analyse der Schaltungsstruktur ist erforderlich, um sicherzustellen, daß dennoch alle Fehler getestet werden können (vgl. Mustererzeugung für pseudoerschöpfendes Testen, Abschnitt 3.2.2). Eine andere Möglichkeit ist, zwei Bits des H-Worts zu benutzen. Dazu sind besonders die beiden niedrigstwertigen Bits, s_0^H und s_1^H, geeignet, die höherwertigen Bits des H-Worts können konstant sein. Die Bitfolge $s_0^H(0), s_0^H(1), \ldots$ hat unter den Voraussetzungen von Satz 4.15 stets die Periode 2^{k-2}. Für die Bitfolge $s_1^H(0), s_1^H(1), \ldots$ wurde in allen simulierten Beispielen ebenfalls die Periode 2^{k-2} festgestellt.

Bild 4.41 zeigt die beschriebene Modifikation für den Fall v mod 8 = 5, wo die konstanten Bits s_0 und s_1 ersetzt werden. Der Fall v mod 8 = 3 wird entsprechend behandelt. Die modifizierten Muster sind dann

$$\sigma(t) \;=\; (s_{k-1}(t), \ldots, s_3(t), s_1^H(t), s_1(t), s_0^H(t)) \qquad \text{für v mod } 8 = 3$$

und

$$\sigma(t) \;=\; (s_{k-1}(t), \ldots, s_3(t), s_2(t), s_1^H(t), s_0^H(t)) \qquad \text{für v mod } 8 = 5\,.$$

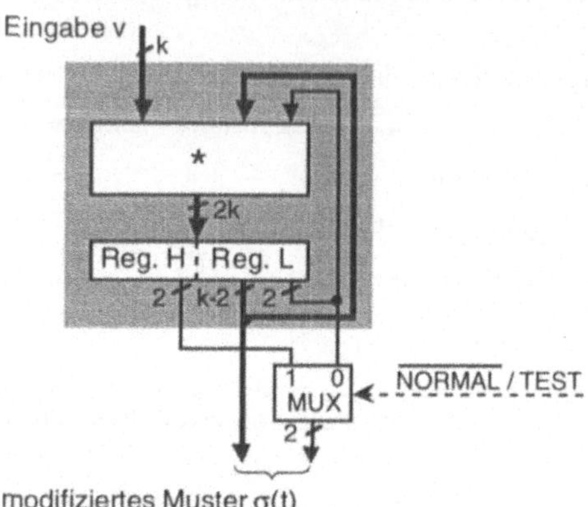

Bild 4.41: Mustergenerator mit Multiplizierer, bei dem das L-Wort rückgekoppelt ist und das Muster modifiziert wird

Zeit	(a) Rückkopplung des H-Worts, v=27	(b) Rückkopplung des L-Worts, v=11	(c) Rückkopplung des L-Worts, v=21
0	1 1 1 1 1	**0 1 0 1 0**	**0 1 1 0 0**
1	1 1 0 1 0	0 0 0 0 1	1 1 0 0 1
2	1 0 1 0 1	1 0 0 1 1	1 0 1 0 1
3	1 0 0 0 1	1 1 1 0 1	0 0 0 1 1
4	0 1 1 1 0	1 1 0 1 1	1 1 1 0 1
5	0 1 0 1 1	1 0 1 0 0	0 1 0 0 0
6	0 1 0 0 1	0 0 1 1 1	0 0 1 1 1
7	0 0 1 1 1	0 1 1 0 0	1 0 0 0 0
8	0 0 1 0 1	**0 1 0 1 0**	**0 1 1 0 0**
9	0 0 1 0 0	0 0 0 0 1	1 1 0 0 1
10	0 0 0 1 1	1 0 0 1 1	1 0 1 0 1
11	0 0 0 1 0	1 1 1 0 1	0 0 0 1 1
12	0 0 0 0 1	1 1 0 1 1	1 1 1 0 1
13	0 0 0 0 0	1 0 1 0 0	0 1 0 0 0
14	0 0 0 0 0	0 0 1 1 1	0 0 1 1 1
⋮	⋮	⋮	⋮

Tabelle 4.10: Musterfolgen von Mustergeneratoren mit 5×5-bit-Multiplizierern
(a) Multiplikation mit Rückkopplung des H-Worts
(b) Multiplikation mit Rückkopplung des L-Worts und Modifikation des Musters (11 mod 8 = 3)
(c) Multiplikation mit Rückkopplung des L-Worts und Modifikation des Musters (21 mod 8 = 5)

Tabelle 4.10 zeigt dazu zwei Beispiele mit k = 5, die Musterfolgen mit Periode 2^3 erzeugen Die Bitfolgen $s_0^H(0)$, $s_0^H(1)$, ... und $s_1^H(0)$, $s_1^H(1)$, ... haben die Periode 2^3. Aber im Gegensatz zu den anderen Bitfolgen können sich bei ihnen die relativen Häufigkeiten der 0- und 1-Bits von 50 % unterscheiden.

Falls in der Schaltung sowohl ein Multiplizierer als auch ein Akkumulator vorhanden sind, kann man beide zusammen verwenden, um eine Musterfolge nach dem bekannten Schema $s(t+1) = [a \cdot s(t) + c] \bmod N$ zu erzeugen (z.B. $N = 2^k$ oder $N = 2^k-1$, $a > 0$ und $c > 0$ konstant). Diese Musterfolgen wurden in [Knut81] analysiert.

4.4.1.6 Richtlinien für den Entwurf arithmetischer Mustergeneratoren

Beim Entwurf von arithmetischen Mustergeneratoren ist vor allem die Wahl des konstanten Eingabewerts wichtig. Der Startzustand hat geringere Bedeutung, da auch mit einem beliebigen Startzustand eine große Periode erreicht wird. Nur beim Multiplizierer muß der Startzustand unbedingt ungerade sein. In Tabelle 4.11 sind die optimalen Eingabewerte und Startzustände für die verschiedenen k-bit-Mustergeneratoren zusammengefaßt.

Mustergenerator	Bedingung für optimalen Eingabewert v	bester Startzustand	Anzahl der erzeugten Muster ausgehend vom besten Startzustand	Anzahl der erzeugten Muster ausgehend von einem beliebigen Startzustand
Addierer modulo 2^k	v ungerade	alle Zustände	2^k	2^k
Einerkomplement-Addierer	ggT (v, 2^k-1) = 1	0	2^k	$\geq 2^k-1$
Addierer mit gespeichertem Überlauf-Bit	ggT (v, 2^k-1) = 1	(0, 0) (0, v) (1, v) (1, 2^k-1)	2^k	$\geq 2^k-1$
Subtrahierer modulo 2^k	v ungerade	alle Zustände	2^k	2^k
Subtrahierer modulo 2^k-1	ggT (v, 2^k-1) = 1	2^k-1	2^k	$\geq 2^k-1$
Subtrahiere mit gespeichertem Unterlauf-Bit	ggT (v, 2^k-1) = 1	(0, 2^k-1-v) (0, 2^k-1) (1, 0) (1, 2^k-1-v)	2^k	$\geq 2^k-1$
Multiplizierer mit Rückkopplung des L-Worts	v mod 8 = 3 oder v mod 8 = 5	ungerade Zustände	2^{k-2}	≥ 1

Tabelle 4.11: Optimale Eingabewerte und Startzustände

Die betrachteten Mustergeneratoren erzeugen alle Bits eines Musters parallel. Selbstverständlich können die Muster aber auch Bit für Bit in einen Prüfpfad geschoben werden (vgl. [RaTy96]).

4.4.1.7 Vergleich der Mustergeneratoren

Die vorangegangenen Abschnitte haben gezeigt, daß Mustergeneratoren mit arithmetischen Operationen für viele verschiedene konstante Eingabewerte Musterfolgen mit Periode 2^k bzw. 2^k-1 oder 2^{k-2} liefern. Die Akkumulatoren, die auch den Überlauf bzw. Unterlauf berücksichtigen, können Bitfolgen erzeugen, die alle die Periode 2^k-1 haben. Damit ist ihr periodisches Verhalten gleich wie bei einem linear rückgekoppelten Schieberegister mit k Bits und primitivem charakteristischem Polynom. Die erzeugten Musterfolgen entsprechen nicht genau den pseudozufälligen Folgen, wie sie in [Golo67] definiert sind. Aber die im folgenden dargestellten experimentellen Ergebnisse zeigen, daß sie ungefähr die gleiche Fehlererfassung wie pseudozufällige Musterfolgen erbringen und etwa die gleiche Testlänge benötigen.

Akkumulatoren mit Addierern modulo 2^k, mit unmittelbarer Rückkopplung des Überlaufs und mit gespeichertem Überlauf, die entsprechenden Akkumulatoren mit Subtrahierern, Konfigurationen mit Multiplizierern, wo das L-Wort rückgekoppelt und das Muster nachträglich modifiziert wird, und zum Vergleich auch linear rückgekoppelte Schieberegister (LRSR) mit internen XOR-Verknüpfungen wurden als Mustergeneratoren eingesetzt. Diese Konfigurationen wurden simuliert, und mit den erzeugten Mustern wurden die nicht-redundanten Versionen der ISCAS'85-Benchmark-Schaltungen (siehe Anhang C) auf Haftfehler getestet. Die Schaltungen c2670, c5315 und c7552 wurden nicht einbezogen, da sie eine sehr große Zahl von Eingängen aufweisen. Für die übrigen Schaltungen mit mehr als 32 Eingängen wurden zwei Mustergeneratoren vom gleichen Typ und ungefähr gleicher Breite kombiniert.

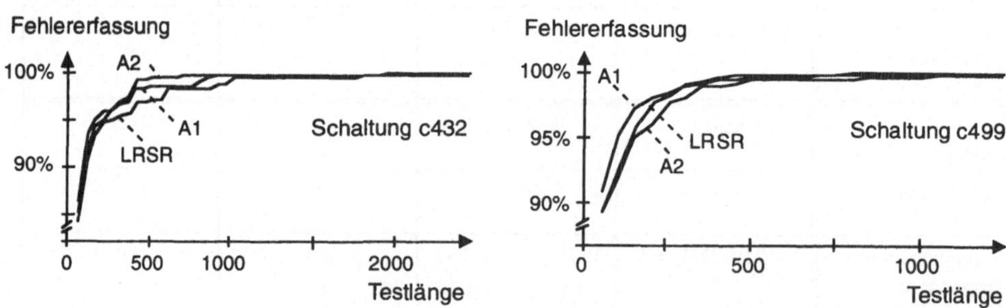

Bild 4.42: Simulationsergebnisse für die Schaltungen c432 und c499

A1: Akkumulator mit Addition modulo 2^k

A2: Akkumulator mit unmittelbarer Rückkopplung des Überlaufs

LRSR: Linear rückgekoppeltes Schieberegister mit primitivem Polynom

Als typische Beispiele stellt Bild 4.42 Simulationsergebnisse für die Schaltungen c432 und c499 dar. Einmal sind die Akkumulatoren etwas besser, das andere Mal ist das linear rückgekoppelte Schieberegister vorteilhafter. Die Unterschiede hängen mehr vom Startwert und dem Eingabewert bzw. charakteristischen Polynom ab als vom Mustergeneratortyp.

Um den Einfluß von Startwert, Eingabewert und charakteristischem Polynom abzuschwächen und dadurch die spezifischen Eigenschaften der Mustergeneratortypen besser beurteilen zu können, ist eine größere Zahl von Experimenten notwendig. Für jeden Mustergeneratortyp und für jede der betrachteten Schaltungen wurden 4 verschiedene Eingabewerte bzw. 4 verschiedene primitive Polynome zusammen mit je 10 zufällig bestimmten Startzuständen ausprobiert. Die Eingabewerte für die Mustergeneratoren mit arithmetischen Operationen wurden aus denjenigen Werten zufällig gewählt, die zu einem Zyklus maximaler Länge im Übergangsdiagramm führen (d.h. d = 1), allerdings mit der Einschränkung, daß nicht mehr als vier benachbarte Bits den gleichen Wert haben durften. Diese Einschränkung verhindert, daß ein größerer Teil des Akkumulators wie ein Binärzähler arbeitet und so an manchen Bitpositionen nur selten Änderungen auftreten. Die primitiven Polynome der LRSRs hatten fünf von 0 verschiedene Koeffizienten.

Durch Fehlersimulation wurden die Testlängen ermittelt, die notwendig sind, um alle Haftfehler zu entdecken. Die Tabellen 4.12 bis 4.15 listen die Ergebnisse auf. Jeder Eintrag nennt die durchschnittliche oder die kürzeste Testlänge von 40 Experimenten.

Schaltung	LRSR	Addierer modulo 2^k	Einerkomplement-Addierer	Addierer mit gespeichertem Überlauf-Bit
c432	964	1138	1080	972
c499	996	1080	1058	1078
c880	14188	> 1000000	14487	14456
c1355	2200	2531	2475	2508
c1908	11930	11697	10129	9772
c3540	32816	> 1000000	96408	67627
c6288	121	326	654	651

Tabelle 4.12: Testlänge für 100 % Fehlererfassung, Durchschnitt von je 40 Experimenten

Schaltung	Subtrahierer modulo 2^k	Subtrahierer modulo 2^k-1	Subtrahierer mit gespeichertem Unterlauf-Bit	Multiplizierer mit Rückkopplung des L-Worts
c432	1107	1014	1012	1559
c499	1049	1012	1047	991
c880	> 1000000	16182	15242	> 750000
c1355	2409	2422	2394	2496
c1908	10906	11870	12946	11743
c3540	> 1000000	69068	81036	> 1000000
c6288	347	692	684	126

Tabelle 4.13: Testlänge für 100 % Fehlererfassung, Durchschnitt von je 40 Experimenten

Schaltung	LRSR	Addierer modulo 2^k	Einerkomplement-Addierer	Addierer mit gespeichertem Überlauf-Bit
c432	388	427	353	418
c499	540	570	470	558
c880	3311	> 1000000	4793	4281
c1355	1510	1545	1347	1414
c1908	5622	4363	4662	3981
c3540	11713	> 1000000	9932	11291
c6288	50	71	101	102

Tabelle 4.14: Testlänge für 100 % Fehlererfassung, bestes Ergebnis von je 40 Experimenten

Schaltung	Subtrahierer modulo 2^k	Subtrahierer modulo 2^k-1	Subtrahierer mit gespeichertem Unterlauf-Bit	Multiplizierer mit Rückkopplung des L-Worts
c432	363	321	291	361
c499	615	641	549	533
c880	> 1000000	4984	4984	5407
c1355	1485	1588	1437	1305
c1908	4827	5241	4262	4592
c3540	> 1000000	10974	9838	> 1000000
c6288	68	76	69	73

Tabelle 4.15: Testlänge für 100 % Fehlererfassung, bestes Ergebnis von je 40 Experimenten

Diese Daten zeigen, daß die mit arithmetischen Operationen erzeugten Musterfolgen 100 % Haftfehlererfassung bei etwa der gleichen Testlänge erzielen wie die pseudozufälligen Folgen, die von LRSRs mit primitiven charakteristischen Polynomen generiert werden. Die Resultate für die Addierer und für die entsprechenden Subtrahierer stimmen weitgehend überein. Auch die Mustergeneratoren mit Multiplizierern schneiden ähnlich gut ab.

In manchen Fällen können allerdings die mit arithmetischen Operationen modulo 2^k erzeugten Musterfolgen auch bei einer sehr großen Testlänge keine vollständige Fehlererfassung erreichen. Das hat zwei Gründe. Wenn zwei Mustergeneratoren, die beide als Periode eine Zweierpotenz haben, parallel Muster für die Eingänge der zu testenden Schaltung liefern, lassen sich bei weitem nicht alle möglichen Eingangsbelegungen erzeugen. Sobald sich der Mustergenerator mit der längeren Periode wiederholt, wiederholen sich auch die erzeugten Eingangsbelegungen. Zum anderen gibt es zwischen den Bitfolgen, die von den beiden Mustergeneratoren erzeugt werden, starke Korrelationen, da die Bitfolgen alle eine Zweierpotenz als Periode haben. Die zu Beginn des Abschnitts 4.4.1 geforderte Eigenschaft (iii) ist hier nicht erfüllt. Wenn dagegen Überlauf bzw. Unterlauf rückgekoppelt werden, kann erreicht werden, daß alle Bitfolgen die Periode 2^k-1 bekommen und so diese Probleme entschärft werden (insbesonders bei etwas unterschiedlichen Breiten der parallel arbeitenden Mustergeneratoren).

Zur Beurteilung des Hardware-Mehraufwands müssen sowohl die Hardware-Strukturen des Mustergenerators als auch die Initialisierung und die Bereitstellung des konstanten Eingabewerts betrachtet werden. Akkumulatoren und das BILBO von Bild 4.32 erzeugen mit vielen verschiedenen Eingabewerten und fast beliebigen Startwerten günstige, „zufallsähnliche" Muster, so daß sich oft Konstante nutzen lassen, die bereits für andere Zwecke vorhanden sind. Darüber hinaus sind Akkumulatoren mit den Startwerten 0 oder 2^k-1 in der Lage, alle 2^k Muster vollständig aufzuzählen. Ein BILBO mit primitivem charakteristischem Polynom zählt nur 2^k-1 verschiedene Muster auf. Um das fehlende Muster zu ergänzen, werden zusätzliche Gatter benötigt, oder das Muster muß seriell im Schiebebetrieb geladen werden. Bei Mustergeneratoren mit Multiplizierern ist die Wahl einer günstigen Initialisierung und eines günstigen Eingabewerts stärker eingeschränkt.

Die Mustergeneratoren mit arithmetischen Operationen sind aus den Bausteinen aufgebaut, die in vielen Datenpfaden vorhanden sind. Lediglich die Rückkopplung und das Flipflop für den Über- bzw. Unterlauf müssen ergänzt werden, sofern sie noch nicht im Datenpfad enthalten sind. Bei Mustergeneratoren mit Multiplizierern können zwei 2:1-Multiplexer erforderlich sein, um konstante Bits in den Mustern zu vermeiden. BILBOs dagegen benötigen außer der Rückkopplungsleitung einige zusätzliche Gatter.

Der Einfluß der zusätzlichen Hardware auf die Betriebsgeschwindigkeit ist ein weiterer wichtiger Punkt. BILBOs haben größere Signallaufzeiten als normale D-Register. Wenn ein BILBO im kritischen Pfad der Schaltung liegt, muß man die maximal mögliche Taktfrequenz für den normalen Betrieb herabsetzen. Bestehen die Mustergeneratoren hingegen aus den unveränderten Bausteinen der Schaltung, dann wird die Betriebsgeschwindigkeit nicht beeinträchtigt. Das macht die Mustererzeugung mit Akkumulatoren besonders für Hochleistungsschaltungen attraktiv, bei denen die Geschwindigkeit eine große Rolle spielt. Die Muster werden mit der normalen Betriebsgeschwindigkeit erzeugt und haben die gleiche Breite wie der Datenpfad.

4.4.2 Kompaktierung mit Akkumulatoren

Wenn an die Eingänge der im vorhergehenden Abschnitt beschriebenen Akkumulatoren anstelle eines konstanten Wertes Testantworten angelegt werden, können die gleichen Konfigurationen ohne Änderungen als Kompaktierer arbeiten. So muß die Teststeuerung die Selbstteststrukturen nicht während des Testablaufs zwischen verschiedenen Betriebsarten umschalten. Nur die Pfade zu den Eingängen der Akkumulatoren müssen anders geschaltet werden.

Mit jedem Taktimpuls wird eine Testantwort mit dem Registerinhalt verknüpft. Am Ende des Tests wird der Registerinhalt (die ermittelte Signatur) ausgelesen und mit der Signatur der fehlerfreien Schaltung verglichen. Aufgrund des Informationsverlusts bei der Kompaktierung können jedoch auch fehlerhafte Antwortfolgen zur gleichen Signatur wie im fehlerfreien Fall führen. Rajski und Tyszer haben als erste die Fehlermaskierung in Akkumulatoren mit Addierern untersucht [RaTy93a,b]. Aber ihre Analyse ist auf „primitive Fehler" beschränkt, eine Klasse von kombinatorischen Schaltungsfehlern, die zu Bitfehlervektoren mit bestimmten zahlentheoretischen Eigenschaften führen. Außerdem setzen sie voraus, daß bei jeder fehlerhaften Schaltung auch fehlerfreie Antworten auftreten können. Und auch ihre implizite Annahme, daß im fehlerfreien Fall alle Zustände des Kompaktierers gleichwahrscheinlich sind, ist nicht allgemein gültig.

Um Kompaktierer tatsächlich einsetzen zu können, genügt eine Untersuchung, die nur einen Teil der kombinatorischen Schaltungsfehler betrachtet, nicht. Wir bringen deshalb hier für Kompaktierer mit verschiedenen Typen von Addierern und Subtrahierern eine Analyse, die alle kombinatorischen Schaltungsfehler und die resultierenden Testantwortfolgen umfaßt und auch die anderen Einschränkungen früherer Studien beseitigt. Der Anteil der maskierten Fehler wird durch die Wahrscheinlichkeit der Maskierung geschätzt. Um die Leistungsfähigkeit der Kompaktierer beurteilen und vergleichen zu können, ist vor allem der Grenzwert der Fehlermaskierungswahrscheinlichkeit für wachsende Testlängen wichtig.

Wir beginnen mit den Konfigurationen, die auf Addierern und Subtrahierern modulo N beruhen, wobei N eine beliebige positive Ganzzahl sein kann. Danach werden Addierer und Subtrahierer behandelt, die den Überlauf zusätzlich an der niedrigstwertigen Bitposition addieren bzw. den Unterlauf dort subtrahieren. Der Überlauf bzw. Unterlauf wird entweder sofort berücksichtigt oder zunächst in einem Flipflop zwischengespeichert und dann im nächsten Taktzyklus berücksichtigt. Abschließend vergleichen wir diese Kompaktierer, die mit arithmetischen Operationen arbeiten, sowohl untereinander als auch mit den Signaturregistern von Abschnitt 4.1.4.

Wie allgemein üblich wird angenommen, daß eine kombinatorische Schaltung mit zufällig gewählten Mustern getestet wird. Die Testantworten werden mit folgender Notation beschrieben:

$r_{ef}(t)$: fehlerfreie Testantwort zur Zeit t,

$e(t)$: Fehler zur Zeit t,

$r(t) = r_{ef}(t) + e(t)$: beobachtete Testantwort zur Zeit t,

wobei $r_{ef}(t)$, $e(t)$ und $r(t)$ die Werte der entsprechenden Bitvektoren sind. Wenn zufällige Muster an die zu testende Schaltung angelegt werden und die Schaltung kombinatorische Schaltungsfehler enthält, sind zeitlich aufeinanderfolgende Fehler in den Antworten statistisch unabhängig. $E := \{\varepsilon_0, \varepsilon_1, \ldots, \varepsilon_{m-1}\}$ sei die Wertemenge der Fehler, die mit von 0 verschiedener Wahrscheinlichkeit auftreten, $-(N-1) \leq \varepsilon_i \leq N-1$ für $i = 0, 1, \ldots, m-1$.

Zur Analyse der Fehlermaskierung werden ein paar grundlegende Fakten aus der Zahlentheorie benötigt. Sei $ggT\{n_1, n_2, \ldots, n_r\}$ die größte (ganze) Zahl, die jedes Element der Menge $\{n_1, n_2, \ldots, n_r\}$ teilt, und sei $ggT\{0, n\} = n$ definiert. Dann gilt
$ggT\{n_1, n_2\} = ggT\{-n_1, n_2\} = ggT\{n_2-n_1, n_2\}$.
Mit $ggT\{n_2-n_1, n_3-n_2\} = ggT\{n_2-n_1, n_3-n_1\}$ wird der größte gemeinsame Teiler von N und allen möglichen Differenzen zwischen den Fehlerwerten

$$\delta' := ggT\{\varepsilon_0-\varepsilon_0, \varepsilon_1-\varepsilon_0, \ldots, \varepsilon_{m-1}-\varepsilon_0, \varepsilon_0-\varepsilon_1, \ldots, \varepsilon_{m-1}-\varepsilon_1, \ldots, \varepsilon_0-\varepsilon_{m-1}, \ldots, \varepsilon_{m-1}-\varepsilon_{m-1}, N\}$$

$$= ggT\{\varepsilon_1-\varepsilon_0, \varepsilon_2-\varepsilon_0, \ldots, \varepsilon_{m-1}-\varepsilon_0, N\}.$$

Die Beweise in diesem Abschnitt verwenden wiederholt die Tatsache, daß jede (modulo N)-Summe von Werten der Menge $\{n_1, n_2, \ldots, n_r\}$ ein Vielfaches von $ggT\{n_1, n_2, \ldots, n_r, N\}$ ist und umgekehrt jedes Vielfache von $ggT\{n_1, n_2, \ldots, n_r, N\}$, das zwischen 0 und N-1 liegt, als eine solche Summe dargestellt werden kann [Dudl69]. Insbesondere ist jeder Fehler e(t) ein Vielfaches von $\delta := ggT\{\varepsilon_0, \varepsilon_1, \ldots, \varepsilon_{m-1}, N\}$, jede Differenz von Fehlern ist ein Vielfaches von δ', und δ teilt δ'. Daher läßt sich jeder Fehler darstellen als $e(t) = x \cdot \delta + y(t) \cdot \delta'$, wobei x für alle Fehler gleich ist, $0 \leq x < \frac{\delta'}{\delta}$, und y(t) einen positiven oder negativen Wert annehmen kann.

4.4.2.1 Kompaktierer mit Addition oder Subtraktion modulo N

Der Akkumulator, der in diesem Abschnitt betrachtet wird, verwendet einen binären Addierer, der die Addition modulo N ausführt, wobei oft $N = 2^k$ gilt (vgl. Mustergenerator in Abschnitt 4.4.1.1). Der Übertrag co aus der höchstwertigen Bitposition wird ignoriert (siehe Bild 4.43).

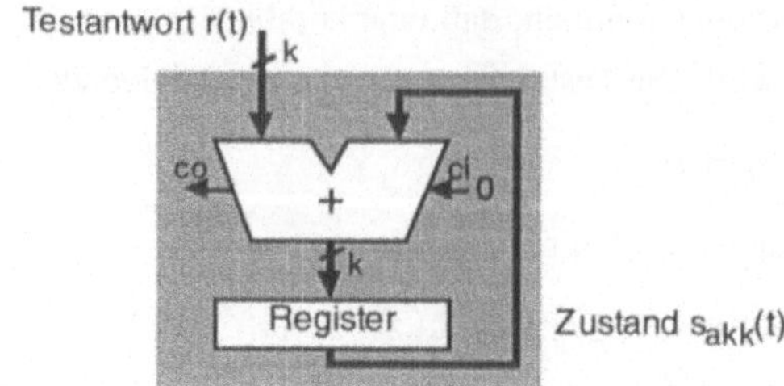

Bild 4.43: Kompaktierung durch einen Akkumulator mit Addition modulo 2^k

Die Menge der möglichen Akkumulatorzustände (Registerinhalte) ist $\{0, 1, \ldots, N-1\}$. Der Akkumulator wird mit einem bekannten Zustand $s_{akk}(0)$ initialisiert. Die Initialisierung wird stets als fehlerfrei angenommen. Dann wird in jedem Taktzyklus eine Testantwort r(i) zum augenblicklichen Zustand $s_{akk}(i)$ addiert. Die Kompaktierung der Testantworten r(0), r(1), ..., r(t-1) ergibt die Signatur zur Zeit t:

$$\begin{aligned} s_{akk}(t) &= [\, s_{akk}(0) + \sum_{i=0}^{t-1} r(i)\,] \bmod N \\ &= [\, s_{akk}(0) + \sum_{i=0}^{t-1} (r_{ef}(i) + e(i))\,] \bmod N \\ &= [[\, s_{akk}(0) + \sum_{i=0}^{t-1} r_{ef}(i)\,] \bmod N + \sum_{i=0}^{t-1} e(i)\,] \bmod N \\ &= [\, s_{akk,ef}(t) + \sum_{i=0}^{t-1} e(i)\,] \bmod N\,, \end{aligned}$$

wobei $s_{akk,ef}(t)$ die Signatur der fehlerfreien Schaltung bezeichnet.

Fehlermaskierung tritt genau dann auf, wenn $s_{akk}(t) = s_{akk,ef}(t)$ (hier: $[\sum_{i=0}^{t-1} e(i)] \bmod N = 0$) gilt, und mindestens ein Fehler e(i), $0 \le i < t$, von 0 verschieden ist. Wie bei Signaturregistern, die auf linear rückgekoppelten Schieberegistern aufbauen, genügt es also auch hier, nur die Kompaktierung der Fehler zu betrachten. Der folgende Satz zeigt, daß Fehlermaskierung nur zu bestimmten Zeitpunkten vorkommen kann und die Wahrscheinlichkeit für eine Maskierung zu diesen Zeitpunkten mit zunehmender Testlänge einem Grenzwert zustrebt.

Satz 4.16: Ein Akkumulator mit einem (modulo N)-Addierer kompaktiere Testantworten, die zeitlich statistisch unabhängig sind und Fehler mit den Werten $\varepsilon_0, \varepsilon_1, \ldots, \varepsilon_{m-1}$ aufweisen. Dann gilt für die Fehlermaskierungswahrscheinlichkeit

$$p_{al}(t) = 0 \qquad \text{falls } t \notin \{n \cdot \frac{\delta'}{\delta} \mid n \in \mathbb{N}\}$$

$$\lim_{n \to \infty} p_{al}(n \cdot \frac{\delta'}{\delta}) = \frac{\delta'}{N} \qquad \text{sonst}$$

mit $\delta = ggT\{\varepsilon_0, \varepsilon_1, \ldots, \varepsilon_{m-1}, N\}$,

$\delta' = ggT\{\varepsilon_1-\varepsilon_0, \varepsilon_2-\varepsilon_0, \ldots, \varepsilon_{m-1}-\varepsilon_0, N\}$.

Vor dem Beweis des Satzes zeigen wir zunächst ein einfaches Beispiel. Ein 4-bit-Akkumulator mit Addition modulo 16 kompaktiere Testantworten, wobei die Fehler nur die Werte $\varepsilon_0 = 6$ und $\varepsilon_1 = 10$ haben können. Bild 4.44 beschreibt die möglichen Zustandsübergänge, wenn der Akkumulator zu Beginn den Zustand 0 hat und nur die Fehler kompaktiert.

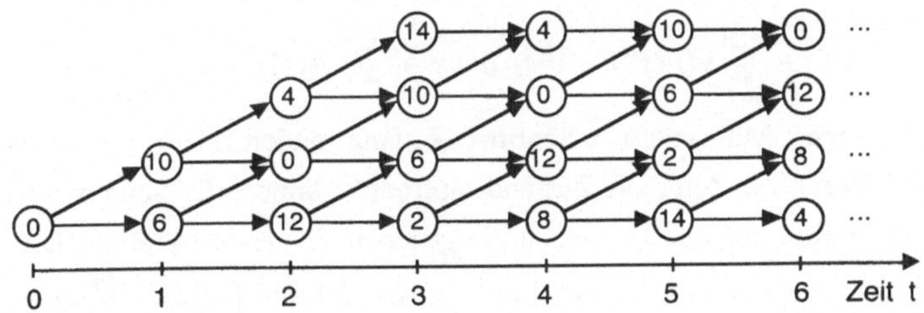

Bild 4.44: Zustandsübergänge des 4-Bit-Akkumulators

Hier können für $t \geq 3$ an den ungeraden Zeitpunkten nur die Zustände 2, 6, 10, 14 und an den geraden Zeitpunkten nur die Zustände 0, 4, 8, 12 auftreten. Folglich ist eine Fehlermaskierung nur zu geraden Zeitpunkten möglich. Mit $\delta = ggT\{6, 10, 16\} = 2$ und $\delta' = ggT\{10-6, 16\} = 4$ ergibt sich $p_{al}(2n-1) = 0$ und $\lim_{n \to \infty} p_{al}(2n) = \frac{1}{4}$ für $n \in \mathbb{N}$.

Beweis von Satz 4.16: Ausgehend von einem gegebenen Startzustand s(0) sind durch Kompaktierung einer Folge von Fehlern alle Zustände erreichbar, die sich von s(0) um ein Vielfaches von δ unterscheiden. Im allgemeinen sind jedoch nicht alle dieser $\frac{N}{\delta}$ Zustände zum gleichen Zeitpunkt erreichbar. Zwei verschiedene Fehlerfolgen e(0), e(1), …, e(t-1) und e'(0), e'(1), …, e'(t-1) ergeben die Zustände s(t) und s'(t), die sich um

$$\Delta s(t) = [s'(t) - s(t)] \bmod N = [\sum_{i=0}^{t-1} (e'(i) - e(i))] \bmod N$$

unterscheiden. Beginnend mit der Differenz $\Delta s(0) = 0$ können alle Differenzen erreicht werden, die einer (modulo N)-Summe von Fehlerdifferenzen $\varepsilon_i-\varepsilon_j$, $i, j \in \{0, 1, \ldots, m-1\}$, entsprechen. Diese Summe ist stets ein Vielfaches von δ'.

Nach [Dudl69] gibt es nichtnegative Ganzzahlen $a_1, \ldots, a_{m-1}$, so daß

$\delta' = [a_1 \cdot (\varepsilon_1 - \varepsilon_0) + \ldots + a_{m-1} \cdot (\varepsilon_{m-1} - \varepsilon_0)] \bmod N$

gilt. Die Zahlen $a_1, \ldots, a_{m-1}$ seien so gewählt, daß $\alpha = \sum_{i=1}^{m-1} a_i$ minimal ist. In α Schritten können sowohl der Zustand $[s(0) + \alpha \cdot \varepsilon_0] \bmod N$ als auch $[s(0) + \alpha \cdot \varepsilon_0 + \delta'] \bmod N$ erreicht werden. In 2α Schritten sind die Zustände

$[s(0) + 2\alpha \cdot \varepsilon_0] \bmod N$, $[s(0) + 2\alpha \cdot \varepsilon_0 + \delta'] \bmod N$ und $[s(0) + 2\alpha \cdot \varepsilon_0 + 2\delta'] \bmod N$

erreichbar, usw. So können beginnend mit einem beliebigen Zustand s(0) nach $(\frac{N}{\delta'} - 1) \cdot \alpha$ Schritten $\frac{N}{\delta'}$ Zustände erreicht werden. Zu keinem Zeitpunkt sind mehr als $\frac{N}{\delta'}$ verschiedene Zustände möglich.

Wir betrachten nun Übergänge mit $\tau = \frac{\delta'}{\delta}$ Schritten, die durch Eingaben

$$\sum_{i=0}^{\tau-1} e(t+i) = x \cdot \delta \cdot \tau + \sum_{i=0}^{\tau-1} y(t+i) \cdot \delta' = \delta' \cdot (x + \sum_{i=0}^{\tau-1} y(t+i))$$

hervorgerufen werden. Mit jedem τ-Schritt-Übergang ändert sich der Zustand um ein Vielfaches von δ'. Wenn zur Zeit t alle Zustände auftreten können, die sich um Vielfache von δ' unterscheiden, dann sind zur Zeit $t+\tau$ genau die gleichen Zustände möglich. Die Mengen der Zustände, die zu den Zeiten $t, t+1, \ldots, t+\tau-1$ erreichbar sind und jeweils $\frac{N}{\delta'} = \frac{N}{\tau \cdot \delta}$ Zustände umfassen, müssen disjunkt sein, weil insgesamt $\frac{N}{\delta}$ Zustände möglich sind. Im obigen Beispiel führt $\tau = \frac{4}{2} = 2$ zu zwei disjunkten Zustandsmengen mit je $\frac{16}{4} = 4$ Zuständen.

Fehlermaskierung tritt auf, wenn der Startzustand s(0) = 0 wieder erreicht wird. Das ist nur zu jedem τ-ten Zeitpunkt möglich. Um die Fehlermaskierungswahrscheinlichkeit zu bekommen, betrachten wir die Markovkette mit der Zustandsmenge $\{0, \delta', 2\delta', \ldots, N-\delta'\}$ und den oben eingeführten τ-Schritt-Übergängen. Mit einigen τ-Schritt-Übergängen können all diese Zustände erreicht werden, und dann sind nach jedem weiteren τ-Schritt-Übergang wieder die gleichen Zustände erreichbar. Die Markovkette ist also irreduzibel und aperiodisch. Ihre Übergangsmatrix ist doppelt stochastich, da es für jede Summe $\sum_{i=0}^{\tau-1} e(t+i)$ genau einen Nachfolgerzustand gibt und für jede Summe $\sum_{i=0}^{\tau-1} e(t-\tau+i)$ der Vorgängerzustand eindeutig bestimmt ist. Folglich besitzt die Markovkette eine Grenzverteilung, in der alle $\frac{N}{\delta'}$ Zustände die gleiche Wahrscheinlichkeit haben. Insbesondere strebt die Wahrscheinlichkeit für den Zustand 0 gegen $\frac{\delta'}{N}$. ∎

Satz 4.16 enthält auch den seltenen Spezialfall, daß stets der gleiche Fehler $\varepsilon_0 \neq 0$ auftritt ($m = 1$). In diesem Fall ergibt sich $\delta' = ggT\{0, N\} = N$, und Fehlermaskierung tritt periodisch nach jeweils $\frac{N}{\delta}$ Schritten auf, $p_{al}(t) = \begin{cases} 1 & \text{falls } t = n \cdot \frac{N}{\delta},\ n \in \mathbf{N} \\ 0 & \text{sonst} \end{cases}$.

Wenn unter anderem die fehlerfreie Antwort auftreten kann ($\varepsilon_0 = 0$, $m > 1$), dann gilt stets $\delta = \delta'$. Nach einigen anfänglichen Schritten ist Fehlermaskierung zu jedem Zeitpunkt $t \geq t_0$ möglich, und die Maskierungswahrscheinlichkeit strebt gegen $\lim_{t \to \infty} p_{al}(t) = \frac{\delta}{N}$.

Am günstigsten ist es, wenn N eine Primzahl ist. Dann gilt unabhängig von den möglichen Fehlern $\delta = \delta' = 1$, und aus Satz 4.16 folgt:

Korollar 4.2: Ein Akkumulator mit einem (modulo N)-Addierer kompaktiere Testantworten, die zeitlich statistisch unabhängig sind und Fehler mit mindestens zwei verschiedenen Werten aufweisen können. N sei eine Primzahl. Dann gibt es einen Zeitpunkt t_0, so daß für alle $t \geq t_0$ Fehlermaskierung möglich ist. Der Grenzwert der Fehlermaskierungswahrscheinlichkeit ist $\lim_{t \to \infty} p_{al}(t) = \frac{1}{N}$.

Oft enthalten Datenpfade jedoch binäre k-bit-Addierer mit $N = 2^k$. Sei i die niedrigstwertige Bitposition, an der ein Fehlervektor eine 1 aufweisen kann. Dann gilt $d = 2^i$. Wenn auch fehlerfreie Antworten auftreten können oder Fehlervektoren, die an der Bitposition i eine 0 haben, folgt $\delta' = \delta$ und $\lim_{t \to \infty} p_{al}(t) = \frac{2^i}{2^k} = \frac{1}{2^{k-i}}$. Schaltungsfehler, die sich auf die niederwertigen Bits nicht auswirken, werden also in solchen Kompaktierern mit höherer Wahrscheinlichkeit maskiert.

Kompaktierer lassen sich ebenso mit (modulo N)-Subtrahierern aufbauen. Die Subtraktion von r(i) entspricht der Addition von N-r(i). Außerdem gilt $ggT\{-\varepsilon_0, -\varepsilon_1, \ldots, -\varepsilon_{m-1}, N\} = ggT\{\varepsilon_0, \varepsilon_1, \ldots, \varepsilon_{m-1}, N\}$. Deshalb haben diese Kompaktierer die gleiche Fehlermaskierungswahrscheinlichkeit wie die Kompaktierer mit (modulo N)-Addition.

4.4.2.2. Kompaktierer mit Addition oder Subtraktion und unmittelbarer Rückkopplung von Überlauf oder Unterlauf

Diese Kompaktiererkonfiguration basiert ebenfalls auf einem Addierer, der modulo N arbeitet. Aber nun wird durch eine einfache Modifikation vermieden, daß die Fehlerinformation, die im Überlaufbit steckt, verloren geht: Der Übertrag aus der höchstwertigen Bitposition wird sofort an der niedrigstwertigen Bitposition addiert (Einerkomplement-Addierer). Bei diesem Akkumulator ist der Folgezustand

$$s_{akk}(t+1) = \begin{cases} 0 & \text{falls } s_{akk}(t) = 0 \text{ und } r(t) = 0 \\ [\, s_{akk}(t) - 1 + r(t)] \bmod (N-1) + 1 & \text{sonst} \end{cases}.$$

Wenn der Akkumulator einmal einen Zustand $s_{akk}(t) \neq 0$ erreicht hat, kann der Zustand 0 im folgenden nicht mehr auftreten (vgl. Mustergenerator in Abschnitt 4.4.1.2).

Satz 4.17: Ein Akkumulator mit unmittelbarer Rückkopplung des Überlaufs kompaktiere Testantworten, die zeitlich statistisch unabhängig sind und Fehler mit den Werten $\varepsilon_0, \varepsilon_1, \ldots, \varepsilon_{m-1}$ aufweisen. Dann gilt für die Fehlermaskierungswahrscheinlichkeit

$$0 \leq t \leq t_0: \qquad p_{al}(t) = 0$$

$$t_0 < t: \qquad p_{al}(t) = 0 \qquad \text{falls } t \notin \{n \cdot \frac{\delta'}{\delta} \mid n \in \mathbb{N}\}$$

$$\lim_{n \to \infty} p_{al}(n \cdot \frac{\delta'}{\delta}) = \frac{\delta'}{N-1} \qquad \text{sonst}$$

mit $\delta = ggT\{\varepsilon_0, \varepsilon_1, \ldots, \varepsilon_{m-1}, N-1\}$,

$\delta' = ggT\{\varepsilon_1-\varepsilon_0, \varepsilon_2-\varepsilon_0, \ldots, \varepsilon_{m-1}-\varepsilon_0, N-1\}$,

$$t_0 = \begin{cases} 0 & \text{falls } s_{akk}(t) \neq 0 \\ \text{minimale Zeit t, so daß } i, j < t \text{ existieren mit } r_{ef}(i) \neq 0 \text{ und } r(j) \neq 0 & \text{sonst} \end{cases}.$$

Beweis: Wir betrachten zunächst den Fall, daß der Akkumulator mit $s_{akk}(0) \neq 0$ initialisiert ist. Die beobachtete Signatur

$$s_{akk}(t) = [\, s_{akk}(0) - 1 + \sum_{i=0}^{t-1} (r_{ef}(i) + e(i))\,] \bmod (N-1) + 1$$

und die Signatur für die fehlerfreie Schaltung

$$s_{akk,ef}(t) = [\, s_{akk}(0) - 1 + \sum_{i=0}^{t-1} r_{ef}(i)\,] \bmod (N-1) + 1$$

unterscheiden sich höchstens um N-2. Für die Differenz gilt

$$[s_{akk}(t) - s_{akk,ef}(t)] \bmod (N-1) = [\, \sum_{i=0}^{t-1} e(i)\,] \bmod (N-1)\,. \qquad (*)$$

Fehlermaskierung liegt also genau dann vor, wenn $[\, \sum_{i=0}^{t-1} e(i)\,] \bmod (N-1)$ den Wert 0 hat. Dies ist die gleiche Situation wie im Beweis von Satz 4.16, und man erhält das Ergebnis in gleicher Weise.

Wenn aber der Akkumulator mit $s_{akk}(0) = 0$ initialisiert wurde, kann die Differenz $s_{akk}(t) - s_{akk,ef}(t)$ auch die Werte N-1 und -(N-1) bekommen. Diese Werte sind jedoch nur möglich, wenn $s_{akk,ef}(0) = \ldots = s_{akk,ef}(t\text{-}1) = 0$ oder $s_{akk}(0) = \ldots = s_{akk}(t\text{-}1) = 0$ gilt. In diesen Situationen ist Fehlermaskierung unmöglich. Sobald sowohl im fehlerfreien Fall als auch bei der fehlerhaften Schaltung einmal eine von 0 verschiedene Antwort aufgetreten ist, wird die Differenz $s_{akk}(t) - s_{akk,ef}(t)$ durch (*) korrekt beschrieben, und die obige Argumentation ergibt die Behauptung. ■

Unabhängig von der gewählten Initialisierung zeigt das folgende Korollar, welche Werte für N optimal sind, so daß sich für alle Schaltungsfehler der minimale Grenzwert ergibt.

Korollar 4.3: Ein Akkumulator mit einem Einerkomplement-Addierer kompaktiere Testantworten, die zeitlich statistisch unabhängig sind und Fehler mit mindestens zwei verschiedenen Werten aufweisen können. N-1 sei eine Primzahl. Dann gibt es einen Zeitpunkt t_0, so daß für alle $t \geq t_0$ Fehlermaskierung möglich ist. Der Grenzwert der Fehlermaskierungswahrscheinlichkeit ist $\lim_{t \to \infty} p_{al}(t) = \frac{1}{N-1}$.

Wenn N-1 nicht prim ist, kann die Schaltung Fehler enthalten, die zu $\delta' > \delta$ führen und daher zu manchen Zeitpunkten mit Sicherheit nicht maskiert werden. Dann sollte die Testlänge t so gewählt werden, daß $ggT\{t, N\text{-}1\} = 1$ und damit $t \notin \{n \cdot \frac{\delta'}{\delta} \mid n \in \mathbb{N}\}$ für alle möglichen δ' gilt. Falls N eine Zweierpotenz ist, kann für t beispielsweise auch eine Zweierpotenz gewählt werden. Auf diese Weise läßt sich Fehlermaskierung für solche Fehler vollständig vermeiden.

In der entsprechenden Konfiguration mit Subtraktion arbeitet der Subtrahierer modulo N und der Unterlauf von der höchstwertigen Bitposition wird sofort an der niedrigstwertigen Bitposition subtrahiert. Das ergibt den Folgezustand

$$s_{akk}(t+1) = \begin{cases} N-1 & \text{falls } s_{akk}(t) = N-1 \text{ und } r(t) = 0 \\ [s_{akk}(t) - r(t)] \bmod (N-1) & \text{sonst} \end{cases} .$$

Wenn der Kompaktierer einmal einen von N-1 verschiedenen Zustand erreicht hat, kann der Zustand N-1 im folgenden nicht mehr auftreten. Das Zustandsübergangsdiagramm dieser Konfiguration ist isomorph zum Übergangsdiagramm des entsprechenden Akkumulators, wenn beide Kompaktierer die gleichen Eingaben erhalten (siehe Abschnitt 4.4.1.2). Folglich gelten Satz 4.17 und Korollar 4.3, wenn die Bedingung $s_{akk}(0) \neq 0$ durch $s_{akk}(0) \neq N\text{-}1$ ersetzt wird, auch für Kompaktierer mit Subtrahierern.

4.4.2.3 Kompaktierer mit Addition oder Subtraktion und gespeichertem Überlauf- oder Unterlauf-Bit

Wie bereits in Abschnitt 4.4.1.3 beschrieben wurde, kann eine Verlängerung der Additionszeit durch ein zusätzliches Flipflop in der Rückkopplung vermieden werden (siehe Bild 4.45). Der Überlauf wird zunächst in diesem Flipflop gespeichert und dann im folgenden Taktzyklus addiert. Der Zustand dieser Akkumulatorkonfiguration wird beschrieben durch $z_{akk}(t) := c(t) \cdot N + s(t)$, wobei c(t) und s(t) den Inhalt des Flipflops bzw. des Registers zum Zeitpunkt t bezeichnen. Am Ende des Tests wird nur der Registerinhalt als Signatur ausgewertet.

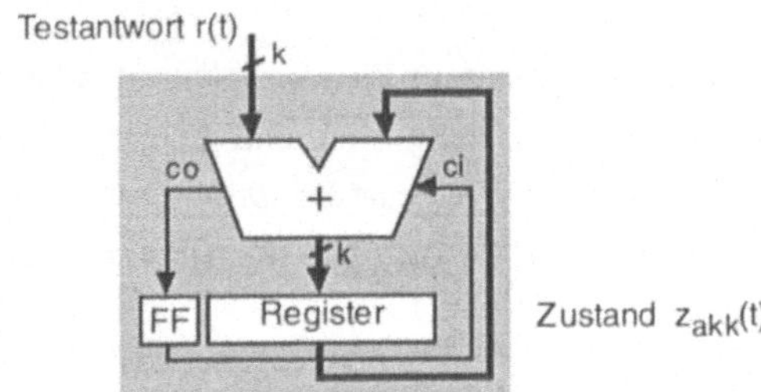

Bild 4.45: Kompaktierung durch einen Akkumulator mit gespeichertem Überlauf-Bit

Wir setzen zunächst voraus, daß im fehlerfreien Fall die Folge der Testantworten nicht konstant 0 und nicht konstant N-1 ist und bei einer fehlerhaften Schaltung das Gleiche gilt. Anschließend vervollständigen wir die Analyse und behandeln diese Spezialfälle.

Satz 4.18: Ein Akkumulator mit einem (modulo N)-Addierer und gespeichertem Überlauf-Bit kompaktiere Testantworten, die zeitlich statistisch unabhängig sind und Fehler mit den Werten $\varepsilon_0, \varepsilon_1, \ldots, \varepsilon_{m-1}$ aufweisen. Für den fehlerfreien und den fehlerhaften Fall sei die Folge der Antworten nicht konstant 0 und nicht konstant N-1. Dann gilt für die Fehlermaskierungswahrscheinlichkeit

$$p_{al}(t) = 0 \qquad \text{falls } t \notin \{n \cdot \frac{\delta'}{\delta} \mid n \in \mathbb{N}\}$$

$$\lim_{n \to \infty} p_{al}(n \cdot \frac{\delta'}{\delta}) \leq \frac{\delta'}{N-1} \qquad \text{sonst}$$

mit $\delta = \text{ggT}\{\varepsilon_0, \varepsilon_1, \ldots, \varepsilon_{m-1}, N-1\}$,
$\delta' = \text{ggT}\{\varepsilon_1-\varepsilon_0, \varepsilon_2-\varepsilon_0, \ldots, \varepsilon_{m-1}-\varepsilon_0, N-1\}$.

Beweis: Wenn $r(0) = \ldots = r(t-2) = 0$ und $r(0) = \ldots = r(t-2) = N-1$ nicht gelten, sind ab t-1 die Akkumulatorzustände 0 und 2N-1 nicht mehr möglich. Der hier behandelte Akkumulator unterscheidet sich vom Akkumulator des vorhergehenden Abschnitts nur dadurch, daß das Überlauf-Bit eine Taktperiode später addiert wird. Deshalb kann der Zustand $z_{akk}(t)$

folgendermaßen berechnet werden. Zuerst werden die Testantworten r(0), r(1), ..., r(t-2) durch einen Akkumulator mit unmittelbarer Rückkopplung des Überlaufs kompaktiert, wobei als Initialisierung

$$s_{akk}(0) := \begin{cases} s(0) + c(0) & \text{falls } z(0) \notin \{0, 2N-1\} \\ N-1 & \text{sonst} \end{cases}$$

genommen wird. Sei $\bar{s}(t-1)$ der Zustand des Registers in Bild 4.45 zum Zeitpunkt t-1, wenn der im gleichen Taktzyklus entstandene Überlauf c(t-1) bereits zum Registerinhalt addiert wurde, $\bar{s}(t-1) := s(t-1) + c(t-1) = s_{akk}(t-1)$. Damit ergibt sich

$$\bar{s}(t-1) = [\, s_{akk}(0) - 1 + \sum_{i=0}^{t-2} r(i) \,] \bmod (N-1) + 1 \qquad \text{bzw.}$$

$$\bar{s}_{ef}(t-1) = [\, s_{akk}(0) - 1 + \sum_{i=0}^{t-2} r_{ef}(i) \,] \bmod (N-1) + 1 \,.$$

Im abschließenden Schritt wird dann die letzte Testantwort r(t-1) zum Registerinhalt $\bar{s}(t-1)$ addiert, und der Überlauf wird im Flipflop gespeichert. Zum Zeitpunkt t gilt somit

$$z_{akk}(t) = \bar{s}(t-1) + r(t-1) = \bar{s}(t-1) + r_{ef}(t-1) + e(t-1) \qquad \text{und}$$

$$z_{akk,ef}(t) = \bar{s}_{ef}(t-1) + r_{ef}(t-1) \,.$$

Fehlermaskierung tritt genau dann auf, wenn

$$\begin{aligned} s_{ef}(t) &= s(t) \\ z_{akk,ef}(t) \bmod N &= z_{akk}(t) \bmod N \\ [\bar{s}_{ef}(t-1) + r_{ef}(t-1)] \bmod N &= [\bar{s}(t-1) + r_{ef}(t-1) + e(t-1)] \bmod N \\ [\bar{s}_{ef}(t-1) - \bar{s}(t-1)] \bmod N &= e(t-1) \bmod N \end{aligned}$$

gilt. Die Fehlermaskierungswahrscheinlichkeit ist

$$p_{al}(t) = \sum_{c \in E} P(e = c) \cdot P\big([\bar{s}_{ef}(t-1) - \bar{s}(t-1)] \bmod N = c \bmod N\big) \,.$$

P(e = c) bezeichnet die zeitlich konstante Wahrscheinlichkeit, daß der Fehler den Wert c annimmt.

Tabelle 4.16 zählt in der ersten Spalte alle Werte auf, die als Fehler infrage kommen. In der zweiten Spalte sind alle Zustandsdifferenzen $\Delta\bar{s} = \bar{s}_{ef} - \bar{s}$ genannt, die zusammen mit dem Fehler dieser Zeile beim nächsten Takt zur Maskierung führen. Sind zwei verschiedene Differenzen $\Delta\bar{s}$ angegeben, so unterscheiden sie sich um N. Für ein gegebenes $\bar{s}_{ef}$ kann deshalb höchstens eine davon auftreten.

Wert des Fehlers c	Zustandsdifferenz, die zur Fehlermaskierung führt		
-(N-1)			$\Delta\bar{s} = 1$
-(N-2)		$\Delta\bar{s} = -(N-2)$,	$\Delta\bar{s} = 2$
⋮		⋮	⋮
-2		$\Delta\bar{s} = -2$,	$\Delta\bar{s} = N-2$
-1		$\Delta\bar{s} = -1$	
0		$\Delta\bar{s} = 0$	
1		$\Delta\bar{s} = 1$	
2	$\Delta\bar{s} = -(N-2)$,	$\Delta\bar{s} = 2$	
⋮	⋮	⋮	
N-2	$\Delta\bar{s} = -2$,	$\Delta\bar{s} = N-2$	
N-1	$\Delta\bar{s} = -1$		

Tabelle 4.16: Bedingungen für die Fehlermaskierung

Da die beobachtete Antwort r(t-1) einen Wert zwischen 0 und N-1 haben muß, können zusammen mit der fehlerfreien Antwort $r_{ef}(t-1)$ nur Fehler $c \in \{-r_{ef}(t-1), -r_{ef}(t-1)+1, \ldots, -r_{ef}(t-1)+N-1\}$ auftreten. Deshalb sind in Tabelle 4.16 genau N aufeinanderfolgende Zeilen relevant (d.h. sie umfassen die Situationen, die bei gegebenem $r_{ef}(t-1)$ tatsächlich auftreten können). Die N relevanten Zeilen enthalten entweder die Zeile $c = \bar{s}_{ef}(t-1)$ oder die Zeile $c = \bar{s}_{ef}(t-1)-N$, aber nicht beide. Mit dem Fehler $e(t-1) = \bar{s}_{ef}(t-1)$ ist Fehlermaskierung nicht möglich. Denn sonst hätten wir $z_{akk}(t) = \bar{s}(t-1) + r_{ef}(t-1) + e(t-1) = \bar{s}(t-1) + r_{ef}(t-1) + \bar{s}_{ef}(t-1) = \bar{s}(t-1) + z_{akk,ef}(t)$. Die Maskierungsbedingung $z_{akk}(t) \bmod N = z_{akk,ef}(t) \bmod N$ würde $\bar{s}(t-1) \bmod N = 0$ erfordern, und das ist wegen $1 \leq \bar{s}(t-1) \leq N-1$ nicht möglich. Aus dem gleichen Grund kann auch der Fehler $\bar{s}_{ef}(t-1)-N$ nicht zu Fehlermaskierung führen. In den restlichen N-1 relevanten Zeilen wird jeweils genau eine der allgemein möglichen Zustandsdifferenzen $\bar{s}_{ef}(t-1) - 1, \ldots, \bar{s}_{ef}(t-1) - (N-1)$ als notwendige Bedingung für Fehlermaskierung genannt.

Werden $\tau = \frac{\delta'}{\delta}$ aufeinanderfolgende Fehler addiert, so ist die Summe ein Vielfaches von δ'. Für die Zustandsdifferenz $\Delta\bar{s}(i) = \bar{s}_{ef}(i) - \bar{s}(i)$ bedeutet dies folgendes:

Für $i = 0, \tau, 2\tau, \ldots$: $\Delta\bar{s}(i) \in \{n \cdot \delta' \mid n \in \mathbb{Z}\}$

für $i = 1, \tau+1, 2\tau+1, \ldots$: $\Delta\bar{s}(i) \in \{(\tau-1) \cdot x\delta + n \cdot \delta' \mid n \in \mathbb{Z}\}$

⋮ ⋮

für $i = \tau-1, 2\tau-1, \ldots$: $\Delta\bar{s}(i) \in \{x\delta + n \cdot \delta' \mid n \in \mathbb{Z}\}$

Vergleicht man nun die Fehler $x\delta + y(i) \cdot \delta'$ mit den Mengen der zu verschiedenen Zeitpunkten möglichen Zustandsdifferenzen, dann stellt man fest, daß die Bedingung $\Delta\bar{s}(i) \bmod N = e(i)$

mod N nur für τ-1, 2τ-1, ... erfüllt sein kann und folglich Fehlermaskierung nur zu den Zeitpunkten auftreten kann, die Vielfache von τ sind. Abgesehen von einer Anfangsphase, in der eine geringere Anzahl von Zustandsdifferenzen möglich ist, treten zu den Zeitpunkten im Abstand τ immer genau die gleichen $\frac{N-1}{\delta'}$ Zustandsdifferenzen auf, und zwar für $t \to \infty$ jeweils mit Wahrscheinlichkeit $\frac{\delta'}{N-1}$ (siehe Beweis von Satz 4.16). Daraus folgt für den Grenzwert der Fehlermaskierungswahrscheinlichkeit

$$\begin{aligned}\lim_{n\to\infty} p_{al}(n\cdot\tau) &= \lim_{n\to\infty} \sum_{c\in E} P(\Delta\bar{s}(n\tau-1) \bmod N = c \bmod N)\cdot P(e=c)\\ &= \frac{\delta'}{N-1}\cdot \lim_{n\to\infty}\,[1 - P(e=\bar{s}_{ef}(n\tau-1)-N) - P(e=\bar{s}_{ef}(n\tau-1))]\\ &\le \frac{\delta'}{N-1}\,.\end{aligned}$$

■

Es bleiben noch die Spezialfälle zu betrachten, daß alle Antworten 0 oder alle Antworten N-1 sind. Bei einem Testverfahren, das auf hohe Fehlererfassung zielt, können beide Situationen für den fehlerfreien Fall nicht vorkommen. Andernfalls würden alle „ständig 1"- oder alle „ständig 0"-Haftfehler an den Ausgängen der Schaltung (und viele andere Fehler) nicht erfaßt. Die Antwortfolge der fehlerhaften Schaltung kann jedoch konstant 0 oder konstant N-1 sein. Dann erreicht der Akkumulator spätestens bei $t = 2$ einen Zustand z_∞, der nicht mehr verlassen wird. Fehlermaskierung tritt auf, wenn $[\bar{s}_{ef}(t-1) + r_{ef}(t-1)] \bmod N = z_\infty \bmod N$ gilt. Die Fehler sind hier $e(i) = -r_{ef}(i)$ bzw. $e(i) = N-1-r_{ef}(i)$ für alle $i \ge 0$. Die Analyse der Fehlermaskierungswahrscheinlichkeit ergibt fast das gleiche Ergebnis wie in Satz 4.18. Lediglich die Zeiten, zu denen Maskierung mit von 0 verschiedener Wahrscheinlichkeit auftritt, sind um eine Konstante verschoben, die von der Initialisierung des Akkumulators abhängt.

Offensichtlich sind bei den Akkumulatoren mit gespeichertem Überlauf wieder diejenigen mit N-1 prim am besten, und Korollar 4.3 aus Abschnitt 4.4.2.2 gilt hier ebenfalls.

Wir behandeln noch genauer den Fall $\delta = \delta' = 1$. Dann ist der Grenzwert der Fehlermaskierungswahrscheinlichkeit

$$\begin{aligned}\lim_{t\to\infty} p_{al}(t) &= \lim_{t\to\infty} \sum_{c\in E} P(\Delta\bar{s}(t-1) \bmod N = c \bmod N)\cdot P(e=c)\\ &= \frac{1}{N-1}\cdot \lim_{t\to\infty}\,[1 - P(e=\bar{s}_{ef}(t-1)-N) - P(e=\bar{s}_{ef}(t-1))]\,.\end{aligned}$$

Nimmt man zusätzlich an, daß alle Zustände 1, 2, ..., N-1 mit gleicher Wahrscheinlichkeit als fehlerfreier Zustand $\bar{s}_{ef}(t-1)$ vorkommen, ergibt sich für $P(e = \bar{s}_{ef}(t-1)-N) + P(e = \bar{s}_{ef}(t-1))$ der Erwartungswert

$$\frac{1}{N-1} \cdot \sum_{s=1}^{N-1} [P(e = s\text{-}N) + P(e = s)] \;=\; \frac{1}{N-1} \cdot (1 - P(e=0)) \;=\; \frac{p_f}{N-1},$$

wobei p_f die Wahrscheinlichkeit ist, daß eine fehlerhafte Testantwort beobachtet wird. Damit wird der Grenzwert der Fehlermaskierungswahrscheinlichkeit $\frac{1}{N-1} \cdot (1 - \frac{p_f}{N-1})$. Das ist genau das Ergebnis, das Rajski und Tyszer auf andere Weise gezeigt haben [RaTy93a]. Die obere Schranke $\frac{1}{N-1}$, die Satz 4.18 ohne die Einschränkung auf die Gleichverteilung liefert, ist sehr genau für große N. Für N > 3 gilt nämlich

$$\frac{1}{N+1} \;\leq\; \frac{1}{N-1} \cdot (1 - \frac{p_f}{N-1}) \;<\; \frac{1}{N-1}.$$

Die zusätzliche Annahme der Gleichverteilung für $\bar{s}_{ef}(t\text{-}1)$ ist jedoch nicht allgemein gültig, wie das Beispiel einer Schaltung zeigt, die ihre Eingabe mit 3 multipliziert und das Produkt an ihren Ausgängen ausgibt. Hier sind alle fehlerfreien Antworten Vielfache von 3. Werden die Antworten mit einem 8-bit-Akkumulator ($N\text{-}1 = 255 = 17 \cdot 3 \cdot 5$) kompaktiert, der mit $z_{akk}(0) = 0$ initialisiert wurde, dann ist $\bar{s}_{ef}(t\text{-}1)$ stets ein Vielfaches von 3, andere Akkumulatorzustände können im fehlerfreien Fall nicht auftreten.

Ein Kompaktierer, der Subtraktion und unmittelbare Rückkopplung des Unterlaufs verwendet, kann in ähnlicher Weise zu einem Kompaktierer modifiziert werden, der den Unterlauf in einem Flipflop speichert und erst im folgenden Taktzyklus an der niedrigstwertigen Bitposition subtrahiert. Das Zustandsübergangsdiagramm dieser Konfiguration ist isomorph zum Übergangsdiagramm des entsprechenden Kompaktierers mit einem Addierer (siehe Abschnitt 4.4.1.3). Daher gelten Satz 4.18 und Korollar 4.3 auch für die Kompaktierer mit einem Subtrahierer.

4.4.2.4 Experimenteller Vergleich verschiedener Kompaktierer

Um die verschiedenen Kompaktierertypen zu vergleichen und auch einen Einblick in ihr dynamisches Verhalten zu bekommen, betrachten wir vier Beispiele:

A: 8-bit-Akkumulator mit Addition modulo 256

B: 8-bit-Akkumulator mit Addition und unmittelbarer Rückkopplung der Überlaufs

C: 8-bit-Akkumulator mit Addition und gespeichertem Überlaufbit

D: 8-bit-Signaturregister mit charakteristischem Polynom $x^8 + x^4 + x^3 + x^2 + 1$ (primitiv)

Die Kompaktierer wurden auf 0 initialisiert, allen wurden die gleichen Antwortfolgen eingegeben, und die Kompaktierung wurde simuliert. Während der Simulation wurden die

Maskierungsereignisse für jeden Zeitpunkt t getrennt gezählt. Eine Maskierung ereignet sich zum Zeitpunkt t, wenn Fehler aufgetreten sind und die Signatur dennoch die gleiche ist wie im fehlerfreien Fall. Die Fehlermaskierungswahrscheinlichkeit wurde geschätzt durch

$$p_{al}(t) = \frac{\text{Anzahl der Maskierungsereignisse zum Zeitpunkt t}}{\text{Anzahl der simulierten Antwortfolgen}} .$$

In jedem Experiment wurden 100 000 zufällig erzeugte Antwortfolgen kompaktiert. Die Fehler wurden gemäß vorgegebener Wahrscheinlichkeiten injiziert.

Im ersten Experiment nahmen die Verfälschungen der fehlerfreien Antworten alle möglichen Werte mit gleicher Wahrscheinlichkeit $\frac{1}{256}$ an. Bild 4.46 und Bild 4.47 zeigen die Simulationsergebnisse.

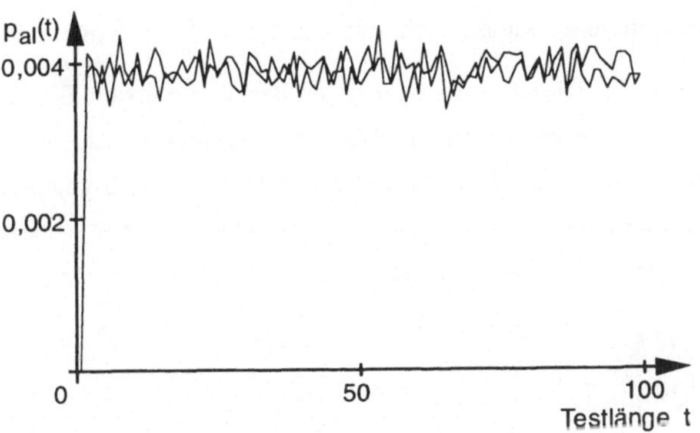

Bild 4.46: Wahrscheinlichkeit der Fehlermaskierung in Akkumulator A und Signaturregister, erstes Experiment

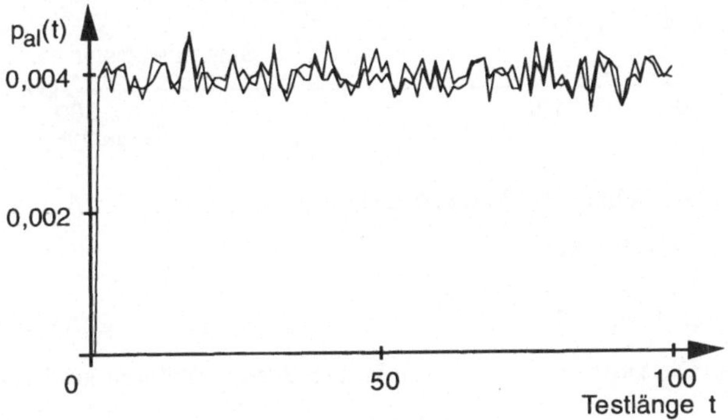

Bild 4.47: Wahrscheinlichkeit der Fehlermaskierung in Akkumulator B und Akkumulator C, erstes Experiment

Der Grenzwert $\frac{1}{256}$ = 0,00391 (A und D) bzw. $\frac{1}{255}$ = 0,00392 (B und C) wird schnell erreicht. Bei diesem Experiment zeigen sich keine wesentlichen Unterschiede zwischen den Kompaktierern.

Wenn Fehler seltener auftreten und nur wenige Werte für die Fehler möglich sind, nähert sich die Fehlermaskierungswahrscheinlichkeit ihrem Grenzwert langsamer. Um dieses Verhalten zu untersuchen, wurde beim zweiten Experiment in den Antworten mit Wahrscheinlichkeit 0,2 eine unidirektionale $0 \rightarrow 1$-Verfälschung an Bitposition 2^3 und ebenfalls mit Wahrscheinlichkeit 0,2 eine unidirektionale $1 \rightarrow 0$-Verfälschung an Bitposition 2^4 vorgenommen. Die übrigen Antworten waren fehlerfrei. Die Wertemenge der Fehler ist damit $E = \{0, 8, -16\}$.

Für Akkumulator A erhalten wir $\delta = ggT\{0, 8, -16, 256\} = 8$ und $\delta' = 8$. Die Fehlermaskierungswahrscheinlichkeit nähert sich mit wachsender Testlänge dem Wert $\frac{8}{256}$ = 0,03125 (siehe Bild 4.48). Dieser Grenzwert ist größer als im ersten Experiment, da sich der Fehler nicht auf die drei niedrigstwertigen Bits der Testantworten auswirkt und die Fehlerinformation, die im Überlauf enthalten ist, verloren geht. Für das Signaturregister ergibt sich dagegen der gleiche Grenzwert wie im ersten Experiment, er hängt generell nicht von den Werten der Fehler ab (siehe Abschnitt 4.1.4).

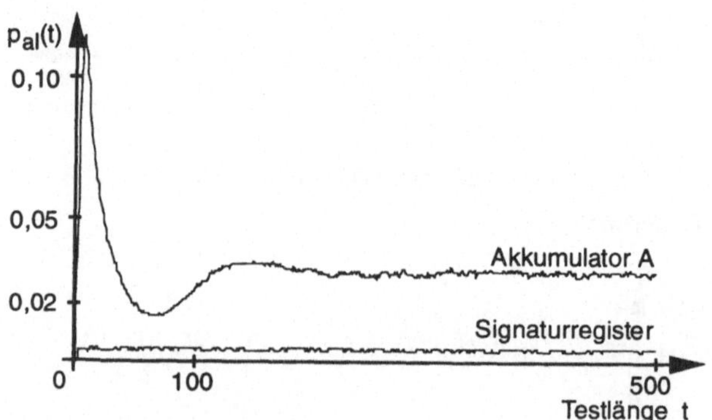

Bild 4.48: Wahrscheinlichkeit der Fehlermaskierung in Akkumulator A und Signaturregister, zweites Experiment

Für die Akkumulatoren B und C erhalten wir $\delta = ggT\{0, 8, -16, 255\} = 1$, $\delta' = 1$, und $\lim_{t \to \infty} p_{al}(t) = \frac{1}{255}$. Die Ergebnisse für diese beiden Akkumulatoren sind fast identisch. Der Verlauf der Fehlermaskierungswahrscheinlichkeit zeigt gedämpfte Schwingungen mit einer langen Periode (siehe Bild 4.49). Aber bereits das lokale Maximum bei t = 1179 ist deutlich kleiner als der Grenzwert, der ohne Rückkopplung der Überlaufs erreicht wird. Viele andere

Experimente bestätigten, daß die Wahrscheinlichkeit der Fehlermaskierung in Akkumulatoren im allgemeinen ihrem Grenzwert nicht so schnell zustrebt wie in Kompaktierern, die auf linear rückgekoppelten Schieberegistern oder zellularen Automaten basieren.

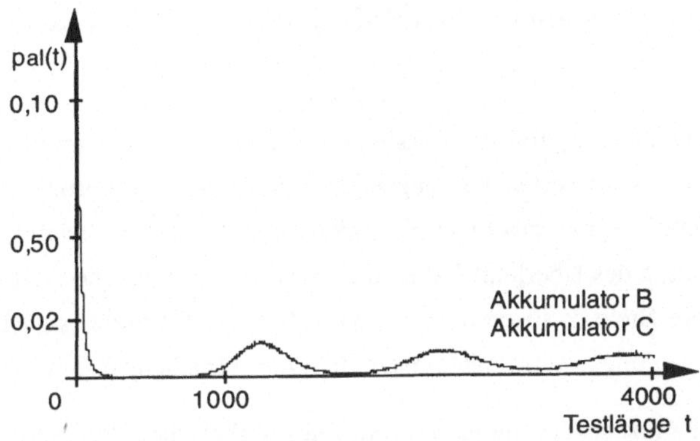

Bild 4.49: Wahrscheinlichkeit der Fehlermaskierung in den Akkumulatoren B und C, zweites Experiment

Das dritte Experiment demonstriert eine Situation, wo Maskierung nur zu bestimmten Zeitpunkten auftreten kann. Hierbei wurden die fehlerfreien Antworten mit der Einschränkung erzeugt, daß wenigstens eines der drei niedrigstwertigen Bits 0 sein mußte. Mit Wahrscheinlichkeit 0,1 wurde dann eine 0→1-Verfälschung an Bitposition 2^2 injiziert, und mit Wahrscheinlichkeit 0,2 gleichzeitig 0→1-Verfälschungen an den Bitpositionen 2^1 und 2^3. Zu den übrigen Testantworten wurde e = 1 addiert, was nur die drei niedrigstwertigen Bits beeinflußte. Die Antworten wurden mit Akkumulator B kompaktiert.

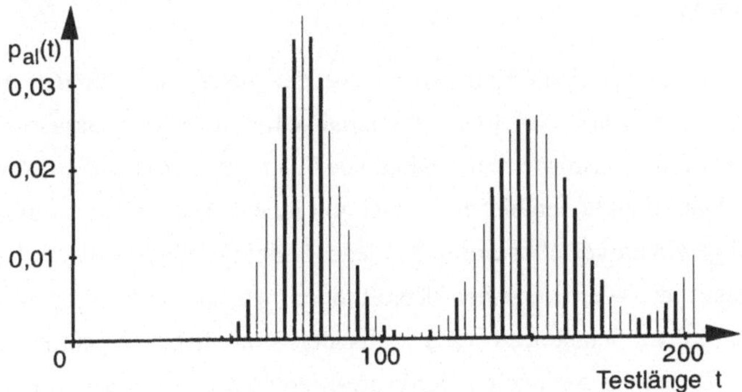

Bild 4.50: Wahrscheinlichkeit der Fehlermaskierung in Akkumulator B, drittes Experiment

Mit $E = \{1, 4, 10\}$ ergeben sich $\delta = ggT\{1, 4, 10, 255\} = 1$ und $\delta' = ggT\{3, 9, 255\} = 3$. Bild 4.50 zeigt, daß Maskierung nur zu den Zeitpunkten $t = 45, 48, 51, \ldots$ auftreten kann.

Für diese Zeitpunkte strebt die Maskierungswahrscheinlichkeit dem Grenzwert $\frac{3}{255} = 0{,}012$ zu. Während für alle Akkumulatortypen ein ähnliches Verhalten wie in Bild 4.50 bei manchen Fehlerkombinationen zu beobachten ist, gibt es für Signaturregister mit primitivem charakteristischem Polynom (abgesehen von einer Anfangsphase) keine Zeitpunkte mit Maskierungswahrscheinlichkeit 0.

Damit haben wir folgende Ergebnisse: Akkumulatoren mit Addition modulo 2^k sind für die Kompaktierung von Testantworten i.a. ungeeignet, denn die Maskierungswahrscheinlichkeit für alle Fehler, welche die niederwertigen Bits nicht beeinflussen, ist relativ groß. Akkumulatoren mit Rückkopplung des Überlaufs haben dieses Problem nicht. Sie sind als Kompaktierer am besten, wenn ihre Breite k so gewählt ist, daß 2^k-1 eine Primzahl ist, z.B. k = 31. Dann nähert sich die Maskierungswahrscheinlichkeit für große Testlängen dem Wert $\frac{1}{2^k - 1}$, also fast wie bei den Signaturregistern mit primitivem charakteristischem Polynom. Dies gilt für alle kombinatorischen Schaltungsfehler, die zumindest zwei unterschiedliche Verfälschungen bei den Testantworten hervorrufen. Auch wenn 2^k-1 keine Primzahl ist, gilt der Grenzwert $\frac{1}{2^k - 1}$ für sehr viele Schaltungsfehler. Für die übrigen Fehler ist der Grenzwert ein Vielfaches davon. Aber für manche von ihnen kann mit einer geeignet gewählten Testlänge, z.B. einer Zweierpotenz, die Maskierung ganz vermieden werden.

Die Schaltungsfehler im Inneren des Akkumulators werden mit etwa der gleichen Wahrscheinlichkeit maskiert, wie die Fehler in der zu testenden Schaltung [RaTy93b]. Außerdem können Addierer, Subtrahierer und ALUs so synthetisiert werden, daß mit nur O(log k) Testmustern alle Haftfehler entdeckt werden [BeDM95, BlHa96]. Damit sind also die Testeinrichtungen selbst ebenfalls testbar.

Der Hardware-Aufwand für einen Kompaktierer ist der gleiche wie für den entsprechenden Mustergenerator (vgl. Abschnitt 4.4.1.6). Die Initialisierung des Kompaktierers kann beliebig sein. Da Akkumulatoren ebenso wie multifunktionale Testregister vom BILBO-Typ alle für den Selbsttest notwendigen Funktionen bieten, ist auch mit ihnen ein kompletter Selbsttest realisierbar. BILBOs sind gewiß universeller einsetzbar, jedes beliebige Register der Schaltung kann zu einem BILBO ausgebaut werden. Aber überall dort, wo die notwendigen arithmetischen Funktionseinheiten in der Schaltung bereits vorhanden sind, haben Akkumulatoren als Testeinrichtungen den Vorteil des geringeren Hardware-Mehraufwands, außerdem beeinflussen sie die maximal mögliche Taktfrequenz nicht.

Die beschriebenen Mustergeneratoren und Kompaktierer lassen sich auch in Software implementieren, wenn der Chip, der getestet werden soll, einen eingebetteten Prozessor enthält.

Die Simulation eines Akkumulators ist wesentlich schneller als die Simulation eines linear rückgekoppelten Schieberegisters, denn Addition oder Subtraktion lassen sich in einem einzigen Befehl ausführen, wogegen die Simulation eines linear rückgekoppelten Schieberegisters mindestens zwei Befehle für jeden Schritt benötigt (einen Schiebebefehl und einen bedingten XOR-Befehl).

5 Synthese selbsttestbarer Schaltungen

Für den Selbsttest müssen Testeinrichtungen an geeigneten Stellen in die Schaltung eingebaut werden. Das kann nach dem (funktionsorientierten) Entwurf der Schaltung durch Ergänzungen und Modifikationen geschehen. Günstiger ist es aber, bereits beim Entwurf die Anforderungen des Tests zu berücksichtigen ("synthesis for testability"). Dies erlaubt eine globalere Optimierung. Die Testbarkeit hängt nämlich mit der Schaltungsstruktur zusammen, und da sich eine vorgegebene Funktion mit verschiedenen Schaltungsstrukturen realisieren läßt, kann eine Schaltungsstruktur mit günstigen Testbarkeitseigenschaften gewählt werden. Bei der High-Level-Synthese und bei der Logiksynthese kommt dann zu den Optimierungszielen Fläche und Zeit die Testbarkeit hinzu. Außerdem sind bei Fläche und Zeit auch die Selbsttesteinrichtungen einzubeziehen.

In diesem Kapitel werden zunächst mögliche Strukturen für selbsttestbare Schaltungen beschrieben und ihre Vor- und Nachteile diskutiert. Dann folgen Abschnitte über die Synthese selbsttestbarer Steuerwerke auf der Gatterebene und die High-Level-Synthese auf der Register-Transfer-Ebene. Anschließend werden Verfahren für den optimalen Testregistereinbau vorgestellt. Im ersten Schritt werden 1-bit-Elemente von Testregistern plaziert, so daß der Hardware-Aufwand minimal ist. Im zweiten Schritt werden diese Elemente so zu Testregistern zusammengefaßt, daß ein Testablaufplan mit möglichst kurzer Testzeit erreicht werden kann. Der letzte Abschnitt dieses Kapitels bringt Methoden zur Konstruktion von Testablaufplänen, die sowohl eine kurze Testzeit als auch eine einfach implementierbare Teststeuerung ergeben.

5.1 Selbsttestbare Strukturen

Die heute entworfenen und gefertigten Schaltungen sind i.a. so umfangreich, daß für den Test eine Aufteilung in kleinere Teilschaltungen notwendig ist. Die Aufteilung soll zu Teilschaltungen führen, die sich weitgehend unabhängig voneinander testen lassen. Dann können alle Algorithmen, bei denen die Rechenzeit stärker als linear mit der Schaltungsgröße wächst (z.B. Testmusterberechnung, Fehlersimulation etc.), wesentlich schneller ablaufen. Wenn die Teilschaltungen gleichzeitig getestet werden, ist oft auch die Testzeit kürzer als bei einem Test der kompletten Schaltung ohne Aufteilung.

Die eingebauten Selbsttesteinrichtungen müssen in der Lage sein, Testmuster an die Eingänge aller Teilschaltungen anzulegen und Testantworten von den Ausgängen aller Teilschaltungen aufzunehmen. Dazu gibt es zwei unterschiedliche Vorgehensweisen. Beim „Test pro Takt"-Schema wird in jedem Taktzyklus für die Eingänge einer oder mehrerer Teilschaltungen ein neues Muster erzeugt, parallel an diese Eingänge angelegt, und im gleichen Taktzyklus wird außerdem eine Antwort von jeder dieser Teilschaltungen ausgewertet. Für die Implementierung des „Test pro Takt"-Schemas sind in erster Linie multifunktionale Testregister (BILBO, CBILBO) und Akkumulatoren geeignet.

Beim „Test pro Scan"-Schema dagegen wird ein neues Muster über eine Schieberegisterkonfiguration (z.B. einen Prüfpfad) in mehreren Schiebetaktzyklen an die Eingänge der Teilschaltungen gebracht. Dann erfolgt der eigentliche Test mit diesem Muster, wobei die Antwort ebenfalls von einer Schieberegisterkonfiguration aufgenommen wird. Abschließend wird die Antwort in mehreren Schiebetaktzyklen ausgelesen.

Baugruppen und Multi-Chip Modules enthalten oft Chips von verschiedenen Herstellern. Um für den Test eine herstellerunabhängige Schnittstelle an den Chipgrenzen festzulegen, wurde die "Boundary-Scan"-Architektur geschaffen. Damit lassen sich nicht nur die Chips unterschiedlicher Hersteller, sondern auch ihre Einbettung in die Umgebung effizient testen.

5.1.1 "Boundary-Scan"-Architektur

Die "Boundary-Scan"-Architektur wurde 1990 als Norm IEEE Std 1149.1 [IEEE90] verabschiedet und wird seither von den meisten großen Chipherstellern verwendet. Die Norm legt eine für alle Chips einheitliche Testschnittstelle fest, die im wesentlichen aus vier Signalen, einem entsprechenden Schnittstellenprotokoll und Richtlinien zur Implementierung besteht. Durch diese Standardisierung können nicht nur die Hersteller, sondern auch Anwender die eingebauten Testeinrichtungen nutzen.

Um den Chip während des Tests von seiner Umgebung isolieren zu können, schreibt die Norm vor, daß an allen Eingangs-, Ausgangs- und bidirektionalen Chipanschlüssen sogenannte "Boundary-Scan"-Zellen (BS-Zellen) eingebaut werden (Bild 5.1).

Bild 5.2 zeigt eine BS-Zelle für einen Chipeingang oder -ausgang, für bidirektionale Chipanschlüsse gibt es eigene BS-Zellentypen. Im Normalbetrieb mit TEST = 0 sind alle BS-Zellen transparent. Wird SHIFT = 0 gesetzt und an CLOCK ein Impuls gegeben, übernehmen alle BS-Zellen den Wert an ihrem Eingang in ein Flipflop. Damit kann ohne Störung des Normalbetriebs beobachtet werden, welche Werte von außen an die Chipeingänge gelegt sind bzw. welche Werte die Schaltung an die Chipausgänge gibt. Über die Anschlüsse SI (serial input) und SO (serial output) sind die BS-Zellen zu einem Schieberegister verkettet, das mit

SHIFT = 1 und Taktimpulsen an CLOCK genauso seriell geladen und gelesen werden kann wie ein Prüfpfad durch die Flipflops im Inneren der Schaltung. Außerdem ist es möglich, die im Schiebebetrieb geladenen Werte durch einen UPDATE-Impuls parallel in das zweite Flipflop zu übernehmen und mit TEST = 1 an die Schaltungseingänge bzw. die Chipausgänge zu legen.

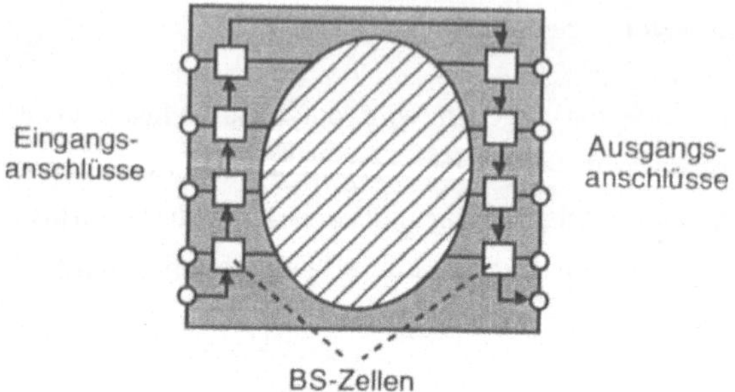

Bild 5.1: Chip mit "Boundary-Scan"-Pfad

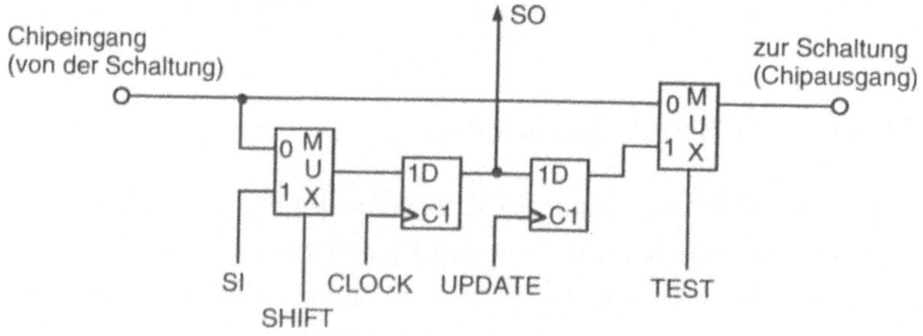

Bild 5.2: "Boundary-Scan"-Zelle

Werden die Chipausgänge durch ihre BS-Zellen auf zulässige feste Werte gelegt, kann die Schaltung im Inneren des Chips getestet werden, ohne die Umgebung zu beeinflussen. Das ist besonders wichtig, wenn manche Wertekombinationen an den Chipausgängen, um Beschädigungen zu vermeiden, nicht auftreten dürfen, wie z.B. bei Systemen mit einem Bus, auf dem stets nur ein Teilnehmer senden darf. Umgekehrt lassen sich die Verbindungen des Chips zur Umgebung testen, ohne daß die Schaltung im Chipinneren davon beeinflußt wird.

Die Testeinrichtungen für die BS-Architektur sind in Bild 5.3 skizziert. Die normierte Schnittstelle kommt mit vier Signalen aus. An TDI (Test Data Input) werden Daten seriell eingelesen und in eines der Register geschoben, an TDO (Test Data Ouptut) wird der Inhalt dieses Registers ausgegeben. TMS (Test Mode Select) ist eine serielle Eingabe für die Teststeuerung. Außerdem ist für den Testbetrieb ein eigener Takt TCK (Test Clock) vorgesehen.

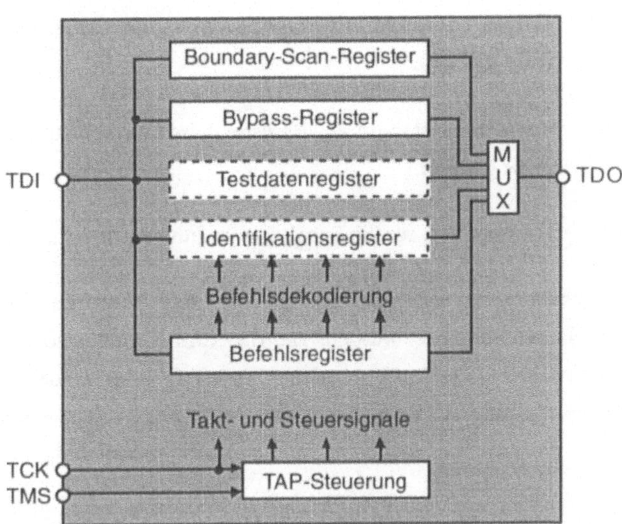

Bild 5.3: Testeinrichtungen der "Boundary-Scan"-Norm

Das BS-Register ist die Zusammenschaltung aller BS-Zellen zu einem BS-Pfad. Das Bypass-Register besteht aus einem 1-bit-Schieberegister und dient dazu, Daten schnell durch den Chip weiterzugeben, wenn sie von einem anderen in Reihe geschalteten Chip benötigt werden. Die Testdatenregister sind optional und gestatten den Zugriff auf weitere Testhilfen in der Schaltung. Sie können beispielsweise einen oder mehrere Prüfpfade oder Testregister enthalten. Das Identifikationsregister ist ebenfalls optional und enthält fest gespeicherte Informationen über Baustein-Typ, Seriennummer o.ä. Die aktuelle Betriebsweise der Schaltung wird durch den Inhalt des Befehlsregisters bestimmt.

Für die Ausführung der Befehle ist ein spezielles Teststeuerwerk, die "Test Access Port"-Steuerung, verantwortlich. Sie besitzt 16 Zustände und bekommt das TMS-Signal als Eingabe. Ihr Zustandsübergangsdiagramm ist in der BS-Norm genau festgelegt. Folgende Befehle sind vorgesehen, wobei jeder Befehl auch ein Register auswählt, das in den Pfad zwischen TDI und TDO geschaltet wird.

BYPASS: Das Bypass-Register ist in den Pfad zwischen TDI und TDO geschaltet. Die Schaltung arbeitet im Normalbetrieb.

SAMPLE/PRELOAD: Die Schaltung arbeitet im Normalbetrieb. Das BS-Register ist ausgewählt. Der Befehl erlaubt das „Mithören“ während des Normalbetriebs (SAMPLE) und das Laden des BS-Registers mit einem neuen Muster (PRELOAD).

EXTEST: Mit dem Muster im BS-Register werden die externen Verbindungen des Chips getestet.

INTEST (optional): Mit dem Muster im BS-Register wird die Schaltung im Inneren des Chips getestet.

RUNBIST (optional): Der Selbsttest für die Schaltung im Inneren des Chips wird ausgelöst.

Wenn BS-Zellen eingebaut sind, kann also auf einen "in circuit"-Test mit einer mechanischen Kontaktierung durch Nadeln verzichtet werden. Die BS-Norm schreibt aber nur den äußeren Rahmen für den Chiptest vor. Sie läßt offen, welche Teststrategie verwendet wird und wie der Testablauf im Falle des Selbsttests konkret aussieht. Auf diese Fragen gehen die folgenden Abschnitte ein.

5.1.2 „Test pro Scan"-Schema

Das „Test pro Scan"-Schema verwendet den Boundary-Scan-Pfad und im Inneren der Schaltung einen partiellen oder vollständigen Prüfpfad mit allen Speicherelementen, die sich an den Ein- und Ausgängen der einzelnen Teilschaltungen befinden. Zusätzlich werden für BS-Pfad und Prüfpfad je ein serieller Mustergenerator und ein serielles Signaturregister benötigt. Diese werden entweder integriert, wobei dann im BS-Pfad die ersten Zellen zu einem Mustergenerator und die letzten zu einem Signaturregister zusammengeschaltet werden, oder Mustererzeugung und Testauswertung werden ausgelagert und von einer zentralen Einrichtung auf der Baugruppe übernommen. Mit diesen Gedanken wurden bei IBM das STUMPS-Verfahren ("**s**elf-**t**est **u**sing a **M**ISR and **p**arallel **s**hift register sequence generator" [BaMc82]) und das LOCST-Verfahren ("**L**SSD **o**n-**c**hip **s**elf-**t**est" [LeBl84]) entwickelt.

Bild 5.4 zeigt eine Anwendung des „Test pro Scan"-Schemas. Der BS-Pfad führt durch alle BS-Zellen an den primären Eingängen der Schaltung (R_8) und durch alle BS-Zellen an den primären Ausgängen (R_9). Der Prüfpfad umfaßt alle Speicherelemente der Register R_2 und R_4. Während des Tests können die Speicherelemente im Prüfpfad wie Paare von primären Ein- und Ausgängen betrachtet werden. Dadurch wird die Schaltung in Teilschaltungen aufgeteilt, die in ihrer Struktur keine Zyklen aufweisen. Dieses Schneiden aller Zyklen mit Hilfe des Prüfpfads begrenzt die Länge der Testmusterfolgen, die für die einzelnen Fehler erforderlich sind, auf die sequentielle Tiefe der (Teil-)Schaltung (siehe Kapitel 3.3.1).

Der Hardware-Mehraufwand für das „Test pro Scan"-Schema ist geringer als beim „Test pro Takt"-Schema mit seiner größeren Anzahl von Mustergeneratoren und Kompaktierern. In

[LeBl84] wird der Mehraufwand für einen vollständigen Prüfpfad mit Mustergenerator und Signaturregister einschließlich der Teststeuerung auf 10 ... 15 % beziffert. Aber der Test dauert lange, da das Laden jedes Musters bzw. das Auslesen jeder Testantwort eine große Zahl von Schiebetaktzyklen erfordert. Zur Verkürzung der Testzeit wurden verschiedene Maßnahmen vorgeschlagen. Die Integration von Mustergenerator und Signaturregister für den Prüfpfad erlaubt es, Prüfpfad und BS-Pfad gleichzeitig zu laden. Eine günstige Reihenfolge der Speicherelemente im Prüfpfad kann ebenfalls zu einer kürzeren Testzeit beitragen. Wenn am Anfang des Prüfpfads diejenigen Speicherelemente stehen, die am häufigsten mit neuen Musterbits geladen werden müssen, und am Ende diejenigen, deren Inhalt am häufigsten zur Fehlererkennung auszulesen ist, dann genügt es in vielen Fällen, den Prüfpfad nur teilweise durchzuschieben, und einige Taktzyklen können eingespart werden [NaNB92]. Der Lade- bzw. Lesevorgang kann weiter beschleunigt werden, wenn Teile des Prüfpfads übersprungen werden können [MoMa91, NaBr95] oder wenn statt eines einzigen langen Prüfpfads mehrere kürzere Prüfpfade verwendet werden, die sich unabhängig voneinander betreiben lassen [NaGB93]. Die Teststeuerung wird dann allerdings erheblich aufwendiger.

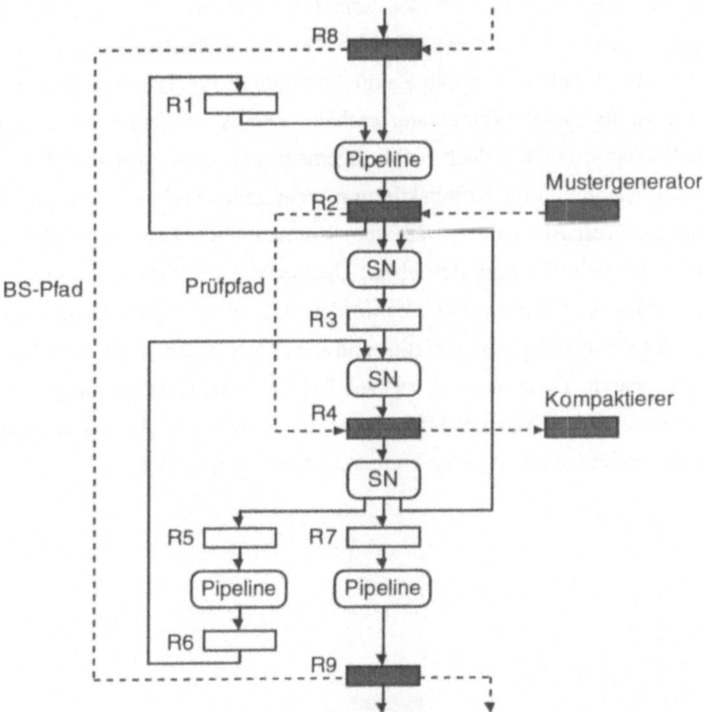

Bild 5.4: Anwendung des „Test pro Scan"-Schemas auf eine Schaltung mit Registern R1 ... R7, kombinatorischen Logikblöcken (SN) und Pipelinestrukturen

Trotz all dieser Maßnahmen bleibt bei großen Schaltungen, die oft Prüfpfade mit Hunderten von Flipflops enthalten, zwischen aufeinanderfolgenden Takten des Normalbetriebs eine große Anzahl von Schiebetaktzyklen notwendig. Die Schiebetaktzyklen bringen neben der langen Testzeit einen weiteren Nachteil. Das dynamische Verhalten der Schaltung kann nur stark eingeschränkt getestet werden (sofern nicht zusätzliche Testeinrichtungen hinzugefügt werden, siehe Abschnitt 3.3.1). Zwei Testmuster können nur dann unmittelbar nacheinander angelegt werden, wenn das zweite die Antwort auf das erste Muster ist, oder das zweite Muster aus dem ersten durch Verschiebung um eine Stelle hervorgeht. In beiden Fällen wird die Teststeuerung komplexer.

5.1.3 „Test pro Takt"-Schema

Beim „Test pro Takt"-Schema werden die BS-Zellen an den primären Eingängen der Schaltung zu einem oder mehreren Mustergeneratoren (LRSR, zellulare Automaten, etc.) ausgebaut und die BS-Zellen an den primären Ausgängen zu einem oder mehreren Signaturregistern. BS-Zellen an bidirektionalen Anschlüssen der Schaltung werden zu Testregistern zusammengeschaltet, die ähnlich wie transparente BILBOs arbeiten. Außerdem wird, um die Testzeit in akzeptablem Rahmen zu halten, in jeden Zyklus mindestens ein Testregister eingebaut (sofern der Zyklus nicht bereits einen Akkumulator enthält). Dieses Schneiden der Zyklen wie beim „Test pro Scan"-Schema reicht jedoch nicht allgemein aus, denn von manchen Testregistern wird dann Mustererzeugung und Kompaktierung gleichzeitig verlangt (z.B. T_2 in Bild 5.5). Für Testregister des CBILBO-Typs ist das kein Problem. Für Testregister des BILBO-Typs bedeutet das aber, daß beim Test die Betriebsart „Kompaktierung" gewählt werden muß und die Signaturen gleichzeitig als Muster verwendet werden. Die so erzeugten Muster sind i.a. weder erschöpfend noch (gewichtet) pseudozufällig und entsprechen schon gar nicht deterministisch berechneten Testmustern. Dann muß ein zweites BILBO in den Zyklus eingesetzt werden (an der Position von R_1 in Bild 5.5), so daß das eine in der Betriebsart „Mustererzeugung" arbeiten kann, während das andere die Antworten kompaktiert und umgekehrt.

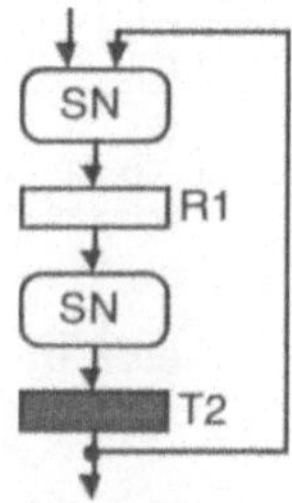

Bild 5.5: Teil eines Datenpfads mit Register R1 und Testregister T2

Besonders gravierend wird dieses Mustererzeugungsproblem, wenn ein Register über kombinatorische Logik seinen eigenen Inhalt beeinflußt, z.B. Register R_3 in Bild 5.6 ("self-adjacent register" [HuPe87]). Bei der Verwendung von BILBOs muß nicht nur das Register R_3 zu einem BILBO T_3 ausgebaut werden, sondern zusätzlich muß in den Rückkopplungspfad ein BILBO T_4, das im Normalbetrieb transparent ist, eingefügt werden. In [IlCl90] werden solche transparenten Testregister "fences" (Zäune) genannt, da sie während des Tests die Rückkopplung auftrennen. Falls R_3 zu einem aufwendigeren CBILBO erweitert wird, ist ein transparentes Testregister im Rückkopplungspfad nicht erforderlich.

Bild 5.6: Schaltung mit einer Schleife im Registergraphen (links), selbsttestbare Struktur mit BILBO T3 und transparentem BILBO T4 (rechts)

Das „Test pro Takt"-Schema verlangt also, daß jeder Zyklus der Schaltungsstruktur mindestens ein CBILBO oder zwei BILBOs enthält. Um diese Bedingung zu erfüllen, können Register zu BILBOs oder CBILBOs erweitert werden, und außerdem können BILBOs und CBILBOs, die im Normalbetrieb transparent sind, in beliebige Leitungen eingebaut werden

In Bild 5.7 ist die gleiche Schaltung wie in Bild 5.4 dargestellt, wobei nun aber BILBOs entsprechend dem „Test pro Takt"-Schema eingebaut wurden. Um in jedem Zyklus der Schaltungsstruktur zwei BILBOs zu bekommen, müssen insgesamt fünf Register der ursprünglichen Schaltung zu BILBOs erweitert werden.

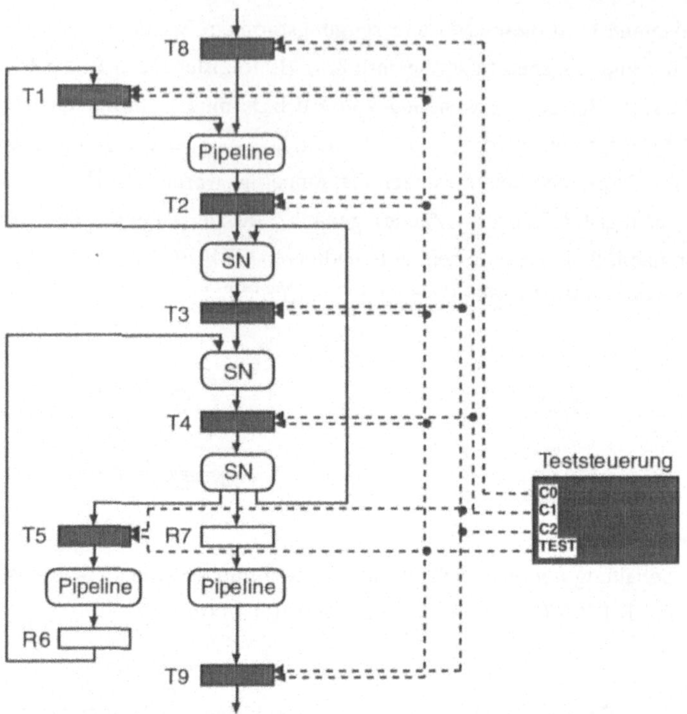

Bild 5.7: Anwendung des „Test pro Takt"-Schemas auf die Schaltung von Bild 5.4, Einbau von BILBOs

Die eingebauten Testregister segmentieren die Schaltung in mehrere Testeinheiten, die an allen Seiten durch Testregister begrenzt sind (siehe Abschnitt 3.4.2). In Bild 5.8 sind die Testeinheiten der Schaltung von Bild 5.7 dargestellt. Die in diesen Testeinheiten enthaltenen Teilschaltungen haben zyklenfreie S-Graphen. Selbstverständlich läßt sich auch eine Segmentierung in Testeinheiten erreichen, die nur Schaltnetze enthalten. Dazu müßten aber alle Register zu Testregistern erweitert werden, und der Hardware-Aufwand wäre beträchtlich höher.

Da ein BILBO nicht gleichzeitig pseudozufällige Muster erzeugen und Antworten kompaktieren kann, lassen sich manche Teilschaltungen nicht gleichzeitig testen, z.B. $u(T_2)$ und $u(T_3)$ in Bild 5.8. Um solche Konflikte zu vermeiden, aber dennoch möglichst viele Testeinheiten gleichzeitig zu testen, ist eine sorgfältige Planung des Testablaufs notwendig, und die Teststeuerung, die für jedes Testregister zwei Steuersignale zur Einstellung der Betriebsart liefert, muß entsprechend implementiert werden.

Aus diesen Gründen ist der Entwurfsaufwand und der Hardware-Aufwand höher als beim „Test pro Scan"-Schema. Andererseits kann aber mit dem „Test pro Takt"-Schema jedes Testregister in jedem Taktzyklus ein neues Muster erzeugen bzw. eine neue Antwort kompaktieren, so daß mit der gleichen Geschwindigkeit wie im normalen Betrieb getestet werden kann und infolgedessen auch viele dynamische Fehler erfaßt werden. Selbst wenn man die Anzahl der Muster erhöht und damit die Testqualität noch steigert, ist die Testzeit trotzdem wesentlich kürzer als beim „Test pro Scan"-Schema.

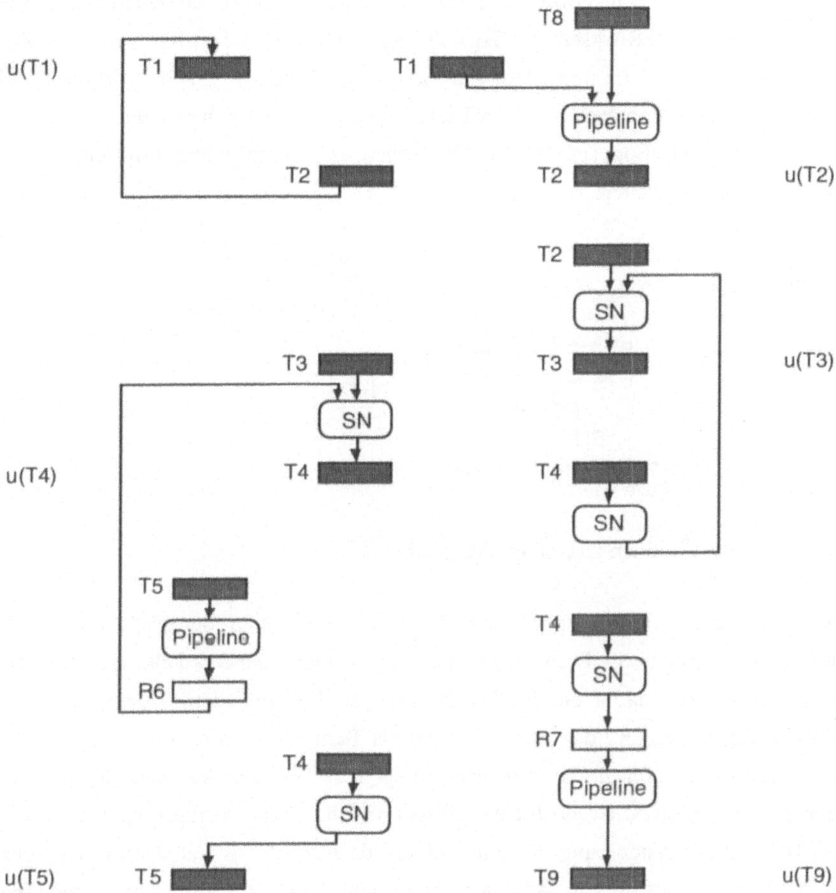

Bild 5.8: Segmentierung im Testbetrieb für die Schaltung von Bild 5.7

An Stelle von Testregistern lassen sich Akkumulatoren verwenden, die ebenso Muster erzeugen und Testantworten kompaktieren können und damit BILBOs vergleichbar sind (siehe Abschnitt 4.4). Falls die Schaltung die Bestandteile, die für Akkumulatoren gebraucht werden, bereits enthält, müssen weniger Testregister ergänzt werden und der Hardware-Aufwand für die Testausstattung ist geringer. Es werden jedoch aus Kostengründen keine zusätzlichen Akkumulatoren eigens für den Test eingebaut.

Ein Spezialfall des „Test pro Takt"-Schemas ist der *zirkuläre Prüfpfad* (circular self-test path [KrPi89]). Für den Test wird ein ringförmig geschlossener Prüfpfad integriert, der alle Zellen an den primären Ein- und Ausgängen und dazu Flipflops aus dem Inneren der Schaltung umfaßt. Die Flipfops werden ähnlich wie beim partiellen Prüfpfad so ausgewählt, daß alle Zyklen der Schaltungsstruktur geschnitten werden, oder es werden spezielle Heuristiken angewandt [POLB88]. Die ausgewählten Flipflops werden durch Zellen wie in Bild 5.9 ersetzt, die in den Betriebsarten „Rücksetzen" ($B_1 = 0$, $B_0 = 0$), „Normalbetrieb" ($B_1 = 0$, $B_0 = 1$), „Schieben" ($B_1 = 1$, $B_0 = 0$) und „Test mit zirkulärem Prüfpfad" ($B_1 = 1$, $B_0 = 1$) arbeiten können [Stro88]. Nach Angaben von AT&T ist die Fläche einer solchen Zelle um 77 % größer als ein normales D-Flipflop [POLB88]. Die Zellen an den primären Ein- und Ausgängen werden entsprechend erweitert.

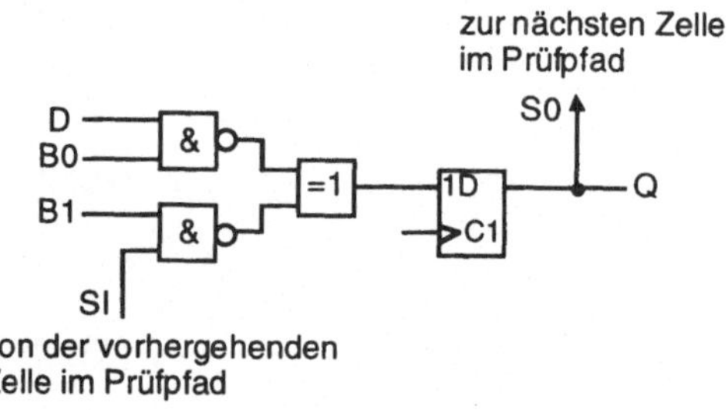

Bild 5.9: Zelle für einen zirkulären Prüfpfad

Ähnlich wie bei einem MISR ergibt sich der neue Wert Q in der Zelle aus der XOR-Verknüpfung der Testantwort D mit dem Inhalt der vorhergehenden Zelle im Prüfpfad. Der zirkuläre Prüfpfad stellt damit ein großes Testregister dar. In jedem Taktzyklus wird eine Testantwort kompaktiert, und das Ergebnis dient als Testmuster im nächsten Taktzyklus. Der Hardware-Mehraufwand für die Testausstattung liegt zwischen dem Aufwand für das „Test pro Scan"-Schema und dem Aufwand für das „Test pro Takt"-Schema mit eingebauten BILBOs und CBILBOs. Die Teststeuerung ist sehr einfach, da nach der Initialisierung der Schaltung während des ganzen Tests bis zum Auslesen der Signatur nicht umkonfiguriert werden muß.

Die Qualität der erzeugten Muster, die Fehlermaskierung und damit letztlich die Fehlerfassung sind jedoch beim zirkulären Prüfpfad schwer zu beurteilen. Da die Schaltung während des Tests von der Umgebung isoliert ist, hat jeder Schaltungszustand genau einen Nachfolger. Die Zustandsfolge und deshalb auch die Musterfolge werden nach einer bestimmten Taktzahl, die vom Startzustand und der Schaltungsfunktion abhängt, periodisch. Wenn die erzeugte Musterfolge nicht alle für den Test notwendigen Muster enthält, also zu kurz ist, wird die Fehlererfassung zu gering. Die Abhängigkeit der Mustererzeugung von der Schaltungsfunktion macht Schaltungen mit zirkulärem Prüfpfad besonders anfällig für dieses Problem [AvMc93, CaPa94, CoPR94] (vgl. auch die Situation in Bild 5.6 mit einem BILBO in einer Schleife der RT-Struktur).

Die stochastische Analyse von [KrPi89, PiKK92] führt zwar zu dem Ergebnis, daß weitgehend unabhängig von Startzustand und Schaltungsfunktion die erzeugten Muster ähnliche Eigenschaften wie zufällige Muster haben. Aber die zugrundeliegende Annahme, daß die Bitfolgen an den beiden Eingängen des XOR-Gatters in einer Prüfpfadzelle stochastisch unabhängig sind, gilt nicht allgemein, wie an einem einfachen Beispiel klar wird.

Wenn der Ausgang von Flipflop FFi im Normalbetrieb direkt mit dem Eingang von Flipflop FFj verbunden ist, und FFj im Prüfpfad unmittelbar auf FFi folgt, dann haben im Testbetrieb beide Eingänge des XOR-Gatters vor FFj stets den gleichen Wert. Folglich werden nur Muster erzeugt, die bei FFj ein "0"-Bit haben, und wenn ein Schaltungsfehler den Wert in FFi verfälscht, wird der Fehler bereits mit dem nächsten Takt maskiert. Ähnliche, wenn auch nicht immer so extreme Effekte treten allgemein auf, wenn die Bitfolgen an den beiden Eingängen des XOR-Gatters korreliert sind.

In [AvMc93] und [CaPa94] wurden die Schaltungsstrukturen, die zu solchen Problemen führen, untersucht. Als Gegenmaßnahme wurde vorgeschlagen, manche Prüfpfadzellen zu modifizieren, die Reihenfolge der Zellen im Prüfpfad zu ändern und in einzelnen Fällen zusätzliche Zellen in den Prüfpfad zu integrieren. Außerdem kann man bei kleinen Schaltungen versuchen, einen günstigen Startzustand zu finden [CoPR94]. Um eine bestimmte Fehlererfassung zu garantieren, ist letztlich eine aufwendige Fehlersimulation der kompletten Schaltung erforderlich. Hier macht es sich nachteilig bemerkbar, daß der zirkuläre Prüfpfad die ganze Schaltung durchzieht und es keine für ein effizienteres Simulationsverfahren nutzbare Segmentierung in unabhängig testbare Teilschaltungen gibt.

5.2 Synthese leicht testbarer Steuerwerke

Digitale Schaltungen lassen sich allgemein aufteilen in ein *Operationswerk*, das Operationen auf den Daten ausführt, auch *Datenpfad* genannt, und ein *Steuerwerk*, das die Operationen auswählt und ihre Reihenfolge festlegt (Bild 5.10). Beide Teile kommunizieren über Statussignale, welche die Eigenschaften von Operationsergebnissen beschreiben (z.B. Vorzeichen, Überlauf), und über Steuersignale, mit denen das Steuerwerk bestimmte Einstellungen im Datenpfad vornimmt (z.B Befehlcode für eine ALU, Enable-Signale für Tri-State-Treiber, Select-Signale für Multliplexer). Außerdem bekommt das Steuerwerk von der Umgebung Eingabesignale für das Rücksetzen, den Start oder die Unterbrechung der Datenverarbeitung und liefert an die Umgebung Informationen über den Stand der Verarbeitung.

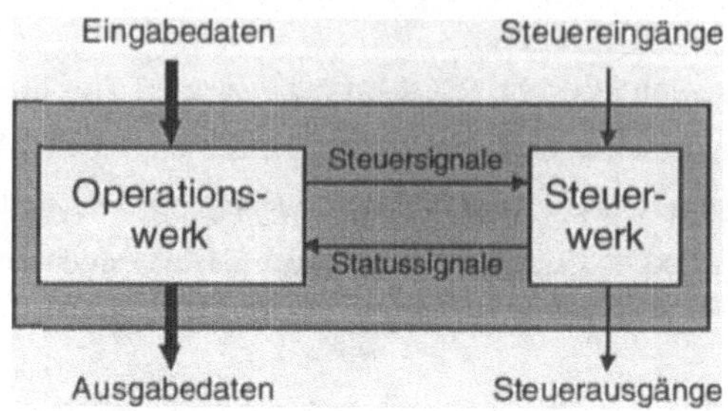

Bild 5.10: Aufteilung in Operationswerk und Steuerwerk

Die unterschiedlichen Aufgaben von Operationswerk und Steuerwerk spiegeln sich auch in unterschiedlichen Schaltungsstrukturen wider. Während das Operationswerk typischerweise aus einer Zusammenschaltung von regelmäßigen Blöcken wie arithmetisch-logischen Verknüpfungseinheiten, Multiplexern und Registern besteht, ist das Steuerwerk durch eine komplexe und unregelmäßige innere Struktur mit vergleichsweise wenigen Speicherelementen charakterisiert. Die Entwurfsmethoden für Operationswerk und Steuerwerk differieren deshalb, und entsprechend unterschiedlich sind auch die Ansatzpunkte für die Verbesserung der Testbarkeit. Dieser Abschnitt geht auf den Entwurf leicht testbarer Steuerwerke ein, der folgende Abschnitt 5.3 behandelt den Entwurf von Datenpfaden.

Der Steuerwerksentwurf gilt heute bereits als „klassisches“ Gebiet, für das es ausgereifte automatische Syntheseverfahren gibt (siehe z.B. [BHMS84, McCl86, BRSW87, DMNS88, ViSa89, SENT92]). Bild 5.11 faßt die Abläufe beim Steuerwerksentwurf zusammen. Ausgangspunkt ist eine formale Beschreibung des Steuerwerks als endlicher Automat. Diese Verhaltensbeschreibung wird entweder direkt eingegeben oder von einem Synthesesystem beim Entwurf des Operationswerks erzeugt. Um die Anzahl der Zustände und der zu realisierenden Zustandsübergänge zu verringern, werden äquivalente Zustände zusammengefaßt. Bei der Zustandcodierung wird dann jedem symbolischen Zustand ein binäres Codewort zugewiesen, das sich in einem Zustandsregister speichern läßt. Die binäre Codierung der Eingaben und Ausgaben ist i.a. bereits durch die Festlegung der Schnittstelle zwischen Steuerwerk und Operationswerk bestimmt. Nach der Codierung sind die booleschen Funktionen für Folgezustand und Ausgabe bekannt, die im Schaltnetzteil des Steuerwerks implementiert werden müssen. Die Logikminimierung versucht, die Fläche und/oder die Signallaufzeiten durch das Schaltnetz so weit wie möglich zu verringern. Je nach Entwurfsstil werden verschiedene Optimierungskriterien eingesetzt.

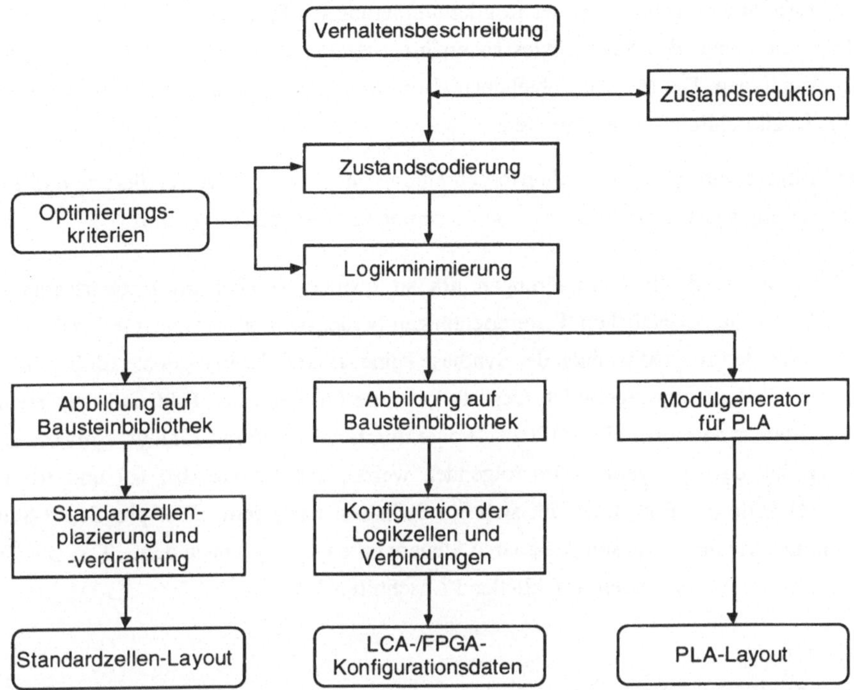

Bild 5.11: Entwurf eines Steuerwerks

Die anschließenden Entwurfschritte sind stark von der Zieltechnologie geprägt. Die Schaltung kann zunächst auf eine Zusammenschaltung von Elementen einer vorgegebenen Bausteinbibliothek abgebildet werden ("technology mapping") und dann als Standardzellenschaltung, FPGA (field programmable gate array), LCA (logic cell array) oder ähnliches realisiert werden. Mit einem Modulgenerator kann für das Schaltnetz auch direkt ein PLA-Layout generiert werden.

Um die Testbarkeit des Steuerwerks durch einen Prüfpfad zu verbessern und den Hardware-Aufwand für die Testausstattung zu verringern, gibt es folgende Möglichkeiten:

(a) Nach Zustandscodierung und Logikminimierung werden einfach alle Flipflops durch Prüfpfadelemente ersetzt, und die Verdrahtung für die Schieberegisterkonfiguration wird ergänzt.

(b) Nach Zustandscodierung und Logikminimierung wird die Schaltung auf Gatterebene durch Transformationen so optimiert, daß ein partieller Prüfpfad, der alle Zyklen schneidet, mit möglichst wenigen Flipflops auskommt.

(c) Der Prüfpfad wird bereits vor der Logikminimierung ins Spiel gebracht, indem die booleschen Funktionen des Schaltnetzes so ergänzt werden, daß sie auch den Schiebebetrieb berücksichtigen. Die für den Schiebebetrieb notwendigen Schaltungsteile werden dadurch in die Logikminimierung einbezogen.

(d) Der Prüfpfad wird in die Verhaltensbeschreibung integriert. Zustandscodierung und Logikminimierung werden für die komplette Schaltung mit Prüfpfad ausgeführt.

Generell ist das Feld für Optimierungen um so größer, je eher im Entwurfsablauf die Testbarkeit bzw. die zusätzlichen Testeinrichtungen berücksichtigt werden. Der nach (c) oder (d) implementierte Prüfpfad ist nach der Synthese keine strukturell abgegrenzte Einheit mehr, es wird nur das Verhalten nachgebildet. Deshalb kann die Funktion des Prüfpfads nicht einfach getestet werden, indem man eine 11001...-Folge durch den Prüfpfad schiebt, sondern andere Testmuster sind dazu notwendig. Im folgenden werden die Punkte (b), (c) und (d) näher erläutert. Mit Hilfe des Prüfpfads läßt sich ein Selbsttest nach dem „Test pro Scan"-Schema realisieren. Die Synthese von selbsttestbaren Steuerwerken, die sich nach dem „Test pro Takt"-Schema testen lassen, behandelt anschließend Abschnitt 5.2.4.

5.2.1 Retiming und Resynthese

Retiming ist eine Transformation der Schaltung, bei der Flipflops an manchen Positionen hinzugefügt und an anderen entfernt werden, ohne das Ein-/Ausgabeverhalten der Schaltung zu ändern [LeSa91]. Retiming wird verwendet, um eine synchrone Schaltung nach verschiedenen Kriterien zu optimieren.

Für das Retiming wird die Schaltung auf Gatterebene als Graph $G' := (V', E', d, w)$ modelliert. Die Knotenmenge $V' = I \cup O \cup V_C$ repräsentiert die primären Ein- und Ausgänge und die Gatter. Die Kantenmenge E stellt die Verbindungen zwischen den Gatteranschlüssen dar, wobei eine Verbindung auch durch ein oder mehrere Flipflops führen kann. Das Kantengewicht w(e) gibt die Anzahl der Flipflops in der Verbindung $e \in E$ an, das Knotengewicht d(v) die Verzögerungszeit des Gatters v. Für eine realisierbare Schaltung darf kein Kantengewicht negativ sein, und jeder Zyklus von G' muß mindestens eine Kante mit einem Gewicht größer als 1 enthalten.

Ein Retiming läßt sich als eine ganzzahlige Markierung $r: V' \to \mathbb{Z}$ für die Knoten von G' darstellen. r(v) gibt an, um wie viele Taktzyklen der Knoten v verzögert wird. Es werden also bei jedem Gatter v am Ausgang r(v) Flipflops weggenommen und an jedem seiner Eingänge r(v) Flipflops dazugefügt. Damit wird $G' := (V', E', d, w)$ transformiert zu $G_r' := (V', E', d, w_r)$, wobei das neue Kantengewicht für eine Kante e = (u, v) definiert ist durch $w_r(e) := w(e) + r(v) - r(u)$. Selbstverständlich ist ein Retiming r nur zulässig, wenn $w_r \geq 0$ für alle Kanten $e \in E$ gilt. Die Summe der Kantengewichte in einem Zyklus bleibt stets unverändert.

In [LeSa91] sind Algorithmen beschrieben, die durch Retiming die Taktperiode oder die Anzahl der Flipflops minimieren. Retiming kann auch genutzt werden, um die Schaltung so umzuformen, daß ein partieller Prüfpfad, der alle Zyklen der Schaltungsstruktur schneidet, günstiger realisiert werden kann [KaTr96]. Ein solcher Prüfpfad umfaßt alle Knoten aus einem "Minimum Feedback Vertex Set" des S-Graphen (MFVS, siehe Abschnitt 3.3.1). Eine untere Schranke für die Anzahl der Knoten im MFVS des S-Graphen ist die Anzahl der Knoten im MFVS des Schaltungsgraphen. Dieses zweite MFVS kann allerdings auch kombinatorische Knoten enthalten. Wenn es nun gelingt, die Flipflops so zu positionieren, daß alle kombinatorischen Knoten aus dem MFVS des Schaltungsgraphen einen sequentiellen Knoten als einzigen direkten Nachfolger haben, dann können diese sequentiellen Knoten in den Prüfpfad aufgenommen werden, und es läßt sich ein partieller Prüfpfad mit der minimalen Anzahl von Flipflops implementieren. Ein derartiges Retiming existiert genau dann, wenn in der ursprünglichen Schaltung folgende Bedingungen erfüllt sind [ChDe94, PaLi95]:

(a) Auf jedem Pfad von einem primären Eingang zu einem primären Ausgang gibt es mindestens so viele sequentielle Knoten wie MFVS-Knoten.

(b) In jedem Zyklus gibt es mindestens so viele sequentielle Knoten wie MFVS-Knoten.

Falls diese Voraussetzungen nicht zutreffen, kann durch Duplizieren von kombinatorischen Schaltungsteilen in jedem Fall das gewünschte Retiming erreicht werden. Bild 5.12 beschreibt ein kleines Beispiel mit den Gattern G1 ... G4 und den Flipflops f1 ... f3. Die Flipflops sind vereinfacht als schwarze Balken gezeichnet. Um die beiden Zyklen der ursprünglichen Schaltungsstruktur zu schneiden, müssen f1 und f2 in einen partiellen Prüfpfad aufgenommen werden. Es würde aber eigentlich genügen, das Signal s durch den Prüfpfad zugänglich zu machen. Da die Bedingung (a) hier nicht erfüllt ist, reicht ein Retiming allein nicht aus. Wenn aber zuerst das Gatter G2 dupliziert wird, kann durch ein anschließendes Retiming ein Flipflop so positioniert werden, daß es vom Signal s getrieben wird, und dann genügt ein Prüfpfad mit nur diesem einen Flipflop. Es ist leicht zu überprüfen, daß das Ein-/Ausgabeverhalten sich nicht ändert.

Verfahren, die mit dieser Kombination von Resynthese und Retiming arbeiten, können den partiellen Prüfpfad beträchtlich verkürzen [ChDe94, PaLi95]. Die Nebenwirkungen sind aber in vielen Fällen eine etwas größere Gesamtzahl von Flipflops und manchmal auch ein etwas höherer Hardware-Aufwand für die kombinatorische Logik. Und vor allem ist zu beachten, daß das Retiming die Taktperiode beeinflußt.

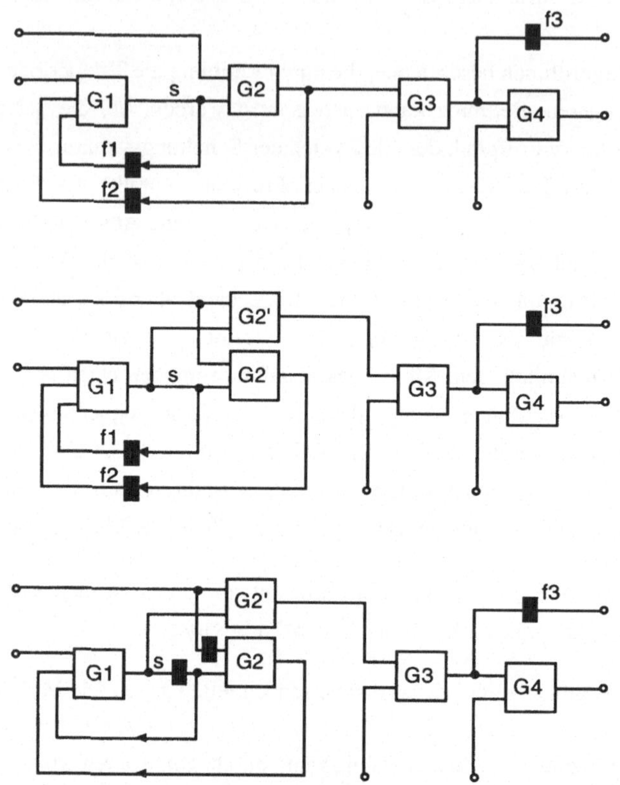

Bild 5.12: Verkürzung des partiellen Prüfpfads mit Hilfe von Resynthese und Retiming: ursprüngliche Schaltung (oben), Schaltung nach Verdoppeln von Gatter G2 (mitte), Schaltung nach Retiming (unten)

5.2.2 Ergänzung der Prüfpfadfunktion nach der Zustandscodierung

Beim Steuerwerksentwurf ist nach der Zustandscodierung die Anzahl der benötigten Flipflops bekannt, und die booleschen Funktionen, die das Schaltnetz für den Normalbetrieb realisieren muß, liegen fest. In Bild 5.13 wurde bereits ein vollständiger Prüfpfad mit Eingang i_0 und Ausgang o_0 hinzugefügt. Durch die gemeinsame Nutzung eines Eingangs und eines Ausgangs für Normal- und Schiebebetrieb sind außer dem Schiebebetriebssignal S keine zusätzlichen Anschlüsse notwendig.

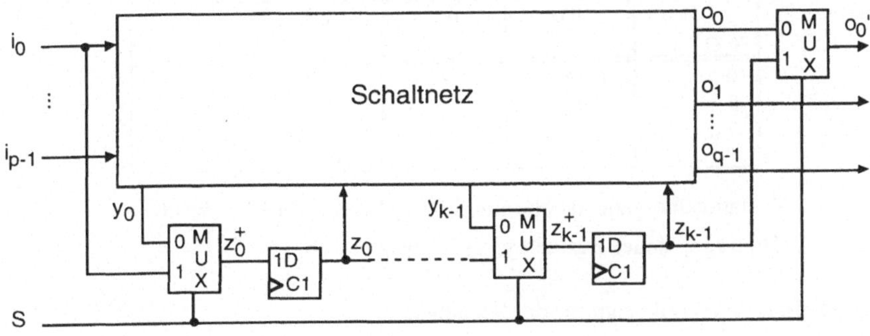

Bild 5.13: Steuerwerk mit Prüfpfad

Auf den aktuellen Zustand $(z_0, z_1, \ldots, z_{k-1})$ folgt im Normalbetrieb (S = 0) der Zustand $(y_0, y_1, \ldots, y_{k-1})$ und im Schiebebetrieb (S = 1) der Zustand $(i_0, z_0, z_1, \ldots, z_{k-2})$. Zu den booleschen Funktionen des ursprünglichen Schaltnetzes

$$y_0 = f_0(i_0, \ldots, i_{p-1}, z_0, \ldots, z_{k-1}),$$
$$\vdots$$
$$y_{k-1} = f_{k-1}(i_0, \ldots, i_{p-1}, z_0, \ldots, z_{k-1}),$$
$$o_0 = g_0(i_0, \ldots, i_{p-1}, z_0, \ldots, z_{k-1}),$$
$$\vdots$$
$$o_{q-1} = g_{q-1}(i_0, \ldots, i_{p-1}, z_0, \ldots, z_{k-1})$$

kommen durch die Prüfpfadfunktion hinzu

$$z_0^+ = \bar{S}\, y_0 + S\, i_0,$$
$$z_1^+ = \bar{S}\, y_1 + S\, z_0,$$
$$\vdots$$
$$z_{k-1}^+ = \bar{S}\, y_{k-1} + S\, z_{k-2},$$
$$o_0' = \bar{S}\, o_0 + S\, z_{k-1}.$$

Die Ausdrücke für $f_0, \ldots, f_{k-1}$ und g_0 werden nun in die Gleichungen für $z_0^+, \ldots, z_{k-1}^+$ und o_0' eingesetzt. Dann erfolgt die Logikminimierung für $z_0^+, \ldots, z_{k-1}^+, o_0', o_1, \ldots, o_{q-1}$.

Ein kleines Beispiel zeigt die Vorteile gegenüber dem nachträglichen Einbau des Prüfpfads. Tabelle 5.1 beschreibt ein Schaltwerk mit zwei Eingängen i_0, i_1, zwei Ausgängen o_0, o_1, dem aktuellen Zustand (z_0, z_1) und dem Folgezustand (y_0, y_1).

$i_0\,i_1$ / $z_0\,z_1$	0 0	0 1	1 0	1 1
0 0	0 0 / - -	1 0 / 0 0	0 1 / 0 1	- - / - -
0 1	0 0 / - -	0 1 / 1 -	- - / - -	1 1 / 1 0
1 0	0 0 / - -	- - / - -	1 0 / - 0	0 1 / - 1
1 1	0 0 / - -	- - / - -	1 0 / 0 1	1 1 / - 1

Tabelle 5.1: Zustandsübergangstabelle für ein Schaltwerk ohne Prüfpfad (Einträge: neuer Zustand $y_0\,y_1$ / Ausgabe $o_0\,o_1$)

Nach der Minimierung ergibt sich für das Schaltnetz

$$y_0 = \overline{z_0}\ \overline{z_1}\, i_1 + z_1 i_0 + z_0 i_0 \overline{i_1}\,,$$

$$y_1 = z_1 i_1 + \overline{z_0}\, i_0 + z_0 i_1\,,$$

$$o_0 = z_1 i_1\,,$$

$$o_1 = \overline{z_0}\ \overline{i_1} + z_0 i_1 + z_0 z_1\,.$$

Die Summe der Literale, ein oft benutztes Maß für den Hardware-Aufwand bei Realisierungen mit Gattern, ist 22. Wird ein vollständiger Prüfpfad nachträglich hinzugefügt, sind außerdem zu implementieren

$$z_0^+ = \overline{S}\, y_0 + S\, i_0\,,$$

$$z_1^+ = \overline{S}\, y_1 + S\, z_0\,,$$

$$o_0' = \overline{S}\, o_0 + S\, z_1\,.$$

Das sind 12 weitere Literale, insgesamt also 34 Literale. Wird dagegen verfahren wie oben beschrieben, dann ergibt sich nach Einsetzen und Minimieren

$$z_0^+ = \overline{S}\ \overline{z_0}\ \overline{z_1}\, i_1 + z_1 i_0 + z_0 i_0 \overline{i_1} + S\, i_0\,,$$

$$z_1^+ = \overline{S}\, z_1 i_1 + \overline{S}\ \overline{z_0}\, i_0 + z_0 i_1 + S\, z_0\,,$$

$$o_0' = z_1 i_1 + S\, z_1\,,$$

$$o_1 = \overline{z_0}\ \overline{i_1} + z_0 i_1 + z_0 z_1\,.$$

Die Summe der Literale ist jetzt 31, 3 Literale wurden eingespart. Ein weiterer Vorteil ist, daß bei einer zweistufigen Realisierung des Schaltnetzes wie hier die Verminderung der maximalen Betriebsfrequenz infolge des eingebauten Prüfpfads sehr gering ist.

Das beschriebene Verfahren läßt sich problemlos auf mehrere parallele Prüfpfade erweitern [ViJh92]. Außerdem kann auch die Reihenfolge der Flipflops im Prüfpfad zur Optimierung genutzt werden [EsWu91b].

5.2.3 Einbettung der Prüfpfadfunktion in die Verhaltensbeschreibung

Allgemein verbessern sich Steuerbarkeit und Beobachtbarkeit für die Knoten in einem Schaltwerk, wenn dafür gesorgt wird, daß einerseits jeder beliebige Zustand mit einer kurzen Eingabefolge eingestellt werden kann und andererseits jeder Zustand beim Anlegen einer kurzen Eingabefolge anhand der resultierenden Ausgabefolge eindeutig identifiziert werden kann. Solche Maßnahmen können bereits auf der Ebene der Verhaltensbeschreibung, wo die Zustandsübergange vorliegen, ergriffen werden. Durch die Spezifikation des Steuerwerks ist ein endlicher Automat vorgegeben, der *Zielautomat.* Nun wird ein zweiter Automat definiert, der *Testautomat*, der die gleiche Anzahl von Zuständen besitzt und gute Testbarkeitseigenschaften aufweist. Beide Automaten sollen mit den gleichen Speicherelementen und soweit wie möglich auch mit der gleichen kombinatorischen Logik realisiert werden. Dazu werden ihre Übergangsdiagramme zusammengefügt und gemeinsam synthetisiert, so daß die Implementierung die Funktionen beider Automaten realisiert [KaCA95a].

Der Testautomat kann beispielsweise die Funktion eines Schieberegisters haben. Dann ist sein Zustandsübergangsdiagramm sehr regelmäßig aufgebaut. Jeder Zustand hat genau zwei Vorgänger und genau zwei Nachfolger, nämlich je einen für die beiden Eingabesymbole. Für die beiden Übergänge, die vom gleichen Zustand ausgehen, ist das Ausgabesymbol gleich. Wenn der Zielautomat n Zustände hat, kann mit Hilfe des Testautomaten jeder Zustand in $\lceil \log n \rceil$ Schritten eingestellt und in $\lceil \log n \rceil$ Schritten verifiziert werden. Andere Testautomaten, dic cbcnfalls die Testmusterfolgen verkurzen, sind in [AgCh90], [HsPa95] und [KuLS95] beschrieben.

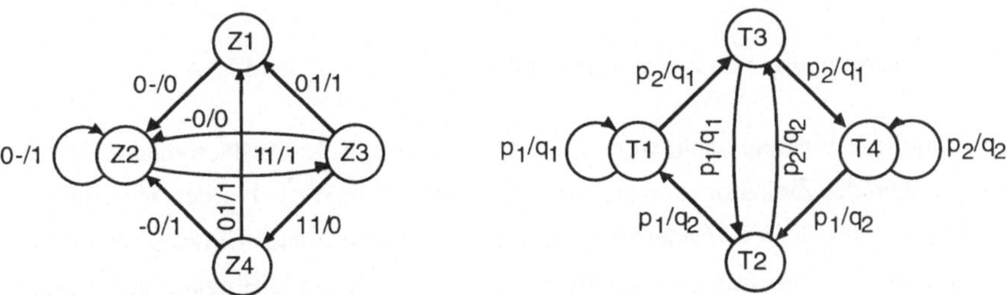

Bild 5.14: Übergangsgraph für einen Automaten (links) und für den zugehörigen Testautomaten (rechts)

In Bild 5.14 ist das Übergangsdiagramm eines Automaten mit zwei Eingängen, einem Ausgang und vier symbolischen Zuständen dargestellt. Daneben ist ein Testautomat mit der Funktion eines Schieberegisters abgebildet. Der Testautomat hat zwei Eingabesymbole p_1 und p_2, zwei

Ausgabesymbole q_1 und q_2 und ebenfalls vier Zustände. Man prüft leicht nach, daß unabhängig vom augenblicklichen Zustand mit zwei aufeinanderfolgenden Eingabesymbolen jeder Zustand eingestellt und in der gleichen Anzahl von Schritten ausgelesen werden kann (mit seiner Codierung durch q_1 und q_2).

Der Testautomat wird nun mit dem Zielautomaten vereinigt. Dazu muß eine Abbildung der Zustände des Testautomaten auf die Zustände des Zielautomaten gefunden werden, so daß bei der Einbettung des Testautomaten möglichst wenige Zustandsübergänge im Übergangsgraphen des Zielautomaten zu ergänzen sind. Denn zusätzliche Übergänge, die durch das Schaltnetz des Steuerwerks zu realisieren sind, vergrößern den Hardware-Aufwand. Außerdem müssen den Ein- und Ausgabesymbolen des Testautomaten binäre Ein- und Ausgaben des Zielautomaten zugeordnet werden. Bild 5.15 zeigt die Einbettung für das Beispiel von Bild 5.14. Jeder Zustand aus {T1, ..., T4} wird auf den Zustand aus {Z1, ..., Z4} mit der gleichen Nummer abgebildet, die Eingabesymbole p_1 und p_2 auf 10 bzw. 11 und die Ausgabesymbole q_1 und q_2 auf 0 bzw. 1.

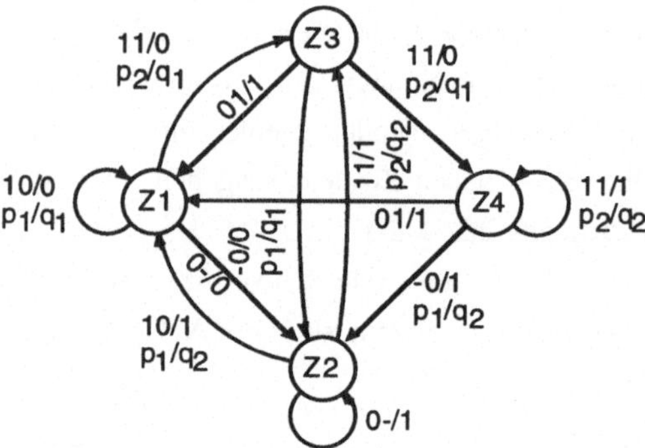

Bild 5.15: Vereinigung von Zielautomat und Testautomat von Bild 5.14

Die Einbettung gelingt genau dann, wenn der Übergangsgraph des Testautomaten isomorph zu einem Teilgraphen des Zielautomaten ist, wobei unspezifizierte Werte bei den Übergängen zu 0 oder 1 verfügt werden dürfen. Andernfalls muß ein weiterer primärer Eingang dazugenommen werden, der dann die Einbettung immer ermöglicht. Wenn der neue Eingang auf 0 gesetzt ist, erfolgt der Übergang wie im Zielautomaten, bei 1 wie im Testautomaten. Algorithmen für die Einbettung sind in [KaCA95a] beschrieben. Experimentelle Ergebnisse für kleine Steuerwerke mit bis zu 32 Zuständen haben gezeigt, daß sich beträchtliche Hardware-Einsparungen erzielen lassen. Wenn die Prüfpfadfunktion erst in der Implementierung auf Gatterebene ergänzt wird und die Schaltung anschließend resynthetisiert wird, sind die Einsparungen wesentlich geringer [KaCA95b].

Der Test läuft in zwei Phasen ab. Zunächst wird die Prüfpfadfunktion getestet, und anschließend der Normalbetrieb wie bei einem Schaltwerk mit nachträglichen eingebauten Prüfpfad. Der Test der Prüfpfadfunktion ist allerdings aufwendiger als bei einem nachträglich eingebauten Prüfpfad.

Für größere Steuerwerke erfordert die Einbettung des Testautomaten einen großen Rechenaufwand. Es ist dann günstiger, das Steuerwerk als eine Zusammenschaltung mehrerer kleinerer Automaten zu beschreiben. In jeden kleinen Automaten wird ein Testautomat mit Schieberegisterfunktion eingebettet, und danach werden alle Testautomaten in Serie geschaltet.

5.2.4 Synthese von selbsttestbaren Steuerwerken mit integrierten Testregistern

Als Alternative zu einem „Test pro Scan“-Selbsttest, der sich mit einer integrierten Prüfpfadfunktion realisieren läßt, können Testregister in das Steuerwerk integriert werden. Dazu wird das Zustandsregister so erweitert, daß es in einer zweiten Betriebsart während des Tests entweder als Mustergenerator oder als Kompaktierer für die Testantworten arbeiten kann. Im ersten Fall ist zusätzlich ein Signaturregister, im zweiten sind ein Mustergenerator und ein Multiplexer erforderlich (siehe Bild 5.16). Eine weitere Möglichkeit ist die Erweiterung des Zustandsregisters zu einem CBILBO. Alle drei Varianten erhöhen nicht nur den Hardware-Aufwand, sondern verringern auch die maximale Betriebsgeschwindigkeit, da das Zustandsregister umschaltbar sein muß und deshalb zusätzliche Bauelemente in den Signalpfad gelegt werden.

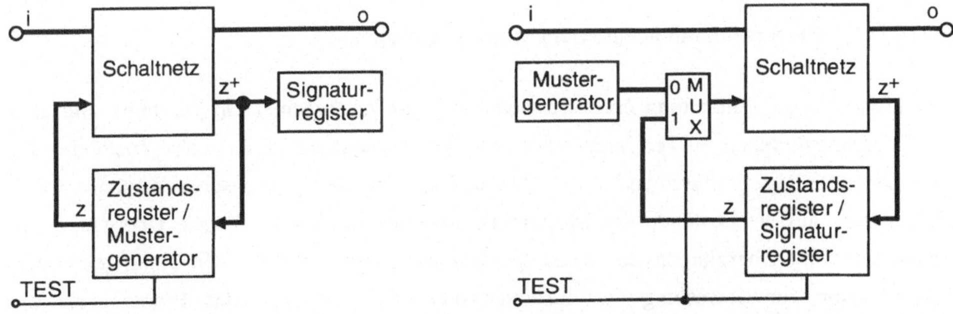

Bild 5.16: Selbsttestbare Steuerwerke, bei denen das Zustandsregister im Testbetrieb als Mustergenerator (links) bzw. als Signaturregister (rechts) arbeitet

Bei den Strukturen von Bild 5.16 werden für den Test Schaltungsteile zum Zustandsregister hinzugefügt, die dadurch realisierten Funktionen werden aber im Normalbetrieb überhaupt nicht genutzt. Um günstigere Implementierungen zu erreichen, wurden in [EsWu91a, EsWu92] Verfahren entwickelt, welche die zusätzlich für den Test implementierte Funktion auch im Normalbetrieb einsetzen.

In dem selbsttestbaren Steuerwerk links in Bild 5.16 durchläuft der Mustergenerator (z.B. ein LRSR) eine feste Folge von Zuständen. Immer wenn im Normalbetrieb der aktuelle Zustand und der Folgezustand so codiert sind, daß sie mit zwei im Übergangsgraphen des Mustergenerators aufeinanderfolgenden Zuständen übereinstimmen, ist es nicht mehr notwendig, den Folgezustand an den Schaltnetzausgängen z^+ zu erzeugen. An diesen Schaltnetzausgängen dürfen dann beliebige Werte auftreten, und diese "don't cares" können bei der Logikminimierung zur Verkleinerung des Schaltnetzes genutzt werden. Das Schaltnetz erhält einen zusätzlichen Ausgang $L/\overline{G}$ (Bild 5.17), der bestimmt, ob der nächste Zustand von den Ausgängen des Schaltnetzes geladen wird ($L/\overline{G}$ = 1) oder von der kombinatorischen Logik des Mustergenerators erzeugt wird ($L/\overline{G}$ = 0). Im Testbetrieb ist stets die Mustergeneratorfunktion eingeschaltet, und die Werte des $L/\overline{G}$-Signals werden vom Signaturregister analysiert.

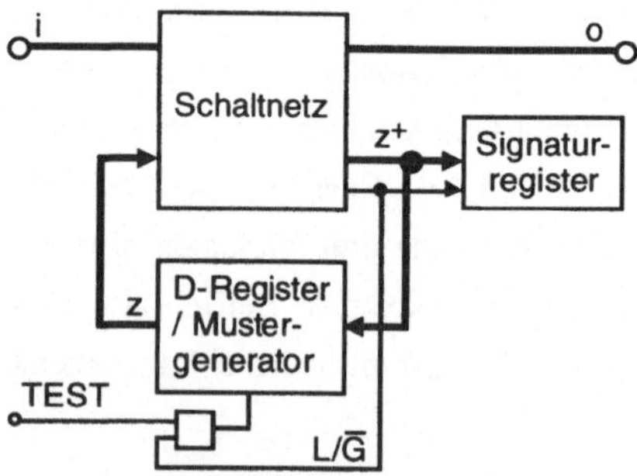

Bild 5.17: Steuerwerk mit integriertem Mustergenerator

Ähnlich wie bei der Einbettung eines Testautomaten im vorhergehenden Abschnitt sind also zwei Übergangsgraphen zu vereinigen. Hier hat der Zielautomat symbolische Zustände, der Mustergenerator dagegen binär codierte Zustände. Ziel ist es, die symbolischen Zustände so zu codieren (d.h. auf die Zustände des Mustergenerators abzubilden), daß viele Übergänge des Zielautomaten mit Übergängen des Mustergenerators zusammenfallen. Mit einer geeigneten Kostenfunktion zur Bewertung der Zustandscodierungen läßt sich das Problem als ein quadratisches Zuordnungsproblem formulieren, ein bekanntes NP-vollständiges Problem [GaJo79], das mit Standardverfahren (suboptimal) gelöst werden kann.

Als ein Beispiel spezifiziert Tabelle 5.2 ein Steuerwerk mit 3 Zuständen, und Bild 5.18 beschreibt einen 2-bit-Mustergenerator. Mit der Zustandscodierung A = 01, B = 10, C = 11 und

Logikminimierung erhält man die Spezifikation des Schaltnetzes in Tabelle 5.3 und eine Implementierung wie in Bild 5.19.

Zustand	Eingabe	Folgezustand	Ausgabe
A	0 0	A	1
A	0 1	B	0
A	1 –	B	1
B	0 0	A	0
B	0 1	C	0
B	1 –	B	1
C	0 0	A	1
C	0 1	A	0
C	1 –	B	1

Tabelle 5.2: Übergangstabelle eines Steuerwerks

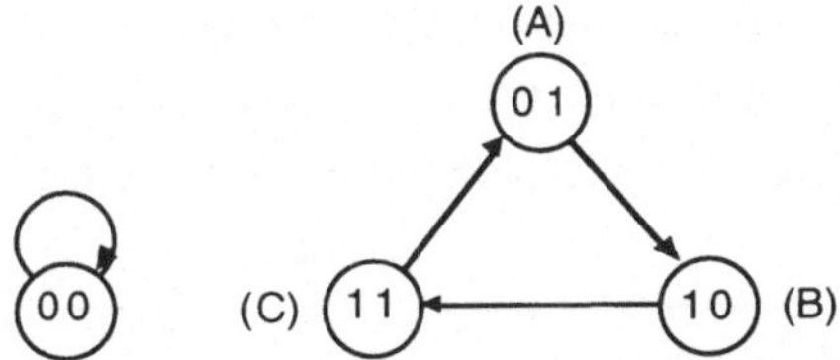

Bild 5.18: Übergangsgraph eines LRSR mit charakteristischem Polynom $x^2 + x + 1$

Zustand	Eingabe	Folgezustand	Ausgabe	L/$\overline{G}$
– 1	0 0	0 1	1	1
– –	1 –	1 0	1	1
1 0	0 0	0 1	0	1
– –	0 1	– –	0	0

Tabelle 5.3: PLA-Personalisierung

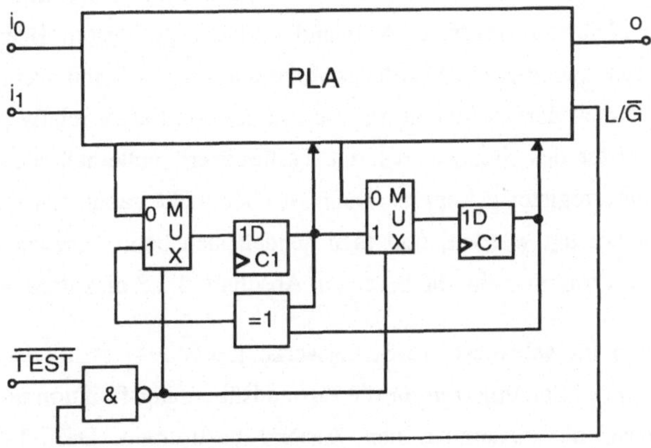

Bild 5.19: Implementierung des Beispiels

Für viele Steuerwerksbeispiele wird die Fläche des Schaltnetzes um 10 ... 30 % verkleinert, obwohl auch das Signal $L/\overline{G}$ erzeugt werden muß. Von dieser Einsparung ist allerdings der Aufwand für die Verknüpfung der Signale TEST und $L/\overline{G}$ und für die Verbreiterung des Signaturregisters um 1 bit abzuziehen. Da ein Mustergenerator für jeden Zustand nur einen Folgezustand erzeugt, ist das Verfahren besonders für Steuerwerke geeignet, die nur wenige Übergänge pro Zustand haben, da dann ein hoher Prozentsatz der Übergänge des Normalbetriebs auf Übergänge des Mustergenerators abgebildet werden kann.

Wenn das Zustandsregister zu einem Signaturregister erweitert wird, kann man auf die Umschaltung zwischen D-Register und Signaturregister verzichten und das Signaturregister auch im Normalbetrieb ständig eingeschaltet lassen (Bild 5.20). Das Schaltnetz muß dazu so konstruiert werden, daß es bei jedem Übergang von einem Zustand z zu einem Zustand z^+ die Ansteuerung $d = C z \oplus z^+$ für das Signaturregister liefert. Dann ist der neue Zustand des Signaturregisters nämlich $C z \oplus d = C z \oplus C z \oplus z^+ = z^+$. C ist hier wie in Abschnitt 4.1 die Übergangsmatrix des LRSR, das dem Signaturregister zugrundeliegt.

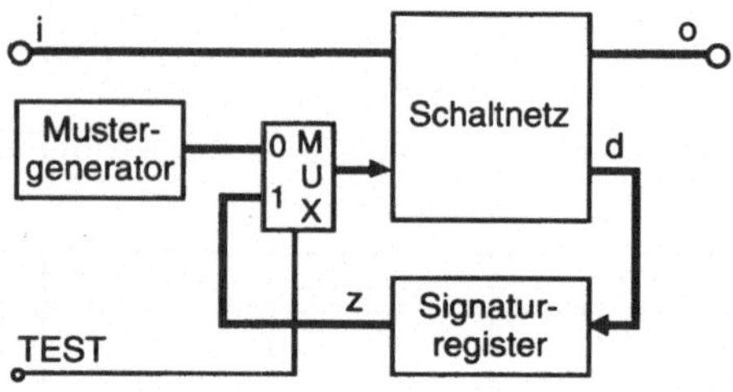

Bild 5.20: Steuerwerk mit integriertem Signaturregister

In manchen Fällen kann der zusätzliche Mustergenerator entfallen, da im Testbetrieb das Signaturregister all die Muster liefert, die auch im Normalbetrieb auftreten. Das ist die Selbsttestlösung mit dem kleinsten Hardware-Aufwand und der geringsten Beeinträchtigung der maximalen Betriebsgeschwindigkeit. Da Steuerwerke allerdings oft mit wenigen Zustandsbits auskommen, ist der Anteil der im Signaturregister maskierten Fehler relativ groß. Zur Abhilfe wird das Signaturregister des Steuerwerks mit Testregistern außerhalb des Steuerwerks zu einem breiteren Signaturregister gekoppelt. Dann ist aber nicht garantiert, daß beim Test alle notwendigen Muster erzeugt werden, und man handelt sich beim Verzicht auf den Mustergenerator die gleichen Probleme ein, die bereits in Abschnitt 5.1.3 diskutiert wurden.

Ein anderes Verfahren für selbsttestbare Steuerwerke [HeWu94] synthetisiert eine pipelineähnliche Struktur mit zwei Schaltnetzen für die Zustandsübergangsfunktion und zwei zwischengeschalteten Registern, die zusammen den Zustand bestimmen. Dazu kommt ein drittes Schaltnetz für die Ausgabefunktion (siehe Bild 5.21). Diese Struktur entspricht der LSSD-

Einzel-Latch-Konfiguration von [DGWW82]. Für den Selbsttest genügt es bei dieser Struktur, beide Register zu BILBOs zu erweitern [Benn84]. Da i.a. jedes der drei Schaltnetze kleiner ist als das Schaltnetz in Bild 5.17 bzw. Bild 5.20, kann oft eine höhere Betriebsgeschwindigkeit erreicht werden.

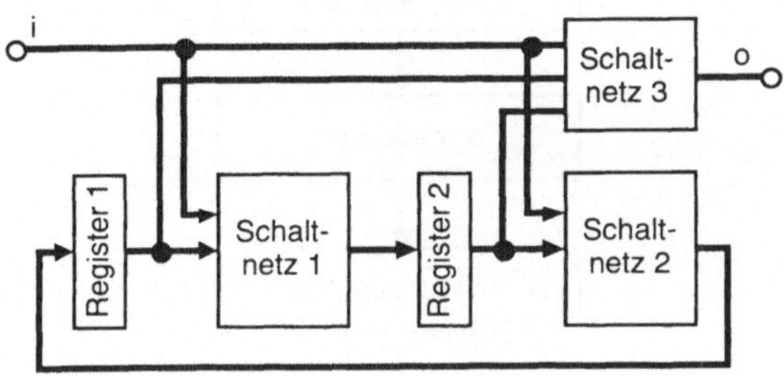

Bild 5.21: Struktur eines Steuerwerks mit zweigeteiltem Zustandsregister

5.3 High-Level-Synthese für leicht testbare Datenpfade

Während Steuerwerke auf der Bit- bzw. Gatterebene entworfen werden (*Logiksynthese*), wird für die umfangreicheren Datenpfade i.a. die Register-Transfer-Ebene bevorzugt. Bei der *High-Level-Synthese* eines Datenpfads wird aus einer Verhaltensbeschreibung automatisch eine Schaltungsstruktur auf RT-Ebene synthetisiert. Da die Aufgabe sehr komplex ist, wird die Synthese in mehrere Schritte gegliedert, die aber nicht unabhängig voneinander sind (Bild 5.22).

Die Verhaltensbeschreibung liegt in einer Hardware-Beschreibungssprache wie z.B. VHDL vor. Durch eine Übersetzung in einen Datenflußgraphen und einen Steuerflußgraphen entsteht eine Darstellung, die unabhängig von der verwendeten Hardware-Beschreibungssprache und den nicht relevanten Details der Formulierung ist. Die Knoten des *Datenflußgraphen* repräsentieren die Operationen, die auszuführen sind, seine Kanten die Datentransfers zwischen den Operationen und damit die Datenabhängigkeiten. Die Kanten können mit den Namen für Operanden- bzw. Ergebnisvariablen von Operationen beschriftet sein. Der *Steuerflußgraph* beschreibt die Reihenfolge der Operationen einschließlich bedingter Sprünge und Schleifen.

Beim *Scheduling* (Ablaufplanung) wird festgelegt, wann die einzelnen Operationen stattfinden. Die Ausführung der gesamten Datenverarbeitung wird dazu in Steuerschritte eingeteilt, und jede Operation wird einem Steuerschritt zugeordnet. Das Scheduling entscheidet über den Parallelitätsgrad der generierten Struktur, wobei Beschränkungen der Zeit und/oder der Hardware-Ressourcen berücksichtigt werden. Nach dem Scheduling liegt fest, wieviele Steuerschritte die Verarbeitung braucht.

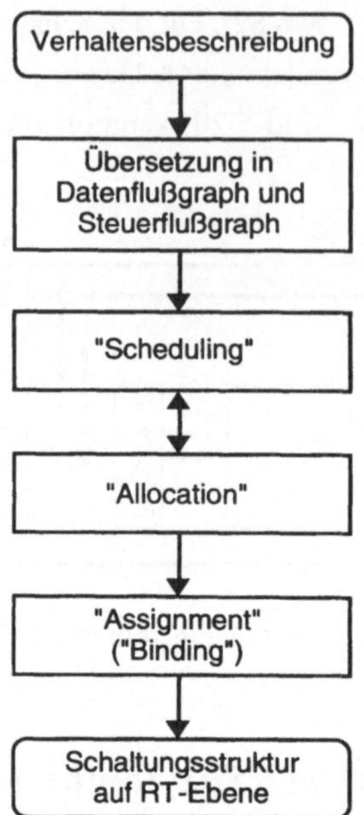

Bild 5.22: Schritte der High-Level-Synthese

Die *Allocation* (Bereitstellung, Zuteilung) legt die Art und die Anzahl der Verarbeitungseinheiten, Speicher und Kommunikationspfade (Busse, Leitungen mit Multiplexern) fest und bestimmt damit den Hardware-Aufwand. Allocation und Scheduling beeinflussen einander stark und werden deshalb in manchen Synthesesystemen gemeinsam ausgeführt. Mit größerem Hardware-Aufwand läßt sich eine kürzere Ausführungszeit erreichen, eine Verringerung des Hardware-Aufwands führt dagegen i.a. zu einer längeren Ausführungszeit.

Beim *Assignment* (Zuordnung) wird entschieden, welche Operation von welcher Verarbeitungseinheit ausgeführt wird, welche Variable in welchem Register gespeichert wird und welcher Datentransfer auf welchem Verbindungspfad erfolgt. Dieser Schritt wird manchmal auch als *Binding* bezeichnet. Anschließend werden die abstrakten Komponenten auf die Bausteine einer Bibliothek abgebildet. Alternativ können die Komponenten einzeln durch Logiksynthese realisiert werden. Gleichzeitig mit diesen Entwurfsschritten für den Datenpfad wird die Spezifikation des zugehörigen Steuerwerks erstellt, das dann getrennt synthetisiert wird wie im vorhergehenden Abschnitt beschrieben. Ausführliche Darstellungen der High-Level-Synthese finden sich u.a. in [McPA90, GDWL92, MaRo92].

Die synthetisierte Schaltung soll nicht nur die Anforderungen an die Funktion erfüllen, sondern großen Durchsatz, kurze Antwortzeit, kleine Siliziumfläche und geringe Leistungsaufnahme haben. Abhängig vom Anwendungsgebiet können diese Forderungen sehr unterschiedlich gewichtet sein. Um den sich teilweise widersprechenden Zielen nahezukommen, muß die High-Level-Synthese durch geeignete Heuristiken und Kostenfunktionen in ihren einzelnen Schritten so gesteuert werden, daß insgesamt ein möglichst gutes Ergebnis erreicht wird.

Als weiteres wichtiges Ziel kommt die Testbarkeit hinzu. Eine leicht testbare RT-Struktur ist auf sehr unterschiedlichen Wegen erreichbar. Schon auf den Datenflußgraphen können Transformationen angewandt werden, die z.B. Assoziativität und Kommutativität bestimmter Operatoren nutzen. Scheduling, Allocation und insbesondere Assignment können so gesteuert werden, daß die resultierende RT-Struktur nur wenige Zyklen aufweist. Außerdem kann die Vielfalt der möglichen RT-Strukturen von vornherein so eingeschränkt werden, daß die Schaltung nur nach einem bestimmten Schema aus vorgegebenen leicht testbaren Blöcken aufgebaut werden darf. Diese Vorgehensweisen, die sich zum Teil auch gegenseitig ergänzen können, werden im folgenden kurz beschrieben. Die für Steuerwerke entwickelten Verfahren taugen (mit Ausnahme des Retiming) für die größeren Datenpfade nicht, da die Anzahl der Flipflops in Datenpfaden viel größer ist und deshalb die Algorithmen zur Optimierung der Zustandscodierung und generell alle Algorithmen, die mit dem Übergangsdiagramm arbeiten, aufgrund des zu hohen Speicher- und Rechenzeitaufwands scheitern.

5.3.1 Synthese mit testbaren Blöcken

Bei der Firma Plessey wurde die Entwurfsmethode DEMIST ("Design Methodology Incorporating Self Test") entwickelt, die durch Einschränkungen der Struktur zu leicht testbaren Schaltungen führt [AMBL86]. Grundbausteine sind die sogenannten "Structured Building Blocks" (SBBs), die aus einem Block mit kombinatorischer Logik (SN) und einem Register an den Ausgängen dieses Blocks bestehen (siehe Bild 5.23). Eine Rückkopplung von den Ausgängen des Registers zu den Eingängen des kombinatorischen Blocks ist erlaubt. Die Schaltung wird als Zusammenschaltung ausschließlich solcher SBBs entworfen.

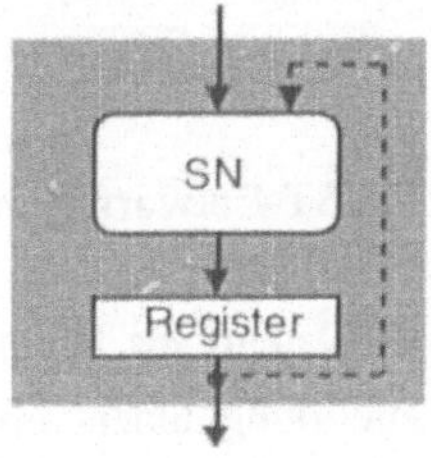

Bild 5.23: Grundbaustein der DEMIST-Entwurfsmethode ("Structured Building Block")

Für den Test werden die Register aller SBBs zu BILBO-ähnlichen Testregistern ausgebaut. Enthält ein SBB eine interne Rückkopplung, wird in die Rückkopplung zusätzlich ein transparentes Testregister eingefügt. So erhält man in jedem Zyklus der Schaltungsstruktur mindestens zwei Testregister, und alle Testeinheiten umfassen rein kombinatorische Teilschaltungen. Diese Methode ist einfach, aber im Hinblick auf die Siliziumfläche sehr teuer. Der Hardware-Mehraufwand für die Testausstattung wird in [AMBL86] auf 10 ... 20 % geschätzt. Dazu kommen die Nachteile durch die starre Struktur, welche einige der sonst üblichen Maßnahmen zur Optimierung der Fläche und anderer Parameter nicht zuläßt.

Während bei der DEMIST-Methode die Schaltung manuell entworfen wird, synthetisiert das SYNTEST-Entwurfssystem ("**Syn**thesis with Self-**Test**ability") aus Verhaltensbeschreibungen strukturell testbare Datenpfade und integriert die Selbsttesteinrichtungen automatisch [ChPa91a,b, PaCH91]. Ein Datenpfad wird *strukturell testbar* genannt, wenn für jeden Ein- und Ausgangsport jedes kombinatorischen Blocks ein Pfad existiert, der von einem Mustergenerator zum betrachteten Eingangsport des kombinatorischen Blocks und vom Ausgangsport zu einem Signaturregister führt.

Grundbausteine der Schaltung sind sogenannte "Testable Functional Blocks" (TFBs), die ähnlich wie in Bild 5.23 strukturiert sind, aber keine interne Rückkopplung enthalten dürfen (siehe Bild 5.24). Wenn TFBs zusammengeschaltet werden, indem jeweils die Eingabeports eines TFB mit verschiedenen Ausgabeports anderer TFBs oder Eingaberegistern des Datenpfads verbunden werden, dann entsteht ein Datenpfad, der nach der Ersetzung aller Register durch BILBOs garantiert strukturell testbar ist.

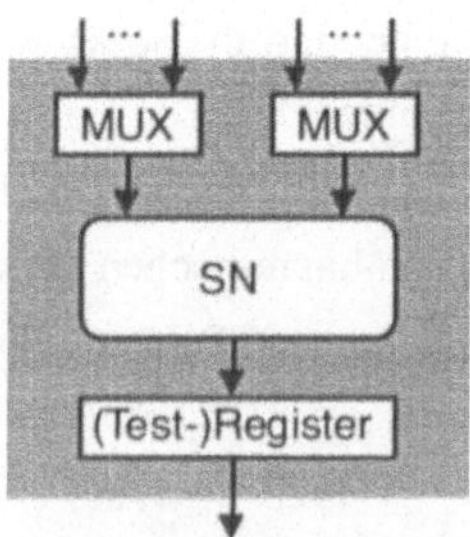

Bild 5.24: Grundbaustein des SYNTEST-Entwurfssystems ("Testable Functional Block")

Die Synthese eines strukturell testbaren Datenpfads beginnt mit dem Datenflußgraphen nach dem Scheduling. Jeder Knoten des Datenflußgraphen repräsentiert eine Aktion A(v), zu der eine Operation O(v) und eine Ergebnisvariable v gehören. Die Lebenszeit der Variable v (d.h. das Intervall von der ersten definierenden bis zur letzten lesenden Referenz) ist bekannt. Jede

Aktion läßt sich direkt durch einen TFB realisieren. Um den Hardware-Aufwand gering zu halten, müssen aber die Aktionen vor der Abbildung auf TFBs soweit wie möglich zusammengefaßt werden. Zwei Aktionen $A(v_1)$ und $A(v_2)$ dürfen zusammengefaßt werden, wenn die folgenden drei Bedingungen erfüllt sind:

(a) Es gibt eine Hardware-Komponente, die beide Operationen, $O(v_1)$ und $O(v_2)$, ausführen kann. Zum Beispiel sind Addition und Subtraktion durch eine ALU realisierbar.

(b) Die Lebenszeiten von v_1 und v_2 überlappen nicht.

(c) Die Variable v_1 ist keine Eingabe für die Aktion $A(v_2)$, und v_2 keine Eingabe für $A(v_1)$.

Die Bedingung (b) ist notwendig, weil jeder TFB nur ein Register enthält. Bedingung (c) sorgt dafür, daß keine Schleifen im Registergraphen des Datenpfads entstehen und die strukturelle Testbarkeit erhalten bleibt.

Da häufig sehr viele verschiedene Möglichkeiten für Zusammenfassungen bestehen, wird eine Kostenfunktion verwendet, um eine günstige Wahl zu treffen. Die Kostenfunktion schätzt den Gewinn, wenn zwei Aktionen gemeinsam statt separat realisiert werden, und den Verlust, der dadurch entsteht, daß nach der Zusammenfassung der beiden Aktionen einige andere Zusammenfassungen nicht mehr möglich sind. In jedem Schritt wird das Paar von Aktionen zusammengefaßt, das möglichst großen Gewinn und kleinen Verlust bringt. Diese Prozedur wird solange fortgesetzt, bis keine Verbesserungen mehr erzielt werden. Anschließend werden die resultierenden Aktionen direkt auf TFBs abgebildet.

Für den Selbsttest werden BILBOs verwendet, und es wird vorausgesetzt, daß alle kombinatorischen Blöcke mit pseudozufälligen Mustern testbar sind. Zunächst werden alle Register der Schaltung zu BILBOs ausgebaut, und dann werden nicht notwendige Testregister wieder in normale Registern zurückverwandelt. In Bild 5.25 generiert BILBO1 pseudozufällige Muster. Falls die Antworten des Schaltnetzes SN1 genügend „zufällig“ sind, können sie direkt als Testmuster für SN2 verwendet werden, und das Register R2 muß nicht zu einem Mustergenerator ausgebaut werden. Falls Fehler in den Antworten von SN1 auch an den Ausgängen von SN2 beobachtbar sind, genügt BILBO2 als Signaturregister, und R2 muß nicht für die Kompaktierung ausgebaut werden. Ob die Bedingungen für den Verzicht auf einen Mustergenerator bzw. ein Signaturregister erfüllt sind, wird mit Hilfe von heuristischen Maßen für die „Zufälligkeit“ der Antworten eines Blocks und für die „Transparenz“ eines Blocks geprüft. Außerdem wird berücksichtigt, daß sich bei einer Verringerung von „Zufälligkeit“ und „Transparenz“ die erforderliche Testlänge vergrößert.

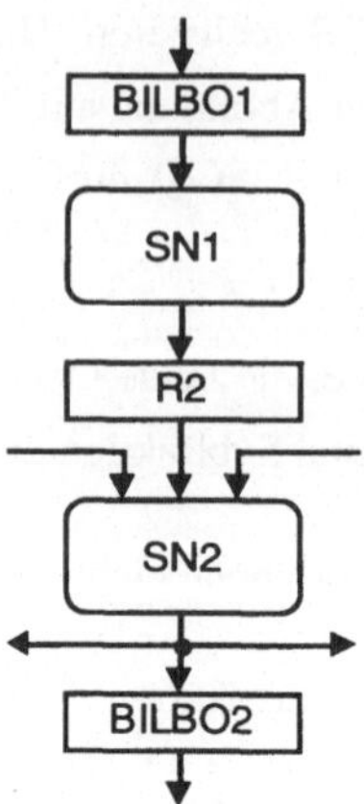

Bild 5.25: Teil eines Datenpfads

In einer Weiterentwicklung von SYNTEST wurden die starren Strukturvorgaben etwas gelockert, so daß auch mehrere Register am Ausgang eines TFB und bei gewissen Voraussetzungen auch Schleifen im resultierenden Registergraphen zugelassen sind [HPCN92, HaPa93]. Ein experimenteller Vergleich mit Schaltungen, die auf konventionelle Weise synthetisiert wurden und erst nachträglich um Selbsttesteinrichtungen ergänzt wurden, deutet darauf hin, daß SYNTEST mit geringerem Hardware-Aufwand auskommt [HaPa93]. Allerdings wurden dazu nur wenige Beispiele untersucht, und die Daten sind nur relativ grobe Schätzwerte.

5.3.2 Testbarkeit als zusätzlicher Optimierungsparameter bei der High-Level-Synthese

Da bei der Synthese mit testbaren Blöcken die Zuweisung von Verarbeitungseinheiten, Registern und Verbindungspfaden durch die enge Kopplung starken Einschränkungen unterworfen ist, wird die optimale Lösung nur in einem relativ kleinen Bereich des gesamten Spektrums der gut testbaren RT-Strukturen gesucht. Der Trend geht deshalb zu flexibleren Methoden, welche die Testbarkeit als einen während der Synthese zu optimierenden Parameter betrachtet. Die Testbarkeit einer auf RT-Ebene realisierten Schaltung wird anhand von Testbarkeitsmaßen oder anhand von Struktureigenschaften beurteilt.

Mit Maßen für Steuerbarkeit und Beobachtbarkeit arbeiten die Verfahren, die in [BhJh94], [ChKS94], [KiCL94] und [FlHR95] beschrieben sind. Sie richten sich vor allem auf Schaltungen, die ohne Prüfpfad mit einem externen Testautomaten getestet werden sollen. In

[BhJh94] wird das Assignment für Verarbeitungseinheiten und Register gemeinsam durchgeführt mit dem Ziel, die Register von den primären Eingängen aus gut steuern und an den primären Ausgängen gut beobachten zu können. Dazu wird beispielsweise eine Variable, die von den primären Eingängen schwer zugänglich ist, dem gleichen Register zugeordnet wie eine leicht zugängliche Variable. Falls es erforderlich ist, werden zusätzliche Multiplexer zur Verbesserung der Testbarkeit eingebaut. Mit den gleichen Zielen schlägt [FlHR95] ein Verfahren zur Registerzuweisung und zur Konstruktion der Verbindungen vor, wobei mehrere Busse verwendet werden. In [ChKS94] und [PaCa95] werden in eine VHDL-Verhaltensbeschreibung Testanweisungen eingefügt, die bei der Synthese zu Multiplexern in der RT-Struktur führen und auf diese Weise Testpunkte in die Schaltung bringen. Das Syntheseverfahren von [KiCL94] beginnt mit einer RT-Struktur, die ein 1-zu-1-Abbild des Datenflußgraphen ist, und faßt dann schrittweise jeweils zwei Verarbeitungseinheiten oder zwei Register zusammen. Durch jede Zusammenfassung wird die Fläche verkleinert, aber es kommen neue Randbedingungen für das Scheduling hinzu. Das günstigste Paar für die nächste Zusammenfassung wird mit einer Kostenfunktion ausgewählt, die Fläche, Zeit und Testbarkeit berücksichtigt. Das Problem bei Testbarkeitsmaßen ist jedoch generell ihre mangelnde Genauigkeit, und je höher die Abstraktionsebene ist, um so unzuverlässiger sind ihre Aussagen.

Wenn in die Schaltung ein Prüfpfad oder multifunktionale Testregister eingebaut werden sollen, ist eine RT-Struktur günstig, die nur wenige Zyklen enthält. Auch eine geringe sequentielle Tiefe der Schaltung ist von Bedeutung. Erste Maßnahmen um eine RT-Struktur mit wenigen Zyklen zu erreichen, setzen beim Datenflußgraphen an und formen ihn um, ohne das Ein-/Ausgabe-Verhalten des Datenpfads zu ändern. Mit Transformationen, die Eigenschaften wie Assoziativität, Kommutativität und Distributivität der Operatoren und neutrale Elemente ausnutzen, lassen sich Operationen hinzufügen, entfernen, ersetzen oder umordnen. Dadurch ändern sich auch die Lebenszeiten von Variablen. Werden solche Transformationen an geeigneten Stellen und in geeigneter Reihenfolge angewandt, kann in einigen Fällen ein Datenflußgraph erreicht werden, der nach der Realisierung als RT-Struktur die gleiche Fläche benötigt, aber an Stelle mancher längerer Zyklen nun Schleifen hat. Dadurch wird die Länge eines partiellen Prüfpfads, der aus allen Zyklen mit Ausnahme der Schleifen mindestens ein Register umfassen soll, verkürzt [DePo94, PoDR95a]. Wenn jedoch Testregister für den Selbsttest eingebaut werden, bringen Schleifen in der RT-Struktur eher Nachteile gegenüber längeren Zyklen, da für Schleifen die teureren CBILBOs erforderlich sind.

Zyklen in der RT-Struktur des Datenpfads können unterschiedliche Ursachen haben. Wenn der Datenflußgraph zyklische Datenabhängigkeiten aufweist, wie es als Folge einer Schleife in der Verhaltensbeschreibung vorkommt, dann sind Zyklen in der RT-Struktur unvermeidlich.

Zyklen können aber auch entstehen, wenn beim Assignment mehrere Operationen auf die gleiche Verarbeitungseinheit und mehrere Variable auf das gleiche Register abgebildet werden. Aufgrund der beschränkten Siliziumfläche ist eine gemeinsame Nutzung von Hardware-Komponenten zwar oft unumgänglich, aber durch ein günstiges Assignment können manche dieser Zyklen vermieden werden.

Die Bilder 5.26 und 5.27 illustrieren den Einfluß des Assigments an einem Beispiel. Wenn vier Addierer und ein Multiplizierer zur Verfügung stehen, kann der Datenflußgraph unmittelbar auf eine RT-Struktur abgebildet werden, die zyklenfrei ist. Für die Implementierung genügen aber zwei Addierer (A1, A2) und ein Multiplizierer. Werden $+_1$ und $+_4$ auf Addierer A1 und $+_2$ und $+_3$ auf Addierer A2 ausgeführt, ergeben sich zwei Zyklen in der RT-Struktur (Bild 5.27 links). Werden dagegen $+_1$ und $+_3$ dem Addierer A1 und $+_2$ und $+_4$ dem Addierer A2 zugeordnet, dann hat die RT-Struktur nur einen Zyklus (Bild 5.27 rechts).

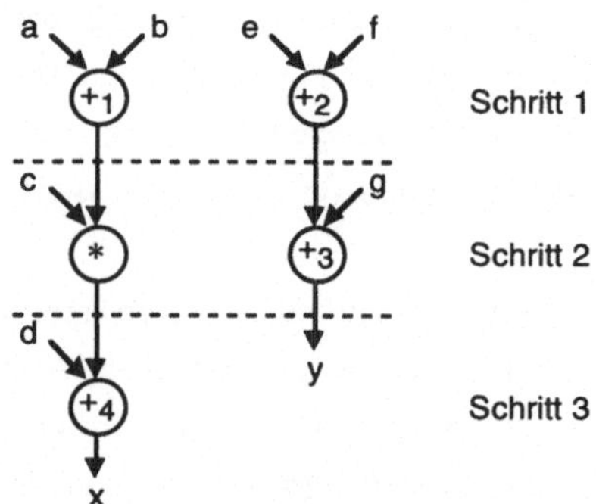

Bild 5.26: Datenflußgraph nach dem Scheduling

Der Zyklus in der zweiten RT-Struktur (Bild 5.27 rechts) wird im Normalbetrieb von Daten nie vollständig durchlaufen. Solche Zyklen werden "(sequential) false loops" genannt [Stok92, PoDR95b]. Im Testbetrieb aber, in dem das Steuerwerk häufig beliebige Steuersignalkombinationen an den Datenpfad senden kann (z.B. wenn über einen Prüfpfad jeder Steuerwerkszustand einstellbar ist), können auch diese Zyklen durchlaufen werden und müssen deshalb wie alle anderen Zyklen der RT-Struktur behandelt werden.

Ein günstiges Assignment kann aber nicht nur die Anzahl der Zyklen verringern. Wenn ein Prüfpfadregister oder ein Testregister zur Speicherung mehrerer Variablen genutzt wird, ist es mit diesem einen Register möglich, mehrere Zyklen zu schneiden. Da das Assignment also für die Testbarkeit der resultierenden Schaltung besonders wichtig ist, widmen ihm alle Verfahren, die auf eine RT-Struktur mit einer möglichst geringen Zahl von Zyklen zielen, besondere Aufmerksamkeit.

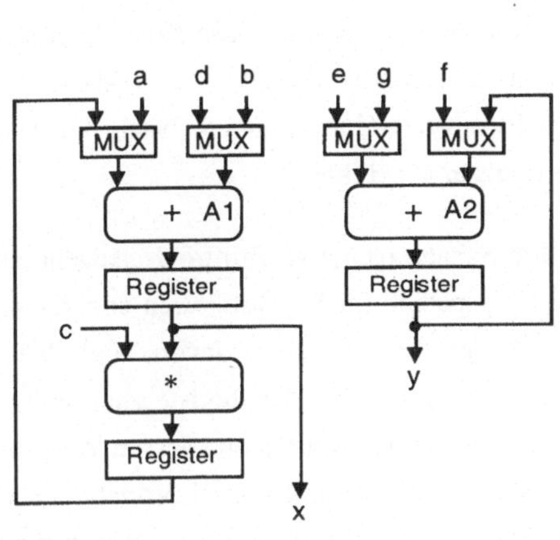

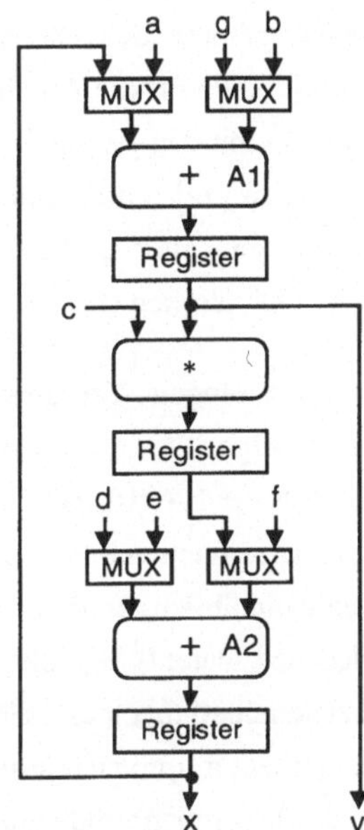

Bild 5.27: Zwei RT-Strukturen für den Datenflußgraphen von Bild 5.26 mit verschiedenen Assignments

Das Verfahren von [MuSJ92, MuJS94] versucht, Verarbeitungseinheiten und Register so zuzuordnen, daß die Zahl der Schleifen oder alternativ die Gesamtzahl der Zyklen in der resultierenden RT-Struktur möglichst gering wird. Anschließend sollen iterative Modifikationen weitere Verbesserungen erreichen. Die Ergebnisse zeigen allerdings nur geringe Erfolge.

In [LeWJ92, LeJW93a,b] werden die Register so zugeordnet, daß sie möglichst eine Eingabevariable oder Ausgabevariable des Datenflußgraphen enthalten und damit leicht auf sie zugegriffen werden kann. Das Ziel ist neben einer geringen Anzahl von Zyklen eine geringe sequentielle Tiefe. Das Scheduling wird ebenfalls einbezogen. Der Ablaufplan wird Stück für Stück konstruiert, dazwischen wird geprüft, ob eine günstige Registerzuweisung noch möglich ist. Auch bedingte Anweisungen können behandelt werden.

Das Verfahren von [PoDR95b] erstreckt sich ebenfalls auf Scheduling und Assignment und ist besonders für Schaltungen der digitalen Signalverarbeitung geeignet, wo eine Folge von Operationen auf einem Eingabedatenstrom zyklisch ausgeführt wird. Zuerst werden im Datenflußgraphen Variablen ausgewählt (Scan-Variablen), um alle Zyklen mit einer Länge größer als 1 zu schneiden, und eine minimale Anzahl von Registern wird für die Speicherung dieser Scan-Variablen bereitgestellt. Dann werden schrittweise Scheduling und Assignment durchgeführt, wobei die Gesamtzahl der Steuerschritte vorgegeben ist. In jedem Schritt wird ein noch nicht behandelter Knoten des Datenflußgraphen ausgewählt, alle Verarbeitungseinheiten und alle Steuerschritte, die für die Ausführung der Operation infragekommen, werden bewertet, und der Kombination mit den geringsten Kosten wird die Operation zugeordnet. Die Kosten beinhalten den Testhardware-Mehraufwand infolge zusätzlich entstehender Zyklen, die Auslastung der Verarbeitungseinheiten und die Einschränkungen für spätere Zuordnungen. Nach der Zuordnung aller Operationen werden die Variablen auf Register abgebildet.

Während die obigen Verfahren hauptsächlich für Schaltungen mit Prüfpfad gedacht sind, wurden die Algorithmen von [Avra91] und [PaGB95] speziell für RT-Strukturen entwickelt, in die BILBOs und CBILBOs eingebaut werden sollen. Beide gehen davon aus, daß die Verarbeitungseinheiten bereits zugeordnet sind, und setzen dann bei der Registerzuordnung an. Wie allgemein üblich, wird zunächst ein Inkompatibilitätsgraph konstruiert, dessen Knoten die Variablen des Datenflußgraphen repräsentieren. Jede Kante verbindet zwei Variablen, deren Lebenszeiten überlappen und die deshalb nicht im gleichen Register gespeichert werden dürfen. Ein Assignment mit einer minimalen Anzahl von Registern erhält man durch eine Färbung der Knoten des Inkompatibilitätsgraphen mit einer minimalen Anzahl von Farben, so daß Knoten, die durch eine Kante verbunden sind, verschiedene Farben bekommen.

Um in der RT-Struktur Schleifen zu vermeiden, die CBILBOs verlangen würden, fügt [Avra91] vor der Färbung zusätzliche Kanten in den Inkompatibilitätsgraphen ein. Jede zusätzliche Kante verbindet zwei Variablen, die Eingabe und Ausgabe der gleichen Operation sind. Die Vermeidung von Schleifen kann aber die Anzahl der längeren Zyklen erhöhen.

[PaGB95] versucht deshalb auch die Anzahl der notwendigen BILBOs zu verringern. Dazu wird aus den i.a. sehr zahlreichen minimalen Färbungen des Inkompatibilitätsgraphen eine ausgewählt, die jedem Register Variablen von den Ein- bzw. Ausgängen möglichst vieler Verarbeitungseinheiten zuordnet. Wird dann später ein Register zu einem BILBO erweitert, so kann es für viele Verarbeitungseinheiten Muster erzeugen bzw. Antworten kompaktieren, und man kommt insgesamt mit wenigen BILBOs aus. Obwohl mit einer derartigen Registerzuordnung der Hardware-Aufwand für die Verbindungen steigt, überwiegen bei den Beispielen aus [PaGB95] die Einsparungen, und der Mehraufwand für die Selbsttesteinrichtungen fällt mit 6 ... 11 % der Gesamtfläche deutlich geringer aus als bei den konventionell synthetisierten Schaltungen (10 ... 18 %). Der Algorithmus geht jedoch von sehr restriktiven Voraussetzungen aus. Es sind nur kommutative Operatoren im Datenflußgraphen zugelassen, und um eine Lösung des Graphfärbungsproblems mit polynomialem Zeitaufwand zu ermöglichen sind weder Schleifen noch Konstrukte mit gegenseitigem Ausschluß in der Datenflußgraphbeschreibung erlaubt. Außerdem ist unklar, wie weit die komplexeren Verbindungsstrukturen einen Einfluß auf die maximale Betriebsgeschwindigkeit haben.

Die High-Level-Synthese läßt sich auch in Richtung einer kurzen Testzeit steuern [HaOr94b, VaOr95]. Eine kurze Testzeit verlangt, daß möglichst viele Teilschaltungen mit Hilfe von eingebauten Testregistern gleichzeitg getestet werden. Die gemeinsame Nutzung von Testeinrichtungen verursacht aber Konflikte und begrenzt dadurch den maximal möglichen Parallelitätsgrad. Ein BILBO kann z.B. nicht gleichzeitig die Antworten einer Teilschaltung kompaktieren und für eine andere Teilschaltung pseudozufällige Muster erzeugen. In [VaOr95] werden deshalb Transformationen des Datenflußgraphen und in [HaOr94b] ein Verfahren für Scheduling und Assignment vorgeschlagen, welche die geschätzte Anzahl der Konflikte verringern. Beide Ansätze berücksichtigen jedoch nicht die Erhöhung des Hardware-Aufwands für die Testeinrichtungen.

Ein Syntheseverfahren, das ausschließlich Akkumulatoren als Mustergeneratoren und Kompaktierer einsetzt, wird in [MKRT95] skizziert. Zuerst werden für alle Eingänge des Datenflußgraphen Mustergeneratoren und für alle Ausgänge Kompaktierer bestimmt, wozu gegebenenfalls zusätzliche Additionsoperatoren ergänzt werden. Dann wird die Qualität der Muster an den einzelnen Knoten des Datenflußgraphen geschätzt. Knoten mit geringer Testbarkeit müssen zusammen mit einem Knoten guter Testbarkeit auf die gleiche Verarbeitungseinheit abgebildet werden. Das verwendete Testbarkeitsmaß gilt nur für Schaltnetze mit 1-dimensional iterativer Struktur und versagt bei komplexeren Strukturen wie z.B. Multiplizierern. Zyklen in der entstehenden RT-Struktur werden nicht berücksichtigt. Dieses Verfahren kann offensichtlich nur dann sinnvoll eingesetzt werden, wenn der gegebene Datenflußgraph an geeigneten Stellen bereits Additionsoperationen enthält, denn zusätzlich eingebaute Addierer würden den Hardware-Aufwand zu stark erhöhen.

Die vielfältigen Syntheseverfahren, die auf besser und einfacher testbare Schaltungen zielen, sind zu einem großen Teil nicht direkt miteinander vergleichbar. Denn sie gehen von unterschiedlichen Voraussetzungen aus, stimmen in ihren Zielen im Detail nicht immer überein und setzen bei unterschiedlichen Schritten des Entwurfsprozesses an. Zur Lösung der sehr komplexen Probleme werden Heuristiken verwendet, die auf die Heuristiken der anderen Entwurfsschritte abgestimmt sein müssen, um ein möglichst gutes Gesamtergebnis zu bekommen. Experimentelle Ergebnisse sind nur für wenige, oft relativ einfache Beispiele bekannt und erlauben keine verallgemeinernden Schlußfolgerungen.

Auch wenn die entwickelten Verfahren nur mit gewissen Einschränkungen anwendbar sind, zeigen sie doch klar, daß eine Optimierung in Richtung besser testbarer Schaltungsstrukturen im Rahmen der High-Level-Synthese machbar und sinnvoll ist. Oft sind nämlich verschiedene Implementierungen möglich, die hinsichtlich der anderen Optimierungsziele (fast) gleichwertig sind. Dann kann aus den Alternativen diejenige mit der besten Testbarkeit ausgewählt werden.

Diese Syntheseverfahren schaffen damit günstige Voraussetzungen für den Einbau von Testeinrichtungen und für die Ausführung des Tests.

5.4 Optimaler Testregistereinbau

Auch wenn die High-Level-Synthese die Testbarkeit berücksichtigt, fehlen den Schaltungen noch die Selbsttesteinrichtungen. Dafür müssen Mustergeneratoren an den primären Eingängen und Kompaktierer an den primären Ausgängen hinzugefügt werden. Das „Test pro Takt"-Schema, das wir in diesem Abschnitt wegen seiner wesentlich kürzeren Testzeit zugrundelegen, erfordert i.a. außerdem den Einbau von BILBOs und/oder CBILBOs im Inneren der Schaltung, denn jeder Zyklus der Schaltungsstruktur muß mindestens ein CBILBO oder zwei BILBOs (alternativ Akkumulatoren) enthalten (siehe Abschnitt 5.1).

Schon bei dem einfachen Schaltungsbeispiel in Bild 5.28, das zwei miteinander verbundene Schleifen im Registergraphen aufweist, gibt es fünf grundlegend verschiedene Alternativen für die Plazierung der Testregister. Im Zyklus auf der linken Seite kann R1 entweder zu einem CBILBO oder zu einem BILBO ausgebaut werden, wobei im zweiten Fall ein zusätzliches transparentes BILBO ergänzt werden muß, für das mehrere Positionen infragekommen. Gleiches gilt für das Register R2 im Zyklus auf der rechten Seite. Eine weitere Möglichkeit besteht darin, R1 und R2 unverändert zu lassen und an der gestrichelt markierten Stelle ein transparentes CBILBO einzusetzen.

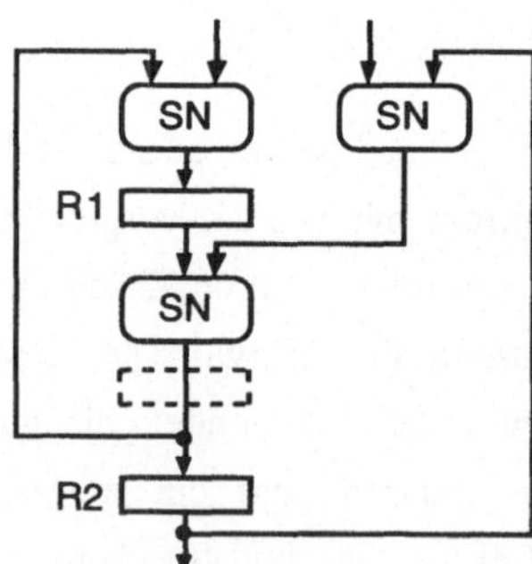

Bild 5.28: Beispiel für die Testregisterplazierung auf RT-Ebene

Welche Lösung am günstigsten ist, hängt ab von:

- Hardware-Mehraufwand für die integrierten Testeinrichtungen,
- Einfluß der Testeinrichtungen auf die Betriebsgeschwindigkeit im Normalbetrieb,
- Zeit für die Testausführung.

In diesem Abschnitt werden Algorithmen vorgestellt, die die Positionen und den Typ der Testregister so bestimmen, daß nur geringe Hardware-Kosten entstehen und ein Testablaufplan mit einer möglichst kleinen Zahl von Testsitzungen möglich ist. Bei der Optimierung können auch die infolge der eingebauten Testregister erhöhten Signallaufzeiten einbezogen werden. Als ein Spezialfall wird außerdem das "Minimum Feedback Vertex Set"-Problem für den partiellen Prüfpfad gelöst. Anschließend werden Erweiterungen diskutiert, die Mustergeneratoren und Kompaktierer mit arithmetischen Funktionseinheiten einbeziehen.

5.4.1 Wahl einer geeigneten Abstraktionsebene

Um für den Testregistereinbau günstige Positionen in der Schaltung zu ermitteln, kann die Schaltung auf der RT-Ebene oder auf der Gatterebene betrachtet werden. Bei einem "top-down"-Entwurf wurden bisher die Testregister oft auf der Register-Transfer-Ebene eingefügt [AbBr85b, KrAl85, JoBa86, KiTH88, PaCH91, HaPa93]. So kann die Hierarchie genutzt werden, und das zugrundeliegende Optimierungsproblem läßt sich relativ einfach lösen. Jedoch muß dann im Testbetrieb die gleiche Registerkonfiguration wie im Normalbetrieb verwendet werden, und nur ganze Register (d.h. nicht Teile davon) können zu Testregistern ausgebaut werden.

Bessere Ergebnisse sind möglich, wenn auch die Information über die Schaltungsstruktur auf der Gatterebene genutzt wird. Wenn man 1-bit-Elemente von Testregistern (*Testzellen*) auf Gatterebene plaziert und sie erst nachträglich zu Testregistern zusammenfaßt, ist man nicht an die Registerkonfiguration des Normalbetriebs gebunden, sondern kann eine für den Test besonders günstige (Test-)Registerkonfiguration wählen. Denn eine Schaltung mit einer bestimmten Implementierung auf Gatterebene kann auf der RT-Ebene i.a. durch verschiedene Registergraphen beschrieben werden. Der Registergraph hängt davon ab, wie die Flipflops aufgeteilt und zu Registern zusammengefaßt werden.

Als Beispiel betrachten wir den "Carry Save"-Multiplizierer in Bild 5.29 [Gold90]. Zur Berechnung des Produkts werden n Partialprodukte, die nacheinander in Register A geladen werden, addiert. Der "Carry Save"-Addierer besteht aus n unabhängigen 1-bit-Volladdierern. Um die Berechnung zu beschleunigen, werden die Überträge $ü_i'$ der Volladdierer nicht sofort bei der nächsthöheren Bitposition berücksichtigt, sondern im Register Ü zwischengespeichert und erst im nächsten Schritt addiert. Das niedrigstwertige Bit s_0' der Zwischensumme ist bereits ein gültiges Bit des Produkts, die anderen Bits s_i' werden im Register S gespeichert. Erst beim letzten Schritt werden die Überträge wie bei der normalen Addition bearbeitet.

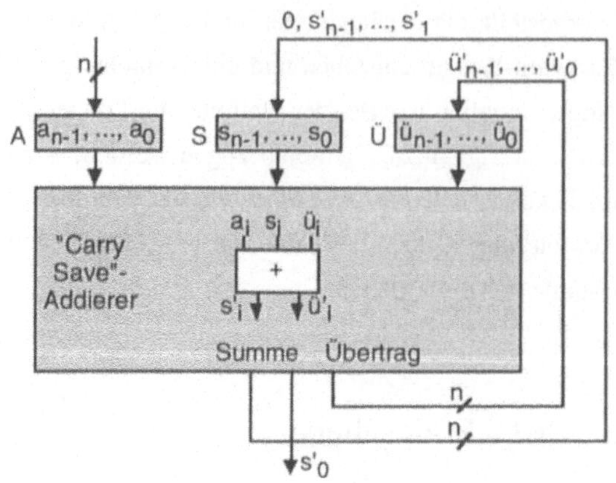

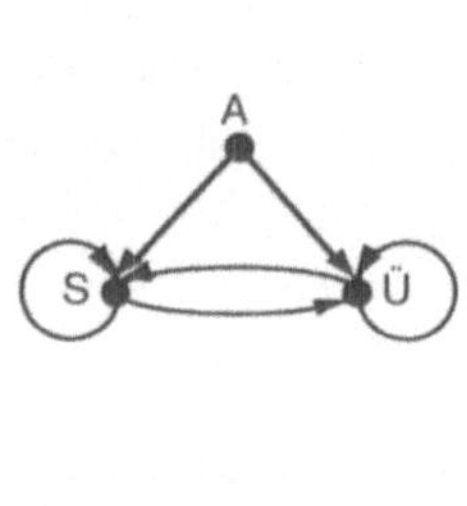

Bild 5.29: Datenpfad und Registergraph eines "Carry Save"-Multiplizierers

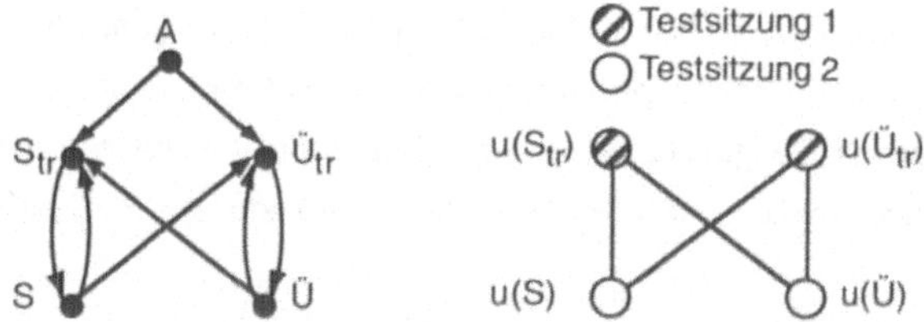

Bild 5.30: Testregistergraph nach Einbau von transparenten Testregistern S_{tr} und $Ü_{tr}$ (links), gefärbter Testinkompatibilitätsgraph (rechts)

Der Registergraph dieses Multiplizierers enthält zwei Schleifen. Wenn die Schaltung mit BILBOs selbsttestbar gemacht werden soll, sind deshalb zusätzlich zwei transparente BILBOs S_{tr} und $Ü_{tr}$ erforderlich, die unmittelbar vor S und Ü eingefügt werden. Der resultierende Testregistergraph ist in Bild 5.30 abgebildet. Damit erhält man 4 Testeinheiten, und wie der Testinkompatibilitätsgraph in Bild 5.30 zeigt, genügen 2 Testsitzungen.

Betrachten wir die Schaltung auf Gatterebene, so stellen wir fest, daß das transparente Testregister S_{tr} überflüssig ist. Flipflop s_i beeinflußt nur den Inhalt der Flipflops s_{i-1} and $ü_i$, und Flipflop $ü_i$ beeinflußt s_{i-1} und $ü_i$. So enthält der S-Graph zwar Schleifen mit den Flipflops $ü_i$, aber nicht Schleifen mit den Flipflops s_i. Daher ist es günstiger, das Register S während des Tests in zwei Register der Breite $\frac{n}{2}$ zu zerlegen, nämlich $S_0 := (s_{n-2}, s_{n-4}, \ldots, s_0)$ und $S_1 := (s_{n-1}, s_{n-3}, \ldots, s_1)$. Dann enthält der Registergraph nur eine Schleife, und nur ein zusätzliches Testregister $Ü_{tr}$ wird benötigt, aber jetzt sind 4 Testsitzungen erforderlich (Bild 5.31).

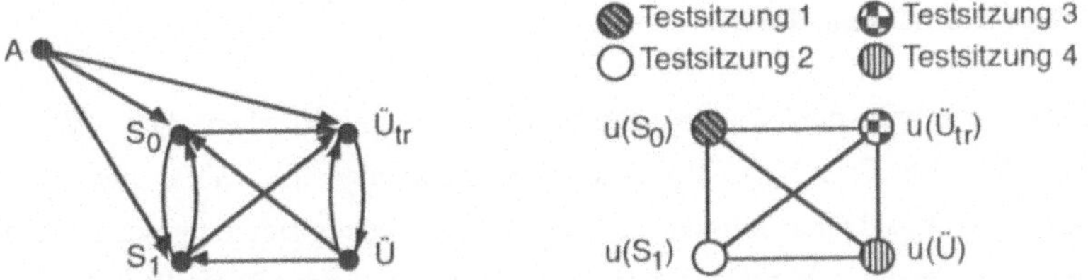

Bild 5.31: Testregistergraph nach Einbau von Testregister $Ü_{tr}$ und Aufteilung von Register S (links), entsprechender Testinkompatibilitätsgraph (rechts)

Wenn auch das Register Ü in zwei Teile $Ü_0 := (ü_{n-2}, ü_{n-4}, \ldots, ü_0)$ und $Ü_1 := (ü_{n-1}, ü_{n-3}, \ldots, ü_1)$ zerlegt wird und mit dem transparenten Register $Ü_{tr}$ das gleiche gemacht wird, genügen wieder 2 Testsitzungen (siehe Bild 5.32).

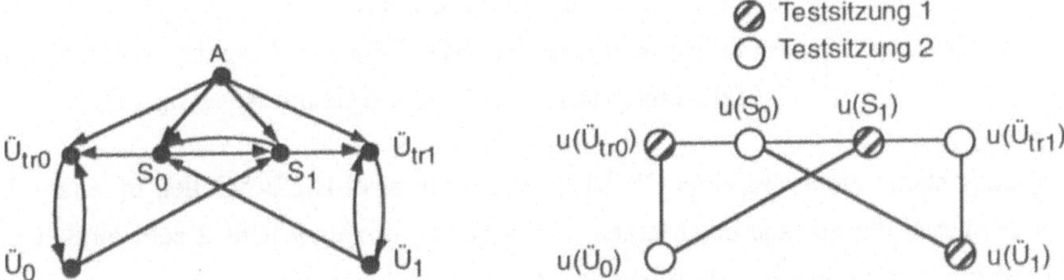

Bild 5.32: Testregistergraph nach Rekonfiguration der Register (links) und entsprechender Testinkompatibilitätsgraph (rechts)

Das Beispiel weist auf signifikante Hardware-Einsparungen hin, wenn die Informationen der Gatterebene genutzt werden, zeigt aber auch den höheren Rechenaufwand zur Lösung des Optimierungsproblems. Der Einbau von Testregistern in den Registergraphen von Bild 5.29 ist einfach, da der Registergraph nur sehr wenige Knoten hat. Die entsprechende Beschreibung auf Gatterebene aber hat mindestens 5n Knoten, ist weniger regelmäßig strukturiert und erfordert daher einen höheren Aufwand um die optimale Lösung zu finden. Um diese Aufgabe in akzeptabler Rechenzeit zu bewältigen, sind sehr leistungsfähige Algorithmen notwendig. Die im folgenden beschriebenen Algorithmen plazieren die Testzellen auf Gatterebene optimal (Abschnitt 5.4.2) und synthetisieren dann Testregister aus diesen Testzellen (Abschnitt 5.4.3).

5.4.2 Hardware-optimale Plazierung der Testzellen

Bei der Plazierung der Testzellen steht der Hardware-Aufwand im Vordergrund. Die Testzeit wird durch die Testzellenplazierung nicht signifikant beeinflußt und spielt erst bei der Zusammenfassung zu Testregistern eine Rolle.

5.4.2.1 Problemformulierung

Auf der Gatterebene wird die Schaltung durch den Schaltungsgraphen $G = (V, E)$ mit der Knotenmenge $V = I \cup O \cup V_C \cup V_S$ und der Kantenmenge $E \subset V \times V$ modelliert. An den primären Ein- und Ausgängen müssen auf jeden Fall Testregister eingesetzt werden, diese werden hier nicht explizit berücksichtigt. Die Plazierung von Testzellen im Inneren der Schaltung wird durch Marken für die Knoten des Schaltungsgraphen beschrieben, wobei die Marken $\ell(v)$ folgende Bedeutung haben:

$$\text{für } v \in V_S: \quad \ell(v) := \begin{cases} 0 & \text{falls Flipflop v nicht modifiziert} \\ 1 & \text{falls Flipflop v zu einer BILBO - Zelle erweitert} \\ 2 & \text{falls Flipflop v zu einer CBILBO - Zelle erweitert} \end{cases}$$

$$\text{für } v \in V_C: \quad \ell(v) := \begin{cases} 0 & \text{falls Gatter v nicht modifiziert} \\ 1 & \text{falls eine transp. BILBO - Zelle am Ausgang von v eingesetzt} \\ 2 & \text{falls eine transp. CBILBO - Zelle am Ausgang von v eingesetzt} \end{cases}$$

Die Forderung nach mindestens einer CBILBO-Zelle oder zwei BILBO-Zellen in jedem Zyklus bedeutet dann, daß die Summe der Marken in jedem Zyklus mindestens 2 sein muß. Um eine optimale Plazierung zu finden, muß folgendes Problem gelöst werden:

Plazierung mit minimalen Kosten (minimum cost placement, MCP)

Gegeben: Schaltungsgraph $G = (V, E)$,
Kosten für die Erweiterung eines Flipflops zu einer BILBO- oder CBILBO-Zelle,
Kosten für den Einbau einer transparenten BILBO- oder CBILBO-Zelle am Ausgang eines Gatters.

Gesucht: Markierung ℓ, so daß $\sum_{v \in Z} \ell(v) \geq 2$ für jeden Zyklus Z von G gilt und die gesamten mit der Markierung ℓ verbundenen Kosten minimal sind.

Das Problem MCP schließt das NP-vollständige Problem MFVS als Spezialfall ein. Wenn nämlich transparente CBILBO-Zellen genauso teuer wie normale CBILBO-Zellen sind und die Kosten für BILBO-Zellen höher angesetzt werden, dann weist eine kostenminimale Plazierung nur CBILBO-Zellen auf, von denen jeder Zyklus mindestens eine enthält. In diesem Fall beschreiben die optimal plazierten CBILBO-Zellen eine Lösung des MFVS-Problems für den gleichen Graphen. Andererseits läßt sich eine Lösung für MCP mit polynomialem Zeitaufwand verifizieren, indem man für jeden Knoten v die Menge aller Knoten bestimmt, die auf Pfaden mit einer Markensumme kleiner als 2 erreichbar sind, und dann prüft, ob v in dieser Menge enthalten ist. Deshalb gehört MCP zur Klasse NP und ist ein NP-vollständiges Problem.

Das oben formulierte Problem MCP läßt sich vereinfachen, wenn man berücksichtigt, daß eine kostenoptimale Plazierung an manchen Knoten des Schaltungsgraphen gewiß keine Testzellen einsetzt. Für den Einbau von Testzellen kommen nur diejenigen Knoten in Frage, die zu mindestens einem Zyklus gehören. Wir entfernen deshalb ähnlich wie in [LeRe90] iterativ alle Knoten ohne Nachfolger und alle Knoten ohne Vorgänger.

Da die Anzahl der Transistoren zur Implementierung einer transparenten Testzelle an jedem Gattereingang und -ausgang gleich ist, genügt es, nur die Gatterausgänge als mögliche Positionen für Testzellen zu betrachten. Diese Überlegung läßt sich auf kombinatorische fanout-freie Gebiete ausdehnen. Ein kombinatorisches fanout-freies Gebiet ist eine Zusammenfassung von Gattern zu einem Schaltnetz, das in seinem Inneren keine Verzweigung enthält und nur einen Ausgang hat (siehe [Hong78]). Jeder Zyklus der Gesamtschaltung, der durch ein Gatter des betrachteten fanout-freien Schaltnetzes geht, führt dann auch über den Ausgang dieses Schaltnetzes. Daher genügt es, für einen möglichen Testzelleneinbau nur den Ausgang des Schaltnetzes zu betrachten, Eingänge und innere Knoten des Schaltnetzes brauchen nicht in Erwägung gezogen zu werden.

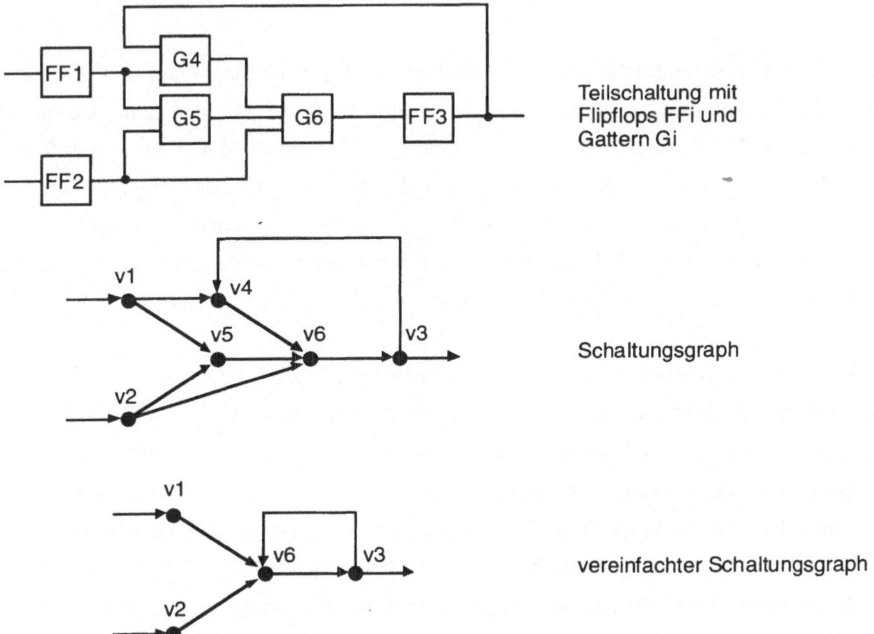

Bild 5.33: Vereinfachung des Schaltungsgraphen durch Zusammenfassung aller Knoten eines fanout-freien Gebiets

Bild 5.33 zeigt ein kleines Beispiel. Der Knoten v6 repräsentiert den Ausgang eines fanout-freien Gebiets, das die Gatter G4, G5 und G6 umfaßt. Anstatt alle Knoten des Schaltungsgraphen als mögliche Positionen für Testzellen zu betrachten, kann die Suche nach einer optimalen Plazierung nun auf den vereinfachten Schaltungsgraphen beschränkt werden, in dem das kombinatorische fanout-freie Gebiet durch einen einzigen Knoten repräsentiert wird.

Zur weiteren Vereinfachung kann der Schaltungsgraph in seine stark zusammenhängenden Komponenten (strongly connected components, SCCs) zerlegt werden. Die SCCs eines Graphen sind disjunkt und werden extrahiert, indem man die Kanten (v_i, v_j), bei denen v_i und v_j zu verschiedenen SCCs gehören, löscht. Der benötigte Zeit- und Speicherplatzaufwand ist $O(|V|+|E|)$ [Tarj72]. Da jeder Zyklus des Schaltungsgraphen zusammen mit allen anderen Zyklen, mit denen er gemeinsame Knoten hat, vollständig in einer einzelnen SCC von G enthalten ist, können hier alle SCCs getrennt behandelt werden. Eine kostenminimale Plazierung für G setzt sich einfach aus kostenminimalen Plazierungen für alle SCCs von G zusammen.

5.4.2.2 Lösung mit "Branch and Bound"-Suche

Nach den Vorverarbeitungsschritten zur Vereinfachung des Schaltungsgraphen G werden die Marken aller Knoten auf 0 initialisiert. Das entspricht der Schaltung ohne irgendwelche Testzellen. Dann werden nach und nach Knoten ausgewählt, deren Marke auf 1 oder 2 gesetzt wird. Dabei wird versucht, das Problem so bald und so weit wie möglich in kleinere Teilprobleme der gleichen Art aufzuspalten, die dann unabhängig voneinander gelöst werden können. Da im ungünstigsten Fall alle Markenkombinationen ausprobiert werden müssen, kann diese „Teile und Herrsche“-Strategie die Suche wesentlich effizienter machen.

Wenn Zyklen einen Knoten v_i mit Marke 0 gemeinsam haben, dann müssen diese Zyklen zusammen betrachtet werden, weil eine Testzelle an der Position v_i einen Einfluß auf alle diese Zyklen hat. Wenn es andererseits möglich ist, die Menge der Zyklen in Teilmengen zu partitionieren, so daß die Zyklen von verschiedenen Teilmengen keine Knoten mit Marke 0 gemeinsam haben, dann können diese Teilmengen getrennt voneinander behandelt werden. Auf diese Weise erhalten wir eine Aufteilung des Graphen, also kleinere Teilprobleme, die sich unabhängig voneinander lösen lassen, und die optimale Plazierung kann schneller gefunden werden. Eine Menge von Zyklen, die bei der Plazierung gemeinsam behandelt werden müssen, bezeichnen wir als T-zusammenhängende Komponente (T-connected component, TCC). Der Name weist darauf hin, daß diese Zyklen bei der Testausführung als eine zusammenhängende Teilschaltung getestet werden, sofern nicht noch weitere Testzellen eingebaut werden.

Definition: Eine *T-zusammenhängende Komponente* (TCC) eines Graphen G ist ein minimaler Teilgraph von G mit folgenden Eigenschaften:

- Eine TCC umfaßt mindestens einen Zyklus von G mit $\sum_{v \in Z} \ell(v) < 2$ (d.h. einen Zyklus, der keine CBILBO-Zelle und höchstens eine BILBO-Zelle enthält).
- Wenn G zwei Zyklen Z und Z' mit $\sum_{v \in Z} \ell(v) < 2$ und $\sum_{v' \in Z} \ell(v') < 2$ enthält, und diese Zyklen mindestens einen Knoten mit Marke 0 gemeinsam haben, dann gehören alle Knoten und Kanten von beiden Zyklen zur gleichen TCC.

Der markierte Graph in Bild 5.34 hat zwei TCCs. Der Graph von Bild 5.35 dagegen kann nicht aufgeteilt werden, da er aus einer einzigen TCC besteht.

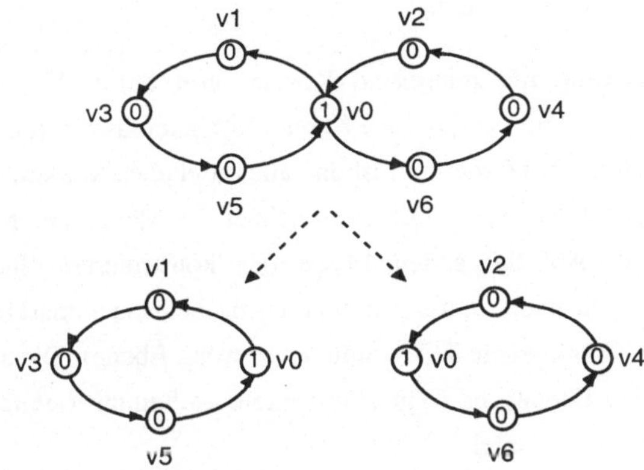

Bild 5.34: Markierter Graph (oben) und seine TCCs (unten)

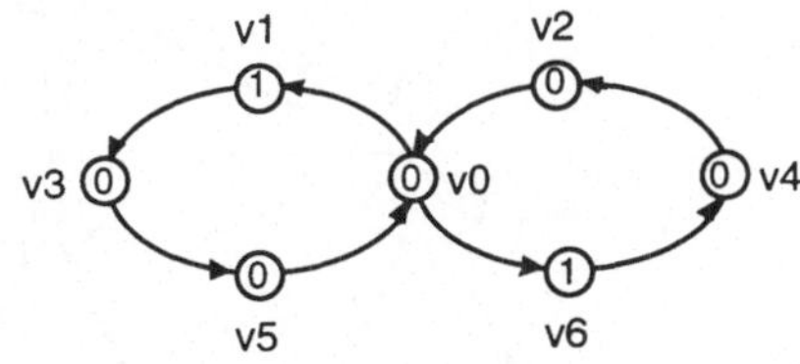

Bild 5.35: Markierter Graph, der aus einer einzigen TCC besteht

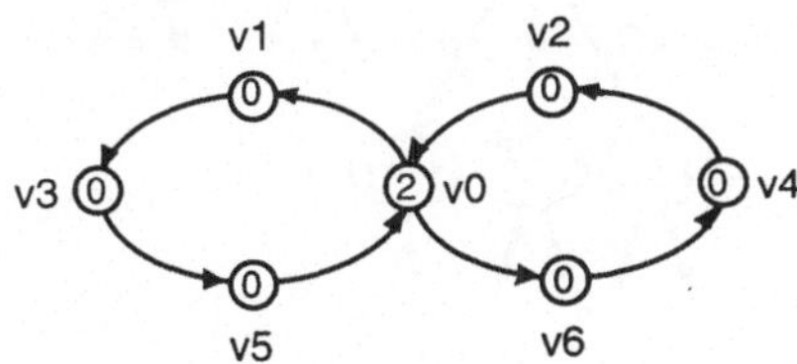

Bild 5.36: Markierter Graph mit einer leeren Menge von TCCs

Bild 5.36 zeigt einen Graphen, der überhaupt keine TCCs enthält. Sobald für einen Zyklus die Bedingung $\sum_{v \in Z} \ell(v) \geq 2$ erfüllt ist, braucht der Zyklus nicht weiter betrachtet zu werden. Knoten mit Marke 2 können deshalb einschließlich der mit ihnen verbundenen Kanten aus dem Graphen entfernt werden.

Die TCCs eines Graphen sind eindeutig bestimmt und lassen sich mit Zeit- und Speicherplatzaufwand O(|V|+|E|) ermitteln. Sie beschreiben eine Partitionierung all derjenigen Knoten mit Marke 0, die zu mindestens einem Zyklus Z mit $\sum_{v \in Z} \ell(v) < 2$ gehören, und das sind genau die Kandidaten für den Einbau weiterer Testzellen. Die TCCs enthalten keine Knoten mit Marke 2. Knoten mit Marke 1 können in mehr als einer TCC enthalten sein (der Knoten wird dann kopiert wie in Bild 5.34). Falls der Graph keine von 0 verschiedenen Marken aufweist, stimmen seine TCCs und SCCs überein.

Das Problem der Plazierung mit minimalen Kosten wird durch Tiefensuche gelöst. Der Suchalgorithmus baut einen Baum auf, dessen Knoten TCCs repräsentieren. Die Wurzel enthält eine SCC, wo jeder Knoten v mit 0 markiert ist und alle möglichen Marken für ihn erlaubt sind, also $\ell(v) = 0$ und $L(v) = \{0, 1, 2\}$. L(v) bezeichnet die Menge der Marken, die für den Knoten v zulässig sind. Auf der ersten Ebene des konstruierten Suchbaums wird ein ausgewählter Knoten v_a mit allen zulässigen Marken nacheinander markiert. Die Zuweisung einer Marke kann die SCC in kleinere TCCs aufteilen (zweite Ebene). Danach wird ein zweiter Knoten v_b markiert (dritte Ebene), es folgt eine weitere Aufteilung (vierte Ebene) usw. Bild 5.37 zeigt ein schematisches Beispiel.

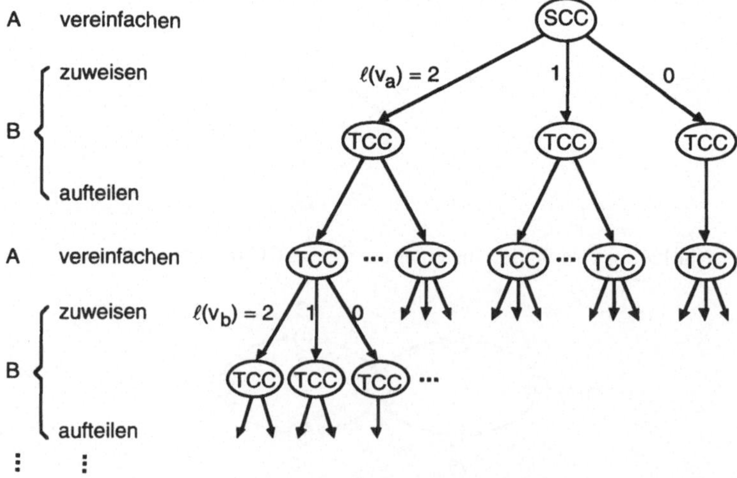

Bild 5.37: Suchbaum für eine einzelne stark zusammenhängende Komponente

Die Suche wird durch zwei abwechselnd aufgerufene Prozeduren realisiert. Prozedur A schränkt die zulässigen Marken für die Knoten ein und versucht den Graphen durch lokale Transformationen zu vereinfachen. Dabei werden keine Entscheidungen gefällt, die später eventuell wieder rückgängig gemacht werden müssen. Während Prozedur A den Knoten keine neuen Marken zuweist, wählt Prozedur B einen noch nicht behandelten Knoten v und probiert alle zulässigen Marken $\ell(v) \in L(v)$ aus. Auf diese Weise wird der Suchraum systematisch erkundet. Nach der Zuweisung versucht Prozedur B die TCC in mehrere kleinere aufzuteilen. Dann wird Prozedur A für jede der resultierenden TCCs aufgerufen.

Prozedur A

In Prozedur A wird ein Satz von Umformungsregeln angewandt, bis keine Änderung mehr möglich ist. Die Regeln sind so gestaltet, daß eine optimale Lösung für den umgeformten Graphen stets auch eine optimale Lösung für den ursprünglichen Graphen ist. Die ersten beiden Regeln entfernen aus dem Graphen Knoten, die für eine optimale Lösung nicht betrachtet werden müssen. Statt eine Testzelle bei Knoten v zu plazieren, kann unter bestimmten Voraussetzungen eine Testzelle bei einem Vorgänger oder Nachfolger plaziert werden, ohne daß dadurch die Kosten erhöht werden.

Regel (T1): *Wenn* v ein kombinatorischer Knoten mit Marke 0 ist, $v \notin V_S$, $\ell(v) = 0$, nicht zu einem Zyklus mit Länge 1 oder 2 gehört und genau einen direkten Vorgänger oder genau einen direkten Nachfolger hat,

dann ignoriere den Knoten v, d.h. entferne den Knoten v und ersetze jedes Kantenpaar (w',v), (v,w") durch eine Kante (w',w").

Regel (T2): *Wenn* v ein sequentieller Knoten mit Marke 0 ist, $v \in V_S$, $\ell(v) = 0$, nicht zu einem Zyklus mit Länge 1 oder 2 gehört, genau einen direkten Vorgänger und genau einen direkten Nachfolger hat und diese beiden Knoten ebenfalls sequentiell sind,

dann ignoriere den Knoten v.

Durch Inspektion kurzer Zyklen kann man an manchen Knoten bestimmte Marken ausschließen, weil sie in einer optimalen Plazierung sicher nicht auftreten.

Regel (T3): *Wenn* es eine Schleife (v, v) gibt,

dann ist 2 die einzige zulässige Marke für v, $L(v) := L(v) \setminus \{0, 1\}$.

Regel (T4): *Wenn* es einen Zyklus der Form (v, v', v) gibt und der eine Knoten die Marke 1 hat, $\ell(v') = 1$,
dann ist die Marke 0 für den anderen Knoten nicht zulässig, $L(v) := L(v) \setminus \{0\}$.

Soweit es die Erfüllung der Bedingung $\sum_{v \in Z} \ell(v) \geq 2$ für die Zyklen betrifft, kann die Maßnahme

„Marke des Knotens v von 0 auf 1 erhöhen“

gleichwertig ersetzt werden durch

„Marken aller direkten Vorgänger von v, die mit 0 oder 1 markiert sind, um 1 erhöhen“

oder „Marken aller direkten Nachfolger von v, die mit 0 oder 1 markiert sind, um 1 erhöhen“.

In einer kostenminimalen Markierung darf der Knoten v folglich nicht die Marke 1 haben, wenn eine der gleichwertigen Optionen weniger kostspielig ist. Seien *kosten1*(v) und *kosten2*(v) die Kosten für die Markierungen $\ell(v) = 1$ bzw. $\ell(v) = 2$. Falls Marke 1 oder Marke 2 für v nicht zulässig ist, setzen wir *kosten1*(v) bzw. *kosten2*(v) auf ∞.

Die Kosten für die zweite Option sind höchstens

$$vor1(v) = \sum_{v' \in pred(v)} \max \{kosten1(v'),\ kosten2(v') - kosten1(v')\}$$

und die Kosten für die dritte Option höchstens

$$nach1(v) = \sum_{v' \in succ(v)} \max \{kosten1(v'),\ kosten2(v') - kosten1(v')\}\ .$$

Eine zulässige Markierung wird durch folgende Regel eingeschränkt:

Regel (T5): *Wenn* $\ell(v) = 0$ und $kosten1(v) \geq \min \{vor1(v), nach1(v)\}$ gelten,
dann ist für den Knoten v die Marke 1 nicht zulässig, $L(v) := L(v) \setminus \{1\}$.

Falls später die Marken für manche Vorgänger und Nachfolger von v von 0 auf 1 oder 2 erhöht werden, bleibt diese Einschränkung weiterhin gültig.

Ähnlich kann die Erhöhung der Marke eines Knotens v von 0 auf 2 behandelt werden. Die Kosten, um die Marken aller direkten Vorgänger auf 2 zu erhöhen, sind maximal

$$vor2(v) = \sum_{v' \in pred(v)} kosten2(v')\ ;$$

die Kosten, um die Marken aller direkten Nachfolger auf 2 zu erhöhen, sind maximal

$$nach2(v) = \sum_{v' \in succ(v)} kosten2(v')\ .$$

Analog zu Regel (T5) läßt sich Regel (T6) aufstellen:

Regel (T6): *Wenn* $\ell(v) = 0$ und *kosten2*(v) $\geq$ min {*vor2*(v), *nach2*(v)} gelten und es keine Schleife (v, v) gibt,
dann ist für den Knoten v die Marke 2 nicht zulässig, $L(v) := L(v) \setminus \{2\}$.

Nach Anwendung der Regeln (T5) und (T6) ist es möglich, daß für manche Knoten nur noch die Marke 0 zulässig ist. Wenn diese Knoten in Schleifen enthalten sind oder bereits eine von 0 verschiedene Marke bekommen haben, existiert eine Lösung mit dieser (Teil-)Markierung offensichtlich nicht, und der Suchbaum kann an dieser Stelle abgeschnitten werden (siehe unten). Andernfalls werden diese Knoten durch folgende Regel von der weiteren Betrachtung ausgeschlossen werden.

Regel (T7): *Wenn* $L(v) = \{0\}$ gilt und es keine Schleife (v, v) gibt,
dann ignoriere den Knoten v.

Nachdem alle möglichen Vereinfachungen durchgeführt wurden, folgt Prozedur B.

Prozedur B

Prozedur B wählt einen Knoten v aus, der bei der Markierung noch nicht explizit behandelt wurde (deshalb mit Marke 0) und probiert alle zulässigen Zuweisungen $\ell(v) \in L(v)$ aus. Der Knoten v wird nach zwei Kriterien ausgewählt:

- Die Anzahl der für v zulässigen Marken, $|L(v)|$, soll möglichst klein sein.
- Die Zuweisung $\ell(v) = 2$ soll eine Aufteilung der TCC in kleinere TCCs ermöglichen, und die größte dieser kleineren TCCs soll eine minimale Anzahl von Knoten einhalten.

Der erste der beiden Punkte ist der wichtigere. Die Wahl eines Knotens v mit $|L(v)| = 1$ ist am günstigsten, da dies keine Entscheidung erfordert, die später eventuell wieder rückgängig gemacht werden muß.

Wenn dem Knoten v eine bestimmte Marke zugewiesen wird, so wird damit die Menge seiner zulässigen Marken auf diese einzelne Marke eingeschränkt, $L(v) = \{\ell(v)\}$. Ist die neu zugewiesene Marke 1 oder 2, dann wird versucht, die TCC in kleinere TCCs aufzuteilen, und Prozedur A wird für jede von ihnen gesondert aufgerufen. Ist die neue Marke 0, kann die TCC nicht aufgeteilt werden. In diesem Fall wird der Knoten v durch die Anwendung der Regel (T7) in Prozedur A entfernt.

Begrenzung des Suchbaums

An jedem Knoten des Suchbaums werden die gesamten Kosten der aktuellen Markierung berechnet. Falls diese Summe *aktuelle_Kosten* größer oder gleich dem Wert *beste_Kosten* ist, der sich für die bisher beste Lösung ergab, ist es klar, daß auf diesem Weg keine bessere Lösung mehr gefunden werden kann, und der Suchbaum kann hier abgeschnitten werden. Auch wenn es einen Knoten gibt, dem eine Marke 1 oder 2 zugewiesen wurde, die sich später als unzulässig herausstellte, oder einen Knoten, für den überhaupt keine Marke mehr zulässig ist, läßt sich die aktuelle (Teil-)Markierung nicht zu einer kostenminimalen Markierung ergänzen, und der Suchbaum kann an dieser Stelle abgeschnitten werden. Mit Hilfe dieser Kriterien können große Teile des Suchraums übergangen werden, und dennoch ist garantiert, daß eine optimale Lösung gefunden wird.

Wenn Zweige des Suchbaums abgeschnitten wurden, kann ein Rücksetzvorgang notwendig sein. Beginnend beim aktuellen Knoten wird der Suchbaum dann rückwärts durchlaufen, bis ein Knoten erreicht wird, wo Prozedur B eine Wahl zwischen mehreren möglichen Markenzuweisungen getroffen hat. Dort wird eine andere Zuweisung vorgenommen, und der Algorithmus läuft in einer anderen Richtung in die Tiefe, indem er wieder abwechselnd Prozedur A und Prozedur B aufruft.

Da das Problem MCP NP-vollständig ist, existieren Schaltungen, für die der beschriebene Algorithmus eine kostenoptimale Plazierung nicht in akzeptabler Rechenzeit findet. In diesen Fällen lassen sich gute suboptimale Lösungen mit einer heuristischen Variante des Verfahrens ermitteln. Dazu wird ein Qualitätsparameter $q \leq 1$ eingeführt. Dieser Faktor kommt in zwei Schritten des Verfahrens zur Anwendung. In Prozedur A werden die Regeln (T5) und (T6), welche die zulässigen Marken einschränken, modifiziert zu

Regel (T5'): *Wenn* $\ell(\mathrm{v}) = 0$ und $kosten1(\mathrm{v}) \geq q \cdot \min\{vor1(\mathrm{v}), nach1(\mathrm{v})\}$ gelten,
dann ist für den Knoten v die Marke 1 nicht zulässig, $L(\mathrm{v}) := L(\mathrm{v}) \setminus \{1\}$.

Regel (T6'): *Wenn* $\ell(\mathrm{v}) = 0$ und $kosten2(\mathrm{v}) \geq q \cdot \min\{vor2(\mathrm{v}), nach2(\mathrm{v})\}$ gelten und es keine Schleife (v, v) gibt,
dann ist für den Knoten v die Marke 2 nicht zulässig, $L(\mathrm{v}) := L(\mathrm{v}) \setminus \{2\}$.

Die zulässigen Marken werden also stärker eingeschränkt. Der zweite Schritt, in dem der Qualitätsparameter verwendet wird, tritt bei der Begrenzung des Suchbaums auf. Hier wird ein Zweig des Baums abgeschnitten, wenn *aktuelle_Kosten* > $q \cdot$*beste_Kosten* gilt. $q = 1$ ergibt eine kostenoptimale Plazierung. Aber selbst mit $q = 0{,}5$ lassen sich noch recht gute Ergebnisse erzielen, wie die experimentellen Daten im nächsten Abschnitt zeigen.

Bild 5.38 faßt das ganze Vorgehen in der Prozedur TESTZELLENPLAZIERUNG zusammen.

```
Prozedur TESTZELLENPLAZIERUNG (in: G, cB, cC, cBtr, cCtr; out: G')

/*  Eingabe:   Schaltungsgraph G,                                        */
/*             Kosten cB, cC, cBtr, cCtr für BILBO-, transparente BILBO-, */
/*             CBILBO- und transparente CBILBO-Zellen                    */

/*  Ausgabe:   Schaltungsgraph G' mit eingebauten Testzellen             */

G' := G;
entferne aus G iterativ alle Knoten ohne Vorgänger und alle Knoten ohne Nachfolger;
fasse in G alle kombinatorischen fanout-freien Gebiete zusammen;

für jede stark zusammenhängende Komponente SCCi von G:
    initialisiere die Marken aller Knoten von SCCi auf 0;
    PROZEDUR_A (SCCi, G');

füge in G' Testzellen an den primären Ein- und Ausgängen ein;
end;

Prozedur PROZEDUR_A (in: TCC, G'; out: TCC, G')
    solange sich noch Änderungen ergeben:
        wende die Regeln (T1) bis (T7) auf TCC an;
    PROZEDUR_B (TCC, G');
    end;

Prozedur PROZEDUR_B (in: TCC, G'; out: G')
(*) wähle einen noch nicht behandelten Knoten aus TCC und weise ihm eine noch nicht
    ausprobierte, zulässige Marke zu;

    falls sich ein Widerspruch ergibt oder die aktuelle Markierung teurer ist als die bisher
    beste Lösung
        gehe zurück zur letzten freien Entscheidung, mache dabei die Markenzuweisungen
        rückgängig und fahre fort mit (*);

    trage die Veränderung in G' ein;
    teile TCC auf in Komponenten TCC1, TCC2, ..., TCCn;

    falls die Menge der Komponenten nicht leer ist
        für i := 1, 2, ..., n:
            PROZEDUR_A (TCCi, G');
    end;
```

Bild 5.38: Algorithmus zur kostenoptimalen Plazierung von Testzellen

5.4.2.3 Experimentelle Ergebnisse

Bei den Experimenten, die mit den ISCAS'89-Benchmark-Schaltungen (siehe Anhang C) durchgeführt wurden, galt das Interesse vor allem den beweisbar optimalen Lösungen, der Rechenzeit und dem Einfluß des Qualitätsfaktors q auf die Kosten der gefundenen Lösungen. Für eine gegebene Schaltung hängt die optimale Testzellenplazierung sehr stark vom Hardware-Aufwand für die verschiedenen Typen von Testzellen ab:

c_B: Kosten für die Erweiterung eines D-Flipflops zu einer BILBO-Zelle,

c_C: Kosten für die Erweiterung eines D-Flipflops zu einer CBILBO-Zelle,

c_{Btr}: Kosten für den Einbau einer transparenten BILBO-Zelle,

c_{Ctr}: Kosten für den Einbau einer transparenten CBILBO-Zelle.

Selbstverständlich haben Technologie, Entwurfsstil und die Zellbibliothek einen Einfluß auf die Kostenverteilung. Um realistische Werte für den Hardware-Mehraufwand zu bekommen, wurden ähnlich wie in [OhWM87] die für die Testzellen notwendigen Transistoren gezählt. Damit ergaben sich folgende Kosten:

Parametersatz I: $c_B = 11, \quad c_C = 21, \quad c_{Btr} = 23, \quad c_{Ctr} = 34.$

In einem zweiten Parametersatz wurden die Kosten für die CBILBO-Zellen deutlich erhöht, und die Kostendifferenz zwischen den normalen und den transparenten Testzellen wurde vergrößert, so daß bevorzugt die normalen BILBO-Zellen eingesetzt werden:

Parametersatz II: $c_B = 10, \quad c_C = 35, \quad c_{Btr} = 30, \quad c_{Ctr} = 55.$

Bei den Experimenten wurde zunächst angenommen, daß die Kosten c_B, c_C, c_{Btr} und c_{Ctr} nicht von der Position in der Schaltungsstruktur abhängen und die zusätzlichen Verzögerungszeiten als Folge der eingebauten Testzellen vernachlässigt werden können. Eine detailliertere Kostenbetrachtung, die auch die zusätzlichen Verzögerungszeiten einschließt, folgt in Abschnitt 5.4.4.

Für $c_B + c_{Btr} < c_C$, $2c_{Btr} < c_{Ctr}$ kann eine kostenminimale Lösung keine CBILBO-Zellen enthalten, da ein Paar von BILBO-Zellen stets günstiger ist als eine einzelne CBILBO-Zelle. Auf der anderen Seite weist eine kostenoptimale Lösung für $c_C < c_B$, $c_{Ctr} < c_{Btr}$ sicher keine BILBO-Zellen auf. In diesem Fall reduziert sich das Problem auf die Bestimmung eines MFVS für den Schaltungsgraphen.

In der Praxis gilt i.a. $c_B < c_C < c_B + c_{Btr}$ und $c_{Btr} < c_{Ctr} < 2c_{Btr}$, wie es auch für die Parametersätze I und II der Fall ist. Die Lösungen für die ISCAS'89-Benchmark-Schaltungen sind in Tabelle 5.4 für Parametersatz I und in Tabelle 5.5 für Parametersatz II aufgelistet.

Schaltung	#B	#Btr	#C	#Ctr	Kosten	*q*	CPU sec
s27	-	-	1	1	55	1	<1
s208	-	-	8	-	168	1	<1
s298	-	-	14	-	294	1	<1
s344	-	-	15	-	315	1	<1
s349	-	-	15	-	315	1	<1
s382	-	-	15	-	315	1	<1
s386	-	-	6	-	126	1	<1
s400	-	-	15	-	315	1	<1
s420	-	-	16	-	336	1	<1
s444	-	-	15	-	315	1	<1
s510	-	-	6	-	126	1	<1
s526	-	-	21	-	441	1	<1
s526n	-	-	21	-	441	1	<1
s641	-	-	7	4	283	1	<1
s713	-	-	7	4	283	1	<1
s820	-	-	5	-	105	1	<1
s832	-	-	5	-	105	1	<1
s838	-	-	32	-	672	1	<1
s953	-	-	6	-	126	1	<1
s1196	-	-	-	-	0	1	<1
s1238	-	-	-	-	0	1	<1
s1423	-	-	71	-	1491	1	2
s1488	-	-	6	-	126	1	<1
s1494	-	-	6	-	126	1	<1
s5378	-	-	30	-	630	1	1
s9234	-	-	152	-	3192	1	2
s13207	-	-	308	1	6502	1	4
s15850	-	-	441	-	9261	1	4
s35932	-	-	306	-	6426	1	8
s38417	-	-	1050	8	22322	1	32
s38584	-	-	1116	-	23436	1/2	1034

Tabelle 5.4: Testzellenplazierung für Parametersatz I

Die erste Spalte nennt die Schaltung. #B, #Btr, #C und #Ctr bezeichnen die Anzahl der BILBO-Zellen, der transparenten BILBO-Zellen, der CBILBO-Zellen und der transparenten CBILBO-Zellen. Testzellen an den primären Ein- und Ausgängen sind nicht mitgezählt. Die Spalte „Kosten" gibt die Anzahl der Transistoren an, die für den Einbau dieser Zellen notwendig sind, und die Spalte „q" den Wert des Qualitätsparameters, mit dem diese Lösung gefunden wurde. Die letzte Spalte nennt die Rechenzeit auf einer SUN-Workstation SPARC-10. Wenn innerhalb einer Stunde keine nachweislich optimale Lösung gefunden wurde, dann wurde das Programm abgebrochen und mit einem kleineren Wert für q neu gestartet.

Mit der Kostenverteilung von Parametersatz I werden ausschließlich CBILBO-Zellen eingebaut. Parametersatz II erhöht die Kosten für CBILBO-Zellen deutlich, aber auch dann bleibt die Zahl der BILBO-Zellen sehr klein (siehe Tabelle 5.5). Der Grund liegt darin, daß die ISCAS'89-Benchmark-Schaltungen viele Zyklen enthalten, die stark miteinander vermascht sind. Damit machen sie es besonders schwierig, eine optimale Plazierung zu finden. Aus den Lösungen für diese Schaltungen läßt sich aber nicht folgern, daß CBILBOs generell günstiger sind als BILBOs, denn die ISCAS'89-Schaltungen können nicht als repräsentativ für Datenpfade angesehen werden, und bei ihrem Entwurf wurde die Schaltungsstruktur sicher nicht für eine gute Testbarkeit optimiert.

Schaltung	#B	#Btr	#C	#Ctr	Kosten	q	CPU sec
s27	2	1	1	-	85	1	<1
s208	-	-	8	-	280	1	<1
s298	-	-	14	-	490	1	<1
s344	-	-	15	-	525	1	<1
s349	-	-	15	-	525	1	<1
s382	-	-	15	-	525	1	<1
s386	-	-	6	-	210	1	<1
s400	-	-	15	-	525	1	<1
s420	-	-	16	-	560	1	<1
s444	-	-	15	-	525	1	<1
s510	-	-	6	-	210	1	<1
s526	-	-	21	-	735	1	<1
s526n	-	-	21	-	735	1	<1
s641	8	4	7	-	445	1	<1
s713	8	4	7	-	445	1	<1
s820	-	-	5	-	175	1	<1
s832	-	-	5	-	175	1	<1
s838	-	-	32	-	1120	1	<1
s953	-	-	6	-	210	1	<1
s1196	-	-	-	-	0	1	<1
s1238	-	-	-	-	0	1	<1
s1423	-	-	71	-	2485	1	1
s1488	-	-	6	-	210	1	<1
s1494	-	-	6	-	210	1	<1
s5378	-	-	30	-	1050	1/3	<1
s9234	-	-	46	106	7440	1/3	4
s13207	-	-	310	-	10850	1/2	16
s15850	6	-	438	-	15390	1	4
s35932	36	-	288	-	10440	1	29
s38417	11	4	1049	4	37165	1/2	211
s38584	52	9	1079	-	38555	1/2	549

Tabelle 5.5: Testzellenplazierung für Parametersatz II

Die Rechenzeit für eine optimale Lösung hängt offensichtlich von den Kostenparametern ab. Mit Parametersatz I wird eine optimale Lösung für alle Schaltungen bis auf eine gefunden, dagegen sind mit Parametersatz II fünf Schaltungen schwer zu behandeln.

Um den Einfluß des Qualitätsfaktors q auf die Kosten zu untersuchen, werden in Tabelle 5.6 die Kosten der Lösungen für verschiedene Werte von q verglichen. Für $q \geq 0{,}5$ liegen die heuristisch gefundenen Lösungen oft sehr nahe bei den kostenoptimalen Lösungen, die mit

$q = 1$ ermittelt wurden. Mit $q < 0,5$ dagegen werden die Lösungen für manche Schaltungen merklich schlechter.

Schaltung	$q = 2/6$	$q = 3/6$	$q = 4/6$	$q = 5/6$	$q = 1$
s27	110	105	85	85	85
s208	400	280	280	280	280
s298	690	490	490	490	490
s344	665	525	525	525	525
s349	665	525	525	525	525
s382	545	525	525	525	525
s386	210	210	210	210	210
s400	545	525	525	525	525
s420	560	560	560	560	560
s444	545	525	525	525	525
s510	210	210	210	210	210
s526	815	735	735	735	735
s526n	815	735	735	735	735
s641	545	525	445	445	445
s713	605	525	445	445	445
s820	195	175	175	175	175
s832	175	175	175	175	175
s838	1120	1120	1120	1120	1120
s953	210	210	210	210	210
s1196	0	0	0	0	0
s1238	0	0	0	0	0
s1423	2645	2485	2485	2485	2485
s1488	210	210	210	210	210
s1494	210	210	210	210	210
s5378	1050	-	-	-	-
s9234	7440	-	-	-	-
s13207	12755	10850	-	-	-
s15850	19335	15390	15390	15390	15390
s35932	10710	10440	10440	10440	10440
s38417	46090	37165	-	-	-
s38584	39410	38555	-	-	-

Tabelle 5.6: Kosten für Lösungen, die mit Parametersatz II und verschiedenen Werten für den Qualitätsfaktor q gefunden wurden

5.4.2.4 Lösung des MFVS-Problems als Spezialfall

Wie bereits in Abschnitt 5.4.2.1 erwähnt wurde, enthält das Problem MCP als einen Spezialfall das Problem, eine minimale Zahl von Flipflops für einen partiellen Prüfpfad auszuwählen, so daß jeder Zyklus der Schaltungsstruktur geschnitten wird. Für diesen Fall genügt es, den S-Graphen der Schaltung zu behandeln. Wenn die Kosten für CBILBO-Zellen geringer als die Kosten für BILBO-Zellen angesetzt werden oder alternativ die zulässigen Marken bei der

Initialisierung auf 0 und 2 eingeschränkt werden, dann liefert die Prozedur TESTZELLEN-PLAZIERUNG für den S-Graphen der Schaltung ein MFVS.

Der Algorithmus in der oben beschriebenen allgemeineren Form ist nicht für diesen Spezialfall optimiert und verwendet daher nicht die eigens zur Lösung des MFVS-Problems entwickelten Graphtransformationen und -partitionierungen (siehe unten). Dennoch findet er mit einer Rechenzeit von einigen Sekunden für alle ISCAS'89-Benchmark-Schaltungen eine optimale Lösung des MFVS-Problems (siehe Tabelle 5.7, Spalten 3 und 4).

Manche Autoren schlagen vor, Zyklen der Schaltungsstruktur, die abgesehen von kombinatorischen Bauelementen nur ein einziges Flipflop enthalten, beim Einbau eines partiellen Prüfpfads nicht aufzutrennen [ChAg90, ChPa90, LeRe90]. Zu diesem Zweck werden vorab alle Kanten des S-Graphen, die zu Schleifen gehören, entfernt, und dann wird wieder ein MFVS bestimmt. Das heuristische Verfahren von Lee und Reddy [LeRe90] verwendet folgende Graphtransformationen, die bereits aus [Levy88, LlSo88] bekannt sind und das Auffinden eines MFVS vereinfachen.

Regel (S1): *Wenn* der Knoten v genau einen direkten Vorgänger oder genau einen direkten Nachfolger hat
und es keine Schleife (v, v) gibt,
dann ignoriere den Knoten v.

Regel (S2): *Wenn* es eine Schleife (v, v) gibt,
dann lösche den Knoten v und die mit ihm verbundenen Kanten im S-Graphen, und nimm v in das MFVS auf.

Immer wenn keine dieser Regeln mehr angewandt werden kann, wird anhand von Heuristiken ein Knoten ausgewählt, der sofort in das MFVS aufgenommen wird. Die Zahlen für die Ergebnisse des Verfahrens von Lee und Reddy wurden aus [ChBA94, OrKP95] übernommen (Tabelle 5.7, Spalte 5). Für die Schaltung s39584 widersprechen sich die Angaben.

In [AsMa94, ChBA94, OrKP95] wurden speziell auf das MFVS-Problem zugeschnittene Algorithmen entwickelt, die eine garantiert optimale Lösung finden. Alle drei Algorithmen verwenden die Regeln (S1) und (S2) und partitionieren den Graphen in stark zusammenhängende Komponenten, die dann getrennt bearbeitet werden. Der Algorithmus von [OrKP95] nutzt komplexere Aufteilungsmöglichkeiten zur weiteren Zerlegung in unabhängige Teilprobleme. In [AsMa94] wird eine Boolesche Funktion konstruiert, deren erfüllende Variablenbelegungen direkt einem FVS des Graphen entsprechen. In [ChBA94] wird mit einem "Branch and Bound"-Verfahren gesucht.

Schaltung		Anzahl der Flipflops im Prüfpfad (Schleifen geschnitten)		Anzahl der Flipflops im Prüfpfad (Schleifen nicht geschnitten)		
Name	Anzahl der Flipflops	optimal	CPU sec	Lee & Reddy	optimal	CPU sec
s27	3	3	<1	1	1	<1
s208	8	8	<1	0	0	<1
s298	14	14	<1	1	1	<1
s344	15	15	<1	5	5	<1
s349	15	15	<1	5	5	<1
s382	21	15	<1	9	9	<1
s386	6	6	<1	5	5	<1
s400	21	15	<1	9	9	<1
s420	16	16	<1	0	0	<1
s444	21	15	<1	9	9	<1
s510	6	6	<1	5	5	<1
s526	21	21	<1	3	3	<1
s526n	21	21	<1	3	3	<1
s641	19	15	<1	7	7	<1
s713	19	15	<1	7	7	<1
s820	5	5	<1	4	4	<1
s832	5	5	<1	4	4	<1
s838	32	32	<1	0	0	<1
s953	29	6	<1	5	5	<1
s1196	18	0	<1	0	0	<1
s1238	18	0	<1	0	0	<1
s1423	74	71	<1	22	21	<1
s1488	6	6	<1	5	5	<1
s1494	6	6	<1	5	5	<1
s5378	179	30	<1	30	30	<1
s9234	228	152	2	53	53	2
s13207	669	310	3	59	59	3
s15850	597	441	8	89	88	21
s35932	1728	306	3	306	306	3
s38417	1636	1080	14	374	374	31
s38584	1452	1115	10	?	-	>7300

Tabelle 5.7: Flipflopauswahl für einen partiellen Prüfpfad

Der hier vorgestellte Algorithmus findet auch für die S-Graphen ohne Schleifenkanten eine optimale Lösung bei allen ISCAS'89-Benchmark-Schaltungen mit Ausnahme von s38584 (siehe Tabelle 5.7, Spalten 6 und 7). Der Prüfpfad wird für viele Schaltungen wesentlich kürzer als beim Schneiden aller Zyklen. Bei den größeren Schaltungen enthält der Prüfpfad maximal 23 % aller Flipflops. Die gefundenen optimalen Lösungen stimmen mit den in [AsMa94, ChBA94, OrKP95] genannten Zahlen überein, die Rechenzeiten sind vergleichbar. Für die Schaltung s38584 machen [ChBA94] und [OrKP95] widersprüchliche Angaben. Das in [AsMa94] vorgeschlagene Verfahren konnte für die Schaltungen s15850 und s38584 keine optimale Lösung finden.

5.4.3 Synthese der Testregister

Nach der Plazierung der Testzellen müssen diese 1-bit-Testregisterelemente zu größeren Testregistern zusammengefaßt werden. Alle Testzellen in einem Testregister werden von der Teststeuerung auf die gleiche Weise gesteuert, und selbstverständlich darf ein Testregister nur Testzellen des gleichen Typs enthalten. Die Testregister müssen häufig eine Mindestbreite von ca. 12 ... 20 bit haben, damit die Periode der erzeugten Muster nicht zu kurz und die Fehlermaskierungsrate nicht zu groß wird.

Die aus der Zusammenfassung resultierende Testregisterkonfiguration legt die Segmentierung der Schaltung in Testeinheiten fest und bestimmt die Randbedingungen, die bei der Testablaufplanung einzuhalten sind. Damit entscheidet die Testregisterkonfiguration über die notwendige Anzahl von Testsitzungen und über die Testzeit.

CBILBO-Zellen, die nur eine einzige Betriebsart für den Test haben, erhalten während des Tests alle die gleichen Steuersignale. Sie können deshalb in beliebiger Weise zu CBILBO-Registern zusammengefaßt werden (z.B. ebenso wie die Flipflops zu Registern im Normalbetrieb), ohne daß dies Auswirkungen auf den Testablauf hat. Bei BILBO-Zellen aber, die zwischen den Betriebsarten „Mustererzeugung" und „Signaturanalyse" hin- und hergeschaltet werden, entscheidet die Zusammenfassung zu BILBO-Registern über die Inkompatibilitäten zwischen den Testeinheiten. Um die Darstellung nicht unnötig kompliziert zu machen, betrachten wir in diesem Abschnitt nur Schaltungen mit BILBO-Zellen und lassen die für die Testregistersynthese unproblematischen CBILBO-Zellen beiseite.

Die Testregistersynthese, die hier vorgestellt wird, zielt sowohl auf eine Verringerung des Hardware-Aufwands als auch auf die Minimierung der Testzeit. Sie unterstützt die Testablaufplanung durch folgende Punkte:

- *Minimierung der Anzahl der Testsitzungen*: Im allgemeinen verringert eine kleinere Anzahl von Testsitzungen die Zeit, die für die Testausführung benötigt wird. Außerdem kann dann die Steuerung für den Selbsttest auf einer kleineren Fläche implementiert werden (siehe Abschnitt 3.4.3.3).
- *Minimierung der Anzahl unterschiedlicher Steuersignale*: BILBOs und ähnliche multifunktionale Testregister brauchen mindestens zwei Steuersignale: Ein Signal TEST, das zwischen Normal- und Testbetrieb umschaltet, und ein Signal **c**, das zwischen „Mustererzeugung" und „Signaturanalyse" unterscheidet (siehe Bild 4.33 in Abschnitt 4.3). Das TEST-Signal kann für alle Testregister gleich sein, aber es werden i.a. mehrere unterschiedliche **c**-Signale benötigt. Es ist die Aufgabe der Teststeuerung, diese Steuersignale

für alle Testregister zu generieren. Wenn die Gesamtzahl der verschiedenen Steuersignale kleiner ist, kann die Teststeuerung mit geringerem Hardware-Aufwand realisiert werden und die benötigte Verdrahtungsfläche für die Steuerleitungen zu den Testregistern wird ebenfalls kleiner (siehe z.B. [KaAB86]).

Während bisher bekannte Verfahren den Einbau von Testregistern und die Testablaufplanung als zwei vollständig getrennte Schritte behandeln, geht das hier beschriebene Verfahren beide Probleme gemeinsam an und ermöglicht damit eine globalere Optimierung. Zunächst wird ein (vorläufiger) Plan für den Testablauf auf der Gatterebene erstellt. Die Informationen dieses Plans werden dann genutzt, um maximale Mengen von Testzellen, die mit dem gleichen c-Signal gesteuert werden können, zu finden. Aus diesen Mengen werden schließlich Testregister gebildet, und gleichzeitig wird dadurch eine minimale Gesamtzahl von Steuersignalen erreicht.

5.4.3.1 Testablaufplanung auf der Gatterebene

Die Gegenstücke zum Registergraphen G_R und zum Testregistergraphen G_T sind auf der Gatterebene der S-Graph G_{R1} und der Testzellen- oder 1-bit-Testregistergraph G_{T1}. Nach Anwendung der Prozedur TESTZELLENPLAZIERUNG von Abschnitt 5.4.2 enthält der Graph G_{R1} in jedem seiner Zyklen mindestens zwei BILBO-Zellen oder andere, funktional vergleichbare Zellen.

Bild 5.39 zeigt ein einfaches Beispiel, das wir in diesem Abschnitt durchgängig verwenden, um das Verfahren zur Testregistersynthese zu erläutern. Da der S-Graph zwei Schleifen enthielt, wurden die beiden Speicherelemente r_{10} und r_{11}, die im Normalbetrieb transparent sind, ergänzt. Die Speicherelemente r_3, r_4, r_6, r_{10} und r_{11} wurden zu BILBO-Zellen ausgebaut. Weitere Testzellen wurden an den primären Eingängen (r_1, r_2) und Ausgängen (r_8, r_9) ergänzt.

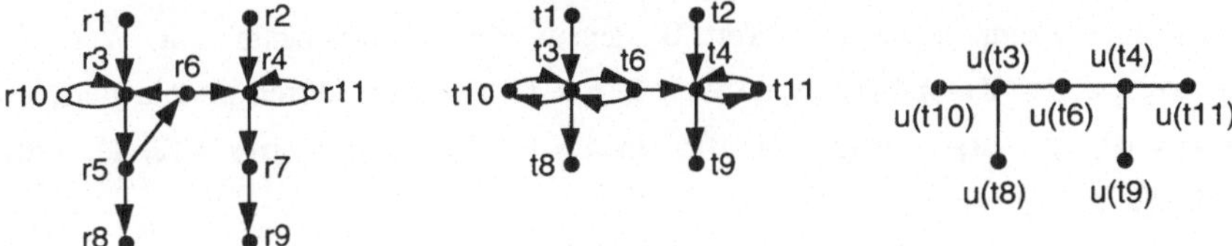

Bild 5.39: Beispiel: S-Graph G_{R1} (links), Testzellengraph G_{T1} (mitte) und Testinkompatibilitätsgraph G_{I1} für den Test mit Pseudozufallsmustern (rechts)

Das Konzept der Testeinheiten (siehe Abschnitt 3.4.2) kann auch auf der Gatterebene verwendet werden. Jede *1-bit-Testeinheit* ist durch die Testzelle an ihrem Ausgang definiert und erstreckt sich in Gegenrichtung zum Signalfluß soweit, bis wieder Testzellen erreicht werden. Analog zum Testinkompatibilitätsgraph G_I auf der RT-Ebene, kann ein Testinkompatibilitätsgraph G_{I1} auf der Gatterebene konstruiert werden, dessen Knoten die 1-bit-Testeinheiten repräsentieren und dessen Kanten Paare von 1-bit-Testeinheiten angeben, die nicht gleichzeitig getestet werden dürfen (z.B. weil dann eine Testzelle gleichzeitig in die Betriebsarten „Mustererzeugung" und „Signaturanalyse" geschaltet werden müßte, siehe Bild 5.39). Durch Färbung des Inkompatibilitätsgraphen G_{I1} wird ein Testablaufplan konstruiert, der auf 1-bit-Testeinheiten basiert und eine minimale Anzahl von Testsitzungen hat. Die Knoten gleicher Farbe stellen die 1-bit-Testeinheiten dar, deren definierende Testzellen in der gleichen Testsitzung zur Kompaktierung von Testantworten verwendet werden. Für das Beispiel ergeben sich die zwei Testsitzungen $s_0^{(1)} = \{u(t_3), u(t_4)\}$ und $s_1^{(1)} = \{u(t_6), u(t_8), u(t_9), u(t_{10}), u(t_{11})\}$.

Während einer Testsitzung kann eine Testzelle für die Mustererzeugung oder für die Kompaktierung von Testantworten eingesetzt werden, oder die Testzelle wird momentan nicht gebraucht. Für eine gegebene Folge von d Testsitzungen muß der Betrieb der Testzelle t gemäß eines bestimmten *Betriebsartvektors* $\mathbf{m_t}$ gesteuert werden,

$$\mathbf{m_t} := (m_t(0), m_t(1), \ldots, m_t(d-1)) \quad \text{mit}$$

$$m_t(j) := \begin{cases} 0 & \text{falls Testzelle t Muster erzeugt in Sitzung j} \\ 1 & \text{falls Testzelle t Antworten kompaktiert in Sitzung j} \\ 2 & \text{sonst (Testzelle t nicht verwendet in Sitzung j)} \end{cases}$$

$$\text{für } j = 0, 1, \ldots, d-1.$$

Der Betriebsartvektor einer Testzelle an den primären Eingängen enthält mindestens eine Komponente mit Wert 0 und möglicherweise mehrere Komponenten mit Wert 2. Der Betriebsartvektor einer Testzelle an den primären Ausgängen besteht aus d-1 Komponenten mit Wert 2 und einer Komponente mit Wert 1, da die 1-bit-Testeinheit mit dieser Testzelle am Ausgang in genau einer Testsitzung getestet wird. Die Betriebsartvektoren aller anderen Testzellen haben mindestens eine Komponente mit Wert 0, genau eine Komponente mit Wert 1 und möglicherweise einige Komponenten mit Wert 2. Die Betriebsartvektoren in dem Beispiel sind $\mathbf{m_{t1}} = \mathbf{m_{t2}} = (0, 2)$, $\mathbf{m_{t3}} = \mathbf{m_{t4}} = (1, 0)$, $\mathbf{m_{t6}} = (0, 1)$, $\mathbf{m_{t8}} = \mathbf{m_{t9}} = (2, 1)$, $\mathbf{m_{t10}} = \mathbf{m_{t11}} = (0, 1)$.

5.4.3.2 Zusammenfassung der Testzellen zu Testregistern

Zur Vereinfachung der Teststeuerung sollen so viele Testzellen wie möglich durch das gleiche Signal **c** gesteuert werden, das zwischen Mustererzeugung und Kompaktierung unterscheidet.

Testzellen, die mit dem gleichen **c**-Signal gesteuert werden, können in das gleiche Testregister aufgenommen werden.

Die Testzellen an den primären Eingängen müssen nie Antworten kompaktieren. Sie können also immer in der Betriebsart „Mustererzeugung" arbeiten, entsprechend dem konstanten Steuersignal $\mathbf{c} = (0, 0, \ldots, 0)$. Ähnlich können alle Testzellen an den primären Ausgängen mit dem konstanten Signal $\mathbf{c} = (1, 1, \ldots, 1)$ gesteuert werden. Diese Testzellen werden zu eigenen Testregistern zusammengefaßt. Die konstanten Steuersignale ermöglichen eine einfachere Realisierung der Testregister.

Im folgenden werden nur noch die Testzellen im Inneren der Schaltung betrachtet. Zwei Testzellen t_a und t_b können mit dem gleichen Signal **c** gesteuert werden, falls ihre Betriebsartvektoren $\mathbf{m_{ta}} = (m_{ta}(0), \ldots, m_{ta}(d\text{-}1))$ und $\mathbf{m_{tb}} = (m_{tb}(0), \ldots, m_{tb}(d\text{-}1))$ die Bedingung

$$\forall\, j \in \{0, 1, \ldots, d\text{-}1\}\ [m_{ta}(j) + m_{tb}(j) \neq 1]$$

erfüllen, d.h. falls es keine Testsitzung gibt, die von der einen Testzelle die Betriebsart „Mustererzeugung" und von der anderen die Betriebsart „Kompaktierung" fordert. Die Betriebsartvektoren $\mathbf{m_{ta}}$ und $\mathbf{m_{tb}}$ werden dann als *kompatibel* bezeichnet.

Eine minimale Zahl verschiedener Steuersignale reicht aus, wenn die Betriebsartvektoren der Testzellen in maximale Teilmengen paarweise kompatibler Vektoren partitioniert werden und für jede solche Teilmenge ein einziges **c**-Signal bestimmt wird. Zu diesem Zweck konstruieren wir einen Graphen G_M, dessen Knoten die Betriebsartvektoren repräsentieren und dessen Kanten Paare inkompatibler Betriebsartvektoren darstellen. Eine minimale Färbung der Knoten von G_M ergibt die gewünschte Partitionierung $\{\mu_0, \mu_1, \ldots, \mu_{\kappa\text{-}1}\}$ der Betriebsartvektoren, wobei alle Vektoren einer Teilmenge μ_i untereinander kompatibel sind. Da jeder Betriebsartvektor genau eine Komponente mit Wert 1 hat und alle Vektoren, die eine 1 in der gleichen Position haben, zueinander kompatibel sind, ist die minimale Anzahl der **c**-Signale höchstens so groß wie die Anzahl der Testsitzungen, $\kappa \leq d$.

Sei $\mu_i = \{\mathbf{m_{t1}}, \ldots, \mathbf{m_{tn}}\}$ eine dieser Teilmengen von Betriebsartvektoren. Die Werte des Steuersignals $\mathbf{c}^{(\mu_i)}$ werden berechnet durch $\mathbf{c}^{(\mu_i)} = \mathbf{m_{t1}} \blacklozenge \mathbf{m_{t2}} \blacklozenge \ldots \blacklozenge \mathbf{m_{tn}}$, wobei der Operator $\blacklozenge$ assoziativ ist und definiert wird durch

$$(a_0, a_1, \ldots, a_{d\text{-}1}) \blacklozenge (b_0, b_1, \ldots, b_{d\text{-}1}) = (c_0, c_1, \ldots, c_{d\text{-}1})$$

$$\text{mit} \quad c_j := \begin{cases} a_j & \text{falls } a_j = b_j \\ (a_j + b_j) \bmod 2 & \text{sonst} \end{cases} \qquad \text{für } j = 0, 1, \ldots, d\text{-}1.$$

Falls $\mathbf{c}^{(\mu_i)}$ noch Komponenten mit Wert 2 enthält, können diese beliebig auf 0 oder 1 gesetzt werden.

Die Partitionierung $\{\mu_0, \mu_1, \ldots, \mu_{K-1}\}$ der Betriebsartvektoren induziert eine Partitionierung $\{\tau_0, \tau_1, \ldots, \tau_{K-1}\}$ der Testzellen, wobei jede Testzelle $t \in \tau_i$ einen Betriebsartvektor $\mathbf{m_t}$ hat, der zu μ_i gehört. Nun bilden wir aus jeder Teilmenge τ_i ein oder mehrere Testregister, die durch $\mathbf{c}^{(\mu_i)}$ gesteuert werden.

In dem Beispiel sind $\mu_0 = \{\mathbf{m_{t3}}, \mathbf{m_{t4}}\}$ und $\mu_1 = \{\mathbf{m_{t6}}, \mathbf{m_{t10}}, \mathbf{m_{t11}}\}$ die maximalen Mengen kompatibler Betriebsartvektoren, und die zugehörigen Steuersignale sind $\mathbf{c}^{(\mu_0)} = (1, 0)$ und $\mathbf{c}^{(\mu_1)} = (0, 1)$. Wir bekommen außer dem Testregister $T_1 = \{t_1, t_2\}$ an den primären Eingängen und dem Testregister $T_4 = \{t_8, t_9\}$ an den primären Ausgängen die Testregister $T_2 = \tau_0 = \{t_3, t_4\}$ und $T_3 = \tau_1 = \{t_6, t_{10}, t_{11}\}$. Bild 5.40 zeigt, wie die Teststeuerung und die Testregister miteinander verbunden werden.

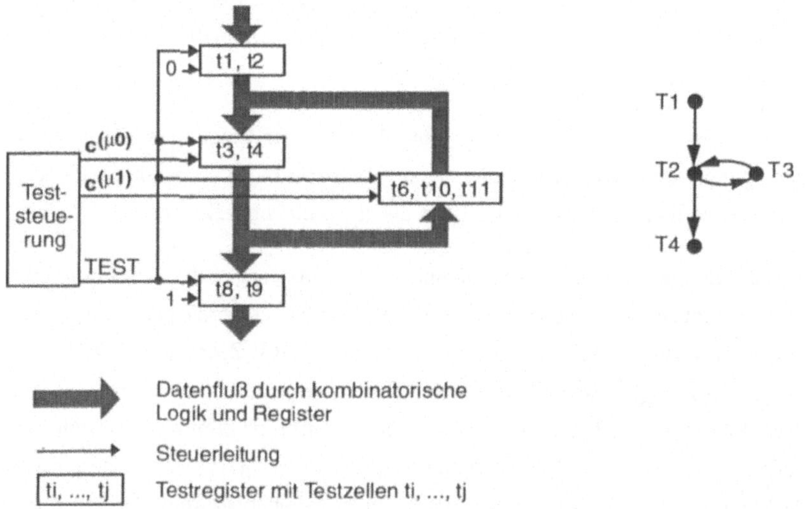

Bild 5.40: Synthetisierte Testregister und Teststeuerung für das Beispiel von Bild 5.39

Nach der Synthese der Testregister können die Testsitzungen $s_0^{(1)}, s_1^{(1)}, \ldots, s_{d-1}^{(1)}$, die auf der Basis von 1-bit-Testeinheiten konstruiert wurden, unmittelbar in Testsitzungen $s_0, s_1, \ldots, s_{d-1}$ mit Testeinheiten auf RT-Ebene übersetzt werden. Für jede 1-bit-Testeinheit $u(t_i)$, die in Testsitzung $s_j^{(1)}$ getestet wird, muß auf RT-Ebene in die Testsitzung s_j diejenige Testeinheit $u(T_h)$ aufgenommen werden, deren Signaturregister T_h die Testzelle t_i enthält. Die Steuersignale $\mathbf{c}^{(\mu_0)}, \mathbf{c}^{(\mu_1)}, \ldots, \mathbf{c}^{(\mu_{d-1})}$ bleiben unverändert. Da bei der Minimierung der Steuersignale "don't cares" ausgenutzt wurden, treten manchmal einzelne Testeinheiten der RT-Ebene in mehr als einer Testsitzung auf. Dennoch wird mit diesem Verfahren die minimale Anzahl von Testsitzungen erreicht. Für das Beispiel bekommen wir die Testsitzungen $s_0 = \{u(T_2)\}$, $s_1 = \{u(T_3), u(T_4)\}$, und am Ende des Tests sind die Signaturen in den Testregistern T_2, T_3 und T_4 auszuwerten.

In der Prozedur TESTREGISTERSYNTHESE (Bild 5.41) ist das Verfahren zusammengefaßt. Grundlage ist der Schaltungsgraph G' mit eingebauten Testzellen, wie er von der Prozedur TESTZELLENPLAZIERUNG geliefert wird. Auf die Konstruktion des Testinkompatibilitätsgraphen für verschiedene Teststrategien geht Abschnitt 5.5.1 näher ein. Die von der Prozedur TESTREGISTERSYNTHESE bestimmten Steuersignale $\mathbf{c}^{(\mu_0)}$, $\mathbf{c}^{(\mu_1)}$, ..., $\mathbf{c}^{(\mu_{d-1})}$ für die Testsitzungen $s_0, s_1, \ldots, s_{d-1}$ stellen zusammen mit den Testlängen der Testsitzungen und der Menge der auszuwertenden Signaturen die Spezifikation für die Teststeuerung dar.

Prozedur TESTREGISTERSYNTHESE
(in: G', n_{min}, n_{avg}; out: T, $\{s_0, s_1, \ldots, s_{d-1}\}$)

/* Eingabe: Schaltungsgraph G' mit eingebauten Testzellen, minimale Testregister- */
/* breite n_{min}, durchschnittliche Breite der Testregister n_{avg} */
/* Ausgabe: Menge der Testregister T, Testsitzungen $\{s_0, s_1, \ldots, s_{d-1}\}$ */

extrahiere aus G' den Testzellengraphen G_{T1};
konstruiere für G_{T1} und die gewählte Teststrategie den Testinkompatibilitätsgraphen G_{I1};
GRAPHCOLOR (in: G_{I1}; out: d, $\{s_0^{(1)}, s_1^{(1)}, \ldots, s_{d-1}^{(1)}\}$);
/* Testsitzungen mit 1-bit-Testeinheiten */

für jede Testzelle t in G_{T1}:
ermittle den Betriebsartvektor $\mathbf{m_t}$ für die Testsitzungsfolge $(s_0^{(1)}, s_1^{(1)}, \ldots, s_{d-1}^{(1)})$;

konstruiere den Inkompatibilitätsgraphen G_M für die Betriebsartvektoren;
GRAPHCOLOR (in: G_M; out: κ, $\{\mu_0, \mu_1, \ldots, \mu_{\kappa-1}\}$);
/* maximale Mengen kompatibler Betriebsartvektoren */

partitioniere die Menge der Testzellen in κ Teilmengen $\tau_0, \tau_1, \ldots, \tau_{\kappa-1}$, so daß alle Testzellen mit einem Betriebsartvektor aus μ_i in die Teilmenge τ_i kommen;

für $i := 0, 1, \ldots, \kappa-1$:
berechne das Steuersignal $\mathbf{c}^{(\mu_i)}$; /* Steuerung der Testzellen aus τ_i */
falls $|\tau_i| < 2 \cdot n_{min}$
bilde 1 Testregister mit allen Zellen von τ_i;
sonst
bilde $\left\lfloor \frac{|\tau_i|}{n_{avg}} \right\rfloor$ oder $\left\lceil \frac{|\tau_i|}{n_{avg}} \right\rceil$ Testregister, die jeweils ungefähr
n_{avg} Zellen von τ_i enthalten; /* Ergebnis: Testregistermenge T */

übersetze $s_0^{(1)}, s_1^{(1)}, \ldots, s_{d-1}^{(1)}$ in Testsitzungen $s_0, s_1, \ldots, s_{d-1}$ auf RT-Ebene;
/* Ergebnis: Minimale Zahl von Testsitzungen */
end;

Bild 5.41: Algorithmus zur Synthese von Testregistern aus Testzellen

Die Graphfärbungsprozedur GRAPHCOLOR, die auf dem Algorithmus von [Chri75] aufbaut, ist im Anhang A beschrieben. Sie bestimmt zuerst mit einer "Greedy"-Strategie eine anfängliche Färbung und versucht dann, diese Lösung durch Umfärben von Knoten iterativ zu verbessern. Sobald eine erste Lösung mit 1, 2 oder 3 Farben gefunden wurde, ist diese garantiert optimal. Da die meisten Inkompatibilitätsgraphen nur wenige Farben benötigen, ist dieser Ansatz hier besonders günstig.

Häufig existieren zahlreiche verschiedene Färbungen mit der gleichen minimalen Farbenzahl. So eröffnet sich ein Feld für weitere Optimierungen, das genutzt werden kann, um den Verdrahtungsaufwand für die Testregister zu minimieren. Dazu ist es i.a. vorteilhaft, alle Testzellen der Menge τ_i, die im Normalbetrieb zum gleichen Register gehören, auch in das gleiche Testregister zu gruppieren. Die Anordnung der Testzellen innerhalb eines Testregisters ist beliebig. Wenn die Anzahl der Testzellen in τ_i kleiner ist als die vorgegebene Mindestbreite für ein Testregister, ist es möglich, die Färbung des Graphen G_M und damit die Partitionierung $\{\mu_0, \mu_1, \ldots, \mu_{K-1}\}$ so zu modifizieren, daß die Menge τ_i vergrößert wird und nicht eigens für das Testregister zusätzliche Flipflops eingebaut werden müssen.

5.4.3.3 Experimentelle Ergebnisse

Das beschriebene Verfahren wurde u.a. an den sechs größten der ISCAS'89-Benchmark-Schaltungen erprobt. Die kleineren Schaltungen haben nicht so viele Flipflops, daß man auf sinnvolle Weise mehrere Testregister bilden könnte. Für den Selbsttest wurden an den primären Ein- und Ausgängen BILBO-Zellen integriert, und in das Innere der Schaltungen wurden weitere BILBO-Zellen eingebaut, so daß jeder Zyklus der Schaltungsstruktur mindestens zwei davon enthielt. Transparente BILBO-Zellen wurden nur dort verwendet, wo es aufgrund von Schleifen im S-Graphen unvermeidlich war. Dann wurde der Testinkompatibilitätsgraph G_{I1} für einen Test mit pseudozufälligen Mustern konstruiert und gefärbt. In den Fällen, wo eine erschöpfende Suche nach der minimalen Färbung zu lange dauerte, wurde der Umfärbeprozeß zur iterativen Verbesserung nach 10000 Versuchen abgebrochen und die bis zu diesem Zeitpunkt beste Lösung genommen.

Tabelle 5.8 listet die Anzahl der Testsitzungen mit 1-bit-Testeinheiten, die Anzahl der verschiedenen Betriebsartvektoren $\mathbf{m_t}$ und die minimierte Anzahl der Steuersignale $\mathbf{c}^{(\mu_i)}$ auf. Hier und in den folgenden Tabellen werden nur die nichtkonstanten Betriebsartvektoren und Steuersignale gezählt.

Schaltung	Anzahl der eingebauten Testzellen	Anzahl der Testsitzungen mit 1-bit-Testeinheiten	Anzahl der Betriebsart-vektoren	Anzahl der Steuersignale
s9234	346	2	2	2
s13207	784	3	7	3
s15850	986	3	5	3
s35932	967	3	6	3
s38417	2317	3	6	3
s38584	2521	6	33	5

Tabelle 5.8: Testplanung auf Gatterebene und Minimierung der Steuersignale

Anschließend wurden mit der Prozedur TESTREGISTERSYNTHESE Testzellen, die sich durch die gleichen Signale steuern lassen, zu Testregistern zusammengefaßt (Tabelle 5.9).

Schaltung	Anzahl der synthetisierten Testregister	Testregisterbreite (bit)		
		minimal(*)	durchschnittlich	maximal
s9234	12	22	28.8	31
s13207	24	30	32.7	34
s15850	32	29	30.8	33
s35932	30	31	32.2	40
s38417	72	31	32.2	36
s38584	80	30	31.5	39

Tabelle 5.9: Optimal synthetisierte Testregister
(*) ohne Testregister an den primären Eingängen

Zum Vergleich wurde auf die Planung auf Gatterebene verzichtet, und zufällig ausgewählte Testzellen wurden zu Testregistern gruppiert, wobei aber weiterhin die Kompatibilitätsbedingungen berücksichtigt wurden, die der Graph G_{I1} beschreibt. Die Testzellen an den primären Ein- und Ausgängen wurden wieder in separaten Testregistern zusammengefaßt. Die mit den zufällig ausgewählten Testzellen aufgebauten Testregister erhielten ungefähr die gleiche Breite wie die optimal synthetisierten Testregister (siehe Tabelle 5.10). Bei diesen Breiten gleichen sich die zufälligen Effekte weitgehend aus, so daß sich mit verschiedenen Startwerten des Zufallsgenerators in fast allen Fällen nur geringe Unterschiede ergeben. Hier ist deshalb für jede Schaltung nur eine einzige auf zufällige Weise bestimmte Testregisterkonfiguration aufgeführt.

Schaltung	Anzahl der zufällig gebildeten Testregister	Testregisterbreite (bit)		
		minimal(*)	durchschnittlich	maximal
s9234	12	22	28.8	32
s13207	25	21	31.4	34
s15850	32	22	30.8	33
s35932	30	27	32.2	35
s38417	72	24	32.2	36
s38584	81	30	31.1	33

Tabelle 5.10: Zufällig gebildete Testregister
(*) ohne Testregister an den primären Eingängen

Mit den bestimmten Testregistern und den durch sie definierten Testeinheiten kann nun ein Testablaufplan konstruiert werden, der mit einer minimalen Zahl von Testsitzungen auskommt. Dazu läßt sich auf der RT-Ebene die bekannte Graphfärbungsmethode anwenden (siehe Abschnitt 3.4.3.2). Im Fall der optimal synthetisierten Testregister liegt aber bereits ein Testablaufplan vor, der auf 1-bit-Testeinheiten aufbaut (siehe Tabelle 5.8) und bestens mit den synthetisierten Testregistern harmoniert. An Stelle einer erneuten Planung kann dieser Testablaufplan der Gatterebene in einen Testablaufplan der RT-Ebene mit der gleichen minimalen Anzahl von Testsitzungen und Steuersignalen übersetzt werden. In Tabelle 5.11 werden die Resultate dieser Methode verglichen mit den Testablaufplänen, die durch Graphfärbung auf RT-Ebene für die Schaltungen mit den zufällig gebildeten Testregistern erzielt wurden.

Schaltung	zufällig gebildete Testregister		optimal synthetisierte Testregister	
	Anzahl der Testsitzungen (d)	Anzahl der Steuersignale (k)	Anzahl der Testsitzungen (d)	Anzahl der Steuersignale (k)
s9234	11	10	2	2
s13207	21	20	3	3
s15850	27	26	3	3
s35932	20	19	3	3
s38417	64	64	3	3
s38584	67	66	6	5

Tabelle 5.11: Testablaufpläne mit minimaler Anzahl von Testsitzungen

Optimal für den Selbsttest konfigurierte Testregister bringen also sowohl beim Hardware-Aufwand als auch bei der Testzeit signifikante Verbesserungen. Auch wenn die Testzeit nicht proportional mit der Anzahl der Testsitzungen wächst, so verkürzt eine geringere Zahl von Testsitzungen doch in den meisten Fällen die Zeit für die Ausführung des gesamten Tests.

Der Selbsttest erfordert generell zusätzlichen Hardware-Aufwand für

- Testregister,
- Teststeuereinheit,
- Verteilung der Steuersignale.

Das beschriebene Verfahren zum Einbau von Testregistern bringt in allen drei Punkten Vorteile. Es minimiert die Anzahl der Testzellen und braucht in keinem Fall mehr Testzellen als die Verfahren, die Testregister auf RT-Ebene einfügen. Es minimiert die Anzahl der Steuersignale und die Anzahl der Testsitzungen. Dies vereinfacht die Teststeuerung, da sie die spezifizierten Werte der Steuersignale für alle Testsitzungen generieren muß. Durch die geringe Anzahl der Steuersignale wird außerdem die Verdrahtungsfläche für die Steuerleitungen zu den Testregistern kleiner.

5.4.4 Erweiterungen des Verfahrens

Das vorgestellte Verfahren zur Testregisterplazierung ist nicht auf normale und transparente BILBOs und CBILBOs beschränkt, sondern kann beliebige andere Testregister einbauen, welche die Zyklen der Schaltung im Testbetrieb auftrennen, wie z.B. GURT [Wund87a] und CALBO [HORT89], die sich ebenfalls in transparenten oder nichttransparenten Versionen implementieren lassen. Die Hardware-Kosten für eine Testzelle können in der Schaltung von Position zu Position variieren. Wenn die Schaltung beispielsweise ein Schieberegister enthält, erfordert die Erweiterung einer Schieberegisterzelle zu einer Zelle eines LRSR-basierten Testregisters geringeren Mehraufwand als bei einem gewöhnlichen Flipflop.

Das Verfahren läßt sich auch mit einem Retiming kombinieren. Wenn nur CBILBO-Zellen und transparente CBILBO-Zellen eingebaut werden und die Kosten für beide gleich sind, dann wird die geringstmögliche Anzahl von Testzellen eingesetzt. Ein anschließendes Retiming kann die Zahl der transparenten CBILBO-Zellen zu Lasten der Zahl der normalen CBILBO-Zellen verringern. Mit einer Kombination von Retiming und Resynthese läßt sich sogar erreichen, daß überhaupt keine transparenten CBILBO-Zellen mehr gebraucht werden und die Gesamtzahl der Testzellen unverändert minimal bleibt. Zu diesem Zweck können die für einen partiellen Prüfpfad entwickelten Verfahren, die eine Schaltung für das geringstmögliche MFVS resynthetisieren, unmittelbar übertragen werden (siehe Abschnitt 5.2.1). Allerdings zerstört das Retiming die Modulstruktur eines Datenfpads und beeinflußt die minimale Taktperiode.

Testzellen sind nicht nur größer als normale Flipflops, sondern haben auch eine längere Verzögerungszeit. Sie sollten deshalb nicht in den kritischen Pfaden der Schaltung vorkommen.

Das läßt sich einfach erreichen, indem man die Menge der zulässigen Marken für die Knoten auf den kritischen Pfaden auf {0} einschränkt. In manchen Fällen werden dann aber andere Pfade durch eingebaute Testzellen zu kritischen Pfaden. Außerdem ist nach einer Einschränkung der zulässigen Marken nicht mehr garantiert, daß eine Lösung für das Problem MCP existiert.

Genauer werden die zusätzlichen Verzögerungen erfaßt, wenn man sie bei den Kosten berücksichtigt. Dann können die Auswirkungen für jeden Knoten der Schaltung individuell behandelt werden. [NjKa95] enthält eine detaillierte Analyse der Verzögerungszeiten, die durch eine eingebaute Testzelle verursacht werden. Für eine vorgegebene Taktperiode läßt sich mit Hilfe einer statischen Timing-Analyse für jeden Knoten der Schaltung der sogenannten *Slack* ermitteln. Der Slack ist die Differenz zwischen der geforderten Ankunftszeit und der tatsächlichen Ankunftszeit des Signals an diesem Knoten. Der Slack gibt also an, welche zusätzliche Verzögerung für das Signal an diesem Knoten erlaubt ist, ohne daß die Taktperiode überschritten wird. Wenn die zusätzliche Verzögerungszeit, die eine eingebaute Testzelle hervorruft, kleiner als der Slack ist, hat der Einbau der Testzelle an dieser Position keinen Einfluß auf die Geschwindigkeit der Schaltung.

Die Kosten für den Einbau einer Testzelle an einer bestimmten Position in der Schaltung setzen sich nun aus zwei Anteilen zusammen. Der eine Anteil ist proportional zur Siliziumfläche, die für die Implementierung der Testzelle zusätzlich benötigt wird. Der andere Anteil berücksichtigt die Verzögerungszeit und ist um so größer je kleiner der Slack ist. Die Prozedur TESTZELLENPLAZIERUNG muß etwas modifiziert werden. Die Zusammenfassung kombinatorischer fanout-freier Gebiete ist nämlich nicht mehr in allen Fällen erlaubt. Es kann günstiger sein, Testzellen an einzelnen Eingängen oder im Inneren von fanout-freien Schaltnetzen zu plazieren, wenn die Testzellen dann auf zeitlich unkritischen Pfaden liegen.

Falls eine Schaltungsbeschreibung auf Gatterebene nicht verfügbar ist, kann die Prozedur TESTZELLENPLAZIERUNG auf die RT-Struktur angewandt werden, um dort komplette Testregister einzubauen. Bei den Kosten tritt dann die Breite der Testregister als Faktor auf. Die RT-Ebene bietet sich auch an, wenn Akkumulatoren oder andere Mustergeneratoren und Kompaktierer mit arithmetischen Funktionseinheiten zum Einsatz kommen. An den Stellen in der RT-Struktur, wo die Bestandteile für Akkumulatoren vorhanden sind, wird nur deren Nutzung betrachtet, an den anderen Positionen nur der Einbau von Testregistern. Da Hardware-Mehraufwand und zusätzliche Verzögerungszeiten bei Akkumulatoren geringer als bei Testregistern ausfallen, werden ihre Kosten in der Prozedur TESTZELLENPLAZIERUNG kleiner angesetzt. Folglich werden vorzugsweise Akkumulatoren genutzt und nur in den Bereichen der RT-Struktur, wo diese nicht zur Verfügung stehen, Testregister ergänzt.

Anschließend können die eingebauten Testregister durch Rekonfiguration weiter optimiert werden. Dazu werden die Mustergeneratoren bzw. Kompaktierer mit arithmetischen Funktionseinheiten aus der Schaltung entfernt, die Schaltung an diesen Stellen also aufgeschnitten, und für den Rest der Schaltung wird die Beschreibung auf Gatterebene benutzt, um Testzellen in den übrigen Zyklen optimal zu plazieren und zu Testregistern zusammenzufassen.

5.5 Planung des Testablaufs

Um trotz steigender Komplexität der Schaltungen auf einem Chip mit einer Testzeit im Sekundenbereich auszukommen, muß der Testablauf so gestaltet werden, daß viele Testeinheiten parallel getestet werden. Die parallele Bearbeitung ist jedoch dadurch eingeschränkt, daß manche Testeinrichtungen und Transportwege für Muster und Antworten nur von jeweils einer Testeinheit genutzt werden können. Diese Restriktionen hängen mit der Schaltungsstruktur und der gewählten Teststrategie zusammen. Große Schaltungen bestehen oft aus Teilschaltungen mit sehr unterschiedlichen Eigenschaften und werden deshalb am besten mit einer Kombination von verschiedenen, auf die einzelnen Teilschaltungen angepaßten Teststrategien behandelt. Der folgende Abschnitt 5.5.1 zeigt, wie man auch für solche heterogenen Systeme alle Einschränkungen in einem Testinkompatibilitätsgraphen darstellen kann.

Durch Färbung der Knoten des Inkompatibilitätsgraphen läßt sich auf einfache Weise ein Testablaufplan bestimmen. Der Testablaufplan soll aber nicht nur eine kurze Testzeit erzielen, sondern sich auch mit geringem Hardware-Aufwand implementieren lassen. Bei einem Test mit Prüfpfad ist der Hardware-Mehraufwand unabhängig vom Testablaufplan. Beim Selbsttest mit eingebauten Testregistern dagegen muß eine komplexere Testablaufsteuerung integriert werden, und auch die Anzahl der Signaturen, die ausgelesen werden müssen, hängt vom Testablaufplan ab. Die in Abschnitt 5.5.2 vorgestellten Planungsverfahren liefern ein breites Spektrum, das von Testablaufplänen mit der minimalen Anzahl von Testsitzungen, aber höherem Hardware-Aufwand über viele Zwischenstufen bis zu Testablaufplänen mit dem geringsten Hardware-Aufwand, aber mehr Testsitzungen reicht. Der Entwerfer hat damit die Möglichkeit, in gewissem Umfang Testzeit gegen Hardware-Aufwand zu tauschen.

5.5.1 Konstruktion des Testinkompatibilitätsgraphen

Schaltungen können nach dem „Test pro Scan"-Schema mit Hilfe eines Prüfpfads oder nach dem „Test pro Takt"-Schema mit eingebauten Testregistern und Akkumulatoren getestet werden. In beiden Fällen werden die Prüfpfad- bzw. Testregister so plaziert, daß alle Zyklen der Schaltungsstruktur geschnitten werden. Die im Testbetrieb resultierenden azyklischen Teilschaltungen können mit deterministisch bestimmten, erschöpfenden, pseudoerschöpfenden, gleichverteilten oder gewichteten zufälligen Mustern getestet werden. Die Art der verwendeten Muster beeinflußt die Kompatibilität zwischen den Testeinheiten. Wenn Muster nämlich speziell für einzelne Testeinheiten optimiert werden, sind sie nicht gleichzeitig auch für andere Testeinheiten optimal. Zum Beispiel sind optimale Verteilungen für gewichtete Zufallsmuster i.a. für zwei verschiedene Testeinheiten unterschiedlich. Zwei Testeinheiten, die mit deterministischen, pseudoerschöpfenden oder gewichteten zufälligen Mustern getestet werden, können also nur dann kompatibel sein, wenn sie kein Eingaberegister gemeinsam haben. Gleichverteilte Zufallsmuster dagegen können ohne Einschränkung für mehrere Testeinheiten verwendet werden. Ein Sonderfall tritt bei erschöpfenden Mustern auf. Wenn die Eingänge von zwei Teilschaltungen paarweise miteinander verbunden sind, dann und nur dann kann der gleiche Mustergenerator für beide Teilschaltungen benutzt werden.

Zusätzlich sind mögliche Konflikte zwischen verschiedenen Betriebsarten der Testeinrichtungen zu beachten. Bei einem Prüfpfad sind Mustererzeugung und Auswertung der Antworten miteinander verzahnt, und es wird während des Tests nicht umkonfiguriert. Auch bei einem CBILBO gibt es nur eine Testbetriebsart. Bei einem Testregister vom BILBO-Typ dagegen kann in der Betriebsart „Signaturanalyse“ der Registerinhalt nur in Ausnahmefällen als Testmuster verwendet werden (siehe Abschnitt 4.3). Der Testablauf wird deshalb so geplant, daß ein Testregister vom BILBO-Typ nie für Mustererzeugung und Kompaktierung gleichzeitig eingesetzt wird. Ähnliches trifft auf Akkumulatoren zu.

Tabelle 5.12 faßt diese Bedingungen, unter denen zwei Testeinheiten gleichzeitig getestet werden dürfen, zusammen. Dabei ist explizit berücksichtigt, daß die beiden Testeinheiten mit unterschiedlichen Teststrategien behandelt werden können.

Wenn die Bedingungen nicht erfüllt sind, wird eine Kante in den Testinkompatibilitätsgraphen G_I eingetragen. Da die Tabelle symmetrisch zur Diagonale ist, wurde nur eine Hälfte ausgefüllt. $pd(T_x)$ bezeichnet die Menge der direkten Vorgänger von T_x im Testregistergraphen G_T, d.h. die Menge der mustererzeugenden Testregister für die Testeinheit $u(T_x)$, bzw. analog im Prüfpfadregistergraphen. Beim erschöpfenden Test wird die Bedingung $pd(T_i) \cap pd(T_j) = \emptyset$ des pseudoerschöpfenden Test erweitert zu $pd(T_i) \cap pd(T_j) = \emptyset \vee pd(T_i) \subset pd(T_j) \vee pd(T_j) \subset pd(T_i)$. Werden an Stelle von BILBOs oder Akkumulatoren Testregister vom CBILBO-Typ verwendet, dann entfallen die Bedingungen $T_i \notin pd(T_j)$ und $T_j \notin pd(T_i)$, die gleichzeitige Kompaktierung und Mustererzeugung ausschließen.

$u(T_i)$ / $u(T_j)$		Test pro Scan (mit Prüfpfad): gleichverteilt zufällig	Test pro Scan (mit Prüfpfad): deterministisch, pseudo-erschöpfend, gewichtet zufällig	Test pro Takt (mit Testregistern): gleichverteilt zufällig	Test pro Takt (mit Testregistern): deterministisch, pseudo-erschöpfend, gewichtet zufällig
Test pro Scan	gleichverteilt zufällig	keine Einschränkungen	$pd(T_i) \cap pd(T_j) = \emptyset$	$T_i \notin pd(T_j)$ $T_j \notin pd(T_i)$	$pd(T_i) \cap pd(T_j) = \emptyset$ $T_i \notin pd(T_j)$ $T_j \notin pd(T_i)$
	deterministisch, pseudo-erschöpfend, gewichtet zufällig		$pd(T_i) \cap pd(T_j) = \emptyset$	$pd(T_i) \cap pd(T_j) = \emptyset$ $T_i \notin pd(T_j)$ $T_j \notin pd(T_i)$	$pd(T_i) \cap pd(T_j) = \emptyset$ $T_i \notin pd(T_j)$ $T_j \notin pd(T_i)$
Test pro Takt	gleichverteilt zufällig			$T_i \notin pd(T_j)$ $T_j \notin pd(T_i)$	$pd(T_i) \cap pd(T_j) = \emptyset$ $T_i \notin pd(T_j)$ $T_j \notin pd(T_i)$
	deterministisch, pseudo-erschöpfend, gewichtet zufällig				$pd(T_i) \cap pd(T_j) = \emptyset$ $T_i \notin pd(T_j)$ $T_j \notin pd(T_i)$

Tabelle 5.12: Kompatibilitätsbedingungen für Testeinheiten $u(T_i)$ und $u(T_j)$

Die Schaltung, die in Bild 5.4 mit Prüfpfad und in Bild 5.7 mit multifunktionalen Testregistern vom BILBO-Typ dargestellt ist, wird durch diese Testeinrichtungen auf unterschiedliche Weise in Teilschaltungen segmentiert. Der Prüfpfadregistergraph für die Version von Bild 5.4 und der Testregistergraph für die Version von Bild 5.7 sind in Bild 5.42 beschrieben.

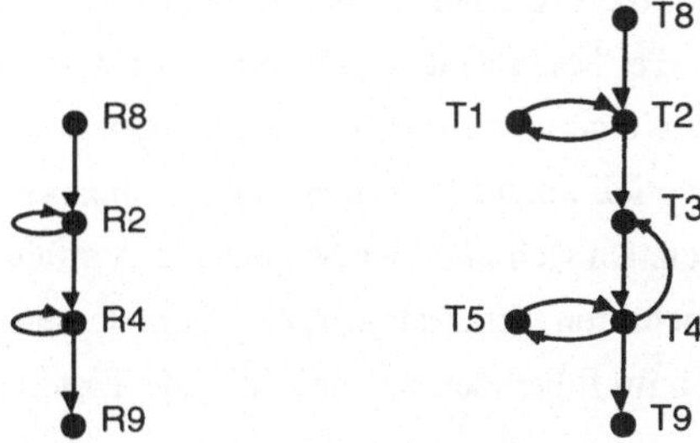

Bild 5.42: Prüfpfadregistergraph und Testregistergraph für die Schaltungsstruktur von Bild 5.4 bzw. 5.7

Bild 5.43 zeigt die Testinkompatibilitätsgraphen, die sich bei unterschiedlichen Teststrategien für die beiden Varianten der Schaltung ergeben. Beim Test mit Prüfpfad und gleichverteilten Zufallsmustern gibt es keine Einschränkungen. Auch bei eingebauten Testregistern geben gleichverteilte Zufallsmuster die meisten Möglichkeiten, Testeinheiten parallel zu bearbeiten. Deterministisch bestimmte, pseudoerschöpfende und gewichtete zufällige Muster fügen zusätzliche Kanten in den Inkompatibilitätsgraphen ein. Das Testregister T_4 beispielsweise wird im Rahmen der Testeinheiten u(T_3), u(T_5) und u(T_9) zur Mustererzeugung verwendet, daher sind diese Testeinheiten paarweise inkompatibel.

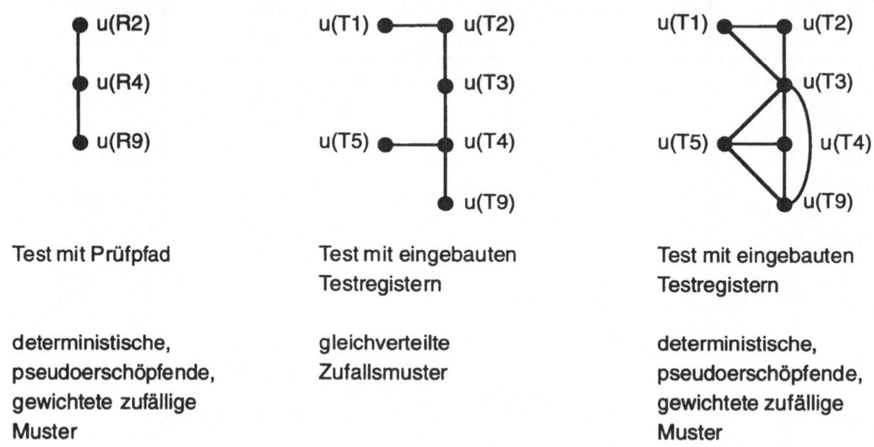

Bild 5.43: Testinkompatibilitätsgraphen für die Schaltungsstruktur von Bild 5.4 bzw. 5.7

Während Tabelle 5.12 und die obigen Beispiele davon ausgehen, daß für jede Testeinheit genau eine Teststrategie verwendet wird, ist es manchmal günstig, eine Testeinheit mit mehreren Teststrategien zu bearbeiten, z.B. zuerst mit zufälligen Mustern und anschließend mit ein paar deterministischen Mustern, um die restlichen Fehler zu entdecken. Dann bekommt der Inkompatibilitätsgraph für jede auf die Testeinheit angewandte Teststrategie einen eigenen Knoten, und diese Knoten werden zu einem vollständigen Teilgraphen verbunden, weil Tests der gleichen Testeinheit nur sequentiell ablaufen können. Die Kompatibilitätsbedingungen sind für jeden Knoten einzeln zu prüfen. Da sich alle hier behandelten Verfahren zur Testablaufplanung leicht für Testeinheiten mit mehreren Teststrategien erweitern lassen, erörtern wir diesen Fall nicht explizit, sondern nehmen im folgenden an, daß für jede Testeinheit nur eine Teststrategie gewählt wurde.

Wenn die Schaltung Multiplexer oder Busse enthält, kann auch der Transport von Mustern und Antworten über diese Schaltungselemente zu Konflikten führen. Inkompatibilitäten dieser Art wurden in [AbBr85b, AbBr86c, HaOr94a] eingehend behandelt. Bild 5.44 demonstriert an zwei Beispielen, wie ein Multiplexer und ein Bus vor den Eingängen eines Signaturregisters zwei Testeinheiten inkompatibel macht. In beiden Fällen dürfen die linke Testeinheit (mit T_1,

T_2, SN1, T_4) und die rechte Testeinheit (mit T_3, SN2, T_4) nicht gleichzeitig getestet werden, da nur von einer die Testantworten zum Signaturregister geleitet werden können.

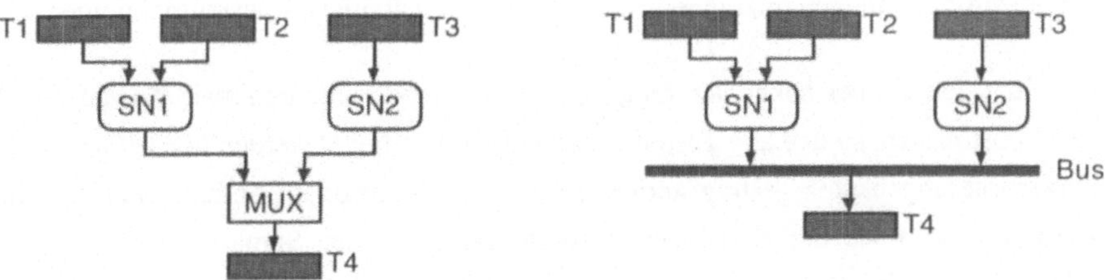

Bild 5.44: Konflikte durch einen Multiplexer und einen Bus

Für eine gegebene Schaltungsstruktur läßt sich mit den Angaben über die Teststrategie automatisch der Testinkompatibilitätsgraph G_I konstruieren, indem die beschriebenen Bedingungen ausgewertet werden. Danach liegen die Informationen über Restriktionen, die bei der Planung einzuhalten sind, in einer einheitlichen formalen Beschreibung vor.

5.5.2 Planungsverfahren

Wie in Abschnitt 3.4.3 strukturieren wir den Testablauf durch Testsitzungen. Die ganze Testsitzungsfolge $\mathbf{s} := (s_0, s_1, \ldots, s_{d-1})$ kann auch wiederholt werden. $\mathbf{s}^r$ ist eine Abkürzung für die r mal aneinandergereihte Folge $\mathbf{s}$, $\mathbf{s}^1 = \mathbf{s}$, $\mathbf{s}^2 = \mathbf{ss}$, usw. Außerdem nennen wir im Testablaufplan $S := (\mathbf{s}^r, \Omega)$ explizit die Menge der Test- bzw. Prüfpfadregister, aus denen eine Signatur ausgelesen wird, $\Omega \subset T$. Die Testregister an den primären Ausgängen der Schaltung lassen sich über den "Boundary-Scan"-Pfad auslesen (vgl. Abschnitt 5.1.1). Falls die Menge Ω auch Testregister aus dem Inneren der Schaltung enthält, müssen diese durch einen Prüfpfad zugänglich gemacht werden.

Wenn eine Schaltung mit Prüfpfad nach dem „Test pro Scan“-Schema getestet wird und kein Prüfpfadregister Eingabewerte für mehr als eine Testeinheit bereitstellen muß, sind alle Testeinheiten paarweise kompatibel, und eine einzige Testsitzung reicht aus. Für eine Schaltung, die nach dem „Test pro Takt“-Schema getestet wird, und nur Testregister vom CBILBO-Typ hat, ist die Planung trivial. Eine einzige Testsitzung genügt, weil diese Testregister in einer einheitlichen Betriebsart gleichzeitig Muster erzeugen und Antworten kompaktieren können. Auch wenn daneben andere Testregister vorkommen, können CBILBOs in beliebigen Testsitzungen konfliktfrei verwendet werden.

Bei den am weitesten verbreiteten BILBOs, den anderen Testregistern, die über zwei unterschiedliche Betriebsarten „Mustererzeugung“ und „Kompaktierung“ verfügen, und auch bei

Akkumulatoren ist eine Planung mehrerer Testsitzungen gefordert. Hier gibt es Raum zur Gestaltung des Testablaufs und Möglichkeiten zur Optimierung. Dieser Abschnitt konzentriert sich deshalb auf Schaltungen mit eingebauten BILBOs und ähnlichen Testeinrichtungen.

Allgemein läßt sich mit der bekannten Graphfärbungsmethode eine minimale Anzahl von Testsitzungen konstruieren, so daß alle Testeinheiten einmal bearbeitet werden ($d = \chi(G_I)$, $r = 1$). In Schaltungen mit eingebauten Testregistern werden die Testregister am Anfang jeder Testsitzung initialisiert, und am Ende der Testsitzung werden alle ermittelten Signaturen ausgelesen. Die Menge Ω umfaßt alle Testregister außer den Mustergeneratoren an den primären Eingängen der Schaltung. Wenn die Graphfärbungsmethode bereits auf der Gatterebene zur Vorbereitung der Testregistersynthese angewandt wurde, können die dort ermittelten Testsitzungen direkt auf die RT-Ebene abgebildet werden (siehe Abschnitt 5.4.3).

Um den Hardware-Aufwand für die Testeinrichtungen zu reduzieren, vereinfachen wir nun die Teststeuerung, indem wir nur einmal am Anfang des Tests die Schaltung einschließlich der Testregister initialisieren. Außerdem lesen wir die Signaturen erst ganz am Ende aus. Dann entfallen bei der Teststeuerung nach Bild 3.23 fast alle Befehle vom Typ B, das Mikroprogramm ist nur halb so lang oder noch kürzer, und der Befehlszähler kann um 1 bit verkürzt werden.

Informationen über die ermittelten Signaturen gehen dabei nicht verloren. Wenn nach der Testsitzung, die das betrachtete Testregister für die Signaturanalyse eingesetzt hat, wieder die Betriebsart „Mustererzeugung" folgt, kann man aus dem Registerinhalt am Ende auf die ermittelte Signatur zurückschließen. Denn Testregister vom BILBO-Typ haben in der Betriebsart „Mustererzeugung" ein Zustandsübergangsdiagramm, das ausschließlich aus disjunkten Zyklen besteht. Bei Akkumulatoren ist es ähnlich.

Falls in einer Testsitzung eine fehleranzeigende Signatur entsteht, wird diese Auswirkung eines Schaltungsfehlers nicht durch eine Reinitialisierung des Testregisters korrigiert und kann deshalb weitere Folgen, insbesondere fehleranzeigende Signaturen auch in anderen Testregistern, nach sich ziehen. Bild 5.45 erläutert diesen Mechanismus. Während der Bearbeitung der Testeinheit $u(T_3)$ verursacht der Schaltungsfehler an den Eingängen des Signaturregisters T_3 Bitfehler und kann damit eine fehleranzeigende Signatur in T_3 hervorrufen. Bei einer anschließenden Bearbeitung der Testeinheit $u(T_4)$ beginnt das Testregister T_3 die Mustererzeugung dann mit einem anderen Startwert als in der fehlerfreien Schaltung. Die abweichende Musterfolge führt zu anderen Testantworten an den Eingängen des Signaturregisters T_4 und verursacht dort ebenfalls eine fehleranzeigende Signatur, sofern keine Fehlermaskierung bei der Kompaktierung auftritt.

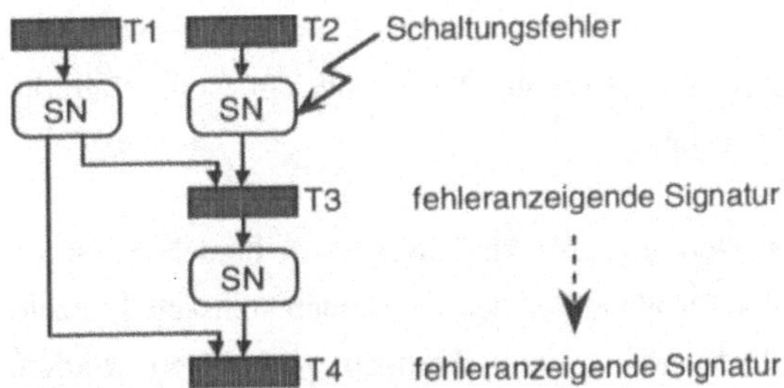

Bild 5.45: Beispiel für die Ausbreitung fehleranzeigender Signaturen

Auf diese Weise können Signaturen einander beeinflussen, und fehleranzeigende Signaturen breiten sich entlang der Pfade im Testregistergraphen aus. Um einen Schaltungsfehler am Ende des Tests festzustellen, genügt es aber, eine einzelne der fehleranzeigenden Signaturen auszulesen. Für viele Schaltungen ist es deshalb ausreichend, nur eine Teilmenge der Signaturen am Ende auszuwerten. Die hier vorgestellten Verfahren zur Testablaufplanung treiben die fehleranzeigenden Signaturen so durch die Schaltung, daß nur eine möglichst kleine Menge von Testregistern ausgelesen werden muß, im günstigsten Fall nur die Testregister an den primären Ausgängen. Alle Testregister an den primären Ausgängen können, da sie nur in der Testbetriebsart „Kompaktierung" verwendet werden, zu einem großen Testregister zusammengefaßt werden, das dann eine sehr geringe Fehlermaskierungswahrscheinlichkeit aufweist. Die Vorteile dieses Vorgehens sind Hardware-Einsparungen aufgrund des verkürzten oder gar nicht benötigten internen Prüfpfads und eine einfachere Teststeuerung.

Bei der Planung werden vier Situationen unterschieden, die schrittweise gelockerte Restriktionen widerspiegeln:

A: Die Reihenfolge, in der die Testeinheiten bearbeitet werden, ist vollständig spezifiziert. Die Optimierung ist auf die Auswahl der Testregister, deren Signaturen ausgelesen werden, beschränkt.

B: Eine Menge von spezifizierten Testsitzungen liegt ohne Ordnung vor (z.B. als Ergebnis eines Planungsalgorithmus', der eine minimale Anzahl von Testsitzungen bestimmt). Die Festlegung der Reihenfolge für die Testsitzungen gibt einen zusätzlichen Freiheitsgrad bei der Optimierung.

C: Nur eine obere Schranke für die Testzeit oder für die Anzahl der auszuführenden Testsitzungen ist vorgegeben.

D: Keine Einschränkungen.

Der Fall A wurde bereits in [Strö92c] ausführlich behandelt und wird hier nur zur Vervollständigung kurz beschrieben. Der Fall D wird als ein Sonderfall durch das allgemeinere Planungsverfahren für C erfaßt.

Für eine einheitliche Behandlung aller vier Situationen brauchen wir zunächst ein geeignetes Modell. Um verschiedene Pläne vergleichen zu können, müssen Testzeit, Fehlererfassung und Hardware-Mehraufwand für die Testeinrichtungen quantifiziert werden. Die Testzeit t wird durch die Anzahl der ausgeführten Testsitzungen beschrieben, $t = r \cdot d$, wobei angenommen wird, daß alle Testsitzungen die gleiche Zeit benötigen. Die Fehlererfassung FE wird hier definiert als

$$FE := \frac{1}{|F|} \cdot E\text{(Anzahl der Fehler, die anhand der ausgewerteten Signaturen entdeckt werden)},$$

wobei F die Menge der modellierten Fehler und E(X) den Erwartungswert der Zufallsvariablen X bezeichnen. Die Fehlererfassung hängt ab von den verwendeten Testmustern und der Fehlermaskierungsrate bei der Kompaktierung der Testantworten. Zur Berechnung der Fehlererfassung wurde in [Strö92c] eine geeignete Funktion FEHLERERFASSUNG entwickelt, die auch hier verwendet wird.

Die Implementierung eines Selbsttests erfordert zusätzliche Schaltungsteile für Boundary-Scan-Einrichtungen, Testregister, Prüfpfad durch das Innere der Schaltung (um die Testregister auszulesen, die nicht über den Boundary-Scan-Pfad zugänglich sind), Steuereinheit für den Testablauf und Einrichtungen zum Vergleich der Testergebnisse mit Referenzwerten. Die Grundkosten für Testregister, Teststeuerung und die Komponenten der Boundary-Scan-Architektur sind unabhängig von dem speziellen Testablaufplan. Sie brauchen beim Vergleich verschiedener Testablaufpläne nicht betrachtet zu werden. Wir konzentrieren uns deshalb auf folgende Anteile:

$$a(S) = a_{scan}(S) + a_{shift}(S) + a_{ROM}(S)$$

mit $a_{scan}(S)$: zusätzliche Fläche für die Verdrahtung des Prüfpfads

$a_{shift}(S)$: Fläche zur Implementierung des Schiebebetriebs für die Testregister, die in den Prüfpfad integriert werden

$a_{ROM}(S)$: Fläche für das Mikroprogramm-ROM der Teststeuerung nach Bild 3.23

Falls alle Fehler die Signaturen in den Testregistern an den primären Ausgängen (Menge Ω_{min}) beeinflussen können, genügt es, am Ende des Tests den Inhalt der Boundary-Scan-Zellen auszulesen. Werden für eine ausreichende Fehlererfassung die Signaturen aus einer größeren

Menge $\Omega \supset \Omega_{min}$ von Testregistern gebraucht, müssen $|\Omega| - |\Omega_{min}|$ Testregister im Inneren der Schaltung für den Schiebebetrieb erweitert und in den internen Prüfpfad eingebunden werden.

Um den Verdrahtungsaufwand für den Prüfpfad zu schätzen, wird ein Standardzellen-Layout betrachtet und angenommen, daß die Fläche für die Zellenreihen und die Fläche für die Verdrahtungskanäle etwa gleiche Größe haben. Wenn viele Testregister im Prüfpfad integriert sind, ist die Länge des Prüfpfads ungefähr $\frac{n_c}{2} \cdot z$ (siehe Bild 5.46). Im ursprünglichen Entwurf ist i.a. nicht jeder Verdrahtungskanal ganz ausgefüllt. Deshalb wird nur in etwa der Hälfte der Verdrahtungskanäle, die für den Prüfpfad gebraucht werden, ein zusätzlicher Platz für eine Leitung benötigt. Damit ist die zusätzliche Fläche $\frac{1}{2} \cdot w \cdot z \cdot \frac{n_c}{2}$, wobei w die Summe von Leitungsbreite und Zwischenraum zwischen zwei benachbarten parallelen Leitungen ist.

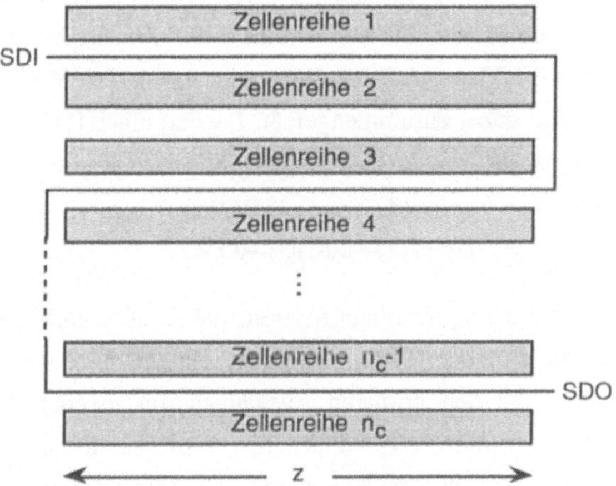

Bild 5.46: Standardzellen-Layout mit einem Prüfpfad, der viele Testregister enthält

Falls der Prüfpfad nur ein einziges Testregister umfaßt, ist die Prüfpfadlänge ungefähr z, da die Anschlüsse SDI und SDO i.a. auf gegenüberliegenden Seiten angeordnet sind. Eine Erhöhung der Anzahl der Register im Prüfpfad läßt die Prüfpfadlänge zunächst stark ansteigen. Aber wenn eine größere Anzahl erreicht ist, wird ein weiteres Register oft zu einem bereits im Prüfpfad enthaltenen Register benachbart sein, und die Prüfpfadlänge vergrößert sich nur wenig. Die Verdrahtungsfläche für den Prüfpfad läßt sich deshalb schätzen durch

$$a_{scan}(S) = \frac{1}{2} \cdot w \cdot z \cdot \frac{n_c}{2} \cdot \left(1 - \exp\left(- \frac{|\Omega| - |\Omega_{min}|}{c}\right)\right)$$

Die Konstante c wird so festgesetzt, daß sich bei einem einzigen Testregister im Prüfpfad, $|\Omega| - |\Omega_{min}| = 1$, die Fläche $a_{scan}(S) = \frac{1}{2} \cdot w \cdot z$ ergibt. Bei $\Omega = \Omega_{min}$ ergibt sich $a_{scan}(S) = 0$.

Für alle Testregister im Prüfpfad muß der Schiebebetrieb implementiert werden. Die Kosten dafür hängen vom Typ des Testregisters ab. Falls das Testregister auf einem LRSR basiert, sind zwei AND-Gatter mit je zwei Eingängen notwendig. Für zellulare Automaten werden ein 2:1-Multiplexer und pro Zelle ein AND-Gatter mit zwei Eingängen gebraucht. Die benötigte Fläche ist mindestens

$$a_{shift}(S) \;=\; 2 \cdot 2 \cdot \text{area(AND)} \cdot (|\Omega| - |\Omega_{min}|),$$

wobei area(AND) die Fläche eines AND-Gatters mit zwei Eingängen bezeichnet. Ein Faktor 2 berücksichtigt die zusätzliche Verdrahtungsfläche.

Jedes Wort im Mikroprogramm-ROM der Teststeuerung enthält einen Befehl. Zwei Befehle sind für die Initialisierung und das Beenden des Testablaufs erforderlich, für jede (verschiedene) Testsitzung wird ein Befehl vom Typ A gebraucht (siehe Abschnitt 3.4.3.3). Falls ein Prüfpfad verwendet wird, ist zusätzlich ein Schiebebefehl vom Typ B notwendig. Die Wortlänge des ROMs berechnet sich aus der Anzahl d der gespeicherten Testsitzungsbefehle plus zwei (für die Signale TEST und TEND, siehe Bild 3.23). Die SELECT-Signale und die Signale C0 ... Cd-1 wurden dabei zusammengefaßt. Im Fall eines Prüfpfads kommt noch ein Bit dazu, um über das Signal SIG das Auslesen einer gültigen Signatur anzuzeigen. Das ergibt

mit Prüfpfad $a_{ROM}(S) \;=\; \text{area}\,((d+2)\times(d+2)\text{-ROM})$ bzw.

ohne Prüfpfad $a_{ROM}(S) \;=\; \text{area}\,((d+3)\times(d+3)\text{-ROM})$.

Andere Anteile sind sehr schwierig zu quantifizieren, haben aber auch geringere Bedeutung. Der Prüfpfad muß in die Boundary-Scan-Architektur eingebunden werden. Wenn nur die Signaturen der Testregister an den primären Ausgängen ausgewertet werden und für die Initialisierung der Testregister kein Prüfpfad benötigt wird, ist der Befehlstyp B der Teststeuerung überflüssig. Die Anzahl der Konstanten, die gespeichert werden müssen, ist geringer, da keine Angaben über die Länge des Prüfpfads und die Länge der Signaturen erforderlich sind. Auch der Zähler für die Wiederholungen der Testsitzungen (Parameter r) wurde vernachlässigt.

Diese Betrachtung des Hardware-Aufwands macht klar, daß Testablaufpläne, bei denen nur die Signaturen in den Testregistern an den primären Ausgängen ausgelesen werden, am günstigsten sind. Dann gilt nämlich $a(S) = a_{ROM}(S) = \text{area}\,((d+2)\times(d+2)\text{-ROM})$, und wenn der Testablaufplan außerdem mit der minimalen Zahl von Testsitzung auskommt, erreichen die Hardware-Kosten ihr Minimum $a(S) = \text{area}\,((\chi(G_I)+2)\times(\chi(G_I)+2)\text{-ROM})$.

Zusammengefaßt gehen wir von folgenden Annahmen aus:

(a) Alle Testregister werden ganz am Anfang korrekt initialisiert, während der Testausführung werden sie nicht erneut initialisiert.

(b) Signaturen werden nur am Ende des gesamten Testablaufs aus den Testregistern gelesen.

(c) Wenn ein Testregister in der Betriebsart „Mustererzeugung“ arbeitet, generiert es pseudozufällige Muster.

(d) Wenn ein Testregister in der Betriebsart „Kompaktierung“ arbeitet, wird sein Inhalt nicht gleichzeitig als Testmuster verwendet.

(e) Falls bei der Bearbeitung einer Testeinheit die angelegte Musterfolge von der Musterfolge in der fehlerfreien Schaltung differiert, treten Bitfehler an den Eingängen des Signaturregisters auf.

(f) Wenn eine Testeinheit wiederholt bearbeitet wird, sind die ermittelten Signaturen statistisch unabhängig voneinander.

Die Annahmen (c) und (d) stellen sicher, daß die erzeugten Muster nicht von der Funktion der (Teil-)Schaltung abhängen und die bekannten Verfahren zur Berechnung oder Schätzung der Fehlermaskierungswahrscheinlichkeit in MISRs angewandt werden können. Normalerweise garantiert die Struktur einer Testeinheit, daß die angelegten Muster einen starken Einfluß auf die

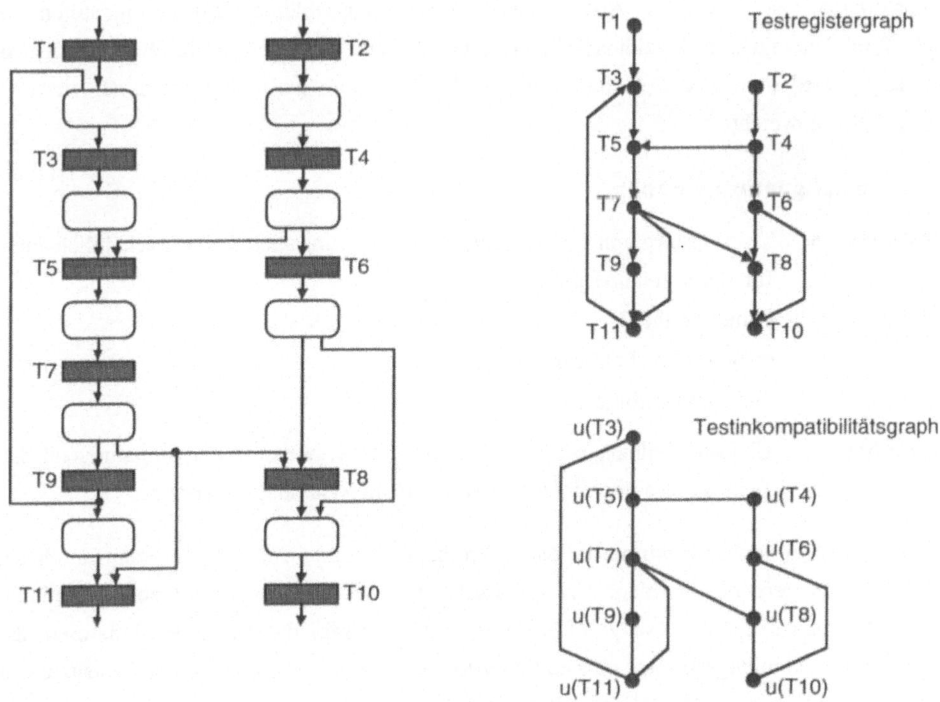

Bild 5.47: Schaltungsbeispiel mit eingebauten BILBOs zur Erläuterung der Planungsverfahren

Testantworten haben und deshalb Annahme (e) wahr ist [Strö92c]. Annahme (f) gilt, wenn die Startwerte der pseudozufälligen Mustergeneratoren statistisch unabhängig voneinander sind für aufeinanderfolgende Bearbeitungen einer Testeinheit. Das ist für den konkreten Fall leicht nachzuprüfen.

Die im folgenden vorgestellten Planungsverfahren werden an der Schaltung erläutert, die in Bild 5.47 mit Testregistergraph und Testinkompatibilitätsgraph dargestellt ist. Die Testregister haben alle eine Breite von mindestens 16 bit und erzeugen gleichverteilte pseudozufällige Muster. Die Blöcke zwischen den Testregistern sind kombinatorische Logik oder Pipelinestrukturen.

5.5.2.1 Auswahl von Signaturen

Wenn die Testsitzungen und ihre Reihenfolge fest vorgegeben sind, muß, um die Hardware-Kosten a(S) zu minimieren, die Anzahl der auszuwertenden Signaturen so weit wie möglich verringert werden. Selbstverständlich ist die Fehlererfassung am größten, wenn alle ermittelten Signaturen ausgelesen werden. Aber durch die Ausbreitung fehleranzeigender Signaturen läßt sich oft mit einer günstig gewählten Teilmenge der Signaturen fast der gleiche Wert erzielen. In der Regel wird man eine Fehlererfassung fordern, die nur geringfügig von der maximal erreichbaren abweicht.

Problem „Signaturauswahl":

Gegeben:
- Testregistergraph G_T (einschließlich Fehlermaskierungswahrscheinlichkeiten für alle Signaturregister),
- Fehlermenge F,
- erforderliche Fehlererfassung FE_0,
- Testsitzungsfolge s

Gesucht: Kleinste Teilmenge $\Omega \subset T$, so daß die Auswertung der Signaturen in den Testregistern von Ω mindestens die Fehlererfassung FE_0 ergibt

Wie in [Strö92c] bewiesen wurde, ist dieses Problem NP-hart. Eine Lösung kann durch ein Suchverfahren gefunden werden. Um die Rechenzeit zu verringern, wird zuerst ermittelt, welche Testregister in der Lösung auf jeden Fall enthalten sein müssen. Alle Signaturen, die aufgrund der Schaltungsstruktur oder der Reihenfolge bei der Ausführung der Testsitzungen keine anderen Signaturen beeinflussen können, müssen selbst ausgewertet werden. Andernfalls könnten alle Fehler, die sich nur auf diese Signaturen auswirken, nicht erkannt werden. Mit der Information aus dem Testregistergraphen und der Testsitzungsfolge ist die Menge Ω_0 der

Testregister, die solche Signaturen enthalten, leicht zu bestimmen. Die Testregister an den primären Ausgängen sind darin stets enthalten, $\Omega_{min} \subset \Omega_0$.

Der Algorithmus SIGNATURAUSWAHL (siehe Bild 5.48) beginnt mit der Menge Ω_0 und fährt mit Breitensuche fort, bis die Fehlererfassung ausreicht. Als erstes werden alle Teilmengen betrachtet, die außer Ω_0 ein weiteres Testregister umfassen, dann zwei weitere Testregister, usw. In vielen Fallen besteht eine Lösung aus nur sehr wenigen Testregistern zusätzlich zur Menge Ω_0, und die Suche kann bald abgebrochen werden. Nur bei sehr komplexen Schaltungen sind Heuristiken zur Beschleunigung der Suche notwendig.

```
Prozedur SIGNATURAUSWAHL (in: G_T, F, FE_0, s; out: Ω);

/*  Eingabe:    Testregistergraph G_T,                          */
/*              Fehlermenge F,                                  */
/*              erforderliche Fehlererfassung FE_0,             */
/*              Testsitzungfolge s = (s_0, s_1, ..., s_d-1)     */
/*  Ausgabe:    Menge Ω der auszulesenden Testregister          */

Ω := Ø;                                  /* noch keine Lösung gefunden */

              /* Menge der Testregister, die in jedem Fall ausgelesen werden müssen */
Ω_0 := {T_i∈T | ¬∃ g,h,k [T_k∈sd(T_i) ∧ u(T_i)∈s_g ∧ u(T_k)∈s_h ∧ g<h]};
                                 /* sd(T_i): direkte Nachfolger von T_i in G_T */

K := {Ω_0};   /* die Teilmengen der Testregistermenge T, die betrachtet werden müssen */

solange (Ω = Ø und K ≠ Ø)
   {   wähle ein C∈K mit minimaler Kardinalität;
       K := K \ {C};
       falls FEHLERERFASSUNG (G_T, F, (s, C)) ≥ FE_0
            Ω := C;           /* falls Fehlererfassung ausreichend: Lösung gefunden */
       sonst
            für alle Teilmengen C'⊂T mit C⊂C' und |C'| = |C|+1
                  K := K ∪ {C'}             /* zusätzliche Teilmengen von T, */
                                            /* die betrachtet werden müssen  */
   }
end;
```

Bild 5.48: Algorithmus zur Signaturauswahl

Die Schaltung von Bild 5.47 kann mit der Testsitzungsfolge

$(\{u(T_3), u(T_4), u(T_{10}), u(T_{11})\}, \{u(T_5), u(T_8), u(T_9)\}, \{u(T_6), u(T_7)\})$

getestet werden. Die Menge Ω muß die Testregister T_{10} und T_{11} an den primären Ausgängen umfassen und die Testregister T_6, T_7, T_8, T_9, da deren Signaturen in späteren Testsitzungen keine anderen Signaturen beeinflussen können. Verglichen mit der Auswertung aller Signaturen verringert sich die Anzahl der auszulesenden Signaturen von 9 auf 6. Die Beeinträchtigung der Fehlererfassung ist vernachlässigbar.

5.5.2.2 Ordnung der Testsitzungen

Die bekannten Planungsalgorithmen, die mit Graphfärbung arbeiten [KrAl85, CrKS88, Chen91], liefern Testsitzungen, die in beliebiger Reihenfolge ausgeführt werden können. Auch mit diesem zusätzlichen Freiheitsgrad wird die Kostenfunktion a(S) genau dann minimal, wenn die Anzahl $|\Omega| - |\Omega_{min}|$ der auszulesenden Signaturen minimal ist.

Problem „Ordnung der Testsitzungen":

Gegeben:
- Testregistergraph G_T (einschließlich Fehlermaskierungswahrscheinlichkeiten für alle Signaturregister),
- Fehlermenge F,
- erforderliche Fehlererfassung FE_0,
- Menge der Testsitzungen $H = \{s_0, s_1, \ldots, s_{d-1}\}$

Gesucht: Reihenfolge der Testsitzungen, so daß die Anzahl der Testregister, deren Signatur für eine Fehlererfassung von mindestens FE_0 ausgelesen werden muß, minimal ist

Für viele Schaltungen ist die Anzahl der Testsitzungen so klein, daß alle Permutationen der Testsitzungsfolge untersucht werden können. Für jede Permutation wird die kleinste Menge Ω bestimmt, und am Ende wird diejenige Anordnung der Testsitzungen mit der minimalen Menge Ω ausgewählt. Bei einer größeren Menge von Testsitzungen ist dieser einfache Ansatz nicht praktikabel. Mit einer "Greedy"-Strategie wird die Suche effizienter, aber eine optimale Lösung ist nicht mehr garantiert. Beginnend mit der letzten Position d-1 in der Folge wird für jede Position eine andere Testsitzung aus der Menge H ausgewählt. Wenn eine Signatur keine der in späteren Testsitzungen ermittelten Signaturen beeinflussen kann, muß sie ausgelesen und ausgewertet werden. Daher ist es günstig, in jedem Schritt diejenige Testsitzung zu wählen, in der die kleinste Zahl solcher Signaturen ermittelt wird. Die Signaturen in den Testregistern an den primären Ausgängen werden hier nicht gezählt, da sie in jedem Fall ausgewertet werden müssen. Der Algorithmus ORDNUNG in Bild 5.49 setzt diese Heuristik ein.

```
Prozedur ORDNUNG (in: G_T, F, FE_0, H; out: S);

/*  Eingabe:    Testregistergraph G_T,                                   */
/*              Fehlermenge F,                                           */
/*              erforderliche Fehlererfassung FE_0,                      */
/*              Menge der Testsitzungen H = {s_0, s_1, ..., s_d-1}       */
/*  Ausgabe:    Testablaufplan S = ((s_0, s_1, ..., s_d-1), Ω)           */

A := Ø;                  /* Menge von Testregistern, die in einer späteren Testsitzung */
                         /* als Signaturregister verwendet werden                      */

für k := d-1, d-2, ..., 0             /* für alle Positionen in der Testsitzungsfolge */
    {   wähle eine Testsitzung s∈H mit
            |{u(T_i)∈s | succ(T_i) ∩ A = Ø ∧ succ(T_i) ≠ Ø}|  minimal;
                                   /* succ(T_i): alle Nachfolger von T_i in G_T */
        s̃_k := s;
        H := H \ {s};
        A := A ∪ {T_i | u(T_i)∈s}
    }

s := (s̃_0, s̃_1, ..., s̃_d-1);
SIGNATURAUSWAHL (in: G_T, F, FE_0, s; out: Ω);
S := (s, Ω)

end;
```

Bild 5.49: Algorithmus zur Ordnung der Testsitzungen

Für das Schaltungsbeispiel ist

$\{\{u(T_6), u(T_7)\}, \{u(T_5), u(T_8), u(T_9)\}, \{u(T_3), u(T_4), u(T_{10}), u(T_{11})\}\}$

eine Menge von Testsitzungen. Wenn der Algorithmus ORDNUNG angewandt wird, ist das Ergebnis der Testablaufplan

$$((\{u(T_5), u(T_8), u(T_9)\}, \{u(T_6), u(T_7)\}, \{u(T_3), u(T_4), u(T_{10}), u(T_{11})\}), \{T_3, T_4, T_{10}, T_{11}\}).$$

Nur der Inhalt von 4 Testregistern muß ausgelesen werden. Wenn erschöpfend alle Permutationen der Testsitzungsfolge untersucht werden, ergibt sich das gleiche Ergebnis.

5.5.2.3 Konstruktion eines kompletten Testablaufplans

Wenn die Testsitzungen unter Beachtung der Kompatibilitätsbedingungen frei gestaltet werden dürfen, eröffnen sich umfassendere Optimierungsmöglichkeiten als in den Fällen A und B. Verschiedene Gründe führen allerdings zu einer Begrenzung der Testzeit. Ein längerer Test in einer teuren Testumgebung kann zu kostspielig sein. Wenn mehrere Schaltungen einer größeren Komponente (z.B. mehrere Chips auf einer Baugruppe) parallel getestet werden, kann es günstig sein, für alle ungefähr die gleiche Zeit zu brauchen. Und in fehlertoleranten Systemen, wo der Test in Betriebspausen wiederholt wird, darf die Testzeit die Dauer der Pause nicht übersteigen.

Die Testzeit muß mindestens so groß sein, daß sich die Minimalzahl $d = \chi(G_I)$ von Testsitzungen zur Bearbeitung aller Testeinheiten ausführen läßt. Wenn viel Testzeit zur Verfügung steht, läßt sich ein Plan ausführen, der allein mit den Signaturen in den Testregistern an den primären Ausgängen die geforderte Fehlererfassung erzielt und damit die Hardware-Kosten minimiert. Liegt die obere Schranke für die Testzeit zwischen diesen beiden Extremen, dann sollte der verfügbare Zeitraum so gut wie möglich genutzt werden, um den Hardware-Aufwand zu verringern. Durch die Vielzahl der Möglichkeiten, Testsitzungen zusammenzustellen, ergibt sich ein sehr komplexes Optimierungsproblem.

Problem „Testablaufplanung mit einer beschränkten Anzahl von auszuführenden Testsitzungen":

Gegeben:
- Testregistergraph G_T (einschließlich Fehlermaskierungswahrscheinlichkeiten für alle Signaturregister),
- Testinkompatibilitätsgraph G_I,
- Fehlermenge F,
- erforderliche Fehlererfassung FE_0,
- Schranke t_{max} für die Anzahl der auszuführenden Testsitzungen

Gesucht: Testablaufplan $S = ((s_0, s_1, \ldots, s_{d-1})^r, \Omega)$ mit

1) Fehlererfassung mindestens FE_0,
2) Anzahl der auszuführenden Testsitzungen $r \cdot d \leq t_{max}$,
3) Hardware-Kosten a(S) so gering wie möglich

Schon ohne die Minimierung der Hardware-Kosten a(S) ist dieses Problem NP-hart, da es das Graphfärbungsproblem "GRAPH K-COLORABILITY" [GaJo79] als Spezialfall enthält [Strö92b]. Daher verbietet es sich, einfach eine große Zahl verschiedener Testablaufpläne auszuprobieren. Der Suchraum muß auf geeignete Weise eingeschränkt werden.

Allgemein ist der Testablaufplan entweder so aufgebaut, daß alle Testsitzungen verschieden sind, oder eine kürzere Folge von Testsitzungen wird wiederholt. Aufgrund der geringeren Anzahl verschiedener Testsitzungen ist im zweiten Fall zwar der Planungsfreiraum nicht ganz so groß und oft wird eine etwas höhere Zahl ausgeführter Testsitzungen benötigt, um die gleiche Ausbreitung fehleranzeigender Signaturen zu ermöglichen, aber die Teststeuerung läßt sich dann mit geringerem Hardware-Aufwand implementieren.

Die wiederholte Ausführung einer Testsitzungsfolge verringert außerdem die Fehlermaskierungsrate. Wenn die Testsitzungsfolge die Ausbreitung einer fehleranzeigenden Signatur über mehrere Testregister hinweg zuläßt, erfolgt die tatsächliche Ausbreitung doch nur, falls der Fehler in keinem der beteiligten Signaturregister maskiert wird. Die Maskierungswahrscheinlichkeit in den einzelnen Signaturregistern ist zwar klein, aber nicht 0 (siehe Abschnitt 4.1.4). Besonders bei einer Ausbreitung über viele Testregister hinweg verringert die Maskierung die Fehlererfassung am Ende des Ausbreitungspfads. Wird die Testsitzungsfolge aber wiederholt, dann werden die Testeinheiten mit einer anderen Musterfolge erneut getestet, fehleranzeigende Signaturen erhalten dadurch eine weitere Gelegenheit zur Ausbreitung, und die Fehlererfassung am Ende des Ausbreitungspfads steigt an.

Die zentrale Aussage zu diesem Sachverhalt wurde in [StWu91a, Strö92c] bewiesen. Wenn in der Schaltung ein Pfad vom Fehlerort direkt oder über andere Testregister zu einem Testregister T_i führt und eine Folge von Testsitzungen, die alle Testeinheiten umfassen, wiederholt wird, dann strebt die Wahrscheinlichkeit für eine fehleranzeigende Signatur in T_i gegen den Wert $1 - p_{al,T_i}$, wobei p_{al,T_i} die Fehlermaskierungswahrscheinlichkeit des Testregisters T_i bei großen Testlängen bezeichnet. Die Fehlermaskierung in den anderen beteiligten Testregistern spielt bei einer hinreichend großen Zahl von Wiederholungen keine Rolle mehr. Für praktisch relevante Schaltungen reichen dazu sehr wenige Wiederholungen aus. Eine andere Möglichkeit, die Fehlermaskierungsrate zu verringern ist in [Strö92b] beschrieben. Dort werden die einzelnen Testsitzungen derart konstruiert, daß bestimmte Testeinheiten in mehreren Testsitzungen vorkommen und auf diese Weise wiederholt bearbeitet werden.

Das hier vorgestellte Testplanungsverfahren baut auf einer Prozedur auf, die eine Testsitzungsfolge mit einer vorgegebenen Periode d bestimmt. Diese Testsitzungsfolge wird so zusammengestellt, daß mit einer möglichst kleinen Zahl von Wiederholungen die Schaltungsfehler aus allen Testeinheiten die Signaturen an den primären Ausgängen beeinflussen können.

Jeder Fehler in einem nichtredundanten Teil einer Testeinheit $u(T_{i1})$ kann eine fehleranzeigende Signatur im Signaturregister T_{i1} verursachen. Wenn das Testregister T_{i1} später Muster für eine Testeinheit $u(T_{i2})$ erzeugt, kann die Signatur in Testregister T_{i2} ebenfalls den Fehler anzeigen.

Die Ausbreitung fehleranzeigender Signaturen erfolgt entlang der Pfade des Testregistergraphen G_T. Die Ausbreitung über einen bestimmten Pfad $(T_{i1}, T_{i2}, \ldots, T_{is})$ ist nur möglich, wenn die entsprechenden Testeinheiten $u(T_{i1})$, $u(T_{i2})$, …, $u(T_{is})$ in der gleichen Reihenfolge bearbeitet werden (und zwischenzeitlich nicht neu initialisiert wird).

Auf diese Weise stellt jeder Ausbreitungsschritt zu einem weiteren Signaturregister eine zusätzliche Bedingung an die Testsitzungsfolge. Zwei Heuristiken halten die Bedingungen so einfach wie möglich und minimieren ihre Anzahl:

- Für jedes Testregister, das als Signaturregister verwendet wird, betrachten wir im Testregistergraphen nur einen *einzigen Pfad* zu einem Testregister an den primären Ausgängen. Ein solcher Pfad existiert immer, da die Information in allen nichtredundanten Teilen der Schaltung einen Einfluß auf die Daten an den primären Ausgängen hat. Die Ausbreitung auf einem Pfad ist notwendig, damit sich jeder Schaltungsfehler auf eine Signatur an den primären Ausgängen auswirken kann. Wenn wie in [StWu91a] mehrere Pfade betrachtet werden, lassen sich aufgrund der zahlreicheren Bedingungen in manchen Fällen nicht die kürzesten Testsitzungsfolgen finden.
- Falls es von einem Testregister im Inneren der Schaltung mehrere Pfade zu Testregistern an den primären Ausgängen gibt, wählen wir einen *kürzesten Pfad.* Das ergibt die einfachsten Bedingungen, und die Ausbreitung erfolgt am schnellsten.

Die resultierenden Bedingungen werden in einem gerichteten Baum, dem *Vorgängerbaum*, zusammengefaßt. Seine Knoten entsprechen den Testeinheiten, und jede Kante (u_i, u_j) bedeutet, daß die Testeinheit u_i vor der Testeinheit u_j bearbeitet werden muß. Der Vorgängerbaum läßt sich aus dem Testregistergraphen G_T auf folgende Weise konstruieren. Zuerst wird ein neuer Knoten END zu G_T hinzugefügt und außerdem Kanten von allen Knoten aus Ω nach END. Falls Ω Testregister enthält, die nicht an den primären Ausgängen liegen, werden alle Kanten entfernt, die von diesen Knoten ausgehen, weil sich von dort fehleranzeigende Signaturen nicht weiter ausbreiten müssen. Die Knoten, die Testregister an den primären Eingängen repräsentieren (Knoten ohne Vorgänger), und alle Kanten, die von ihnen ausgehen, werden entfernt, da diese Testregister keine Signaturen ermitteln. Dann wird für diesen modifizierten Testregistergraphen ein spannender Baum mit Wurzel END mittels Breitensuche konstruiert. Alle Kanten des spannenden Baums werden zur Wurzel hin orientiert. Für jeden Knoten T_i enthält der spannende Baum einen Pfad $\omega(T_i, \text{END})$, der ein kürzester Pfad zwischen den entsprechenden Knoten in G_T ist und daher natürlich einen kürzesten Pfad von T_i zu einem Knoten aus Ω enthält. Nach der Umbenennung der Knoten T_i zu $u(T_i)$ definieren die Kanten des Baums eine partielle Ordnung auf der Menge der Testeinheiten.

Schließlich wird jeder Knoten u des Baums mit einem Distanzwert dist(u) gewichtet, der die Entfernung von seinem am weitesten entfernten Vorgänger angibt. Um die Wirkung aller Schaltungsfehler auf die Signaturen an den primären Ausgängen zu erreichen, müssen mindestens dist(END) Testsitzungen ausführt werden. Bild 5.50 zeigt den Vorgängerbaum für die Schaltung von Bild 5.47.

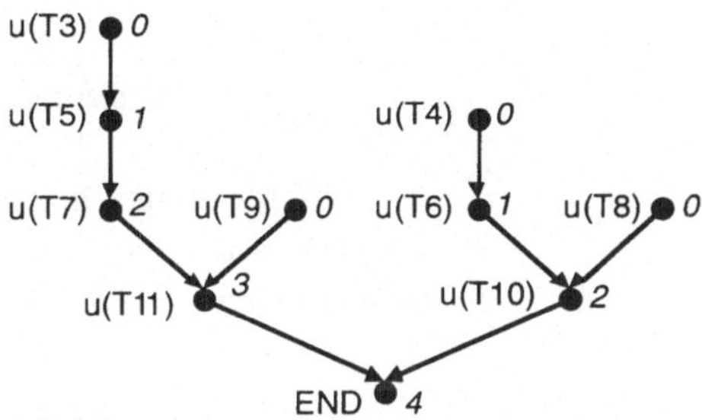

Bild 5.50: Vorgängerbaum für die Schaltung von Bild 5.47

Die Testsitzungsfolge $(s_0, s_1, \ldots, s_{d-1})^r$, die alle durch den Vorgängerbaum und den Inkompatibilitätsgraphen gegebenen Bedingungen erfüllt, wird in der Reihenfolge $s_{d-1}, s_{d-2}, \ldots, s_0, s_{d-1}, s_{d-2}, \ldots$ aufgebaut, wobei der Vorgängerbaum von der Wurzel hin zu den Blättern betrachtet wird. Da die Signaturen an den primären Ausgängen keine anderen Signaturen beeinflussen, ist es günstig, sie erst während der letzten Testsitzung zu ermitteln. Diejenigen Signaturen, welche die Signaturen an den primären Ausgängen beeinflussen können, sollten vorzugsweise während der vorletzten Testsitzung ermittelt werden usw.

Zu Beginn sind alle Testsitzungen leer, und nur die Wurzel END des Vorgängerbaums ist als eingeplant markiert. In jedem Schritt können dann in die nächste Testsitzung diejenigen Knoten des Vorgängerbaums aufgenommen werden, die einen eingeplanten Nachfolger haben, aber selbst noch nicht eingeplant sind. Falls nicht alle diese Kandidaten kompatibel zueinander und zu den bereits in der Testsitzung eingeplanten Testeinheiten sind, werden die Knoten mit höheren Distanzwerten bevorzugt. Diese Prioritäten tragen dazu bei, daß die Testsitzungsfolge so kurz wie möglich wird. Die neu in die Testsitzung aufgenommenen Knoten werden als eingeplant markiert.

Die Prozedur SEQUENCE (Bild 5.51) implementiert das beschriebene Verfahren. Als Eingabe erhält sie den Testregistergraphen G_T, die Menge Ω der auszulesenden Testregister, den Testinkompatibilitätsgraphen G_I und die Periode d_0 der zu konstruierenden Testsitzungsfolge. Als Ergebnis liefert die Prozedur die Testsitzungsfolge **s** mit Länge $d \leq d_0$ und die Zahl r, die angibt, wie oft die Folge **s** ausgeführt werden muß, damit alle Schaltungsfehler sich auf die

```
Prozedur SEQUENCE (in: G_T, Ω, G_I, d_0; out: s, d, r);
/* Eingabe:   Testregistergraph G_T, Menge Ω der auszulesenden Testregister,      */
/*            Testinkompatibilitätsgraph G_I, gewünschte Länge d_0                */
/* Ausgabe:   Testsitzungsfolge s = (s_0, s_1, ..., s_d-1), tatsächliche Länge d,  */
/*            Faktor r                                                             */

konstruiere den Vorgängerbaum;
für j := 0, 1, ..., d_0-1:   s_j := Ø;          /* Initialisierung: leere Testsitzungen */
j := d_0;
Ũ := Ø;                                       /* Menge der eingeplanten Testeinheiten */
r := 1;                         /* Zahl der Ausführungen, die notwendig sind für */
                                /* die Ausbreitung zu den primären Ausgängen      */

wiederhole
    {   j := j-1;                                 /* Index der aktuellen Testsitzung */
        falls (j < 0)
            {   j := d_0-1;   r := r+1   }
        C := {u | u∈ U \ Ũ  ∧ sd(u) ∩ Ũ ≠ Ø};     /* Kandidaten für Testsitzung s_j */
                                  /* sd(u): direkte Nachfolger von u im Vorgängerbaum */
    wiederhole
        {   wähle u∈C mit dist(u) = max{dist(u_i) | u_i∈C};
            C := C \ {u};
            falls (u kompatibel zu allen Testeinheiten in s_j)
                {   s_j := s_j ∪ {u};   Ũ := Ũ ∪ {u}   }          /* u_i eingeplant */
        }   bis (C = Ø)
    }   bis   (Ũ = U   oder   Ũ unverändert während der letzten d_0 Schleifendurchläufe)
falls(Ũ = U)                                   /* falls alle Testeinheiten eingeplant */
    {   falls (r = 1  und  j > 0)                  /* falls manche Testsitzungen leer */
            {   d := d_0 - j;
                für k := 0, 1, ..., d-1:    s_k := s_k+j
            }
        sonst
            d := d_0;
        s := (s_0, s_1, ..., s_d-1)                     /* Ergebnis: Testsitzungsfolge */
    }
sonst
    {   d := 0;   s := ()   }             /* keine Lösung gefunden, s ist leere Folge */
end;
```

Bild 5.51: Konstruktion einer Testsitzungsfolge mit vorgebener Länge

Signaturen an den primären Ausgängen auswirken können. Falls keine Wiederholungen notwendig sind (r = 1) und weniger als d_0 Testsitzungen genügen, werden die leeren Testsitzungen entfernt, und die ausgegebene Testsitzungsfolge hat die Länge $d < d_0$. Für $d_0 < \chi(G_I)$ ist eine Lösung nicht möglich, und die Folge **s** ist leer, d = 0.

Falls der so konstruierte Testablaufplan ($\mathbf{s}^r$, Ω) nicht die erforderliche Fehlererfassung erzielt, muß die Anzahl der Wiederholungen erhöht werden, bis FE_0 erreicht wird. Das beschriebene Verfahren läßt sich einfach auf Schaltungen erweitern, bei denen manche Testeinheiten über einen Prüfpfad getestet werden, indem diejenigen Register im Prüfpfad, die Testantworten aufnehmen, zur Menge Ω hinzugefügt werden.

Mit Hilfe der Prozedur SEQUENCE wird nun das Problem gelöst, einen kostenoptimalen Plan mit der Beschränkung $r \cdot d \leq t_{max}$ zu finden. Dazu muß für den Parameter d der günstigste Wert im Bereich zwischen $\chi(G_I)$ und t_{max} bestimmt werden. Zunächst wird ein erster Plan mit der maximal möglichen Anzahl verschiedener Testsitzungen konstruiert, $d_0 = t_{max}$, und die Menge der auszulesenden Signaturen wird bestimmt. Dieser erste Schritt zeigt, ob es überhaupt möglich ist, in t_{max} Testsitzungen alle Testeinheiten zu bearbeiten.

Im nächsten Schritt wird dann versucht, die Hardware-Kosten zu reduzieren. Die Periode d der Testsitzungsfolge wird stufenweise verkleinert, bis es nicht mehr möglich ist, alle Testeinheiten in d Testsitzungen unterzubringen. Die Anzahl der Ausführungen wird stets auf den größtmöglichen Wert gesetzt, $r = \left\lfloor \frac{t_{max}}{d} \right\rfloor$. Da die Verringerung von d die Möglichkeiten bei der Gestaltung der Testsitzungen und damit bei der Ausbreitung fehleranzeigender Signaturen einschränkt, kann sich die Zahl der Signaturen, die am Ende des Tests ausgelesen werden müssen, erhöhen.

Im dritten Schritt wird schließlich noch versucht, die Testzeit zu reduzieren. Von den Plänen, die im vorhergehenden Schritt konstruiert wurden, wird der mit den geringsten Hardware-Kosten gewählt und die Anzahl der Wiederholungen wird so weit verringert, wie es ohne Erhöhung der Hardware-Kosten (infolge zusätzlich auszuwertender Signaturen) möglich ist. Dieser Schritt ist vor allem bei einer lockeren obere Schranke wichtig. In Bild 5.52 ist dieses Vorgehen im Algorithmus OPTIMIZE zusammengefaßt.

Das Verfahren wird wieder auf die Schaltung von Bild 5.47 angewandt. Für die obere Schranke $t_{max} = 6$ liefert der erste Aufruf der Prozedur SEQUENCE die Testsitzungsfolge

$$(\{u(T_3), u(T_4)\}, \{u(T_5), u(T_8), u(T_9)\}, \{u(T_6), u(T_7)\}, \{u(T_{10}), u(T_{11})\})$$

mit $d = 4$, $r = 1$. In diesem Fall reichen die Signaturen in den Testregistern von

```
Prozedur OPTIMIZE (in: G_T, G_I, F, FE_0, t_max; out: S);

/*  Eingabe:     Testregistergraph G_T, Testinkompatibilitätsgraph G_I,            */
/*               Fehlermenge F, erforderliche Fehlererfassung FE_0,                */
/*               Schranke t_max für die auszuführenden Testsitzungen               */

/*  Ausgabe:     Testablaufplan S = ((s_0, s_1, ..., s_d-1)^r, Ω)                  */

SEQUENCE (in: G_T, Ω, G_I, t_max; out: s, d);

falls(d = 0)
    S := (s, Ø);                                          /* keine Lösung gefunden */
sonst
    {   r := ⌊t_max / d⌋;
        SIGNATURAUSWAHL (in: G_T, F, FE_0, s; out: Ω); /* erster Plan: (s^r, Ω) */

        /* reduziere die Hardware-Kosten durch eine geringere Anzahl */
        /* verschiedener Testsitzungen                               */
        d_0 := d-1;
        SEQUENCE (in: G_T, Ω, G_I, d_0; out: s', d');

        solange (d'>0)                        /* solange sich eine Testsitzung mit    */
            {   r' := ⌊t_max / d'⌋;           /* kürzerer Periode konstruieren läßt:  */
                SIGNATURAUSWAHL (in: G_T, F, FE_0, s'^r'; out: Ω');
                falls (a((s'^r', Ω')) < a((s^r, Ω)))/* falls Hardware-Kosten geringer: */
                    { s := s';  r := r';  Ω := Ω' }    /* besserer Plan gefunden */
                d_0 := d'-1;
                SEQUENCE (in: G_T, Ω, G_I, d_0; out: s', d');
            }

        /* reduziere die Testzeit durch weniger Wiederholungen */
        SIGNATURAUSWAHL (in: G_T, F, FE_0, s^r-1; out: Ω');
        solange (a((s^r-1, Ω')) ≤ a((s^r, Ω)))   /* falls Hardware-Kosten nicht höher: */
            {   r := r-1;  Ω := Ω';                    /* besserer Plan gefunden */
                SIGNATURAUSWAHL (in: G_T, F, FE_0, s^r-1; out: Ω');
            }
        S := (s^r, Ω)                                        /* bester Plan */
    }
end;
```

Bild 5.52: Algorithmus OPTIMIZE

$\Omega_{min} = \{T_{10}, T_{11}\}$ aus, die Hardware-Kosten sind area(6×6-ROM). Beim Ausprobieren kürzerer Perioden wird der Testablaufplan

$((\{u(T_5), u(T_8), u(T_9)\}, \{u(T_6), u(T_7)\}, \{u(T_3), u(T_4), u(T_{10}), u(T_{11})\})^2, \{T_{10}, T_{11}\})$

mit den Hardware-Kosten area(5×5-ROM) gefunden. Da Folgen mit einer Periode von weniger als 3 nicht existieren, ist dies der Plan mit den geringsten Hardware-Kosten.

Wenn die obere Schranke $t_{max} = 3$ ist, ergibt der erste Aufruf von SEQUENCE die Testsitzungsfolge

$(\{u(T_5), u(T_8), u(T_9)\}, \{u(T_6), u(T_7)\}, \{u(T_3), u(T_4), u(T_{10}), u(T_{11})\})$

mit $d = 3$, $r = 2$. Aufgrund der Testzeitbegrenzung kann diese Folge nur einmal ausgeführt werden, und mehr als die Testregister aus Ω_{min} müssen ausgelesen werden. Da eine kürzere Periode nicht möglich ist, stellt der Testablaufplan mit den Hardware-Kosten $a_{scan}(S)$ + 8·area(AND) + area(6×6-ROM) bei dieser oberen Schranke die beste Lösung dar. Die Fehlererfassung ist bei allen für das Beispiel konstruierten Testablaufplänen praktisch gleich.

5.5.2.4 Experimenteller Vergleich der Planungsverfahren

Die verschiedenen Planungsverfahren wurden an den größten der ISCAS'89-Benchmark-Schaltungen erprobt und verglichen. In Tabelle 5.13 sind die charakteristischen Daten der Layouts aufgelistet. Für den Standardzellenentwurf wurde die "1.0 micron ES2"-Zellbibliothek zugrundegelegt [Euro92].

Schaltung	Anzahl der Zellreihen	Länge der Verdrahtungs-kanäle (mm)	Gesamtfläche (mm^2)
s9234	28	2,83	7,54
s13207	37	3,55	12,49
s15850	39	3,79	14,06
s35932	57	5,44	29,44
s38417	60	5,87	33,48
s38584	60	5,73	32,67

Tabelle 5.13: Charakteristische Daten der untersuchten Schaltungen

Um die Schaltungen selbsttestbar zu machen wurden mit der Prozedur TESTREGISTER-SYNTHESE BILBO-Register eingebaut (siehe Abschnitt 5.4.3). Alle Testregister, die für Signaturanalyse verwendet werden, haben eine Breite von mindestens 29 bit mit Ausnahme eines 22-bit-Testregisters in der Schaltung s9234 (siehe Tabelle 5.9). Mit den beim Zufallstest üblichen Testlängen ist die Fehlermaskierungswahrscheinlichkeit kleiner als 10^{-6}, und die Fehlermaskierung kann vernachlässigt werden.

Drei verschiedene Planungsverfahren wurden verglichen:

- Graphfärbung und Auswertung aller Signaturen (GA)
- Graphfärbung und Prozedur ORDNUNG, um die Testsitzungen zu ordnen und Signaturen auszuwählen (GOS)
- Prozedur SEQUENCE, um die fehleranzeigenden Signaturen zu den primären Ausgängen zu treiben (SEQUENCE)

Tabelle 5.14 zeigt eine Vielfalt von Testablaufplänen und ihre Auswirkung auf den Hardware-Aufwand. Graphfärbung liefert stets die geringste Zahl von Testsitzungen, und die Testsitzungen werden nur einmal ausgeführt. Wenn die Testsitzungen in eine günstige Reihenfolge gebracht werden und eine Teilmenge der ermittelten Signaturen für die Auswertung am Testende ausgewählt wird, kann die Anzahl der Testregister im Prüfpfad um mindestens 50 % reduziert werden. Wird die Ausbreitung fehleranzeigender Signaturen bei der Gestaltung der Testsitzungen berücksichtigt, erhöht sich in manchen Fällen die Anzahl der auszuführenden Testsitzungen, aber die Ergebnisse sind für die Hardware-Kosten am günstigsten. Nur für die Schaltung s38584 ist das Verfahren GOS geringfügig besser. Die Flächeneinsparung $\Delta a(S) = a(S) - a(\text{Testablaufplan von GA})$ liegt zwischen 1 % und 2 % der Gesamtfläche, das sind ca. 10 % der Fläche, die für die Testeinrichtungen insgesamt gebraucht werden.

Die Ergebnisse aller Planungsverfahren hängen ab von der Anzahl der Testregister, ihren Positionen in der Schaltung und ihrer Breite. Als Beispiel betrachten wir noch einmal die Schaltung s35932. Mit dem Verfahren von [Strö93b], das auf RT-Ebene arbeitet, wurden auf andere Weise 65 BILBOs mit einer Breite von jeweils mindestens 32 bit eingebaut. In diesem Fall sind die Hardware-Kosten a(S) des Testablaufplans, der durch Graphfärbung konstruiert wurde, höher als bei der in Tabelle 5.14 betrachteten selbsttestbaren Version (0,518 mm^2 im Vergleich zu 0,282 mm^2). Aber nun kann die Schaltung in zwei Testsitzungen getestet werden. Die Prozedur SEQUENCE stellt eine große Auswahl unterschiedlicher Pläne zur Verfügung, die nicht nur den Plan mit der kürzesten Testzeit und den Plan mit den geringsten Hardware-Kosten, sondern außerdem viele dazwischenliegende Lösungen umfaßt. In vielen Stufen kann mit einem Zuwachs an Testzeit eine Verringerung der Silizium-Fläche erkauft werden (siehe Tabelle 5.15).

Schaltung	Planungs-verfahren	Anzahl der ausgeführten Testsitzungen (r * d)	Anzahl der Testregister im Prüfpfad	Flächen-einsparung Δa(S) (mm^2)
s9234	GA	1 * 2	10	0,000
	GOS	1 * 2	5	0,037
	SEQUENCE	1 * 3	1	0,065
	SEQUENCE	1 * 4	-	0,075
	SEQUENCE	2 * 2	-	0,089
s13207	GA	1 * 4	20	0,000
	GOS	1 * 4	-	0,181
	SEQUENCE	1 * 4	-	0,181
s15850	GA	1 * 3	28	0,000
	GOS	1 * 3	11	0,115
	SEQUENCE	1 * 4	-	0,230
s35932	GA	1 * 4	19	0,000
	GOS	1 * 4	-	0,258
	SEQUENCE	1 * 4	-	0,258
s38417	GA	1 * 5	68	0,000
	GOS	1 * 5	12	0,428
	SEQUENCE	1 * 6	-	0,612
s38584	GA	1 * 6	71	0,000
	GOS	1 * 6	-	0,627
	SEQUENCE	1 * 7	-	0,616

Tabelle 5.14: Planungsergebnisse für die Schaltungen s9234 … s38584

Schaltung	Planungs-verfahren	Anzahl der ausgeführten Testsitzungen (r * d)	Anzahl der Testregister im Prüfpfad	Flächen-einsparung Δa(S) (mm^2)
s35932 (mit 65 BILBOs)	GA	1 * 2	54	0,000
	GOS	1 * 2	27	0,178
	SEQUENCE	1 * 2	27	0,178
	SEQUENCE	1 * 3	15	0,288
	SEQUENCE	2 * 2	9	0,368
	SEQUENCE	1 * 5	7	0,369
	SEQUENCE	3 * 2	7	0,395
	SEQUENCE	1 * 7	-	0,464
	SEQUENCE	4 * 2	-	0,508

Tabelle 5.15: Ergebnisse für eine zweite selbsttestbare Version der Schaltung s35932

Die nächsten beiden Tabellen beschreiben den Einfluß der Teststrategie auf die Testablaufplanung. Als Schaltungsbeispiele werden der Matrixmultiplizierer MU [Gutb88] und der Signalprozessor SP [LeBl84] verwendet, in die BILBOs eingebaut wurden bzw. andere multifunktionale Testregister, die nicht gleichzeitig Muster erzeugen und Testantworten kompaktieren können. Die eingebauten Testregister segmentieren die Schaltungen in 15 (MU) bzw. 31 (SP) Testeinheiten. Die Inkompatibilitätsgraphen fallen unterschiedlich aus für Zufallsmuster auf der einen Seite und für gewichtete zufällige, pseudoerschöpfende und deterministische Muster auf der anderen Seite. Die Tabellen 5.16 und 5.17 zeigen die Ergebnisse, die mit der Graphfärbungsmethode und mit der Prozedur SEQUENCE erzielt wurden. Die Prozedur SEQUENCE reduziert die Anzahl der auszulesenden Testregister von 15 auf 4 (MU) und von 31 auf 13 (SP).

Schaltung	Planungsverfahren	Anzahl der ausgeführten Testsitzungen (r * d)
MU	GA	1 * 2
	SEQUENCE	1 * 5
	SEQUENCE	2 * 3
	SEQUENCE	3 * 2
SP	GA	1 * 3
	SEQUENCE	1 * 4

Tabelle 5.16: Testablaufplanung für den Test mit Zufallsmustern

Werden anstelle von gleichverteilten Zufallsmustern gewichtete Zufallsmuster, (pseudo-) erschöpfende oder deterministische Muster verwendet, bleibt die Segmentierung in Testeinheiten zwar unverändert, aber der Inkompatibilitätsgraph erhält zusätzliche Kanten. Das führt zu einer deutlich höheren Zahl verschiedener Testsitzungen, und die Teststeuerung wird aufwendiger.

Schaltung	Planungsverfahren	Anzahl der ausgeführten Testsitzungen (r * d)
MU	GA	1 * 5
	SEQUENCE	1 * 7
	SEQUENCE	2 * 6
SP	GA	1 * 11
	SEQUENCE	1 * 11

Tabelle 5.17: Testablaufplanung für den Test mit gewichteten Zufallsmustern, pseudoerschöpfenden oder deterministischen Mustern

Am Ende dieses Abschnitts kommen wir wieder zurück zum Ausgangspunkt von Abschnitt 5.4, nämlich zum Zusammenhang zwischen Testregistereinbau und Testablaufplanung. Das in Abschnitt 5.4.3 vorgestellte Verfahren zur Testregistersynthese faßt Testzellen auf der Gatterebene so zu Testregistern zusammen, daß möglichst wenige Signale zur Steuerung der Testregister ausreichen und der Test in möglichst wenigen Testsitzungen durchgeführt werden kann. Die derart synthetisierten Testregister sind auch dann vorteilhaft, wenn der auf der Gatterebene durch Graphfärbung erstellte Testablaufplan nicht einfach auf die RT-Ebene abgebildet wird, sondern auf der RT-Ebene unter Berücksichtigung der Signaturausbreitung neu geplant wird. Die Steuersignale für die Testregister müssen dann entsprechend dem neu konstruierten Plan bestimmt werden. Dazu werden die Betriebsartvektoren für die Testregister, maximale Mengen kompatibler Betriebsartvektoren und schließlich die neuen Steuersignale $\mathbf{c}^{(\mu_0)}, \mathbf{c}^{(\mu_1)}, \ldots, \mathbf{c}^{(\mu_{d-1})}$ mit dem gleichen Verfahren ermittelt, das auch auf der Gatterebene verwendet wurde (siehe Abschnitte 5.4.3.1 und 5.4.3.2).

Tabelle 5.18 gibt für die Schaltungen mit zufällig gebildeten Testregistern und für die Schaltungen mit optimal synthetisierten Testregistern Testablaufpläne an, bei denen nur die Signaturen an den primären Ausgängen ausgelesen werden müssen. Da alle Testregister, die als Signaturregister verwendet werden, mindestens 21 bit breit sind (vgl. Tabellen 5.9 und 5.10), kann die Fehlermaskierung vernachlässigt werden, und die Fehlererfassung wird durch die kleinere Menge ausgewerteter Signaturen praktisch nicht beeinträchtigt.

Schaltung	Anzahl der ausgeführten Testsitzungen (r*d)		Anzahl der Steuersignale		Anzahl der auszulesenden Testregister	
	zufällige Testregister	optimale Testregister	zufällige Testregister	optimale Testregister	zufällige Testregister	optimale Testregister
s9234	1 * 11	2 * 2	10	2	1	1
s13207	1 * 21	1 * 4	20	3	4	4
s15850	1 * 27	1 * 4	26	3	3	3
s35932	1 * 20	1 * 4	19	3	10	10
s38417	1 * 65	1 * 6	64	5	3	3
s38584	1 * 67	1 * 7	66	6	9	9

Tabelle 5.18: Testablaufplanung mit SEQUENCE für die Schaltungsversionen mit zufällig gebildeten und optimal synthetisierten Testregistern

Bei zufällig gebildeten Testregistern sind die Anzahl d der verschiedenen Testsitzungen und die Anzahl $r \cdot d$ der ausgeführten Testsitzungen um einen Faktor 3 bis 11 größer als bei den synthetisierten Testregistern. Die Anzahl der erforderlichen Steuersignale ist 5 bis 13 mal so groß. Dies unterstreicht die Vorteile von Testregister, die optimal für den Selbsttest synthetisiert sind.

6 Schluß

Von jedem ausgelieferten Chip wird erwartet, daß er fehlerfrei und zuverlässig arbeitet. Während 1988 typischerweise höchstens 0,02 % (200 ppm) der ausgelieferten Chips fehlerhaft sein durften [McBu88], wird in den 90er Jahren ein Wert von einzelnen ppm angestrebt. Da der direkte Weg über einen vollständig defektfreien Fertigungsprozeß mit der verwendeten Halbleitertechnologie nicht gangbar ist, bleibt nur der indirekte Weg, um die hohen Qualitätsanforderungen zu erfüllen: Nach der Produktion werden alle fehlerhaften Chips anhand eines Tests ausgesondert. Die Qualitätssicherung wird also teilweise in den Testbereich verlagert, und vom Test wird verlangt, daß er keine Fehlentscheidungen trifft.

Bei komplexen Schaltungen ist ein derart hohe Testqualität nur dann erreichbar, wenn bereits beim Entwurf die Testbarkeit der Schaltung berücksichtigt wird. Es ist unstrittig, daß vor allem der Selbsttest das Potential zur Lösung der Testprobleme hat. Mit integrierten Testeinrichtungen lassen sich auch die schwer zugänglichen Module im Inneren der Schaltung gründlich und bei Betriebsgeschwindigkeit testen, und es sind nicht die extrem teuren Testautomaten wie für den externen Test notwendig. Wenn der Selbsttest trotz dieser Vorteile bisher auf Vorbehalte stieß, dann hatte das folgende Gründe. Die Selbsttesteinrichtungen vergrößerten die Siliziumfläche in einigen Fällen ganz erheblich und verursachten zusätzliche Verzögerungen. Außerdem verlangte der Einbau der Testeinrichtungen spezielles Wissen und mehr Arbeit vom Entwerfer.

In diesem Buch wurden deshalb Methoden entwickelt, welche die Selbsttesteinrichtungen automatisch integrieren und dabei so optimieren, daß der Hardware-Mehraufwand und die zusätzlichen Verzögerungszeiten möglichst gering werden. Nachdem wir den ganzen Weg von der Untersuchung der tatsächlich möglichen Schaltungsfehler über die Konstruktion von Testmustergeneratoren, die Analyse von Kompaktierern für die Testantworten bis zur Integration dieser Testeinrichtungen und schließlich zur Planung des Testablaufs zurückgelegt haben, faßt dieses Kapitel die Ergebnisse zusammen und bewertet sie.

Wenn ein neuer Fertigungsprozeß eingeführt wird, müssen Größe und Häufigkeit der Defekte in den verschiedenen Schichten untersucht werden. Für die Zellen einer Bibliothek oder beliebige andere Layouts läßt sich dann feststellen, welche Schaltungsfehler infolge von Defekten möglich sind und wie häufig sie auftreten. Mit den entwickelten Verfahren zur Defektdiagnose und zur Ermittlung der Fehlerauftrittswahrscheinlichkeiten können diese Aufgaben automatisch gelöst werden.

Bei der induktiven Fehleranalyse haben wir im Gegensatz zu den bekannten Verfahren auch berücksichtigt, daß ein Defekt einen Brückenfehler zwischen mehr als zwei Netzen oder einen Unterbrechungsfehler bei mehr als einem Netz verursachen kann. Solche Mehrfachfehler treten relativ häufig auf, zum Beispiel betraf bei den untersuchten Zellen fast jeder vierte Brückenfehler mehr als zwei Netze. Einige der Mehrfachfehler verlangen andere Testmuster als die Einfachfehler, aus denen sie sich zusammensetzen. Für eine genaue Bestimmung der Fehlererfassung müssen deshalb die Mehrfachfehler explizit berücksichtigt werden. Die Befürchtung, daß dadurch die Zahl der zu betrachtenden Fehler drastisch ansteigen würde, konnte widerlegt werden. Bei den experimentellen Untersuchungen stieg die Fehlerzahl nur auf etwa das Doppelte, denn die Häufigkeit von Defekten nimmt mit wachsender Größe schnell ab [Stap83].

Um Fehler in der Schaltung zu erkennen, müssen mit integrierten Hardware-Strukturen Muster erzeugt werden, welche die Fehler an den Schaltungsausgängen beobachtbar machen. Und bei der Kompaktierung der fehlerhaften Antwortfolge muß eine Signatur entstehen, die sich von der Signatur des fehlerfreien Falls unterscheidet. Aufgrund der drastisch kürzeren Testzeit wird das „Test pro Takt"-Schema bevorzugt, wo in jedem Taktzyklus ein neues Muster an die Eingänge der Schaltung angelegt und gleichzeitig eine Testantwort kompaktiert wird.

Als parallele Mustergeneratoren wurden bisher am häufigsten linear rückgekoppelte Schieberegister verwendet, die pseudozufällige Muster erzeugen. Da diese Muster jedoch in keiner Weise auf die tatsächlich möglichen Schaltungsfehler ausgerichtet sind, wird die Testlänge bei manchen Schaltungen sehr lang. Abhilfe schaffen gewichtete Zufallsmuster, die man ebenfalls mit linear rückgekoppelten Schieberegistern erzeugen kann, indem man durch zusätzliche Gatter mehrere gleichverteilte Bitfolgen verknüpft. Eine Alternative dazu sind zellulare Automaten, bei denen nicht durch externe Verknüpfungen, sondern durch eine geeignete Wahl der Übergangsfunktionen eine Gewichtung der 1-Häufigkeiten erreicht wird. Das beschriebene Konstruktionsverfahren bestimmt für jede Zelle eine Übergangsfunktion derart, daß die über alle Zellen maximale Abweichung von der angestrebten 1-Häufigkeit minimiert wird. In den meisten Fällen gelingt es damit, die vorgegebenen 1-Häufigkeiten gut zu approximieren.

Die Testlänge kann man auch verkürzen, indem man zunächst mit gleichverteilten Zufallsmustern testet und dann ein paar deterministisch bestimmte Testmuster anhängt, die alle übrigen Fehler erfassen. Auch für diese Aufgabe lassen sich zellulare Automaten konstruieren. Jede Zelle erhält zwei Übergangsfunktionen. Die eine dient der Erzeugung von pseudozufälligen Mustern, die andere wird so gewählt, daß eine kurze Musterfolge erzeugt wird, die alle vorgegebenen Testmuster enthält. Für eine nicht zu große Anzahl von Mustern geringer Breite (z.B. bis zu acht 8-bit-Muster) funktioniert das entwickelte Konstruktionsverfahren ausgezeichnet. Bei breiteren Mustern steigt die Rechenzeit stark an.

Als Kompaktierer haben linear rückgekoppelte Schieberegister und zellulare Automaten mit linearen Übergangsfunktionen sehr ähnliche Eigenschaften. In einem Kompaktierer mit irreduziblem charakteristischem Polynom vom Grad k beträgt der Anteil der maskierten Fehler ungefähr $\frac{1}{2^k}$ bei den im Selbsttest üblichen Testlängen. Die hier vorgelegten Beweise zeigen, daß dieser Grenzwert der Fehlermaskierungswahrscheinlichkeit nicht nur für die Antworten von kombinatorischen Schaltungen gilt, sondern ganz allgemein auch für die Antworten von sequentiellen Schaltungen mit der für den Selbsttest typischen zyklenfreien Struktur. Die meisten der bisher bekannten Aussagen zum Grenzwert der Fehlermaskierungswahrscheinlichkeit sind als Spezialfälle enthalten.

Die multifunktionalen Testregister, die auf linear rückgekoppelten Schieberegistern und zellularen Automaten aufbauen, sind universell einsetzbar. Ein beliebiges Register der Schaltung läßt sich durch zusätzliche Gatter zu einem solchen Testregister erweitern. Falls die Schaltung aber bereits Addierer, Subtrahierer, ALUs oder auch Multiplizierer enthält, können diese arithmetischen Funktionseinheiten während des Tests als Mustergeneratoren oder Kompaktierer eingesetzt werden. Während multifunktionale Testregister den Hardware-Aufwand erhöhen und infolge der langsameren Testregisterzellen zusätzliche Verzögerungen auch im Normalbetrieb verursachen, vermeiden Mustergeneratoren und Kompaktierer, die aus den unveränderten Bausteinen der ursprünglichen Schaltung bestehen, diese Nachteile. Im vorliegenden Buch wurden die Eigenschaften von solchen Testeinrichtungen mit arithmetischen Funktionseinheiten erstmals gründlich analysiert.

Mit verschiedenen Typen von Akkumulatoren und Multipliziererkonfigurationen können Musterfolgen mit sehr langer Periode erzeugt werden. Eine geeignete Wahl des konstanten Eingabewerts führt (bei beliebiger Initialisierung) zu zufallsähnlichen Mustern, die ungefähr die gleiche Fehlererfassung bringen wie pseudozufällige Muster. Nur bei den Multipliziererkonfigurationen sollte die Initialisierung bestimmte Bedingungen erfüllen.

Genau die gleichen Akkumulatoren, die als Mustergeneratoren verwendet werden, können auch als Kompaktierer arbeiten, wenn Testantworten an Stelle des konstanten Werts eingegeben werden. Eine Umkonfigurierung während des Tests ist nicht notwendig, nur die Pfade zu den Akkumulatoreingängen müssen anders geschaltet werden. Die Akkumulatoren, die den Überlauf (bzw. Unterlauf) aus der höchstwertigen Stelle wieder an der niedrigstwertigen Stelle addieren (subtrahieren), weisen die geringste Fehlermaskierungsrate auf. Insbesondere in Akkumulatoren mit einer Wortbreite k, für die 2^k-1 eine Primzahl ist, konvergiert die Fehlermaskierungswahrscheinlichkeit mit zunehmender Testlänge gegen den Grenzwert $\frac{1}{2^k - 1}$. Die

Annäherung an den Grenzwert verläuft zwar langsamer als bei einem Signaturregister, aber bei den relativ großen Testlängen des Selbsttests spielt das i.a. keine Rolle.

Die theoretischen Untersuchungen und die Experimente haben gezeigt, daß Akkumulatoren sowohl bei der Mustererzeugung als auch bei der Kompaktierung eine gleichwertige Alternative zu Testregistern sind. Damit stehen viele verschiedene Hardware-Strukturen mit linear rückgekoppelten Schieberegistern, zellularen Automaten und arithmetischen Funktionseinheiten zur Verfügung, die einerseits gleichverteilte oder gewichtete „zufällige" Muster und auch einzelne deterministisch bestimmte Muster erzeugen, andererseits aber auch Testantworten kompaktieren können. Diese Auswahl ermöglicht es, die Selbsttestmethode an Schaltungen mit sehr unterschiedlichen Strukturen anzupassen.

Beim Schaltungsentwurf lassen sich Zyklen in der Schaltungsstruktur i.a. nicht vermeiden, selbst wenn die Testbarkeit als ein Optimierungskriterium betrachtet wird. Um die Testlänge in akzeptablem Rahmen zu halten, muß jeder Zyklus mindestens einen Mustergenerator und einen Kompaktierer enthalten. Sind dort bereits Akkumulatoren vorhanden, so können sie diese Aufgaben erfüllen. Andernfalls müssen multifunktionale Testregister eingebaut werden. Anders als die bekannten Verfahren behandelt die vorgestellte Methode die Probleme der Testregisterplazierung und der Testablaufplanung gemeinsam. Die eingebauten Testregister haben nämlich einen starken Einfluß darauf, welche und wieviele Teilschaltungen gleichzeitig getestet werden können, und bestimmen so auch über die Testzeit.

Mit der entwickelten Methode ist es zum ersten Mal gelungen, auch in größeren Schaltungen die Testregisterzellen so plazieren, daß sie nur die beweisbar minimalen Kosten verursachen. Zu den Kosten gehört vor allem der Flächenbedarf, aber auch zusätzliche Verzögerungszeiten können darin berücksichtigt werden. Mit dem gleichen Algorithmus kann als Spezialfall auch ein partieller Prüfpfad bestimmt werden, der mit der minimalen Anzahl von Flipflops alle Zyklen der Schaltung schneidet. Für sehr große Schaltungen wird die Suche nach dem Optimum durch Heuristiken stärker eingeschränkt. In wesentlich kürzerer Rechenzeit werden dann gute suboptimale Lösungen gefunden. Die plazierten Testregisterzellen werden anschließend derart zu Testregistern zusammengefaßt, daß der Test in möglichst wenigen Testsitzungen durchgeführt werden kann. Damit wird gleichzeitig die Anzahl der Steuersignale, die die Teststeuerung für die Testregister liefern muß, minimiert, so daß der Hardware-Aufwand für die Teststeuerung und die Verdrahtung der Steuersignale reduziert wird.

Wenn eine kurze Testzeit genügen soll, müssen viele Teilschaltungen gleichzeitig getestet werden. Alle Restriktionen, die eine parallele Bearbeitung zweier Teilschaltungen verbieten, werden in einheitlicher Form im Testinkompatibilitätsgraphen beschrieben. Auch Schaltungen, deren Teile mit unterschiedlichen Verfahren getestet werden, lassen sich so behandeln. Eine Färbung der Knoten im Testinkompatibilitätsgraphen führt zu einer Menge von Testsitzungen, wobei die Zahl der Testsitzungen der Zahl der Farben entspricht. Oft existieren zahlreiche verschiedene Färbungen mit der gleichen minimalen Farbenzahl (das Verfahren zur Testregistersynthese liefert als Nebenprodukt eine davon). Daraus wählen wir eine für die Implementierung besonders günstige aus. Wenn die Teilschaltungen in einer geeigneten Reihenfolge bearbeitet werden, können sich fehleranzeigende Signaturen über mehrere Testregister hinweg ausbreiten. Zur Verringerung des Hardware-Aufwands für Teststeuerung und Testauswertung kann dann die Anzahl der auszuwertenden Signaturen reduziert werden. Mit weniger Signaturen wird zwar die Fehlerdiagnose schwieriger, aber für die Fehlererkennung genügen sie, da Chips i.a. nicht repariert werden.

Die vorgestellten Planungsverfahren gehen von unterschiedlichen Randbedingungen aus. Sie wählen die auszuwertenden Signaturen aus, bringen vorgegebene Testsitzungen in eine günstige Reihenfolge oder konstruieren einen kompletten, neuen Testablaufplan. Die Planungsverfahren liefern ein breites Spektrum, das von Testablaufplänen mit der minimalen Zahl von Testsitzungen, aber höherem Hardware-Aufwand über viele Zwischenstufen bis zu Testablaufplänen mit geringstem Hardware-Aufwand, aber mehr Testsitzungen reicht. So hat der Entwerfer die Möglichkeit, in gewissem Umfang Testzeit gegen Hardware-Aufwand zu tauschen. Welche Variante auch immer gewählt wird, die synthetisierten Testregister sind in allen Fällen günstig.

Insgesamt stellen die entwickelten Methoden Wege dar, um den Hardware-Mehraufwand für die integrierten Testeinrichtungen zu verringern, zusätzliche Verzögerungszeiten im Normalbetrieb zu vermeiden und die Testzeit gering zu halten, ohne die Testqualität negativ zu beeinflussen.

Beim Selbsttest, wie er hier beschrieben wurde, werden die Fehler an falschen logischen Werten erkannt. Der I_{DDQ}-Test für CMOS-Schaltungen wurde nicht betrachtet, da integrierte Stromsensoren den Hardware-Aufwand weiter erhöhen. Außerdem ist es fraglich, ob der I_{DDQ}-Test in Zukunft noch interessant sein wird. Mit fortschreitender Miniaturisierung wird auch die Versorgungsspannung kleiner werden, die Ströme im Fehlerfall werden ebenfalls abnehmen, aber die Leckströme werden stark ansteigen. Folglich wird die Differenz zwischen den I_{DDQ}-Werten für die fehlerfreie und die fehlerhafte Schaltung viel kleiner werden. Da beide Werte statistischen Schwankungen unterliegen, ist eine klare Trennung zwischen guten und fehlerhaften Schaltungen dann kaum noch möglich [WILL96]. Der Test bei stark verringerter Versorgungsspannung ("very-low-voltage test"), der auf ähnliche Fehler wie der I_{DDQ}-Test zielt, erscheint vorteilhafter und erfordert keine zusätzlichen schaltungstechnischen Maßnahmen [HaMc93].

Verzögerungsfehler werden beim Selbsttest i.a. nicht explizit angegangen. Die Aufzählung aller möglichen Musterpaare scheidet aus Zeitgründen aus, und Hardware-Strukturen zur Erzeugung von deterministisch bestimmten Testmusterpaaren sind sehr aufwendig. Aber auch der Selbsttest nach dem „Test pro Takt"-Schema mit Zufallsmustern entdeckt einige Verzögerungsfehler, da er mit Betriebsgeschwindigkeit abläuft. Die Fehlererkennung wird außerdem einfacher, wenn Schaltungen auf hohe Geschwindigkeit optimiert werden. Timing-Optimierungen versuchen nämlich durch Duplikation von Schaltungsteilen, Resynthese und geeignete Dimensionierung der Transistoren die kritischen Pfade zu verkürzen. Das führt dazu, daß die Verzögerungen auf allen Pfaden von den Eingängen zu den Ausgängen eines Schaltnetzes einander angeglichen werden und ein Verzögerungsfehler auf vielen Pfaden zu erkennen ist [PUWM91]. Dann ist es nicht mehr so wichtig, welche Pfade getestet werden. Auch zufällige Muster haben gute Chancen, den Fehler zu erfassen.

Ein experimenteller Vergleich vieler verschiedener Testverfahren wurde kürzlich auf der International Test Conference publiziert [FFSM95, MaFM95]. Ein speziell entworfener Chip, der neben diversen Testeinrichtungen mehrere Kopien von arithmetischen Funktionseinheiten und Steuerwerken enthielt, wurde in großer Stückzahl in 1,0 µ-CMOS-Technologie gefertigt. Nach der Produktion wurden zunächst die Schaltungen mit groben, leicht erkennbaren Fehlern ausgesondert. Dann wurde getestet mit erschöpfenden Mustern (als Referenz), gleichverteilten und gewichteten zufälligen Mustern und mit deterministisch bestimmten Mustern für Haftfehler, "stuck open"-Fehler, Gatterverzögerungsfehler und Pfadverzögerungsfehler. Diese Tests wurden auch bei geringerer Versorgungsspannung und langsamerer Geschwindigkeit durchgeführt. Außerdem wurde das "Cross Check"-Verfahren angewandt, und I_{DDQ}-Messungen wurden vorgenommen.

Am besten schnitten zufällige Muster ab und Testmustersätze, die jeden Haftfehler mehrmals erfassen. Das Haftfehlermodell gibt die Auswirkungen von physikalischen Defekten zwar nur unvollständig wieder, aber Testmuster für Haftfehler setzen jeden Knoten der Schaltung mindestens einmal auf 0 und auf 1, und das ist für den Test allgemein günstig. Deterministisch bestimmte Testmusterpaare für Verzögerungsfehler konnten keine weiteren fehlerhaften Chips erkennen, auch der I_{DDQ}-Test nicht. Beim Test mit abgesenkter Versorgungsspannung wurden ein paar Chips als fehlerhaft klassifiziert, die alle Tests bei normaler Versorgungsspannung bestanden hatten.

7 Literatur

[AbBF90] M. Abramovici, M. A. Breuer, A. D. Friedman, "Digital Systems Testing and Testable Design", Computer Science Press, Freeman, New York, 1990

[AbBr85a] M. S. Abadir, M. A. Breuer, "Constructing Optimal Test Schedules for VLSI Circuits Having Built-In Test Hardware", in Proc. International Symposium on Fault-Tolerant Computing (FTCS-15), 1985, pp. 165-170

[AbBr85b] M. S. Abadir, M. A. Breuer, "A Knowledge-Based System for Designing Testable VLSI Chips", IEEE Design&Test, vol. 2, no. 4, Aug. 1985, pp. 56-68

[AbBr86c] M. S. Abadir, M. A. Breuer, "Test Schedules for VLSI Circuits Having Built-In Test Hardware", IEEE Transactions on Computers, vol. 35, no. 4, April 1986, pp. 361-367

[AbKR91] M. Abramovici, J. J. Kulikowski, R. K. Roy, "The Best Flip-Flops to Scan", in Proc. International Test Conference, 1991, pp. 166-173

[Acke88] J. M. Acken, "Deriving Accurate Fault Models", Ph. D. Thesis, Stanford University, 1988

[AgCe81] V. K. Agarwal, E. Cerny, "Store and Generate Built-In-Testing Approach", in Proc. International Symposium on Fault-Tolerant Computing (FTCS-11), 1981, pp. 35-40

[AgCh90] V. D. Agrawal, K.-T. Cheng, "Test Function Specification in Synthesis", ACM/IEEE Design Automation Conference, 1990, pp. 235-240

[AgJS84] V. D. Agrawal, S. K. Jain, D. M. Singer, "Automation in Design for Testability", in Proc. IEEE Custom Integrated Circuits Conference, 1984, pp. 159-163

[AgKS93a] V. D. Agrawal, C. R. Kime, K. K. Saluja, "A Tutorial on Built-In Self-Test, Part 1: Principles", IEEE Design&Test, vol. 10, no. 1, pp. 73-82, 1993

[AgKS93b] V. D. Agrawal, C. R. Kime, K. K. Saluja, "A Tutorial on Built-In Self-Test, Part 2: Applications", IEEE Design&Test, vol. 10, no. 2, pp. 69-77, 1993

[Aker85] S. B. Akers, "On the Use of Linear Sums in Exhaustive Testing", in Proc. International Symposium on Fault-Tolerant Computing, 1985, pp. 148-153

[AlKi94] M. F. Al Shaibi, C. R. Kime, "Fixed-Biased Pseudorandom Built-In Self-Test for Random Pattern Resistant Circuits", in Proc. International Test Conference, 1994, pp. 929-938

[AMBL86] A. P. Ambler, M. Paraskeva, D. F. Burrows, W. L. Knight, I. D. Dear, "Economically Viable Automatic Insertion of Self-Test Features for Custom VLSI", in Proc. International Test Conference, 1986, pp. 232-243

[APMS93] M. Abramovici, P. S. Parikh, B. Mathew, D. G. Saab, "On Selecting Flip-Flops for Partial Reset", in Proc. International Test Conference, 1993, pp. 1008-1012

[AsMa94] P. Ashar, S. Malik, "Implicit Computation of Minimum-Cost Feedback-Vertex Sets for Partial Scan and Other Applications", in Proc. ACM/IEEE Design Automation Conference, San Diego, 1994, pp. 77-80

[AvMc90] L. J. Avra, E. J. McCluskey, "Behavioral synthesis of testable systems with VHDL", in Proc. COMPCON Spring'90, 1990, pp. 410-415

[AvMc93] L. J. Avra, E. J. McCluskey, "Synthesizing for Scan Dependence in Built-In Self-Testable Designs", in Proc. International Test Conference, 1993, pp. 734-743

[Avra91] L. Avra, "Allocation and Assignment in High-Level Synthesis for Self-Testable Data Paths", in Proc. International Test Conference, 1991, pp. 463-472

[BaCR83] Z. Barzilai, D. Coppersmith, A. L. Rosenberg, "Exhaustive Generation of Bit Patterns with Applications to VLSI Self-Testing", IEEE Transactions on Computers, vol. 32, no. 2, February 1983, pp. 190-194

[BaMc82] P. H. Bardell, W. H. McAnney, "Self-Testing of Multichip Logic Modules", in Proc. International Test Conference, 1982, pp. 309-313

[BaMc84] P. H. Bardell, W. H. McAnney, "Parallel Pseudorandom Sequences", in Proc. International Test Conference, 1984, pp. 302-308

[Bard90] P. H. Bardell, "Design Considerations for Parallel Pseudorandom Pattern Generators", in Journal of Electronic Testing: Theory and Applications, vol. 1, no. 1, Feb. 1990, pp. 73-89

[BaRo83] Z. Barzilai, B. K. Rosen, "Comparison of AC Self-Testing Procedures", in Proc. International Test Conference, 1983, pp. 89-94

[BeDM95] B. Becker, R. Drechsler, P. Molitor, "On the Generation of Area-Time Optimal Testable Adders", IEEE Transactions on CAD, vol. 14, no. 9, Sept. 1995, pp. 1049-1066

[Benn84] R. G. Bennetts, "Design of Testable Logic Circuits", Addison-Wesley, London, 1984

[Bers93] M. Bershteyn, "Calculation of Multiple Sets of Weights for Weighted Random Testing", in Proc. International Test Conference, 1993, pp. 1030-1040

[BhCR91] S. N. Bhatt, F. R. K. Chung, A. L. Rosenberg, "Partitioning Circuits for Improved Testability", Algorithmica, vol. 6, 1991, pp. 37-48

[BhJh94] S. Bhatia, N. K. Jha, "Genesis: A Behavioral Synthesis System for Hierachical Testability", in Proc. European Design and Test Conference, 1994, pp. 272-276

[BhKr84] D. K. Bhavsar, B. Krishnamurthy, "Can we eliminate fault escape in self testing by polynomial division (signature analysis)?", in Proc. International Test Conference, 1984, pp. 134-139

[BHMS84] R. K. Brayton, G. D. Hachtel, C. T. McMullan, A. L. Sangiovanni-Vincentelli, "Logic Minimization Algorithms for VLSI Synthesis", Kluwer, Boston, 1984

[BhPa89] S. Bhawmik, P. Pal Chaudhuri, "DfT Expert: Designing Testable VLSI Circuits", IEEE Design&Test, vol. 6, no. 5, Oct. 1989, pp. 8-19

[BlHa96] R. D. Blanton, J. P. Hayes, "Design of a Fast, Easily Testable ALU", in Proc. VLSI Test Symposium, 1996, pp. 9-16

[BoKa95] S. Boubezari, B. Kaminska, "A Deterministic Built-In Self-Test Generator Based on Cellular Automata Structures", IEEE Transactions on Computers, vol. 44, no. 6, June 1995, pp. 805-816

[BoMa92] S. Bou-Ghazale, P. N. Marinos, "Testing With Correlated Test Vectors", in Proc. International Symposium on Fault-Tolerant Computing, 1992, pp. 254-262

[BrBK89] F. Brglez, D. Bryan, K. Kozminski, "Combinational Profiles of Sequential Benchmark Circuits", in Proc. International Symposium on Circuits and Systems, 1989, pp. 1929-1934

[BrFu85] F. Brglez, H. Fujiwara, "A neutral netlist of 10 combinational benchmark circuits and a target translator in FORTRAN", in Proc. International Symposium on Circuits and Systems, 1985

[BrGL88] M. A. Breuer, R. Gupta, J.-C. Lien, "Concurrent Control of Multiple BIT Structures", in Proc. International Test Conference, 1988, pp. 431-442

[BRSW87] R. K. Brayton, R. Rudell, A. L. Sangiovanni-Vincentelli, A. R. Wang "MIS: A Multiple-Level Logic Optimization System", IEEE Transactions on CAD, vol. 6, no. 11, Nov. 1987, pp. 1062-1081

[Bueh83] M. G. Buehler, "Microelectronic Test Chips for VLSI Electronics", in: VLSI Electronics Microstructure Science, vol. 9, Academic Press, New York, 1983

[CaMu96] K. Cattell, J. C. Muzio, "Synthesis of One-Dimensional Linear Hybrid Cellular Automata", IEEE Transactions on CAD, vol. 15, no. 3, March 1996, pp. 325-335

[CaPa94] J. Carletta, C. Papachristou, "Structural Constraints for Circular Self-Test Paths", in Proc. VLSI Test Symposium, 1994, pp. 87-92

[CFFL94] B. Chess, A. Freitas, F. J. Ferguson, T. Larabee, "Testing CMOS Logic Gates for Realistic Shorts", in Proc. International Test Conference, 1994, pp. 395-402

[CFGP91] S. J. Chandra, T. Ferry, T. Gheewala, K. Pierce, "ATPG Based on a Novel Grid-Addressable Latch Element", in Proc. ACM/IEEE Design Automation Conference, 1991, pp. 282-286

[ChAg90] K.-T. Cheng, V. D. Agrawal, "A Partial Scan Method for Sequential Circuits with Feedback", IEEE Transactions on Computers, vol. 39, no. 4, April 1990, pp. 544-547

[ChBA94] S. T. Chakradhar, A. Balakrishnan, V. D. Agrawal, "An Exact Algorithm for Determining Partial Scan Flip-Flops", in Proc. ACM/IEEE Design Automation Conference, San Diego, 1994, pp. 81-86

[ChDe94] S. T. Chakradhar, S. Dey, "Resynthesis and Retiming for Optimum Partial Scan", in Proc. ACM/IEEE Design Automation Conference, 1994, pp. 87-93

[Chen91a] K.-T. Cheng, "On Removing Redundancy in Sequential Circuits", in Proc. ACM/IEEE Design Automation Conference, 1991, pp. 164-169

[Chen91b] C.-I. H. Chen, "Graph Partitioning for Concurrent Test Scheduling in VLSI Circuit", in Proc. ACM/IEEE Design Automation Conference, 1991, pp. 287-290

[ChGu89] C. C. Chuang, A. K. Gupta, "The Analysis of Parallel BIST by the Combined Markov Chain (CMC) Model", in Proc. International Test Conference, 1989, pp. 337-343

[ChGu94b] C.-H. Chiang, S. K. Gupta, "Random Pattern Testable Logic Synthesis", in Proc. International Conference on CAD, 1994, pp. 125-128

[ChGu95] C.-A. Chen, S. K. Gupta, "A Methodology to Design Efficient BIST Test Pattern Generators", in Proc. International Test Conference, 1995, pp. 814-823

[ChGu96] C.-A. Chen, S. K. Gupta, "BIST Test Pattern Generators for Two-Pattern Testing - Theory and Design Algorithms", IEEE Transactions on Computers, vol. 45, no. 3, March 1996, pp. 257-269

[ChHu90] S. Chakravarty, H. H. Hunt, "On Computing Signal Probability and Detection Probability of Stuck-at Faults", IEEE Transactions on Computers, vol. 39, no. 11, Nov. 1990, pp. 1369-1377

[ChKS94] C.-H. Chen, T. Karnik, D. G. Saab, "Structural and Behavioral Synthesis for Testability Techniques", IEEE Transactions on CAD, vol. 13, no. 6, June 1994, pp. 777-785

[ChLi95] K.-T. Cheng, C.-J. Lin, "Timing Driven Test Point Insertion for Full-Scan and Partial Scan", in Proc. International Test Conference, 1995, pp. 506-514

[ChLW90] W.-T. Cheng, J. L. Lewandowski, E. Wu, "Diagnosis for Wiring Interconnects", in Proc. International Test Conference, 1990, pp. 565-571

[ChPa90] V. Chickermane, J. H. Patel, "An Optimization Based Approach to the Partial Scan Problem", in Proc. International Test Conference, 1990, pp. 377-386

[ChPa91a] S. Chiu, C. A. Papachristou, "A Design for Testability Scheme with Applications to Data Path Synthesis", in Proc. ACM/IEEE Design Automation Conference, 1991, pp. 271-277

[ChPa91b] S. S. K. Chiu, C. A. Papachristou, "A Built-In Self-Testing Approach for Minimizing Hardware Overhead", in Proc. International Conference on Computer Design, 1991, pp. 282-285

[ChPK95] M. Chatterjee, D. K. Pradhan, W. Kunz, "LOT: Logic Optimization with Testability - New Transformations using Recursive Learning", in Proc. International Conference on CAD, 1995, pp. 318-325

[ChPr95] M. Chatterjee, D. K. Pradhan, "A Novel Pattern Generator for Near-Perfect Fault-Coverage", in Proc. VLSI Test Symposium, 1995, pp. 417-425

[Chri75] N. Christofides, "Graph Theory, An Algorithmic Approach", Academic Press, London, 1975

[CoMi65] D. R. Cox, H. D. Miller, "The Theory of Stochastic Processes", Methuen, London, 1965

[CoPR94] F. Corno, P. Prinetto, M. Sonza Reorda, "Making the Circular Self-Test Path Technique Effective for Real Circuits", in Proc. International Test Conference, 1994, pp. 949-957

[CORS92] F. Corsi, S. Martino, C. Marzocca, R. Tangorra, C. Baroni, M. Buraschi, "Critical Areas for Finite Length Conductors", Microelectronics & Reliability, vol. 32, no. 11, 1992, pp. 1539-1544

[CrKS88] G. L. Craig, C. R. Kime, K. K. Saluja, "Test Scheduling and Control for VLSI Built-In Self-Test", IEEE Transactions on Computers, vol. 37, no. 9, Sept. 1988, pp. 1099-1109

[DaFO95] M. Dalpasso, M. Favalli, P. Olivo, "Test Pattern Generation for IDDQ: Increasing Test Quality", in Proc. VLSI Test Symposium, 1995, pp. 304-309

[DAMI90] M. Damiani, P. Olivo, M. Favalli, S. Ercolani, B. Riccó, "Aliasing in Signature Analysis Testing with Multiple Input Shift-Registers", IEEE Transactions on CAD, vol. 9, no. 12, Dec. 1990, pp. 1344-1353

[DaMu81] W. Daehn, J. Mucha, "Hardware Test Pattern Generation for Built-In Testing", in Proc. International Test Conference, 1981, pp. 110-113

[DaOR91] M. Damiani, P. Olivo, B. Riccó, "Analysis and Design of Linear Finite State Machines for Signature Analysis Testing", IEEE Transactions on Computers, vol. 40, no. 9, Sept. 1991, pp. 1034-1045

[Davi78] R. David, "Feedback Shift Register Testing", in Proc. International Symposium on Fault-Tolerant Computing (FTCS-8), 1978, pp. 103-107

[Davi86] R. David, "Signature Analysis for Multiple-Output Circuits", IEEE Transactions on Computers, vol. C-35, no. 9, Sept. 1986, pp. 830-837

[DaWW90] W. Daehn, T. W. Williams, K. D. Wagner, "Aliasing errors in linear automata used as multiple-input signature analyzers", IBM Journal of Research and Development, vol. 34, no. 2/3, March/May 1990, pp. 363-380

[DEBA92] W. H. Debany, M. J. Gorniak, D. E. Daskiewich, A. R. Macera, K. A. Kwiat, H. B. Dussault, "Empirical Bounds on Fault Coverage Loss Due to LFSR Aliasing", in Proc. VLSI Test Symposium, 1992, pp. 143-148

[DeBa93] K. De, P. Banerjee, "PREST: A System for Logic Partitioning and Resynthesis for Testability", IEEE Transactions on VLSI Systems, vol. 1, no. 4, Dec. 1993, pp. 514-525

[DeKe90] S. Devadas, K. Keutzer, "Synthesis and Optimization Procedures for Robustly Delay-Fault Testable Combinational Logic Circuits", in Proc. ACM/IEEE Design Automation Conference, 1990, pp. 221-227

[DeKe92] S. Devadas, K. Keutzer: "Synthesis of Robust Delay-Fault-Testable Circuits", IEEE Transactions on CAD, vol. 11, no. 1, Jan. 1992, pp. 87-101

[DePo94] S. Dey, M. Potkonjak, "Transforming Behavioral Specifications to Facilitate Synthesis of Testable Designs", in Proc. International Test Conference, 1994, pp. 184-193

[DePR94] S. Dey, M. Potkonjak, R. Roy, "Synthesizing Designs with Low-Cardinality Minimum Feedback Vertex Set for Partial Scan Application", in Proc. VLSI Test Symposium, 1994, pp. 2-7

[DGWW82] S. Das Gupta, P. Goel, R. G. Walther, T. W. Williams, "A Variation of LSSD and its Implications on Design and Test Pattern Generation in VLSI", in Proc. International Test Conference, 1982, pp. 63-66

[DMNS88] S. Devadas, H. T. Ma, A. R. Newton, A. Sangiovanni-Vincentelli, "MUSTANG: State Assignment of Finite State Machines Targeting Multi-Level Logic Implementations", IEEE Transactions on CAD, vol. 7, no. 12, Dec. 1988, pp. 1290-1300

[DuCh93] C. Dufaza, C. Chevalier, "LFSROM - Basic Principle and BIST Application", in Proc. European Conference on Design Automation (EDAC), 1993, pp. 211-216

[Dudl69] U. Dudley, "Elementary Number Theory", Freeman, San Francisco, 1969

[DWEW81] S. Das Gupta, R. G. Walther, E. B. Eichelberger, T. W. Williams, "An Enhancement to LSSD and Some Applications of LSSD in Reliability, Availability and Serviceability", in Proc. International Symposium on Fault Tolerant Computing (FTCS-11), 1981, pp. 32-34

[EdRo93] G. Edirisooriya, J. P. Robinson, "Time and Space Correlated Errors in Signature Analysis", in Proc. VLSI Test Symposium, 1993, pp. 275-281

[EiWi77] E. B. Eichelberger, T. W. Williams, "A Logic Design Structure for LSI Testability", in Proc. ACM/IEEE Design Automation Conferenc, 1977, pp. 462-468

[Eldr59] R. D. Eldred, "Test routines based on symbolic logical statements for combinational logic nets", Journal of the ACM, vol. 6, no. 1, 1959, pp. 33-36

[EsWu91a] B. Eschermann, H.-J. Wunderlich, "A Unified Apporach for the Synthesis of Self-Testable Finite State Machines", in Proc. ACM/IEEE Design Automation Conference, 1991, pp. 372-377

[EsWu91b] B. Eschermann, H.-J. Wunderlich, "Emulation of Scan Paths in Sequential Circuit Synthesis", in Proc. Fault-Tolerant Computing Systems, Springer, Informatik-Fachberichte 283, 1991, pp. 136-147

[EsWu92] B. Eschermann, H.-J. Wunderlich, "Optimized Synthesis Techniques for Testable Sequential Circuits", IEEE Transactions on CAD, vol. 11, no. 3, March 1992, pp. 301-312

[Euro92] European Silicon Structures, "ES2 ECPD10 Library Databook", Rousset, France, 1992

[FeLa92] F. J. Ferguson, T. Larrabee, "Some Future Directions in Fault Modeling and Test Pattern Generation Research", Technical Report UCSC-CRL-91-24, University of California (Santa Cruz), Computer Engineering Department, 1992

[Fell68] W. Feller, "An Introduction to Probability Theory and Its Application", Wiley & Sons, New York, 1968

[Fers70] F. Ferschl, "Markov-Ketten", Springer, Berlin 1970

[FeSh88] F. J. Ferguson, J. P. Shen, "Extraction and Simulation of Realistic CMOS Faults using Inductive Fault Analysis", in Proc. International Test Conference, 1988, pp. 475-484

[FFSM95] P. Franco, W. Farwell, R. Stokes, E. McCluskey, "An Experimental Chip to Evaluate Test Techniques: Chip and Experiment Design", in Proc. International Test Conference, 1995, pp. 653-662

[FlHR95] M. L. Flottes, D. Hammad, B. Rouzeyre, "High-Level Synthesis for Easy Testability", in Proc. European Design and Test Conference, 1995, pp. 198-206

[Froh77] R. A. Frohwerk, "Signature Analysis: A New Digital Field Service Method", Hewlett Packard Journal, vol. 28, no. 9, May 1977, pp. 2-8

[FuKY89] S. Funatsu, M. Kawai, A. Yamada, "Scan Design at NEC", IEEE Design&Test, vol. 6, no. 2, June 1989, pp. 50-57

[FuSh83] H. Fujiwara, T. Shimono, "On the Acceleration of Test Generation Algorithms", IEEE Transactions on Computers, vol. 32, no. 12, Dec. 1983, pp. 1137-1144

[GaJo79] M. R. Garey, D. S. Johnson, "Computers and Intractability", New York: Freeman, 1979

[GDWL92] D. D. Gajski, N. D. Dutt, A. C.-H. Wu, S. Y.-L. Lin, "High-Level Synthesis: Introduction to Chip and System Design", Boston: Kluwer, 1992

[Ghee89] T. Gheewala, "CrossCheck: A Cell Based VLSI Testability Solution", in Proc. ACM/IEEE Design Automation Conference, 1989, pp. 706-709

[Goel81] P. Goel, "An Implicit Enumeration Algorithm to Generate Tests for Combinational Logic Circuits", IEEE Transactions on Computers, vol. 30, no. 3, March 1981, pp. 215-222

[GoKa91] N. Gouders, R. Kaibel, "Advanced Techniques for Sequential Test Generation", in Proc. European Test Conference, 1991, pp. 293-300

[Gold90] D. Goldberg, "Computer Arithmetic", in: J. L. Hennessy, D. A. Patterson, "Computer Architecture: A Quantitative Approach", San Mateo, CA: Morgan Kaufmann, 1990

[Golo67] S. W. Golomb, "Shift Register Sequences", Holden-Day, San Francisco, 1967

[GoVe90] A. J. van de Goor, G. A. Verruijt, "An Overview of Determinstic Functional RAM Chip Testing", ACM Computing Surveys, vol. 22, no. 1, March 1990, pp. 5-33

[GuGB90] R. Gupta, R. Gupta, M. A. Breuer, "The BALLAST Methodology for Structured Partial Scan Design", IEEE Transactions on Computers, vol. 39, no. 4, April 1990, pp. 538-544

[GuPR90] S. K. Gupta, D. K. Pradhan, S. M. Reddy, "Zero Aliasing Compression", in Proc. International Symposium on Fault-Tolerant Computing (FTCS-20), 1990, pp. 254-263

[GuRT94] S. Gupta, J. Rajski, J. Tyszer, "Test Pattern Generation Based On Arithmetic Operations", in Proc. International Conference on Computer-Aided Design, 1994, pp. 117-124

[GuSB91] R. Gupta, R. Srinivasan, M. A. Breuer, "Reorganizing Circuits to Aid Testability", IEEE Design&Test, vol. 8, no. 3, Sept. 1991, pp. 49-57

[Gutb88] P. Gutberlet, "Entwurf eines schnellen Matrizenmultiplizierers", Studienarbeit, Fakultät für Informatik, Universität Karlsruhe, 1988

[Habe93] O. Haberl, "Eine Methode zur automatischen Synthese hierarchisch selbsttestbarer Systeme", VDI-Verlag, Düsseldorf, 1993

[HaFr73] J. P. Hayes, A. D. Friedman, "Test Point Placement to Simplify Fault Detection", in Proc. International Symposium on Fault-Tolerant Computing (FTCS-3), 1973, pp. 73-78

[HaHa95] M. C. Hansen, J. P Hayes, "High-Level Test Generation using Physically-Induced Faults", in Proc. VLSI Test Symposium, 1995, pp. 20-28

[HaMc93] H. Hao, E. J. McCluskey, "Very-Low-Voltage Testing for Weak CMOS Logic IC's", in Proc. International Conference, 1993, pp. 275-284

[HANR92] A. S. M. Hassan, V. K. Agarwal, B. Nadeau-Dostie, J. Rajski: "BIST of PCB Interconnects Using Boundary-Scan Architecture", IEEE Transactions on CAD, vol. 11, no. 10, Oct. 1992, pp. 1278-1288

[HaOr94a] I. G. Harris, A. Orailoglu, "Fine-Grained Concurrency in Test Scheduling for Partial-Intrusion BIST", in Proc. European Design and Test Conference, 1994, pp. 119-123

[HaOr94b] I. G. Harris, A. Orailoglu, "Microarchitectural Synthesis of VLSI Designs with High Test Concurrency", in Proc. ACM/IEEE Design Automation Conference, 1994, pp. 206-211

[HaPa93] H. Harmanani, C. A. Papachristou, "An Improved Method for RTL Synthesis with Testability Tradeoffs", in Proc. International Conference on CAD, 1993, pp. 30-35

[Hara69] F. Harary, "Graph Theory", Addison-Wesley, Reading MA, 1969

[HaWu89] O. F. Haberl, H.-J. Wunderlich, "The Synthesis of Self-Test Control Logic", in Proc. COMPEURO, 1989, pp. 5.134-5.136

[Haye76] J. P. Hayes, "Transition Count Testing of Combinational Logic Circuits", IEEE Transactions on Computers, vol. 25, no. 6, June 1976, pp. 613-620

[HELL95] S. Hellebrand, J. Rajski, S. Tarnick, S. Venkataraman, B. Courtois, "Built-In Test for Circuits with Scan Based on Reseeding of Multiple-Polynomial Linear

Feedback Shift Registers", IEEE Transactions on Computers, vol. 44, no. 2, Feb. 1995, pp. 223-233

[HeSt93] C. Hess, A. P. Ströle, "Modeling of Real Defect Outlines for Defect Size Distribution and Yield Prediction", in Proc. International Conference on Microelectronic Test Structures, 1993, pp. 75-80

[HeSt94a] C. Hess, A. P. Ströle, "Modellierung von Defektformen zur rechnergestützten Ausbeutevorhersage", in Proc. GI/GME/ITG-Fachtagung "Rechnergestützter Entwurf und Architektur mikroelekronischer Systeme", Oberwiesenthal, 1994, S. 218-219

[HeSt94b] C. Hess, A. P. Ströle, "Modeling of Real Defect Outlines and Parameter Extraction Using a Checkerboard Test Structure to Localize Defects", IEEE Transactions on Semiconductor Manufacturing, vol. 7, no. 3, Aug. 1994, pp. 284-292

[HeWe92] C. Hess, L. H. Weiland, "Teststrukturen zur Bestimmung von Defektparametern für hochintegrierte Schaltungen", Diplomarbeit am Institut für Rechnerentwurf und Fehlertoleranz, Universität Karlsruhe, 1992

[HeWe96] C. Hess, L. H. Weiland, "Influence of Short Circuits on Data of Contact & Via Open Circuits Determined by a Novel Weave Test Structure", IEEE Transactions on Semiconductor Manufacturing, vol. 9, no. 1, 1996, pp. 27-34

[HeWu94] S. Hellebrand, H.-J. Wunderlich, "An Efficient Procedure for the Synthesis of Fast Self-Testable Controller Structures", in Proc. International Conference on CAD, 1994, pp. 110-116

[Hong78] S. J. Hong, "Fault Simulation Strategy for Combinational Logic Networks", International Symposium on Fault-Tolerant Computing, Toulouse, 1978, pp. 96-99

[HORT89] P. D. Hortensius, R. D. McLeod, W. Pries, D. M. Miller, H. C. Card, "Cellular Automata-Based Pseudorandom Number Generators for Built-In Self-Test", IEEE Transactions on CAD, vol. 8, no. 8, Aug. 1989, pp. 842-859

[HPCN92] H. Harmanani, C. Papachristou, S. Chiu, M. Nourani "SYNTEST: An Environment for System-Level Design for Test", in Proc. European Design Automation Conference (EURO-DAC), 1992, pp. 402-407

[HRTW95] S. Hellebrand, B. Reeb, S. Tarnick, H.-J. Wunderlich, "Pattern Generation for a Deterministic BIST Scheme", in Proc. International Conference on CAD, 1995, pp. 88-94

[HsPa95] F. F. Hsu, J. H. Patel, "A Distance Reduction Approach to Design for Testability", in Proc. VLSI Test Symposium, 1995, pp. 158-163

[HuPe87] C. L. Hudson, G. D. Peterson, "Parallel Self-Test with Pseudo-Random Test Patterns", in Proc. International Test Conference, 1987, pp. 954-963

[IbSa75] O. H. Ibarra, S. K. Sahni, "Polynomially Complete Fault Detection Problems", IEEE Transactions on Computers, vol. 24, no. 3, March 1975, pp. 242-249

[IEEE90] IEEE Standard Test Access Port and Boundary-Scan Architecture, IEEE Std 1149.1-1990, May 21, 1990

[IlCl90] R. Illman, S. Clarke, "Built-In Self-Test of the Macrolan Chip", IEEE Design&Test, vol. 7, no. 2, April 1990, pp. 29-40

[IvAg89] A. Ivanov, V. K. Agarwal, "An Analysis of the Probabilistic Behavior of Linear Feedback Signature Registers", IEEE Transactions on CAD, vol. 8, no. 10, Oct. 1989, pp. 1074-1088

[Ivan91] A. Ivanov, C. W. Starke, V. K. Agarwal, W. Daehn, M. Gruetzner, T. W. Williams, "Iterative Algorithms for Computing Aliasing Probabilities", IEEE Transactions on CAD, vol. 10, no. 2, Febr. 1991, pp. 260-265

[IwAr90] K. Iwasaki, F. Arakawa, "An Analysis of the Aliasing Probability of Multiple-Input Signature Registers in the Case of a 2^m-ary Symmetric Channel", IEEE Transactions on CAD, vol. 9, no. 4, April 1990, pp. 427-438

[IyBr89] V. S. Iyengar, D. Brand, "Synthesis of Pseudo-Random Pattern Testable Designs", in Proc. International Test Conference, 1989, pp. 501-508

[Jaco89] M. Jacomet, "FANTESTIC: Towards a Powerful Fault Analysis and Test Pattern Generator for Integrated Circuits", in Proc. International Test Conference, 1989, pp. 633-642

[JeFe93] A. Jee, F. J. Ferguson, "CARAFE: An Inductive Fault Analysis Tool for CMOS VLSI Circuits", in Proc. VLSI Test Symposium, 1993, pp. 92-98

[JoBa86] N. A. Jones, K. Baker, "An Intelligent Knowledge-Based System Tool for High-Level BIST Design", in Proc. International Test Conference, 1986, pp. 743-749

[JoCh91] J.-Y. Jou, K.-T. Cheng, "Timing Driven Partial Scan", in Proc. International Conference on CAD, 1991, pp. 404-407

[JoPP89] W.-B. Jone, C. A. Papachristou, M. Pereira, "A Scheme for Overlaying Concurrent Testing of VLSI Circuits", in Proc. ACM/IEEE Design Automation Conference, 1989, pp. 531-536

[JPRM92] N. K. Jha, I. Pomeranz, S. M. Reddy, R. J. Miller, "Synthesis of Multi-Level Combinational Circuits for Complete Robust Path Delay Fault Testability", in Proc. International Symposium on Fault-Tolerant Computing, 1992, pp. 280-287

[KaAB86] J. Kalinowski, A. Albicki, J. Beausang, "Test Control Signal Distribution in Self-Testing VLSI Circuits", in Proc. International Conference on CAD, 1986, pp. 60-63

[KaCA95a] S. Kanjilal, S. T. Chakradhar, V. D. Agrawal, "Test Function Embedding Algorithms with Application to Interconnected Finite State Machines", IEEE Transactions on CAD, vol. 14, no. 9, Sept. 1995, pp.1115-1127

[KaCA95b] S. Kanjilal, S. T. Chakradhar, V. D. Agrawal, "A Partition and Resynthesis Approach to Testable Design of Large Circuits", IEEE Transactions on CAD, vol. 14, no. 10, Oct. 1995, pp.1268-1276

[KaGP91] M. G. Karpovsky, S. K. Gupta, D. K. Pradhan, "Aliasing and Diagnosis Probability in MISR and STUMPS Using a General Error Model", in Proc. International Test Conference, 1991, pp. 828-839

[KaPI93] T. Kameda, S. Pilarski, A. Ivanov, "Notes on Multiple Input Signature Analysis", IEEE Transactions on Computers, vol. 42, no. 2, Feb. 1993, pp. 228-234

[KaTB95] D. Kagaris, S. Tragoudas, D. Bhatia, "Pseudo-Exhaustive Built-In TPG for Sequential Circuits", IEEE Transactions on CAD, vol. 14, no. 9, Sept. 1995, pp.1160-1170

[KaTr93] D. Kagaris, S. Tragoudas, "Cost-Effective LFSR Synthesis for Optimal Pseudoexhaustive BIST Test Sets", IEEE Transactions on VLSI Systems, vol. 1, no. 4, Dec. 1993, pp. 526-536

[KaTr96] D. Kagaris, S. Tragoudas, "Retiming-Based Partial Scan", IEEE Transactions on Computers, vol. 45, no. 1, Jan. 1996, pp.74-87

[Keit95] J. Keitel, "Regeln für einen zellularen Automaten zur Erzeugung ungleichverteilter Bitfolgen", Studienarbeit am Institut für Rechnerentwurf und Fehlertoleranz, Universität Karlsruhe, 1995

[KhAl87] M. Khare, A. Albicki, "Cellular Automata used for Test Pattern Generation", in Proc. International Conference on Computer Design, 1987, pp. 56-59

[KiCL94] T. Kim, K.-S. Chung, C. L. Liu, "A Stepwise Refinement Data Path Synthesis Procedure for Easy Testability", in Proc. European Design and Test Conference, 1994, pp. 586-590

[KiHT88] K. Kim, D. S. Ha, J. G. Tront, "On Using Signature Registers as Pseudorandom Pattern Generators in Built-In Self-Testing", IEEE Transactions on CAD, vol. 7, no. 8, Aug. 1988, pp. 919-928

[KiKi90] K. S. Kim, C. R. Kime, "Partial Scan by Use of Empirical Testability", in Proc. International Conference on CAD, 1990, pp. 314-317

[KiSa82] C. R. Kime, K. K. Saluja, "Test Scheduling in Testable Circuits", in Proc. International Symposium on Fault-Tolerant Computing (FTCS-12), 1982, pp. 406-412

[KiTH88] K. Kim, J. G. Tront, D. S. Ha, "Automatic Insertion of BIST Hardware Using VHDL", in Proc.ACM/IEEE Design Automation Conference, 1988, pp. 9-15

[KiTH91] K. Kim, J. G. Tront, D. S. Ha, "BIDES: A BIST Design Expert System", Journal of Electronic Testing: Theory and Applications, vol. 2, no. 2, May 1991, pp. 165-179

[Knut81] D. E. Knuth, "The Art of Computer Programming", vol. 2, 2nd edition, Addison-Wesley, Reading, 1981

[Kohm94] M. Kohm, "Konstruktion von zellularen Automaten zur Erzeugung vorgegebener Mustermengen", Diplomarbeit am Institut für Rechnerentwurf und Fehlertoleranz, Universität Karlsruhe, 1994

[KoMZ79] B. Koenemann, J. Mucha, G. Zwiehoff, "Built-In Logic Block Observation Techniques", in Proc. Test Conference, Cherry Hill NJ, 1979, pp. 37-41

[Köne91] B. Könemann, "LFSR-Coded Test Patterns for Scan Designs", in Proc. European Test Conference, 1991, pp. 237-242

[Köne93] B. Könemann, "Pattern Skipping Method for Weighted Random Pattern Testing", in Proc. European Test Conference, 1993, pp. 418-425

[KPSW94] R. Kapur, S. Patil, T. J. Snethen, T. W. Williams, "Design of an Efficient Weighted Random Pattern Generation System", in Proc. International Test Conference, 1994, pp. 491-500

[KrAl85] A. Krasniewski, A. Albicki, "Automatic Design of Exhaustively Self-Testing Chips with BILBO Modules", in Proc. International Test Conference, 1985, pp. 362-371

[KrPi89] A. Krasniewski, S. Pilarski, "Circular Self-Test Path: A Low Cost BIST Technique for VLSI Circuits", IEEE Transactions on CAD, vol. 8, no. 1, Jan. 1989, pp. 46-55

[KuLS95] T.-Y. Kuo, C.-Y. Liu, K. K. Saluja, "An Optimized Testable Architecture for Finite State Machines", in Proc. VLSI Test Symposium, 1995, pp. 164-169

[KuKr94] A. Kunzmann, S. Kriebel, "Self-Test with Deterministic Test Pattern Generators", in Proc. IFIP-Workshop on Logic and Architecture Synthesis, 1994, pp. 377-388

[Kuo93] S.-Y. Kuo, "YOR: A Yield-Optimizing Routing Algorithm by Minimizing Critical Areas and Vias", IEEE Transactions on CAD, vol. 12, no. 9, 1986, pp. 1303-1311

[KuRJ91] S. Kundu, S. M. Reddy, N. K. Jha, "Design of Robust Testable Combinational Logic Circuits", IEEE Transactions on CAD, vol. 10, no. 8, Aug. 1991, pp.1036-1048

[KuWu90] A. Kunzmann, H.-J. Wunderlich, "An analytical approach to the partial scan problem", in Journal of Electronic Testing: Theory and Applications, vol. 1, no. 2, May 1990, pp. 163-174

[LBGG86] R. Lisanke, F. Brglez, A. de Geus, D. Gregory, "Testability-Driven Random Pattern Generation", in Proc. International Conference on CAD, 1986, pp. 144-147

[LeBl84] J. J. LeBlanc, "LOCST: A Built-In Self-Test Technique", IEEE Design&Test, vol. 2, no. 4, Nov. 1984, pp. 45-52

[LeGB95] M. Lempel, S. K. Gupta, M. A. Breuer, "Test Embedding with Discrete Logarithms", IEEE Transactions on CAD, vol. 14, no. 5, May 1995, pp. 554-566

[LeJW93a] T.-C. Lee, N. K. Jha, W. H. Wolf, "Behavioral Synthesis of Highly Testable Data Paths under the Non-Scan and Partial Scan Environments", in Proc. ACM/IEEE Design Automation Conference, 1993, pp. 292-297

[LeJW93b] T.-C. Lee, N. K. Jha, W. H. Wolf, "A Conditional Resource Sharing Method for Behavioral Synthesis of Highly Testable Data Paths", in Proc. International Test Conference, 1993, pp. 744-753

[LcKA95] S. Lejmi, B. Kaminska, B. Ayari, "Synthesis and Retiming for the Pseudo-Exhaustive BIST of Synchronous Sequential Circuits", in Proc. International Test Conference, 1995, pp. 683-692

[LeRe90] D. H. Lee, S. M. Reddy, "On Determining Scan Flip-Flops in Partial-Scan Designs", in Proc. International Conference on CAD, 1990, pp. 322-325

[LeSa91] C. E. Leiserson, J. B. Saxe, "Retiming Synchronous Circuitry", Algorithmica, vol. 6, no. 1, 1991, pp. 5-35

[Levy88] H. Levy, "A Contraction Algorithm for Finding Small Cycle Cutsets", Journal of Algorithms, vol. 9, 1988, pp. 470-493

[LeWJ92] T.-C. Lee, W. H. Wolf, N. K. Jha, "Behavioral Synthesis for Easy Testability in Data Path Scheduling", in Proc. International Conference on CAD, 1992, pp. 616-619

[LiBr91] J.-C. Lien, M. A. Breuer, "Maximal Diagnosis for Wiring Networks", in Proc. International Test Conference, 1991, pp. 96-105

[LiGB94] S.-P. Lin, S. K. Gupta, M. A. Breuer, "A Low Cost BIST Methodology and Associated Novel Test Pattern Generator", in Proc. European Design and Test Conference, 1994, pp. 106-112

[LiNB91] S.-P. Lin, C. A. Njinda, M. A. Breuer, "A Systematic Approach for Designing Testable VLSI Circuits", in Proc. International Conference on CAD, 1991, pp. 496-499

[LiZB93] C.-J. Lin, Y. Zorian, S. Bhawmik, "PSBIST: A Partial-Scan Based Built-In Self-Test Scheme", in Proc. International Test Conference, 1993, pp. 507-516

[LLMC95] C.-C.- Lin, M. T.-C. Lee, M. Marek-Sadowska, K.-C. Chen, "Cost-Free Scan: A Low-Overhead Scan Path Design Methodology", in Proc. International Conference on CAD, 1995, pp. 528-533

[LlSo88] E. L. Lloyd, M. L. Soffa, "On Locating Minimum Feedback Vertex Sets", Journal of Computer and System Sciences, vol. 37, 1988, pp. 292-311

[LYWM86] W. Lukaszek, W. Yarbrough, T. Walker, J. Meindl, "CMOS Test Chip Design for Process Problem Debugging and Yield Prediction Experiments", Solid State Technology, 1986, pp. 87-92

[MaAH95] U. Mahlstedt, J. Alt, M. Heinitz, "CURRENT: A Test Generation System for IDDQ Testing", in Proc. VLSI Test Symposium, 1995, pp. 317-323

[MaFM95] S. Ma, P. Franco, E. McCluskey, "An Experimental Chip to Evaluate Test Techniques: Experimental Results", in Proc. International Test Conference, 1995, pp. 663-672

[Maie90] J. Maierhofer, "Hierachical Self-Test Concept based on the JTAG Standard", in Proc. International Test Conference, 1990, pp. 127-134

[MaPF92] J. S. Matos, F. S. Pinto, J. M. Ferreira, "A Boundary Scan Test Controller for Hierarchical BIST", in Proc. International Test Conference, 1992, pp. 217-223

[MaRo92] P. Marwedel, W. Rosenstiel, "Synthese von Register-Transfer-Strukturen aus Verhaltensbeschreibungen", Informatik-Spektrum, Bd. 15, Heft 1, Feb. 1992, S. 5-22

[MaSa93a] B. Mathew, D. G. Saab, "Partial Reset: An Inexpensive Design for Testability Approach", in Proc. European Design and Test Conference, 1993, pp. 151-155

[MaSa93b] B. Mathew, D. G. Saab, "Augmented Partial Reset", in Proc. International Conference on CAD, 1993, pp. 716-719

[MaSa95] B. Mathew, D. G. Saab, "DFT & ATPG: Together Again", in Proc. International Test Conference, 1995, pp. 262-271

[McBo81] E. J. McCluskey, S. Bozorgui-Nesbat, "Design for Autonomous Test", IEEE Transactions on Computers, vol. 30, no. 11, Nov. 1981, pp. 866-874

[McBu88] E. McCluskey, F. Buelow, "IC Quality and Test Transparency", in Proc. International Test Conference, 1988, pp. 295-301

[McCl86] E. J. McCluskey, "Logic Design Principles with Emphasis on Testable Semicustom Circuits", Prentice-Hall, Englewood Cliffs, 1986

[McPC90] M. C. McFarland, A. C. Parker, R. Camposano, "The High-Level Synthesis of Digital Systems", Proceedings of the IEEE, vol. 78, no. 2, Feb. 1990, pp. 301-318

[MiLo93] M. A. Miranda, C. A. López-Barrio, "Generation of Optimized Single Distributions of Weights for Random Built-In Self-Test", in Proc. International Test Conference, 1993, pp. 1023-1030

[MiMu85] D. M. Miller, J. C. Muzio, "Spectral Techniques for Fault Detection in Combinational Logic", in: M. G. Karp (ed.), "Spectral Techniques and Fault Detection", Academic Press, Orlando, Florida, 1985

[MKRT95] N. Mukherjee, M. Kassab, J. Rajski, J. Tyszer, "Arithmetic Built-In Self Test for High-Level Synthesis", in Proc. VLSI Test Symposium, 1995, pp. 132-139

[MoMa91] S. P. Morley, R. A. Marlett, "Selectable Length Partial Scan: A Method to Reduce Vector Length", in Proc. International Test Conference, 1991, pp. 385-392

[MuAN90] F. Muradali, V. K. Agrawal, B. Nadeau-Dostie, "A New Procedure for Weighted Random Built-In Self-Test", in Proc. International Test Conference, 1990, pp. 660-669

[MuHa90] B. T. Murray, J. P. Hayes, "Hierarchical Test Generation Using Precomputed Tests for Modules", IEEE Transactions on CAD, vol. 9, no. 6, June 1990, pp. 594-603

[MuJS94] A. Mujumdar, R. Jain, K. Saluja, "Behavioral Synthesis of Testable Designs", in Proc. International Symposium on Fault-Tolerant Computing, 1994, pp. 436-445

[MuPB93] D. Mukherjee, M. Pedram, M. Breuer, "Merging Multiple FSM Controllers for DFT/BIST Hardware", in Proc. International Conference on CAD, 1993, pp. 720-725

[MuPB94] D. Mukherjee, M. Pedram, M. A. Breuer, "Control Strategies for Chip-Based DFT/BIST Hardware", in Proc. International Test Conference, 1994, pp. 893-902

[Muro82] S. Muroga, "VLSI System Design", Wiley, New York, 1982

[MuRT95] N. Mukherjee, J. Rajski, J. Tyszer, "On Testable Multipliers for Fixed-Width Data Path Architectures", in Proc. International Conference on CAD, 1995, pp. 541-547

[MuSJ92] A. Mujumdar, K. Saluja, R. Jain, "Incorporating Testability Considerations in High-Level Synthesis", in Proc. International Symposium on Fault-Tolerant Computing, 1992, pp. 272-279

[NaBr95] S. Narayanan, M. A. Breuer: "Reconfiguration Techniques for a Single Scan Chain", IEEE Transactions on CAD, vol. 14, no. 6, June 1995, pp. 750-765

[NaGB93] S. Narayanan, R. Gupta, M. A. Breuer, "Optimal Configuring of Multiple Scan Chains", IEEE Transactions on Computers, vol. 42, no. 9, Sept. 1993, pp. 1121-1131

[Nage75] L. W. Nagel, "SPICE2: A Computer Program to Simulate Semiconductor Circuits and Systems", Memo ERL-M520, University of California, Berkeley, May 1975.

[NaNB92] S. Narayanan, C. Njinda, M. Breuer, "Optimal Sequencing of Scan Registers", in Proc. International Test Conference, 1992, pp. 293-302

[NaPa93] S. Nandi, P. Pal Chaudhuri, "Additive Cellular Automata as an On-Chip Test Pattern Generator", in Proc. Asian Test Symposium, 1993, pp. 166-171

[NaPa96] S. Nandi, P. Pal Chaudhuri, "Analysis of Periodic and Intermediate Boundary 90/150 Cellular Automata", IEEE Transactions on Computers, vol. 45, no. 1, Jan. 1996, pp. 1-12

[NeKi93] D. J. Neebel, C. R. Kime, "Inhomogeneous Cellular Automata for Weighted Random Pattern Generation", in Proc. International Test Conference, 1993, pp. 1013-1022

[NeKi94] D. J. Neebel, C. R. Kime, "Multiple Weighted Cellular Automata", in Proc. VLSI Test Symposium, 1994, pp. 81-86

[NiMa89] P. Nigh, W. Maly, "Layout-Driven Test Generation", in Proc. International Conference on CAD, 1989, pp. 154-157

[NiPa91] T. M. Niermann, J. H. Patel, "HITEC: A Test Generation Package for Sequential Circuits", in Proc. European Design Automation Conference (EDAC), 1991, pp. 214-218

[NjKa95] C. A. Njinda, N. Kaul, "Performance Driven BIST Technique for Random Logic", in Proc. International Test Conference, 1995, pp. 524-533

[OCTT93] OCTTOOLS-5.2 User's Guide, Department of Electrical Engineering and Computer Science, University of California, Berkeley, May 1993

[OhWM87] M. J. Ohletz, T. W. Williams, J. P. Mucha, "Overhead in Scan and Self-Test Designs", in Proc. International Test Conference, 1987, pp. 460-470

[OrHa93] A. Orailoglu, I. G. Harris, "Test Path Generation and Test Scheduling for Self-Testable Designs", in Proc. International Conference on Computer Design, 1993, pp. 528-531

[OrKP95] T. Orenstein, Z. Kohavi, I. Pomeranz, "An Optimal Algorithm for Cycle Breaking in Directed Graphs", Journal of Electronic Testing: Theory and Applications, vol. 7, no. 1/2, Aug./Oct. 1995, pp. 71-82

[Oust84] J. K. Ousterhout, "Corner Stitching: A Data-Structuring Technique for VLSI Layout Tools", IEEE Transactions on CAD, vol. 3. no. 1, Jan. 1984, pp. 87-100

[PaCa95] C. Papachristou, J. Carletta, "Test Synthesis in the Behavioral Domain", in Proc. International Test Conference, 1995, pp. 693-702

[PaCH91] C. A. Papachristou, S. Chiu, H. Harmanani, "A Data Path Synthesis Method for Self-Testable Designs", in Proc. ACM/IEEE Design Automation Conference, 1991, pp. 378-384

[PaGB95] I. Parulkar, S. Gupta, M. A. Breuer, "Data Path Allocation for Synthesizing RTL Designs with Low BIST Area Overhead", in Proc. ACM/IEEE Design Automation Conference, 1995, pp. 395-401

[PaLi95] P. Pan, C. L. Liu, "Partial Scan with Pre-Selected Scan Signals", in Proc. ACM/IEEE Design Automation Conference, 1995, pp. 189-194

[PaRa91] S. Pateras, J. Rajski, "Cube-Contained Random Patterns and their Application to the Complete Testing of Synthesized Multi-Level Circuits", in Proc. International Test Conference, 1991, pp. 473-382

[PeWe72] W. W. Peterson, E. J. Weldon, "Error-Correcting Codes", 2. Auflage, MIT Press, Cambridge, 1972

[PiIK94] S. Pilarski, A. Ivanov, T. Kameda, "On Minimizing Aliasing in Scan-Based Compaction", Journal of Electronic Testing: Theory and Applications, vol. 5, no. 1, Feb. 1994, pp. 83-90

[PiKI93] S. Pilarski, T. Kameda, A. Ivanov, "Sequential Faults and Aliasing", IEEE Transactions on CAD, vol. 12, no. 7, July 1993, pp. 1068-1074

[PiKK92] S. Pilarski, A. Krasniewski, T. Kameda, "Estimating Testing Effectiveness of the Circular Self-Test Path Technique", IEEE Transactions on CAD, vol. 11, no. 10, Oct. 1992, pp.1301-1316

[PiWi91] S. Pilarski, K. Wiebe, "On Counter-Based Compaction", in Proc. International Symposium on Circuits and Systems (ISCAS), 1991, pp. 1885-1888

[PiWi92] S. Pilarski, K. Wiebe, "Counter-Based Compaction: An Analysis for BIST", in Journal of Electronic Testing: Theory and Applications, vol. 3, no. 1, Feb. 1992, pp. 33-43

[PoDe94] M. Potkonjak, S. Dey, "Optimizing Resource Utilization and Testability Using Hot Potato Techniques", in Proc. ACM/IEEE Design Automation Conference, 1994, pp. 201-205

[PoDR95a] M. Potkonjak, S. Dey, R. K. Roy, "Considering Testability at Behavioral Level: Use of Transformations for Partial Scan Cost Minimization Under Timing and Area Constraints", IEEE Transactions on CAD, vol. 14, no. 5, May 1995, pp. 531-546

[PoDR95b] M. Potkonjak, S. Dey, R. K. Roy, "Behavioral Synthesis of Area-Efficient Testable Designs Using Interaction between Hardware Sharing and Partial Scan", IEEE Transactions on CAD, vol. 14, no. 9, Sept. 1995, pp.1141-1154

[POLB88] M. M. Pradhan, E. J. O'Brien, S. L. Lam, J. Beausang, "Circular BIST with Partial Scan", in Proc. International Test Conference, 1988, pp. 719-729

[PoRe91a] I. Pomeranz, S. M. Reddy, "3-Weight Pseudo-Random Test Generation Based on a Deterministic Test Set for Combinational and Sequential Circuits", IEEE Transactions on CAD, vol. 12, no. 7, July 1993, pp. 1050-1058

[PoRe91b] I. Pomeranz, S. M. Reddy, "Achieving Complete Delay Fault Testability by Extra Inputs", in Proc. International Test Conference, 1991, pp. 273-282

[PoRe94] I. Pomeranz, S. M. Reddy: "On the Role of Hardware Reset in Synchronous Sequential Circuit Test Generation", IEEE Transactions on Computers, vol. 43, no. 9, Sept. 1994, pp. 1100-1105

[PrCh94] D. K. Pradhan, M. Chatterjee, "GLFSR - A New Test Pattern Generator for Built-In Self-Test", in Proc. International Test Conference, 1994, pp. 481-490

[PrGK90] D. K. Pradhan, S. K. Gupta, M. K. Karpovsky, "Aliasing Probability for Multiple Input Signature Analyzer", IEEE Transactions on Computers, vol. 39, no. 4, April 1990, pp. 586-591

[PrTC86] W. Pries, A. Thanailakis, H. C. Card, "Group Properties of Cellular Automata and VLSI Applications", IEEE Transactions on Computers, vol. 35, no. 12, Dec. 1986, pp. 1013-1024

[PUWM91] E. S. Park, B. Underwood, T. W. Williams, M. R. Mercer, "Delay Testing Quality in Timing-Optimized Designs", in Proc. International Test Conference, 1991, pp. 897-905

[RADL89] K. Roy, J. A. Abraham, K. De, S. Lusky, "Synthesis of Delay Fault Testable Combinational Logic", in Proc. International Conference on CAD, 1989, pp. 418-421

[Rapp92] A. S. Rappaport, "The Great ATE Robbery", Key Note Address, International Test Conference, 1992

[RaTo94] N. S. V. Rao, S. Toida, "On Polynomial-Time Testable Combinational Circuits", IEEE Transactions on Computers, vol. 43, no. 11, Nov. 1994, pp. 1298-1308

[RaTy91] J. Rajski, J. Tyszer, "Experimental analysis of fault coverage in systems with signature registers", in Proc. European Test Conference, 1991, pp. 45-51

[RaTy93a] J. Rajski, J. Tyszer, "Test Response Compaction in Accumulators with Rotate Carry Adders", IEEE Transactions on CAD, vol. 12, no. 4, April 1993, pp. 531-539

[RaTy93b] J. Rajski, J. Tyszer, "Accumulator-Based Compaction of Test Responses", IEEE Transactions on Computers, vol. 42, no. 6, June 1993, pp. 643-650

[RaTy96] J. Rajski, J. Tyszer, "Multiplicative Window Generators of Pseudorandom Test Vectors", in Proc. European Design and Test Conference, 1996, pp. 42-48

[ReWu96] B. Reeb, H.-J. Wunderlich, "Deterministic Pattern Generation for Weighted Random Pattern Testing", in Proc. European Design and Test Conference, 1996, pp. 30-36

[RoCa89] W. Rosenstiel, R. Camposano, "Rechnergestützer Entwurf hochintegrierter MOS-Schaltungen", Springer, Berlin, 1989

[RoSa87] J. P. Robinson, N. R. Saxena, "A Unified View of Test Compression Methods", IEEE Transactions on Computers, vol. 36, no. 1, Jan. 1987, pp. 94-99

[Roth66] J. P. Roth, "Diagnosis of Automata Failures: A Calculus and a Method", IBM Journal of Research and Development, vol. 10, no. 4, July 1966, pp. 278-291

[SaCM90] J. van Sas, F. Catthoor, H. de Man, "Cellular Automata Based Self-Test for Programmable Data Paths", in Proc. International Test Conference, 1990, pp. 769-778

[SaCM92] J. van Sas, F. Catthoor, H. de Man, "Optimized BIST Strategies for Programmable Data Paths Based on Cellular Automata", in Proc. International Test Conference, 1992, pp. 110-119

[SaKi92] J. Y. Sayah, C. R. Kime, "Test Scheduling in High Performance VLSI System Implementations", IEEE Transactions on Computers, vol. 41, no. 1, Jan. 1992, pp. 52-67

[SaMa91] S. Sastry, A. Majumdar, "Test Efficiency of Random Self-Test of Sequential Circuits", IEEE Transactions on CAD, vol. 10, no. 3, March 1991, pp. 390-398

[SaMc85] J. Savir, W. McAnney, "On the Masking Probability with One's Count and Transition Count", in Proc. International Conference on CAD, 1985, pp. 111-113

[SaPa93] J. Savir, S. Patil, "Scan-Based Transition Test", IEEE Transactions on CAD, vol. 12, no. 8, Aug. 1993, pp. 1232-1241

[SaPa94] J. Savir, S. Patil, "Broad-Side Delay Test", IEEE Transactions on CAD, vol. 13, no. 8, Aug. 1994, pp. 1057-1064

[SaPr92] J. Saxena, D. K. Pradhan, "Signature Analysis under a Delay Fault Model", in Proc. European Design Automation Conference, 1992, pp. 285-290

[Savi80] J. Savir, "Syndrom-Testable Design of Combinational Circuits", IEEE Transactions on Computers, vol. 29, no. 6, June 1980, pp. 442-451

[ScTS88] M. H. Schulz, E. Trischler, T. M. Sarfert, "SOCRATES: A Highly Efficient Automatic Test Pattern Generation System", IEEE Transactions on CAD, vol. 7, no. 1, Jan. 1988, pp. 126-137

[SENT92] E. M. Sentovich, K. J. Singh, C. Moon, H. Savoj, R. K. Brayton, A. Sangiovanni-Vincentelli, "Sequential Circuit Design Using Synthesis and Optimization", in Proc. International Conference on Computer Design, 1992, pp. 328-333

[SeTS91] B. H. Seiss, P. M. Trouborst, M. H. Schulz, "Test Point Insertion for Scan-Based BIST", in Proc. European Test Conference, 1991, pp. 253-262

[Shed77a] J. J. Shedletsky, "Comment on the Sequential and Indeterminate Behavior of an End-Around-Carry Adder", IEEE Transactions on Computers, vol. 26, no. 3, March 1977, pp. 271-272

[Shed77b] J. J. Shedletsky, "Random Testing: Practicality vs. Verified Effectiveness", in Proc. International Symposium on Fault-Tolerant Computing (FTCS-7), 1977, pp. 175-179

[ShFu95] W. Shi, W. K. Fuchs, "Optimal Interconnect Diagnosis of Wiring Networks", IEEE Transactions onVLSI Systems, vol. 3, no. 3, Sept. 1995, pp. 430-436

[ShMF85] J. P. Shen, W. Maly, F. J. Ferguson, "Inductive Fault Analysis of MOS Integrated Circuits", IEEE Design&Test, vol. 2, no. 6, 1985, pp. 13-26

[Smit80] J. E. Smith, "Measures of the Effectiveness of Fault Signature Analysis", IEEE Transactions on Computers, vol. 29, no. 6, June 1980, pp. 510-514

[Smit85] G. L. Smith, "Model for Delay Faults Based upon Paths", in Proc. International Test Conference, 1985, pp. 342-349

[Spie94] G. Spiegel, "Fault Probabilities in Routing Channels of VLSI Standard Cell Designs", in Proc. VLSI Test Symposium, 1994, pp. 340-347

[Spie95] G. Spiegel, "Bestimmung möglicher Fabrikationsfehler aus dem Schaltungslayout", Dissertation, Verlag Dr. Kovac, Hamburg, 1995

[SpSt93a] G. Spiegel, A. P. Ströle, "Optimization of Deterministic Test Sets Using an Estimation of Product Quality", in Proc. Asian Test Symposium, 1993, pp. 119-124

[SpSt93b] G. Spiegel, A. P. Ströle, "Optimierung von Testkosten und Produktqualität unter Verwendung von Fehlerwahrscheinlichkeiten", 6. E.I.S.-Workshop, Tübingen, 1993, S. 265-268 (Tagungsband 1994 als GMD-Studie 227 erschienen)

[SpSt95a] G. Spiegel, A. P. Ströle, "A Unified Approach to the Extraction of Realistic Multiple Bridging and Break Faults", in Proc. European Design Automation Conference (EURO-DAC), 1995, pp. 184-189

[SpSt95b] G. Spiegel, A. P. Ströle, "Eine einheitliche Methode zur Extraktion einfacher und mehrfacher Brücken- und Unterbrechungsfehler", 7. E.I.S.-Workshop, Chemnitz, 1995, S. 119-128 (Tagungsband 1996 als GMD-Studie 280 erschienen)

[SrGB93] R. Srinivasan, S. K. Gupta, M. A. Breuer, "Novel Test Pattern Generators for Pseudo-Exhaustive Testing", in Proc. International Test Conference, 1993, pp. 1041-1050

[SSMM90] M. Serra, T. Slater, J. C. Muzio, D. M. Miller, "The Analysis of One-Dimensional Linear Cellular Automata and Their Aliasing Properties", IEEE Transactions on CAD, vol. 9, no. 7, July 1990, pp. 767-778

[Stap83] C. H. Stapper, "Modeling of Integrated Circuit Defect Sensitivities", IBM Journal of Research and Development, vol. 27, no. 6, 1983, pp. 549-557

[Stap84] C. H. Stapper, "Modeling of Defects in Integrated Circuits Photolithographic Patterns", IBM Journal of Research and Development, vol. 28, no. 4, 1984, pp. 461-475

[Stap89] C. H. Stapper, "Fault-simulation programs for integrated-circuit yield estimations", IBM Journal of Research and Development, vol. 33, no. 6, 1989, pp. 647-652

[Stok92] L. Stok, "False Loops through Resource Sharing", in Proc. International Conference on CAD, 1992, pp. 345-348

[Ston73] H. S. Stone, "Discrete Mathematical Structures and Their Applications", Science Research Associates, Chicago, 1973

[Stro88] C. E. Stroud, "An Automated BIST Approach for General Sequential Logic Synthesis", in Proc. International Test Conference, 1988, pp. 3-8

[Strö92a] A. P. Ströle, "Testplanung für selbsttestbare Datenpfade", 2. ARIADNE-Workshop, Bonn, März 1992, S. 141-149 (Tagungsband als GMD-Studie 206 erschienen)

[Strö92b] A. P. Ströle, "Self-Test Scheduling With Bounded Test Execution Time", in Proc. International Test Conference, 1992, pp. 130-139

[Strö92c] A. P. Ströle, "Testablaufplanung und Testauswertung für selbsttestbare Schaltungen", VDI-Verlag, Düsseldorf, 1992

[Strö92d] A. P. Ströle, "Reducing BIST Hardware by Test Schedule Optimization", in Proc. First Asian Test Symposium, 1992, pp. 253-258

[Strö93a] A. P. Ströle, "Optimized Self-Test Schedules", in Proc. ARCHIMEDES-Workshop on "Synthesis - Architectural Testability Support", Montpellier, 1993, pp. 47-48

[Strö93b] A. P. Ströle, "Partitioning and Hierarchical Description of Self-Testable Designs", in Proc. International Conference on Very Large Scale Integration, (VLSI'93), 1993, pp. 3.2.1-3.2.10

[Strö94a] A. P. Ströle, "Partitioning and Hierarchical Description of Self-Testable Designs", IFIP Transactions A: Computer Science and Technology, vol. A-42, Elsevier Science / North-Holland, Amsterdam, 1994, pp. 113-122

[Strö94b] A. P. Ströle, "Signature Analysis for Sequential Circuits with Reset", in Proc. European Design and Test Conference, 1994, pp. 113-118

[Strö95a] A. P. Ströle, "Signature Analysis and Aliasing for Sequential Circuits", in Proc. VLSI Test Symposium, 1995, pp. 118-124

[Strö95b] A. P. Ströle, "A Self-Test Approach Using Accumulators as Test Pattern Generators", in Proc. International Symposium on Circuits and Systems (ISCAS), 1995, pp. 2120-2123

[Strö95c] A. P. Ströle, "Testmustererzeugung mit arithmetischen Funktionseinheiten", 7. E.I.S.-Workshop, Chemnitz, 1995, S. 109-118 (Tagungsband 1996 als GMD-Studie 280 erschienen)

[Strö96a] A. P. Ströle, "Test Response Compaction using Arithmetic Functions", in Proc. VLSI Test Symposium, 1996, pp. 380-386

[Strö96b] A. P. Ströle, "Arithmetic Pattern Generators for Built-In Self-Test", in Proc. International Conference on Computer Design, 1996, pp. 131-134

[Strö97] A. P. Ströle, "BIST Pattern Generators using Addition and Subtraction Operations", Journal of Electronic Testing: Theory and Applications (JETTA), vol. 11, no. 1, Aug. 1997, pp. 69-80

[StWH90] A. P. Ströle, H.-J. Wunderlich, O. F. Haberl, "TESTCHIP: A Chip for Weighted Random Pattern Generation, Evaluation, and Test Control", in Proc. European Solid-State Circuits Conference (ESSCIRC), 1990, pp. 101-104

[StWu90] A. P. Ströle, H.-J. Wunderlich, "Error Masking in Self-Testable Circuits", in Proc. International Test Conference, 1990, pp. 544-552

[StWu91a] A. P. Ströle, H.-J. Wunderlich, "Signature Analysis and Test Scheduling for Self-Testable Circuits", in Proc. International Symposium on Fault-Tolerant Computing (FTCS-21) 1991, pp. 96-103

[StWu91b] A. P. Ströle, H.-J. Wunderlich, "TESTCHIP: A Chip for Weighted Random Pattern Generation, Evaluation, and Test Control", IEEE Journal of Solid State Circuits, vol. 26, no. 7, July 1991, pp. 1056-1063

[StWu94a] A. P. Ströle, H.-J. Wunderlich, "Testsynthese für Datenpfade", in Proc. GI/GME/ITG-Fachtagung "Rechnergestützter Entwurf und Architektur mikroelekronischer Systeme", Oberwiesenthal, 1994, S. 162-171

[StWu94b] A. P. Ströle, H.-J. Wunderlich, "Configuring Flip-Flops to BIST Registers", in Proc. International Test Conferenc, 1994, pp. 939-948

[StWu94c] A. P. Ströle, H.-J. Wunderlich, "A Unified Method for Assembling Global Test Schedules", in Proc. Asian Test Symposium, 1994, pp. 268-273

[StWu94d] O. Stern, H.-J. Wunderlich, "Simulation Results of an Efficient Defect Analysis Procedure", in Proc. International Test Conference, 1994, pp. 729-738

[StWu95] A. P. Ströle, H.-J. Wunderlich, "Test Register Insertion With Minimum Hardware Cost", International Conference on CAD, 1995, pp. 95-101

[Suss81] A. K. Susskind, "Testing by Verifying Walsh Coefficients", in Proc. International Symposium on Fault-Tolerant Computing (FTCS-11), 1981, pp. 206-208

[SwTW89] G. Swan, Y. Trivedi, D. Wharton, "CrossCheck- A Practical Solution for ASIC Testability", in Proc. International Test Conference, 1991, pp. 903-908

[SYKK91] Y. Savaria, M. Youssef, B. Kaminska, M. Koudil , "Automatic Test Point Insertion for Pseudo-Random Testing", International Symposium on Circuits and Systems (ISCAS), 1991, pp. 1960-1963

[Tarj72] R. Tarjan, "Depth-First Search and Linear Graph Algorithms", SIAM Journal of Computing, vol. 1, no. 2, June 1972, pp. 146-160

[TeGS91] J. P. Teixeira, F. M. Goncalves, J. J. T. Sousa, "Layout-Driven Testability Enhancement", in Proc. European Test Conference, 1991, pp. 101-109

[Thom96] K. M. Thompson, "Intel and the Myths of Test", IEEE Design&Test, vol. 13, no. 1, 1996, pp. 79-81

[ToMc94] N. A. Touba, E. J. McCluskey, "Automated Logic Synthesis of Random Pattern Testable Circuits", in Proc. International Test Conference, 1994, pp. 174-183

[ToMc95a] N. A. Touba, E. J. McCluskey, "Transformed Pseudo-Random Patterns for BIST", in Proc. VLSI Test Symposium, 1995, pp. 410-416

[ToMc95b] N. A. Touba, E. J. McCluskey, "Synthesis of Mapping Logic for Generating Transformed Pseudo-Random Patterns for BIST", in Proc. International Test Conference, 1995, pp. 674-682

[ToMc96] N. A. Touba, E. J. McCluskey, "Test Point Insertion Based on Path Tracing", in Proc. VLSI Test Symposium, 1996, pp. 2-8

[Tris80] E. Trischler, "Incomplete Scan Path with an Automatic Test Generation Methodology", in Proc. International Test Conference, 1980, pp. 153-162

[Ullm84] J. D. Ullman, "Computational Aspects of VLSI", Computer Science Press, Rockville MD, 1984

[UpCh93] S. J. Upadhyaya, L.-C. Chen, "On-Chip Test Generation for Combinational Circuits by LFSR Modification", in Proc. International Conference on CAD, 1993, pp. 84-87

[VaOr95] M. Vahidi, A. Orailoglu, "Metric Based Transformations for Self Testable VLSI Designs with High Test Concurrency", in Proc. European Design Automation Conference (EURO-DAC), 1995, pp. 136-141

[ViJh92] B. Vinnakota, N. K. Jha, "Synthesis of Sequential Circuits for Parallel Scan", in Proc. European Design Automation Conference, 1992, pp. 366-370

[ViSa89] T. Villa, A. Sangiovanni-Vincentelli, "NOVA: State Assignment of Finite State Machines for Optimal Two-Level Logic Implementations", in Proc. Design Automation Conference, 1989, pp. 327-332

[VPNH95] I. Voyiatzis, A. Paschalis, D. Nikolos, C. Halatsis, "Accumulator-Based BIST Approach for Stuck-Open and Delay Fault Testing", in Proc. European Design & Test Conference, 1995, pp. 431-435

[VuFu94] A. Vuksic, K. Fuchs, "A New BIST Approach for Delay Fault Testing", in Proc. European Design and Test Conference, 1994, pp. 284-288

[Wake76] J. F. Wakerly, "One's Complement Adder Eliminates Unwanted Zero", Electronics, vol. 49, no. 3, Feb. 5, 1976, pp. 103-105

[WaLi88] J. A. Waicukauski, E. Lindbloom, "Fault Detection Effectiveness of Weighted Random Patterns", in Proc. International Test Conference, 1988, pp. 245-255

[Walk87] D. M. H. Walker, "Yield Simulation for Integrated Circuits", Kluwer, Boston, 1987

[WaMc86a] L.-T. Wang, E. J. McCluskey, "Concurrent Built-in Logic Block Observer (CBILBO)", in Proc. International Symposium on Circuits and Systems, 1986, pp. 1054-1057

[WaMc86b] L.-T. Wang, E. J. McCluskey, "Complete Feedback Shift Register Design for Built-In Self-Test", in Proc. International Conference on CAD, 1986, pp. 56-59

[WeEs85] N. Weste, K. Eshragian, "Principles of CMOS VLSI DEsign - A Systems Perspective", Addison-Wesley, Reading, 1985

[WiBr81] T. W. Williams, N. C. Brown, "Defect Level as a Function of Fault Coverage", IEEE Transactions on Computers, vol. 30, no. 12, Dec. 1981, pp. 987-988

[WiDa89] T. W. Williams, W. Daehn, "Aliasing Errors in Multiple Input Signature Analysis Registers", in Proc. European Test Conference, 1989, pp. 338-345

[WILL96] T. W. Williams, R. Kapur, M. R. Mercer, R. H. Dennard, W. Maly, "Iddq Testing for High Performance CMOS - The Next Ten Years", in Proc. European Design and Test Conference, 1996, pp. 578-583

[WLEF89] J. A. Waicukauski, E. Lindbloom, E. B. Eichelberger, O. P. Forlenza, "A Method for Generating Weighted Random Test Patterns", IBM Journal of Research and Development, vol. 33, no. 2, March 1989, pp. 149-161

[Wolf83] S. Wolfram, "Statistical Mechanics of Cellular Automata", Reviews of Modern Physics, vol. 55, no. 3, July 1983, pp. 601-644

[Wu91] E. Wu, "PEST: A Tool for Implementing Pseudo-Exhaustive Self-Test", AT&T Technical Journal, vol. 70, no. 1, Jan./Feb. 1991, pp. 87-100

[WuHe92] H.-J. Wunderlich, S. Hellebrand, "The Pseudoexhaustive Test of Sequential Circuits", IEEE Transactions on CAD, vol. 11, no. 1, Jan. 1992, pp. 26-33

[Wund85] H.-J. Wunderlich, "PROTEST: A Tool for Probabilistic Testability Analysis", in Proc. ACM/IEEE Design Automation Conference, 1985, pp. 204-211

[Wund87a] H.-J. Wunderlich, "Self Test Using Unequiprobable Random Patterns", in Proc. International Symposium on Fault-Tolerant Computing (FTCS-17), 1987, pp. 258-263

[Wund87b] H.-J. Wunderlich, "On Computing Optimized Input Probabilities for Random Tests", in Proc. ACM/IEEE Design Automation Conference, 1987, pp. 392-398

[Wund89] H.-J. Wunderlich, "The Design of Random-Testable Sequential Circuits", in Proc. International Symposium on Fault-Tolerant Computing (FTCS-19), 1989, pp. 110-117

[Wund90] H.-J. Wunderlich, "Multiple Distributions for Biased Random Test Patterns", IEEE Transactions on CAD, vol. 9, no. 6, June 1990, pp. 584-593

[Wund91] H.-J. Wunderlich, "Hochintegrierte Schaltungen: Prüfgerechter Entwurf und Test", Springer, Berlin, 1991

[WuSt91] H.-J. Wunderlich, A. P. Ströle, "Maximizing the Fault Coverage in Complex Circuits by Minimal Number of Signatures", in Proc. International Symposium on Circuits and Systems (ISCAS), 1991, pp. 1881-1884

[XAIA92] D. Xavier, R. C. Aitken, A. Ivanov, V. K. Agarwal, "Using an asymmetric error model to study aliasing in signature analysis registers", IEEE Transactions on CAD, vol. 11, no. 1, Jan. 1992, pp. 16-25

[XuDJ93] H. Xue, Ch. Di, J. A. G. Jess, "A Net-Oriented Method for Realistic Fault Analysis", in Proc. International Conference on CAD, 1993, pp. 78-83

[XuDJ94] H. Xue, Ch. Di, J. A. G. Jess, "Probability Analysis for CMOS Floating Gate Faults", in Proc. European Design and Test Conference, 1994, pp. 443-448

[ZoAg86] Y. Zorian, V. K. Agarwal, "A General Scheme to Optimize Error Masking in Built-In Self-Testing", in Proc. International Symposium on Fault-Tolerant Computing (FTCS-16), 1986, pp. 410-415

[ZoAg90] Y. Zorian, V. K. Agarwal, "Optimizing Error Masking in BIST by Output Data Modification", Journal of Electronic Testing: Theory and Application, vol. 1, no. 1, Feb. 1990, pp. 59-71

[Zori93] Y. Zorian, "A Distributed BIST Control Scheme for Complex VLSI Devices", in Proc. VLSI Test Symposium, 1993, pp. 4-9

Anhang

A Grundbegriffe aus der Graphentheorie

Die häufig verwendeten Begriffe aus der Graphentheorie werden im folgenden kurz zusammengefaßt. Eine ausführlichere Darstellung bringen z.B. die Lehrbücher [Hara69] und [Chri75].

Definition A.1: Ein *(ungerichteter) Graph* G ist ein Paar (V, E) mit der Knotenmenge V und der Kantenmenge $E \subset \{\{u, v\} \mid u, v \in V\}$.

Definition A.2: Ein *gerichteter Graph* G ist ein Paar (V, E) mit den Knoten V und den Kanten $E \subset V \times V$.

Definition A.3: Ein gerichteter Graph $G' := (V', E')$ heißt *(gerichteter) Teilgraph* des gerichteten Graphen $G = (V, E)$, falls $V' \subset V$ und $E' \subset E \cap (V' \times V')$ gelten.

Definition A.4: Sei G = (V, E) ein gerichteter Graph. Eine Folge $\omega := (v_0, v_1, \ldots, v_{n-1})$ von Knoten aus V heißt *Pfad* von u nach w, wenn $v_0 = u$, $v_n = w$ und $(v_i, v_{i+1}) \in E$ für $i = 0, 1, \ldots, n-1$ gelten. Dabei ist $\text{länge}(\omega) := n$ die *Länge* des Pfads.

Nach dieser Definition kann ein einzelner Knoten als ein Pfad der Länge 0 angesehen werden. Ein Pfad von u nach w wird auch mit $\omega(u, w)$ bezeichnet. Wenn es aus dem Kontext eindeutig hervorgeht, wird für einen Pfad $\omega = (v_i)_{0 \leq i \leq n}$ die Menge $\{v_i\}_{0 \leq i \leq n}$ der Knoten auf diesem Pfad ebenfalls mit ω bezeichnet.

Definition A.5: Ein Pfad $\omega = (v_i)_{0 \leq i \leq n}$ heißt *Zyklus* falls $v_0 = v_n$ und $n > 0$ gelten.

Definition A.6: Ein Zyklus $\omega = (v_i)_{0 \leq i \leq n}$ heißt *elementarer Zyklus*, falls der Pfad $\omega' = (v_i)_{0 \leq i \leq n-1}$ keinen Zyklus enthält.

Definition A.7: Ein Zyklus $\omega = (v,v)$ heißt *Schleife*.

Definition A.8: Ein gerichteter Graph G = (V, E) heißt *schwach zusammenhängend*, falls es für je zwei Knoten $u, v \in V$ eine Folge $(v_i)_{0 \leq i \leq n}$ gibt mit $v_0=u$, $v_n=v$ und $(v_i, v_{i+1}) \in E \vee (v_{i+1}, v_i) \in E$ für $i = 0, 1, ..., n-1$.

Ein maximaler schwach zusammenhängender Teilgraph eines gerichteten Graphen wird auch *schwache Zusammenhangskomponente* von G genannt. Jeder gerichtete Graph besteht aus einer Menge von schwachen Zusammenhangskomponenten, deren Knotenmengen paarweise disjunkt sind.

Definition A.9: Ein gerichteter Graph $G = (V, E)$ heißt *stark zusammenhängend*, falls für je zwei Knoten $u, v \in V$ ein Pfad $\omega(u, v)$ in G existiert.

Diese Definition impliziert, daß man von jedem Knoten alle anderen Knoten des Graphen über einen Pfad ω erreichen kann. Ein maximaler stark zusammenhängender Teilgraph eines gerichteten Graphen wird auch *starke Zusammenhangskomponente* von G genannt. Die starken Zusammenhangskomponenten von G haben paarweise disjunkte Knotenmengen.

Definition A.10: Sei $G = (V, E)$ ein gerichteter Graph und sei $v \in V$. Dann ist
$pd(v) := \{u \in V \mid (u, v) \in E\}$ die Menge der *direkten Vorgänger* und
$sd(v) := \{w \in V \mid (v, w) \in E\}$ die Menge der *direkten Nachfolger* von v in G.

Definition A.11: Sei $G = (V, E)$ ein gerichteter Graph mit $v \in V$. Die Menge
$pred(v) := \{u \in V \mid \exists\omega\ [\omega(u, v) \wedge \text{länge}(\omega) > 0]\}$ ist die Menge der *Vorgänger*,
$succ(v) := \{w \in V \mid \exists\omega\ [\omega(v, w) \wedge \text{länge}(\omega) > 0]\}$ die Menge der *Nachfolger* von v in G.

Definition A.12: Sei $G = (V, E)$ ein gerichteter Graph. Ein Knoten $v \in V$ heißt *Verzweigungsstamm*, falls er mehr als einen direkten Nachfolger hat.

Definition A.13: Sei $G = (V, E)$ ein gerichteter Graph. Ein Knoten $v \in V$ heißt *rekonvergenter Verzweigungsstamm,* falls es einen Knoten $w \in V$, $w \neq v$, und zwei Pfade $\omega_1(v, w)$ und $\omega_2(v, w)$ gibt mit $\omega_1(v,w) \neq \omega_2(v,w)$ und $\omega_1 \cap \omega_2 = \{v, w\}$.

Definition A.14: Sei $G = (V, E)$ ein gerichteter Graph. Eine Teilmenge $V' \subset V$ heißt *"Feedback Vertex Set (FVS)"*, falls jeder Zyklus des Graphen G mindestens einen Knoten von V' enthält.

Definition A.15: Die chromatische Zahl $\chi(G)$ eines Graphen G ist die minimale Anzahl von Farben, die eine Färbung der Knoten von G benötigt, so daß keine der Kanten zwei Knoten gleicher Farbe verbindet.

Lemma A.1: Für die chromatische Zahl gilt stets $\chi(G) \leq \text{maxdegree}(G) + 1$, wobei maxdegree(G) die maximale Zahl von Kanten bezeichnet, die mit ein und demselben Knoten verbunden sind.

Das Entscheidungsproblem, ob für einen Graphen eine Knotenfärbung mit maximal K Farben existiert, ist ein NP-vollständiges Problem (siehe "GRAPH K-COLORABILITY" [GaJo79]).

Zur Lösung dieses Problems sind viele verschiedene exakte und heuristische Verfahren bekannt. Für Graphen mit relativ wenigen Kanten eignet sich der in [Chri75] beschriebene Algorithmus, der bei ausreichender Rechenzeit stets eine optimale Färbung findet. Er behandelt die Knoten $V = \{v_0, v_1, \ldots, v_{|V|-1}\}$ in der Reihenfolge aufsteigender Indizes und verwendet als Farben natürliche Zahlen. Der Knoten v_0 erhält die Farbe 1. Jeder weitere Knoten v_i wird mit einer möglichst kleinen Farbe versehen, die sich von den Farben aller Knoten, die mit v_i verbunden sind und bereits behandelt wurden, unterscheidet.

Ausgehend von dieser ersten Färbung werden systematisch alle Möglichkeiten, die Anzahl der Farben zu verringern, ausprobiert. Ein Knoten v_j mit der höchsten Farbe kann nur dann eine niedrigere Farbe bekommen, wenn mindestens ein mit ihm verbundener Knoten v_k, $k < j$, umgefärbt wird. Deshalb wird versucht, die Farbe von v_k so zu ändern, daß sie möglichst wenig erhöht wird und kleiner als die höchste Farbe bleibt (siehe Prozedur BACKTRACK). Anschließend werden alle Knoten ab v_{k+1} neu gefärbt (Prozedur COLOR). Dieses Wechselspiel wird solange wiederholt, bis alle Möglichkeiten erschöpft sind. Die Prozedur GRAPHCOLOR in Bild A.1 implementiert diesen Algorithmus.

```
Prozedur GRAPHCOLOR (in: G; out: χ, {V1, ..., Vχ});
/*  Eingabe:   Graph G = (V, E) mit Knoten V = {v0, v1, ..., v|V|-1}  */
/*  Ausgabe:   Chromatische Zahl χ,                                   */
/*             Partitionierung V = V1 ∪ V2 ∪ ... ∪ Vχ, wobei die      */
/*                 Teilmenge Vi alle Knoten der Farbe i enthält       */
i := 0;     f[0] := 1;      fmax := |V|;
wiederhole
     {    COLOR (in: i+1, fmax; out: imax);
          falls  (f[imax] < fmax)
                fmax := f[imax];
          BACKTRACK (in: imax, fmax; out: flag, i);
     }    bis  (flag == FALSE);
χ := fmax;
für j := 1, 2, ..., χ
     Vj := Ø;
für i := 0, 1, ..., |V|-1
     Vfarbe[i] := Vfarbe[i] ∪ {vi};
end;
```

```
Prozedur COLOR (in: i0, fmax; out: imax);

/* Eingabe:   Index i0, ab dem die Knoten neu gefärbt werden,            */
/*            größte bisher benötigte Farbe fmax                          */
/* Ausgabe:   Kleinster Index imax, bei dem die höchste Farbe auftritt   */

fneu := 0;                              /* höchste Farbe bei der neuen Färbung */
für i := 0, 1, …, i0-1
    falls (f[i] > fneu)      { fneu := f[i];  imax := i; }
i := i0;

solange (i < |V| und fneu ≠ fmax)
    {   f[i] := min ({1, …, fmax} \ {Farben der Knoten, die mit v_i verbunden sind und
                                          einen kleineren Index als i haben});
        falls (f[i] > fneu)      { fneu := f[i];  imax := i; }
        i := i+1;
    }
end;
```

```
Prozedur BACKTRACK (in: i1, fmax; out: flag, i2);

/* Eingabe:   Index i1 des Knotens, dessen Farbe verringert werden soll,     */
/*            größte bisher benötigte Farbe fmax                              */
/* Ausgabe:   Marke flag (zeigt, ob eine Verbesserung der Färbung möglich)   */
/*            Index i2 des Knotens, dessen Farbe erhöht wurde                 */

flag := FALSE;
S := {Indizes der Knoten, die mit v_i1 verbunden sind und kleineren Index als i1 haben};

wiederhole
    S := S ∪ {Indizes der Knoten, die mit einem Knoten v_i ∈ S verbunden sind
                und kleineren Index als i haben}
bis sich S nicht mehr ändert;

solange (S ≠ Ø und flag == FALSE)
    {   wähle maximalen Index i2 ∈ S;   S := S \ {i2};
        fneu := min ({f[i]+1, …, fmax+1} \ {Farben der Knoten, die mit v_i2 verbunden
                                          sind und einen kleineren Index haben});
        falls (fneu < fmax)
            { f[i2] := fneu;  flag := TRUE; }              /* Umfärben erfolgreich */
    }
end;
```

Bild A.1: Algorithmus zur Graphfärbung

Falls für den gegebenen Graphen G zwei Farben ausreichen, wird bereits beim ersten Aufruf von COLOR eine optimale Knotenfärbung gefunden. Auch wenn die erste Färbung drei Farben benötigt, ist sie garantiert optimal. Bei großen Graphen mit einer chromatischen Zahl $\chi > 3$ kann die Rechenzeit sehr groß werden. In solchen Fällen muß abgebrochen werden. Die beste bis dahin gefundene Färbung läßt sich aber als eine (suboptimale) Lösung verwenden.

B Grundbegriffe aus der Theorie der Markovketten

Um die Fehlermaskierung bei der Kompaktierung von Testantworten zu analysieren, werden stochastische Prozesse und insbesondere Markovketten verwendet. Die in diesem Kontext wichtigen Grundbegriffe sind im folgenden zusammengestellt. Eine ausführliche Behandlung von Markovketten findet man z.B. in den Lehrbüchern [CoMi65], [Fell68] und [Fers70].

Definition B.1: Die Zufallsvariablen $X_1, X_2, \ldots, X_n$ sind *insgesamt unabhängig*, wenn für alle Teilmengen $Q \subset \{1, 2, \ldots, n\}$ die Gleichung $P(\prod_{t \in Q} X_t) = \prod_{t \in Q} P(X_t)$ gilt.

Definition B.2: Sei $(X_t)_{t \in \mathbb{N}}$ eine Folge von Zufallsvariablen über dem diskreten Zustandsraum Z. $(X_t)_{t \in \mathbb{N}}$ heißt *Markovkette*, wenn für alle $t > 0$ gilt:

$$P(X_t = i_t \mid X_{t-1} = i_{t-1}, \ldots, X_0 = i_0) = P(X_t = i_t \mid X_{t-1} = i_{t-1}),$$

Eine Markovkette wird durch ihre Anfangsverteilung $(P(X_0=i))_{i \in Z}$ und ihre Übergangswahrscheinlichkeiten $p_{ij}(t) = P(X_t = j \mid X_{t-1} = i)$ beschrieben. Dabei bezeichnet $p_{ij}(t)$ die bedingte Wahrscheinlichkeit, daß das System sich zum Zeitpunkt t im Zustand j befindet, wenn es zum Zeitpunkt t-1 im Zustand i war.

Definition B.3: Eine Markovkette heißt *homogen*, wenn die Übergangswahrscheinlichkeiten p_{ij} nicht vom Parameter t abhängen.

Im folgenden werden nur homogene Markovketten mit endlichem Zustandsraum betrachtet. Die Übergangswahrscheinlichkeiten p_{ij} können zu einer *Übergangsmatrix* $P := (p_{ij})_{i,j \in Z}$ zusammengefaßt werden. Mit $p_{ij}^{(n)}$ wird die bedingte Wahrscheinlichkeit bezeichnet, daß das System sich zu einem Zeitpunkt t im Zustand j befindet, wenn es zum Zeitpunkt t-n im Zustand i war. Es gilt $p_{ij}^{(1)} = p_{ij}$.

Definition B.4: Eine Übergangsmatrix $P = (p_{ij})_{i,j \in Z}$ heißt *doppelt stochastisch*, wenn jede Zeilensumme und jede Spaltensumme den Wert 1 ergibt, d.h. $\sum_{j \in Z} p_{ij} = 1$ für alle $i \in Z$ und $\sum_{i \in Z} p_{ij} = 1$ für alle $j \in Z$.

Definition B.5: Der Zustand $j \in Z$ ist vom Zustand $i \in Z$ *erreichbar*, wenn es ein $n > 0$ gibt, so daß $p_{ij}^{(n)} > 0$ gilt.

Definition B.6: Eine Markovkette heißt *irreduzibel*, wenn jeder Zustand des Zustandsraums von jedem anderen Zustand des Zustandsraums erreichbar ist.

Definition B.7: Der Zustand i hat die *Periode* $d > 1$, falls $p_{ii}^{(n)} = 0$ gilt für alle $n \neq k \cdot d$, $k \in \mathbb{N} \setminus \{0\}$, und d die größte ganze Zahl mit dieser Eigenschaft ist. Wenn keine solche Zahl d existiert, ist der Zustand i *aperiodisch*.

Satz B.1: Alle Zustände einer irreduziblen Markovkette haben die gleiche Periode [Fers70 (S. 48/49)].

Die Wahrscheinlichkeit, daß das System ausgehend von einem Zustand i nach genau n Schritten wieder den Zustand i erreicht, wird beschrieben mit

$$f_{ii}^{(n)} := P(X_{t+n} = i,\ X_{t+n-1} \neq i, \ldots, X_{t+1} \neq i \mid X_t = i) \qquad \text{für } n > 1 \text{ und } f_{ii}^{(1)} = p_{ii}.$$

Die *Rückkehrwahrscheinlichkeit* $f_i^{(*)} := \sum_{n=1}^{\infty} f_{ii}^{(n)}$ ist die Wahrscheinlichkeit, daß das System ausgehend vom Zustand i irgendwann wieder in diesen Zustand kommt. Die Anzahl der Schritte $\mu_i := \sum_{n=1}^{\infty} n \cdot f_{ii}^{(n)}$, die das System im Mittel braucht, um von Zustand i wieder in den Zustand i zurückzukehren, wird als *mittlere Rekurrenzzeit* bezeichnet.

Definition B.8: Ein Zustand i heißt *positiv-rekurrent*, wenn die Rückkehrwahrscheinlichkeit $f_i^{(*)}$ den Wert 1 hat und die mittlere Rekurrenzzeit μ_i endlich ist.

Satz B.2: Alle Zustände einer irreduziblen Markovkette mit endlichem Zustandsraum sind positiv-rekurrent [CoMi65 (S. 101)].

Definition B.9: Ein aperiodischer positiv-rekurrenter Zustand heißt *ergodisch*.

Damit ist eine irreduzible aperiodische Markovkette mit endlichem Zustandsraum stets ergodisch. Die Wahrscheinlichkeiten $\pi_i(t) := P(X_t=i)$, $i \in Z$, nennt man *Zustandswahr scheinlichkeiten* zum Zeitpunkt t, die Verteilung $\pi(t) := (\pi_i(t))_{i \in Z}$ ist die *Zustandsverteilung* zum Zeitpunkt t.

Definition B.10: Eine Zustandsverteilung π heißt *stationäre Verteilung* der Markovkette mit der Übergangsmatrix P, wenn $\pi = \pi P$ gilt.

Definition B.11: Existiert für einer Markovkette $(X_t)_{t \in \mathbb{N}}$ der Grenzwert $\lim_{t \to \infty} \pi(t) = \pi$ und ist π wieder eine Zustandsverteilung, so nennt man π die *Grenzverteilung* der Markovkette.

Satz B.3: Eine irreduzible ergodische Markovkette besitzt eine eindeutig bestimmte Grenzverteilung π, für die unabhängig von der Anfangsverteilung $\pi = \pi P$ gilt [Fers70 (S. 124 ff)].

Die Grenzverteilung einer irreduziblen ergodischen Markovkette stimmt also mit ihrer stationären Verteilung überein. Diese ist ebenfalls eindeutig bestimmt [CoMi65 (S. 108)].

C Benchmark-Schaltungen

Für die Erprobung neuer Verfahren und für den Vergleich unterschiedlicher Verfahren werden häufig die Benchmark-Schaltungen verwendet, die auf dem International Symposium on Circuits and Systems (ISCAS) in den Jahren 1985 und 1989 veröffentlicht wurden [BrFu85, BrBK89]. In Tabelle C.1 sind die charakteristischen Daten der kombinatorischen Benchmark-Schaltungen und in Tabelle C.3 die Daten der sequentiellen Benchmark-Schaltungen aufgelistet. Von den kombinatorischen Schaltungen stehen auch Versionen zur Verfügung, bei denen alle redundanten Gatteranschlüsse eliminiert wurden, so daß für die Haftfehler 100 % Fehlererfassung erreicht werden kann (siehe Tabelle C.2). Die Schaltungen c17 und c880 sind bereits in der Originalversion redundanzfrei.

Name der Schaltung	Eingänge	Ausgänge	Gatter
c17	5	2	6
c432	36	7	160
c499	41	32	202
c880	60	26	383
c1355	41	32	546
c1908	33	25	880
c2670	233	140	1193
c3540	50	22	1669
c5315	178	123	2307
c6288	32	32	2416
c7552	207	108	3512

Tabelle C.1: ISCAS'85-Benchmark-Schaltungen

Name der Schaltung	Eingänge	Ausgänge	Gatter
c17	5	2	6
c432nr	36	7	160
c499nr	41	32	202
c880	60	26	383
c1355nr	41	32	546
c1908nr	33	25	878
c2670nr	233	139	961
c3540nr	50	22	1620
c5315nr	178	123	2300
c6288nr	32	32	2399
c7552nr	207	108	3397

Tabelle C.2: Redundanzfreie Versionen der ISCAS'85-Benchmark-Schaltungen

Name der Schaltung	Eingänge	Ausgänge	Gatter	Flipflops
s27	4	1	10	3
s208	11	2	96	8
s298	3	6	119	14
s344	9	11	160	15
s349	9	11	161	15
s382	3	6	158	21
s386	7	7	159	6
s400	3	6	164	21
s420	19	2	196	16
s444	3	6	181	21
s510	19	7	211	6
s526	3	6	194	21
s526n	3	6	193	21
s641	35	24	379	19
s713	35	23	393	19
s820	18	19	289	5
s832	18	19	287	5
s838	35	2	390	32
s953	16	23	395	29
s1196	14	14	529	18
s1238	14	14	508	18
s1423	17	5	657	74
s1488	8	19	653	6
s1494	8	19	647	6
s5378	35	49	2779	179
s9234	19	22	5597	228
s13207	31	121	7951	669
s15850	14	87	9772	597
s35932	35	320	16065	1728
s38417	28	106	22179	1636
s38584	12	278	19253	1452

Tabelle C.3: ISCAS'89-Benchmark-Schaltungen

Index

Hotz

Algorithmische Informationstheorie

Statistische Informationstheorie und Anwendungen auf algorithmische Fragestellungen

Von Prof. Dr. **Günter Hotz**
Universität des Saarlandes
Saarbrücken

1997. 143 Seiten.
16,2 x 23,5 cm.
Kart. DM 48,–
ÖS 350,– / SFr 43,–
ISBN 3-8154-2310-4

(TEUBNER-TEXTE zur Informatik, Bd. 25)

Die statistische Informationstheorie besitzt wichtige Anwendungen in der Abschätzung der mittleren Laufzeit von Algorithmen, deren Probleme online erzeugt werden. Es werden die grundlegenden Kodierungstheoreme für Quellen ohne Gedächtnis und Quellen mit kurzem Gedächtnis bei ungestörten Kanälen und schließlich bei gestörten Kanälen ohne Gedächtnis bewiesen.

Als Anwendungsbeispiele werden Sortierprobleme, geometrische Probleme und die Abschätzung der mittleren Laufzeit von Algorithmen behandelt. Auf eine Anwendung in der Kryptographie wird kurz eingegangen.

Das Buch ist für Informatiker, Mathematiker und Physiker nach dem Vordiplom gut lesbar.

Preisänderungen vorbehalten.

B. G. Teubner Stuttgart · Leipzig

TEUBNER-TEXTE zur Informatik Band 27

A. P. Ströle

Entwurf selbsttestbarer Schaltungen

TEUBNER-TEXTE zur Informatik

Herausgegeben von
Prof. Dr. Johannes Buchmann, Darmstadt
Prof. Dr. Udo Lipeck, Hannover
Prof. Dr. Franz J. Rammig, Paderborn
Prof. Dr. Gerd Wechsung, Jena

Als relativ junge Wissenschaft lebt die Informatik ganz wesentlich von aktuellen Beiträgen. Viele Ideen und Konzepte werden in Originalarbeiten, Vorlesungsskripten und Konferenzberichten behandelt und sind damit nur einem eingeschränkten Leserkreis zugänglich. Lehrbücher stehen zwar zur Verfügung, können aber wegen der schnellen Entwicklung der Wissenschaft oft nicht den neuesten Stand wiedergeben.

Die Reihe „TEUBNER-TEXTE zur Informatik" soll ein Forum für Einzel- und Sammelbeiträge zu aktuellen Themen aus dem gesamten Bereich der Informatik sein. Gedacht ist dabei insbesondere an herausragende Dissertationen und Habilitationsschriften, spezielle Vorlesungsskripten sowie wissenschaftlich aufbereitete Abschlußberichte bedeutender Forschungsprojekte. Auf eine verständliche Darstellung der theoretischen Fundierung und der Perspektiven für Anwendungen wird besonderer Wert gelegt. Das Programm der Reihe reicht von klassischen Themen aus neuen Blickwinkeln bis hin zur Beschreibung neuartiger, noch nicht etablierter Verfahrensansätze. Dabei werden bewußt eine gewisse Vorläufigkeit und Unvollständigkeit der Stoffauswahl und Darstellung in Kauf genommen, weil so die Lebendigkeit und Originalität von Vorlesungen und Forschungsseminaren beibehalten und weitergehende Studien angeregt und erleichtert werden können.

TEUBNER-TEXTE erscheinen in deutscher oder englischer Sprache.